U0156080

海洋探测
研究领域的新进展

张琼妮　张明龙◎著

企业管理出版社
ENTERPRISE MANAGEMENT PUBLISHING HOUSE

图书在版编目（CIP）数据

海洋探测研究领域的新进展/张琼妮，张明龙著．
北京：企业管理出版社，2024.6 —ISBN 978 - 7 - 5164 -
3078 - 1

Ⅰ. P71

中国国家版本馆 CIP 数据核字第 20246F2N85 号

书　　名：海洋探测研究领域的新进展

书　　号：ISBN 978 - 7 - 5164 - 3078 - 1

作　　者：张琼妮　张明龙

责任编辑：赵喜勤

出版发行：企业管理出版社

经　　销：新华书店

地　　址：北京市海淀区紫竹院南路 17 号　　邮编：100048

网　　址：http：//www.emph.cn

电子信箱：zhaoxq13@163.com

电　　话：编辑部（010）68420309　发行部（010）68701816

印　　刷：北京厚诚则铭印刷科技有限公司

版　　次：2024 年 6 月第 1 版

印　　次：2024 年 6 月第 1 次印刷

开　　本：710mm×1000mm　16 开本

印　　张：28.75 印张

字　　数：439 千字

定　　价：148.00 元

前　言

　　海洋拥有丰富的生物、矿产和海水资源，拥有取之不尽的海洋能和风能，还拥有广阔无垠的可用空间。在陆上资源难以充分满足快速增长的社会需求时，向海洋要食物、要矿产、要能源、要财富，已成为世界各国纷纷求索的战略课题。我国是海洋大国，合理开发海洋资源，是支撑未来经济发展的重要途径。党的二十大做出"发展海洋经济，保护海洋生态环境，加快建设海洋强国"的战略部署。2023年12月召开的中央经济工作会议又进一步强调，大力发展海洋经济，建设海洋强国。在此条件下，回顾海洋探测研究领域取得的新进展，有利于及时总结发展海洋经济的新经验，有利于推广应用海洋勘探的新成果，也有利于充分认识海洋开发的新时机与新挑战，进而形成更科学的规划方案和更务实的具体行动，促使海洋利用、保护和治理工作做得更好。21世纪以来，世界各地许多学者高度重视海洋探测领域的研究，快速推进这方面的学术探索和实践活动。通过梳理分析搜集到的创新信息，可以发现近年海洋探测成果，主要体现在以下几方面。

（一）考察五大洋自然环境的新信息

1. 探测太平洋自然环境的新成果

　　先后考察调查西太平洋海山结壳勘探区、卡罗琳海山、麦哲伦海山、雅浦海沟和马里亚纳海沟区，以及东太平洋多金属结核勘探区。在西太平洋获取海底大地电磁长期观测数据，提出西太平洋板块俯冲起始、发育与成熟新模型，发现太平洋西南部碧波下隐藏着一个新大陆，绘出太平洋下方最大尺度超低速带三维结构，首次揭示太平洋边缘海南海下部地幔的性质及作用。确认汤加海底火山位于环太平洋火山地震带。完成在西太平洋采薇海山的矿产资源探查作业，完成在太平洋富钴结壳区的多次深潜与采样作业，在东南太平洋海盆发现大面积富稀土沉积物，在南海完成深海沉积物钻探任务，在雅浦海沟附近海域获取大量科研样本。在西太平洋冲绳海槽发现海底热液区黑烟囱线索，揭示西太平洋深海热液低温溢流区气体释放通量，首次发现西太平洋弧后深海热液区存在碱性黑烟囱，在南海海底首次发现活动性"冷泉"。发现变冷的太平洋深处或能帮助减弱气候变暖现象，发现黑潮是沿北太平洋西边界向北运动的高温高盐暖流，揭示太平洋沃克环流动能增强的原因。发现太平洋深渊里存在着一条生物分隔带，在西北太平洋海域发现多个深海蛇尾新物种及新记录种，在南太平洋塔希提岛附近发现一处巨大珊瑚礁。

2. 探测大西洋自然环境的新成果

在大西洋中部海底成功采集到结构完整的地幔岩石样本，在南大西洋洋中脊发现热液区。发现北大西洋飓风季首次风暴出现提前趋势，发现大西洋飓风一天内由弱增强可能性加倍，研究表明美国东海岸已成超强飓风滋生地。发现北大西洋变暖速度比预计更快，发现大西洋洋流动能近几十年来明显减弱，研究表明大西洋经向翻转环流出现崩坏迹象。发现墨西哥湾深海管状蠕虫可能是地球最长寿动物。

3. 探测印度洋自然环境的新成果

在印度洋成功投放深海气候观测浮标，完成西南印度洋和中印度洋的载人深潜科考，对北印度洋莫克兰海沟开展大尺度的地质构造研究。在西南印度洋中脊亚特兰蒂斯浅滩获取新钻孔岩芯，完成西南印度洋中脊多金属硫化物勘探区的深钻调查任务，在中印度洋海盆发现大面积富稀土沉积物。探测西南印度洋热液区带回丰富样品，并获取大量地质资料，同时在西北印度洋脊多金属硫化物调查区发现众多热液喷口。发现在非洲大陆和马达加斯加之间的印度洋海底隆起一座海底火山。发现危害珊瑚的棘冠海星在印度洋—太平洋区域泛滥成灾。

4. 探测北冰洋自然环境的新成果

科考队到达北极点并采集到重要科学数据，利用水下机器人完成北冰洋海底科考。揭示北冰洋水体由淡变咸的原因，在北冰洋地貌考察调查中新发现五个岛屿。发现北冰洋地区雨量快速增多，气候快速变暖，融冰期每十年延长五天，冰湖融化时间越来越早，或比预期提前出现无冰夏季，研究显示北冰洋正在迎来一个全新的气候变暖时期。研究表明未来北冰洋或因气候变暖频繁掀起巨浪，发现其海冰减少会大大影响温室气体平衡，会破坏当地生态。同时，发现北极海冰消退凸显北极航道的战略价值。发现尖尾滨鹬雄鸟会飞越千山万水到北冰洋沿岸繁殖。

5. 探测南大洋自然环境的新成果

正式承认南大洋为世界第五大洋，确认南大洋范围为南极洲周边海域。刷新全球科考船在南极海域到达的最南纪录，展开南大洋阿蒙森海、宇航员海的综合科考，对南大洋达恩利角附近进行重点考察。着手探索藏在冰层下万年的南极海域，在西南极洲冰原下方发现一个巨大海盆。确认在南大洋形成世界最大冰山，发现南大洋又形成一座面积接近伦敦的冰山，研究表明南极海床反弹或能延缓冰盖崩塌。运用水下机器人获取南极海冰数据，首次利用无人机揭示南极海冰表面精细结构。发现气候变化使南极海冰面积创下最低纪录,使南极思韦茨冰川处于快速融化状态,使南极冰架更加脆弱,使南极冰盖出现大量冰块损失。探查南极浮游病毒的生态分布趋势,开展对南极磷虾种群主要栖息地的广泛调查。发现南极冰盖下存在身体半透明的鱼,发现南极冰层下"潜伏"着世界最大鱼类繁殖地。

(二)研究海洋生态环境变化的新信息

1. 探索海洋生物的生存及生态现象

揭示海底微生物存活的代谢秘诀;发现甲藻发光是抵御食草动物的防御机制,发现红藻繁殖由动物媒介传粉来实现,发现澳洲山火之后海中浮游藻类爆发增长;发现水草可使海中有害细菌大量减少。通过基因测序揭示虎鲸社会结构演化的特征,揭示抹香鲸遗传多样性低的原因,发现抹香鲸不同群体拥有不同方言。发现鲸鱼会用唱歌进行求偶和社交活动,调查表明长须鲸种群在南极摄食地回升。发现海豚生活中能用呼喊彼此名字来进行沟通,雌海豚似人类会用"婴儿语"呼唤幼崽。发现象海豹会通过听"口音"来识别竞争对手,海豹能通过自觉保持社交距离来防止传染病。发现鹈鹕鳗脑袋充气只是为了捕获猎物,而盲鳗能用快速喷出黏液方式进行防御。发现拟单鳍鱼靠进食海萤"点亮"自己,长棘毛唇隆头鱼能用皮肤探测周围环境。揭示狮子鱼适应深渊极端环境的遗传变异,发现䲁鱼能通过变色与漂白珊瑚融为一体。发现绒毛鲨利用生物荧光寻找伴侣,发现杂交鲨鱼可能更具威胁性。研究显示全球头足类动物数量显著增加,发现海葵毒液会随环境而变化。发现水母可阻止和逆转衰老的基因,发现没有中央大脑的水母也能通过联想学习。发现非洲企鹅会通过组团来捕鱼,发现海洋丝盘虫靠"聚餐"来进食。

2. 探索气候变化对海洋生态环境的影响

研究显示气候变暖将导致全球海平面上升，对太平洋岛屿物种带来严重威胁。发现气候变暖使北极海冰加速融化，迫使北极熊改变饮食习惯，转向以海豚为食，或改吃鸟蛋，还会经常挨饿，出现生育率下降等现象，对其生存带来巨大压力。发现气候变暖使南极海冰面积缩小，导致帝企鹅遭遇繁殖危机，特别是将给帝企鹅幼鸟带来灭顶之灾，可能会导致帝企鹅种群走向灭绝。发现气候变暖会导致海鸟信天翁"离婚率"上升，导致北极候鸟体型缩小，还可能导致海岸筑巢鸟类灭绝。发现气候变暖已使大堡礁珊瑚严重白化，造成南极海狗生存危机，导致向日葵海星大量死亡，促使地中海绿海龟扩大筑巢范围，致使海洋底栖生物迷路，引起海中鳗草南界北移，加速外来动物蓝蟹入侵地中海，导致北方海洋生物入侵南极海域，还造成海洋生物三维栖息地缩小。

发现温室气体二氧化碳溶解在海洋中会加剧海水酸化，而海水酸化会损害鱼类视力和感知能力，严重影响海胆和牡蛎的生存及繁殖，还会影响束毛藻的生长和固氮功能。

3. 探索污染排泄对海洋生态环境的影响

发现海洋塑料污染呈现飙升扩张趋势，已殃及北极水域，严重污染海洋微表层，并在深海区产生大型塑料微粒库，而且其存续时间可能超过预期。发现微塑料能进入海洋鱼类肌肉并影响其健康，会改变海鸟肠道微生物群，会给濒危海鸟带来更大风险。

研究表明海洋油轮溢油事故不少是人为失误造成的，还发现全球绝大多数海洋浮油来自人类活动。研究显示只需极少量的石油，就会对构成海洋食物系统基础的浮游生物产生重大影响。鲸和海龟等海洋动物，在浮出水面呼吸时，接触到石油也会受到伤害。

研究表明人类活动导致海洋汞含量大幅提升，发现北冰洋边缘冰区是大气汞的重要来源。汞是一种剧毒液态金属，可随大气环流进行长距离传输。由大气传输及沉降等途径进入水体的汞经微生物甲基化后，会进入海洋生物食物链，通过富集、放大作用危害海洋生态环境。发现海洋汞污染物会对濒危物种中华鲎幼体产生毒害作用。

在研究海洋核污染时发现万米水深动物体内存在人为核爆信号，发现福岛核事故放射性物质已扩散入北冰洋，还发现地球上最深海沟存在持久性有机污染物。

此外，人造光和噪声污染，也会影响海洋生态环境。研究发现北极海底生物会受到船只上人造光的影响，发现观鲸船噪声会干扰鲸类休息和育幼行为。

4. 探索保护海洋生态环境的对策

（1）探索防治海洋温室效应加重的方法：研制出能迅速清除海水中二氧化碳的微型马达，找到高效低廉的海水中清除二氧化碳新方法，揭开海洋藻类高效吸收二氧化碳的奥秘，发现浮游生物在二氧化碳储存方面有着重要作用，发现海草可能相当于一个巨型的全球碳储存库；实现定量测量全球海洋二氧化碳循环。

（2）探索防治海洋塑料污染的措施：制成可在海水中降解的新型塑料，发现能有效降解塑料的海洋微生物菌群和酶，开发出荧光染料识别海洋微塑料的新方法。利用植物的木质素研制出易降解的微型颗粒，并用于取代目前添加在日化用品中的塑料微粒，宣布在化妆品行业禁用微小塑料颗粒。

（3）探索防治海洋石油污染的对策：开发出深海漏油快速测定技术；用碳纳米管合成可清除海洋漏油的纳米亲油物质，发明用氧化铁纳米粒子清除海洋漏油的新技术，开发利用具有"吃油"功能的细菌。

（4）建设海洋气候观测与预报系统：在北太平洋和印度洋投放深海气候观测浮标，建成首个全球实时海洋气候观测网。通过成功破解深海潜标数据实时传输难题，建成大规模区域潜标观测网，建成全球海洋及陆相气候多变性记录网。在南极设置收集海洋气象数据的科研监测舱，研制海上使用的无线电气象传真系统，建立海洋气候预报的全球监测和服务系统。

（5）加强海洋环境监测系统：推进海底科学观测网建设，实现由卫星实时传输深海海底数据，建立常态化深海长期连续观测和探测平台，通过发射专业卫星和多卫星组网建立海洋环境观测系统，建立监测珊瑚和哺乳动物等专项监测系统。试用海洋漂浮物、海底光缆和浅水浮标监测海底地震。

与此同时，做好滨海湿地和珊瑚礁的生态修复及保护工作。

（三）利用海洋资源开发产品的新信息

1. 实施海水淡化工程的新进展

推出把发电厂冷却海水转化为干净淡水的新技术，开发低能耗、可持续的海水淡化方法。研制用于海水淡化的石墨烯氧化物薄膜、含氟纳米结构材料，以及把蛋清变为可过滤净化海水的新材料。制成用于海水淡化的太阳能泡沫蒸馏器。

2. 利用海洋资源开发能源产品的新进展

在南海发现深水高产大气田，探明储量超千亿立方米；测试成功超深水油气探井，并勘探发现深水深层大气田。"兴旺"号钻井平台在南海成功开钻，"深海"一号能源站顺利抵达目标海域，深水导管架平台"海基"一号投产。突破波浪能发电的关键技术，推出波浪能发电装置"舟山"号和"长山"号；开发利用深海洋流能的发电装置，在地中海建设首个海上风电项目，海上浮动核电站投入商业运营。发明靠盐水或海水发电的新型灯具"盐水灯"，用光催化法大幅提高海水发电效率。推进海水制取氢能源研究，制成可"汲取"海水中氢能的机器水母，研制能解决海水制氢难题的耐腐蚀方法，开发无需脱盐的海水制氢技术，研制海水无淡化原位直接电解制氢方法，开发深海海底细菌制造氢气技术。

3. 利用海洋资源开发材料产品的新进展

（1）利用海水提取金属材料锂和铀：制成可从海水中高效提取锂的新装置，开发海水取铀能力大幅提升的电化学方法。

（2）利用海洋资源开发光学材料：模仿乌贼开发善于变色的光学超材料，受章鱼启发研制出柔性显示器材料，用蟹壳制成可作光学显示器的塑料，由研究水蚤获得高强度发光蛋白材料，利用水母荧光蛋白开发出新型激光材料，用海藻制成柔软耐用的发光材料。

（3）利用海洋资源开发其他材料：模仿章鱼吸盘研发出水中可拆卸材料，根据珍珠母特性研制出纳米复合材料，用仿生方法成功合成人工珍珠母，仿贻贝和沙塔蠕虫制成水下快速胶黏剂，用蟹壳制造新的电池阳极材料。利用蟹壳和树木提取物制成食品保鲜膜，用人工方法把船虫培育成营养丰富的海鲜材料。

4. 利用海洋资源开发医药产品的新进展

利用贻贝黏附蛋白制成处理伤口和骨折愈合的医用材料，利用贻贝黏附蛋白实现无疤痕皮肤移植，发现芋螺毒素有助于研发心脏病新药，从虾蟹壳提取壳聚糖制成防食物中毒的药品。用鱼黏液等制成纯天然防晒霜，把海水罗非鱼皮用作治疗烧伤的材料。发现海洋热带沙孢菌具有抗癌功能，从海绵中获得可杀死癌细胞的化合物，合成具有抗菌消炎和抗肿瘤作用的海星皂甙。利用海洋褐藻制取具有天然抗氧化功能的鼠尾藻多酚，开发出可助软骨修复的海藻凝胶，发现褐藻成分能抑制溃疡性结肠炎。

（四）推进海洋探测装备研发的新信息

1. 海洋探测专用船舶的设计建造成果

载人科考船：我国先后建成"科学"号海洋科考船、"张謇"号万米级深渊科考母船、"东方红"3号全球最大静音科考船、"中山大学"号海洋综合科考实习船，又开建第一艘万吨级海洋科考船。法国"塔拉"号科考帆船已成为太平洋上流动的实验室。

无人科考船：我国已把智能无人艇作为海洋科考新装备，并建成全球首艘智能型无人系统科考母船。俄罗斯设计建造"先锋-M"号第一艘无人驾驶科考船。

极地破冰船：俄罗斯建造拥有技术优势的超级核动力破冰船。我国建成首艘自主设计的极地科考破冰船、"中山大学极地"号破冰船。

海洋探测专用作业船：国外推出海上大气沉降研究作业船。我国建成"天鲲"号亚洲最大绞吸海底挖泥船、"向阳红"22号大型浮标作业船和"海巡08"号深远海大型专业海道测量船。

2. 海洋探测专用器具的研发成果

非载人潜水器：我国制成以"海龙""潜龙"和"蛟龙"为代表的"龙"系列深海潜水器，制成"彩虹鱼"号首台万米级深渊潜水器、"海斗"一号全海深自主遥控潜水器，以及"探索"与

"问海"水下机器人。欧洲开发出可在水下协同作业的机器人系统。

载人潜水器：我国成功研制"奋斗者"号全海深载人潜水器，并创造10909米的中国载人深潜深度纪录。

其他海洋探测器具：我国先后制成"海翼"号和"海燕"号水下滑翔机。"翼龙"10号无人机，制成用于远海救援的大型水陆两栖飞机，以及既能上天也能入海的航行器。美国推出首架"人鱼海神"海上侦察无人机，研制出可变身为潜水艇的无人机。

3. 海洋探测仪器设备的研发成果

海洋探测理化仪器：开发出新型宽带鱼群回声探测仪，预测飓风准确率更高的新辐射计，海雾能见度剖面仪和原位海洋分子记录仪。

海洋探测光学仪器：开发出能拍摄珊瑚吐丝的水下显微镜，用于探索海洋的声波驱动水下相机，可大幅提升海底相机弱光拍摄性能的器件，可支持万米级深潜的深海摄像机。可探测全球99％海域的紫外激光拉曼光谱仪，能从水下获取三维图像的量子激光雷达。

水下声学设备：开发出可大幅提高海洋水下听力的设备材料，制成模仿海豚回声定位的紧凑型声呐。

海洋探测光电设备：成功进行世界首个海水量子通信实验，为未来建立水下及空海一体量子通信网络奠定基础。研制出用于海上救援的"日夜相连"传感器，以及更好勾勒海洋观测图景的新传感器。完成电子设备电源固态锂电池万米海试，开发用超声波技术为深海水下仪器充电。

海洋探测机械工程设备：印度正在开发一套深海采矿系统。

我国制成"海牛"号深海海底钻机，功能强大的模块化海床挖沟机。

　　海洋探测设备方面的其他成果：研制出首套深海环境腐蚀试验装置，并用铝合金制成抗水压的深海潜水设备。开发出海洋装备的石墨烯防腐涂料，以及用于海洋探测设备的高强度延展合金。

张琼妮　张明龙

2024 年 3 月 15 日

目 录

第一章　研究海洋气候变化影响的新信息

海洋气候是指海洋区域大气变化的多年平均状况，由光照、气温、降水和风力等基本要素组成。研究海洋气候，可以揭示海洋气压的空间差异与强弱状况，摸清海水的温度、盐度和密度，了解海冰和海雾的分布格局及形成原因，监测洋流、波浪、潮汐和风暴的变动趋势，从而为航海、海洋资源开发利用、港口建设、环境保护，以及全球气候预测等提供必要的数据和服务。近年，国内外在海洋气象与气温变化领域的研究主要集中于：探索海洋生物对云层形成的影响作用、海洋降雨与水循环，以及海洋热带气旋的变化和预测。发现海洋升温频繁刷新历史纪录，揭示海洋气候变暖带来的自然和社会影响。发现洋流具有调节气候的重要功能，探索洋流的运行机制、动能变化和影响因素。在气候影响海冰与冰盖领域的研究主要集中于：探索气候变化引起地球两极海冰减少的具体表现，以及带来的生态环境影响；考察气候变暖导致冰川消融、冰架崩塌与冰盖融化方面的种种迹象，并分析由此引起的全球海平面变动趋势。在气候影响海洋生物领域的研究主要集中于：探索气候变暖对北极熊饮食、生育及生存的影响，对帝企鹅繁殖后代、养育幼鸟和种群生存的影响，对信天翁、红腹滨鹬和海岸筑巢鸟类的影响，对珊瑚生存和健康带来的巨大压力，以及对海狗、海星、绿海龟和海洋底栖生物的影响。在海洋气候观测预报系统领域的研究主要集中于：推进实时海洋气候观测网建设，完善深海潜标观测网，建成全球海洋及陆相气候多变性记录网。研制海洋气象监测数据的收集设施，开发海洋气象信息的图像传输设备，建立海洋气候预报的全球服务系统。

第一节　海洋气象与气温变化研究的新进展

一、探索海洋气象变化的新成果

（一）研究海洋生物影响云层形成的新信息

1. 揭示海洋浮游生物和细菌对云层形成的影响[1]

2017年5月，美国加州大学圣迭戈分校气候和环境研究中心主任维基·格拉辛等人组成的一个研究小组，在《化学》杂志上发表论文称，他们研究发现，海洋浮游生物和细菌会影响浪花泡沫的特性，而这些浪花泡沫会对云层的形成产生影响。

当洋面潮涨潮落时，随之而来的波浪和飞沫形成微小气泡。这些气泡破碎后，会向空气中释放出浪花气溶胶。这种气溶胶能散射阳光，并影响云层的形成，最终影响气候。该研究小组在分析这种现象时发现，没有两个气泡是相同的。

浮游生物和细菌分泌的分子能被并入气泡，最终被释放到空气中。这些分子也能与微粒中的化学物质和盐分混合，意味着它们无法从海洋中带走水分，但这会影响气溶胶和阳光的相互作用，进而影响云层的形成。

格拉辛说："我们惊讶地发现，每个气溶胶微粒中的化学物质都有明显变化。这有助于我们了解浪花气溶胶如何影响气候。"

为了模拟浮游生物增殖，研究人员使用了斯克里普斯海洋研究所的实验海洋模型。结果发现，细菌吞食浮游植物时对气溶胶分子的影响最大。格拉辛指出："了解这个自然进程对气候的影响十分重要，我们能建构更精确的气候变化图。"

研究人员表示，下一步，他们计划弄清当与臭氧、氮氧化物和灰尘等污染物结合后，浪花气溶胶自然属性和丰度如何变化。该研究团队还计划弄清相关的基本化学过程和分子学本质，以明确浪花气溶胶如何通过影响云层形成进而影响气候。

2. 研究海洋浮游生物对云层形成过程的作用[2]

2021年10月12日，美国威斯康星大学麦迪逊分校、美国国家海洋和大气管理局等机构相关专家组成的研究团队，在美国《国家科学院学报》上发表论文称，云层的产生有赖于海洋浮游生物排放的二甲基硫醚，但云层中二甲基硫醚氧化产物的快速除去，却限制了海洋大气中二氧化硫和云凝结核的产生，使得已有的云会阻碍新云的形成。

云在全球气候中扮演着重要角色。它将阳光反射回太空，并控制着降雨，对地球的辐射平衡和气候具有重要影响。云的形成需要凝结核，而海洋浮游生物大量排放的二甲基硫醚，是气溶胶粒子产生和成长的主要前体，能够帮助形成云。

然而，该项研究表明，海洋排出的很大部分二甲基硫醚无法帮助云形成，这是因为它们会在已有的云中消失。

二甲基硫醚的海洋排放，是大气中还原硫的最大天然来源。它的氧化最终导致硫酸和甲磺酸的产生，这有助于成云气溶胶颗粒的形成和生长。之前，研究人员发现，二甲基硫醚变成硫酸过程中，首先会氧化变成一种新的氧化产物。

在此项研究中，该研究团队使用装载仪器的飞机，在晴朗天空开阔海面上的云层中，对二甲基硫醚的氧化产物进行详细测量。

根据数据，他们发现这些氧化产物很容易溶解到现有云的水滴中，从而永久地从云核化过程中除掉了硫。硫的损失降低了小颗粒的形成率，从而降低了云核本身的形成率。然而，在没有云的地方，这种氧化产物能更多地留存下来，并变成硫酸，帮助形成新的云。

研究人员使用一个大型全球海洋大气化学模型来解释这些测量结果，他们发现，二甲基硫醚中的硫36%按照上述方式流失到云的水滴中，另外15%会通过其他过程流失。因此，海洋浮游生物释放的硫中，只有不到一半能帮助形成云团。

这项新发现，大大改变了人们对海洋生物如何影响云的普遍理解，并可能改变科学家预测云形成如何响应海洋变化的方式。

（二）研究海洋降雨及水循环的新信息

1. 探索海洋降雨现象变化的新发现

（1）揭示印度—太平洋地区降雨变化及驱动机制。[3] 2019 年 8 月 12 日，中国科学院地球环境研究所"一带一路"气候环境研究中心谭亮成研究员主持，成员来自亚洲、大洋洲、美洲和欧洲等 17 个研究单位的国际研究团队，在美国《国家科学院学报》上发表论文称，他们通过研究对热带辐合带中心区的泰国南部可兰洞 3 根可重复的、精确定年（最小测年误差为 0.5 年）的石笋氧同位素记录，重建了中印度—太平洋北部地区公元前706—2004 年的高分辨率降雨记录，其研究的连续时间长达 2700 年，进而揭示这一地区降雨变化趋势及其内在的驱动机制。

热带地区是全球气候变化的关键区域，该地区的降雨变化不仅影响着世界上 40％的人口和全球生态系统的稳定性，而且对全球水文循环和能量平衡也起着十分重要的作用。20 世纪后半叶，随着全球变暖，北半球热带地区的降雨呈下降趋势，但其原因到底是自然变化，如火山喷发、内部海气涛动等，还是人类活动影响如硫酸盐气溶胶和温室气体的排放，至今仍争议不休。

同样，也是由于缺乏对热带地区降雨变化驱动机制的完整理解，是目前对未来降雨变化趋势的预测存在完全不同的观点。一些研究认为全球变暖将会使热带地区降雨量增加，导致"湿润的地方变得更湿润"，或者"暖的地方变得更湿润"。然而，也有观点认为在全球变暖的背景下，热带地区降雨量将会减少。为了更好地理解热带地区的降雨变化，有必要在更长的气候背景下研究其特征和驱动机制。同时，过去暖期降雨变化的研究，还可以为全球变暖下未来趋势的变化提供历史相似型，并有助于改善气候模式的精度。

该研究团队气候变化重建结果显示：过去 2700 年中印度—太平洋北部降雨量呈长期下降趋势，与北半球热带其他地区如东南亚、中美洲、加勒比海的古水文记录一致，而与南半球热带地区如非洲东部、西太平洋暖池、热带太平洋东部和南美等地区的降雨量增加趋势相反。其体现了轨道尺度上夏季太阳辐射对南北半球热带降雨量变化反相位关系的驱动作用。

据谭亮成介绍，该论文另一个亮点是揭示了 14 世纪末到 15 世纪初的极端降水事件，对吴哥文明消失的可能影响。他们的研究结果显示，14 世纪末期到 15 世纪初，这一区域存在持续数十年的极端降雨事件，这与柬埔寨吴哥文明时期城市排水系统的冲毁时间一致，也就表明强降雨导致的洪水事件可能对高棉帝国的灭亡产生了重要的影响。

他们又经进一步分析，发现中世纪暖期和现代暖期中印度—太平洋地区干旱的空间模式与厄尔尼诺事件发生时期类似。

另外，研究人员借助泰国南部及印度尼西亚的石笋重建这一地区降雨量的差值，构建了一条新的热带辐合带南北移动指数记录。其结果显示，在过去 2000 年，热带辐合带存在整体南移的趋势，这与南北半球副热带地区温度梯度有关。据此，研究人员认为，20 世纪以来热带北部地区的干旱趋势类似于历史暖期，主要由于厄尔尼诺活动的增强及热带辐合带的南移导致；而人类活动对北半球热带地区降雨量变化造成的影响，还没有改变自然变化的趋势。

（2）研究表明北冰洋地区降雨量"超标"时间比预期早数十年。[4] 2021 年 11 月 30 日，加拿大曼尼托巴大学气候学专家米歇尔·麦克克里斯托尔及其同事组成的一个研究团队，在《自然·通讯》杂志网络版上发表论文称，他们研究表明，北冰洋所在的北极地区，降雨量增加速率可能高于此前的预测，北极总降雨量超过降雪量的时间可能比此前认为的早数十年，并造成多种气候、生态系统和社会经济后果。

人们已经知道极地变暖的速度快于全球其他地方，在该区域造成巨大的环境变化。研究表明，在 21 世纪某个阶段，北极降雨量会超过降雪量，但还不清楚这一转变将于何时发生。

此次，该研究团队利用耦合模式比较计划的最新预测，评估了到 2100 年的北极水循环。研究人员发现，预计降水（如降雨和降雪）在所有季节都将增加。依据季节和地区不同，预计降雨成为主要降水形式的时间，会比此前估计早 10～20 年，这与变暖加重和海冰更快减退有关。例如，此前的模型预计北极中心将于 2090 年转变为以降雨为主，但现在预计这一转变将发生于 2060 或 2070 年。

研究人员认为，北极转变为以降雨为主的温度起点，可能比此前模型估计的更低，甚至某些地区可能只需变暖 1.5℃即会发生这种转变，如格陵兰地区。研究团队指出，我们需要更严格的气候缓解政策，因为当北极降水转变为以降雨为主，将会影响冰层融化、河流和野生动物种群，并且有重大的社会、生态、文化和经济影响。

2. 探索海洋及全球水循环变化的新发现

发现海洋咸淡差异加剧影响全球水循环加速。[5] 2020 年 9 月，中国科学院大气物理研究所成里京副研究员主持，瑞士和美国同行参加的一个国际研究团队，在《气候杂志》发表论文称，他们构建出一套更为准确的、大于60年的长时间序列全球海洋盐度格点数据，进一步证实海洋"咸变咸、淡变淡"的盐度长期空间变化格局，并首次给出海洋0～2000米深度的平均盐度变化趋势，提出一个新的过去半世纪全球水循环变化估计。

水循环是联系地球各圈层和各种水体的"纽带"，是地球各圈层之间能量转移的重要通道和气候系统的核心过程之一，水循环的变化对人类社会经济生活有关键影响。

海洋盐度是水循环的一个指针，可用来估算水循环的变化。该研究团队采用自主研发的格点化技术，构建出一套新的1960年至今的覆盖全球海洋0～2000米深度的盐度格点数据，并在国际上首次利用2005年之后具有近全球覆盖的数据，对重构的盐度数据准确性进行系统性验证。

新数据表明，过去60年，盐度相对较低的太平洋在进一步变淡，淡化最明显的海域为中国临近的西北太平洋及澳大利亚以东海域；相反，盐度相对较高的大西洋中低纬度区域显著变咸，而大西洋极地区域显著变淡，主要是由于冰盖和海冰融化引起的淡水注入海洋所致；在印度洋，盐度表现出南北相反的变化。总体而言，自1960年以来，全球海洋上层2000米高低盐度差异已增大1.6%，而海表盐度差异已增加7.5%。

成里京认为，海洋"咸变咸、淡变淡"的盐度变化，主要由全球水循环"干变干、湿变湿"的变化驱动，根据最新研究利用新的盐度格点数据推算的，自1960年以来的全球水循环变化——全球"干变干、湿变湿"水循环格局，已经加剧，即全球平均气温每上升1℃，水循环加剧2%～4%。而通过与气候模式模拟结果结合发现，人类活动是造成海洋盐度格局变化加速的主要原因，这反映了人类活动对海洋环境的另一项"改造"。

成里京表示，基于最新研究成果估算，如果21世纪全球气温比工业革命前升高2℃（《巴黎协定》目标的上限），全球水循环将至少加强4%～8%，这意味着更为剧烈的蒸发特别是在已经较为干旱的区域，以及更为强烈的降水特别是在降水已经较多的地区。其中，蒸发更为剧烈意味着干旱的地方将变得更为干旱，也容易带来野火，直接威胁农业生产和粮食供给，影响人民生命和财产安全；更为剧烈的降水则更容易造成更大的暴雨、洪涝等气象灾害。同时，台风天气下降水强度将加大，未来沿海、小岛和低洼地区将会面临更严峻的防护压力。

成里京透露，他们完成并发布的最新盐度数据，除应用于全球水循环研究外，盐度变化对大洋环流、海洋生物地球化学过程有重要影响，包括：极地盐度变化会改变海水密度，对大西洋经圈翻转环流有关键调制作用，进而影响全球天气和气候；盐度变化会改变局地海水密度，影响海洋的层结稳定性，进而调节海洋垂向能量、物质、碳交换强度，影响海洋生态系统和渔业资源。

（三）研究海洋热带气旋变化的新信息

1. 探测热带气旋特性及影响的新发现

（1）发现全球热带气旋移动速度在减缓。[6] 2018 年 6 月 7 日，美国国家海洋与大气管理局国家环境信息中心专家詹姆斯·科辛，在《自然》杂志上发表的论文称，热带气旋的移动速度在过去 70 年里大约减慢了一成。论文还指出，部分陆地地区的热带气旋降速明显，因此导致与风暴有关的破坏的可能性增加。

预计全球变暖会增加最强热带气旋的严重程度，但也可能会带来其他更严重的影响，例如夏季热带大气环流的普遍减弱。除了环流变化之外，人为造成的气候变暖还会导致大气水汽容量的增加，预计会增加降水率。随着全球气温的上升，预计热带气旋中心附近的降雨率也会增加。

科辛分析了热带气旋在全球范围内的变化，热带气旋的移动速度在1949—2016 年间减缓了约 10％，而在一些陆地地区减缓幅度更为显著。科辛发现，受西北太平洋和北大西洋热带气旋影响的陆地地区分别大幅放缓30％和 20％，澳大利亚地区的放缓幅度达 19％。他总结说，即使不考虑风暴强弱的变化，热带气旋在特定地区的停留时间也在加长，极端降雨和风暴引发的损害可能增加。

（2）发现强热带气旋发生时间出现提前趋势。[7] 2023 年 9 月，由南方科技大学余锡平和中国海洋大学宋丰飞领导，清华大学、美国夏威夷大学马诺阿分校相关专家参加的一个研究团队，在《自然》杂志发表一篇气候科学研究论文指出，20 世纪 80 年代至今，强热带气旋似乎每 10 年会提早三天发生，这种季节性转变，可能与主要由温室气体排放驱动的海洋暖化有关。

强热带气旋是指最大风速超过 110 节（每小时 203.7 千米）的热带气旋，属于破坏力最强的自然灾害之一。此前，强热带气旋的气旋数量、强度和生命史等变化的研究已有大量成果，但其季节性周期变化仍有很多未知内容。

为了解热带气旋的季节性周期是否发生变化，该研究团队通过分析1981—2017 年的卫星数据发现，强热带气旋的出现时间有提早的趋势，北半球和南半球分别以每 10 年 3.7 天和 3.2 天的速度提前。不过，研究结果显示，季节性提前只在强热带气旋上较为显著，在较弱的热带气旋上则不明显。他们指出，强热带气旋的提早发生，经证明与海表温度和海洋热含量的提早上升有关，而这主要由温室气体排放驱动。

中国南部和墨西哥湾，是受热带气旋严重影响的两个地区。研究人员分析了来自这两个地区的数据，并研究了强热带气旋的提前对极端降水的潜在影响。其结果显示，强热带气旋的提早出现，大大推动了极端降水的提前，同时每年的持续性降水事件也会增加。研究人员表示，今后需要开展进一步研究，为强热带气旋提前而带来较大风险的人群和地区，制定出更好的保护策略。

（3）发现热带气旋变化使三角洲的稳定性面临风险。[8] 2016 年 10 月，英国南安普敦大学科学家斯蒂芬·达比及其同事组成的一个研究小组，在《自然》杂志发表的论文表明，热带气旋活动可以带来大量沉积物，有助于保护三角洲不受海平面上升的威胁。若热带气旋活动发生变化，三角洲区域将面临风险。研究同时表明，认识气旋活动与沉积物运移之间的关系，能有助于我们更好地评估脆弱的沿海地区。

受海平面上升影响，大部分大型三角洲存在被淹没的风险，一部分原因是人类活动，如建造水库等导致三角洲地区的沉积物减少。不过，热带气旋带来的降雨增加，会引发河网地区滑坡，从而增加到达三角洲的沉积物量，以此补充三角洲区在其他方面流失的沉积物。

此次，该研究小组分析了湄公河的 25 年数据，结果显示，上游气旋活动给湄公河三角洲带来了大量沉积物。论文数据表明，就湄公河而言，32％的沉积物输运和热带气旋带来的降雨有关；在 1981—2005 年间，湄公河三角洲悬浮沉积物一半以上的下降，源自热带气旋模式的转变。

此外，气候模型预测显示，有可能影响湄公河流域的热带气旋路径将发生变化，结合研究结果分析，未来湄公河三角洲的稳定性可能面临危险。

2. 研究台风强度变化与预测技术的新进展

（1）发现登陆台风强度增长最快。[9] 2016年9月，美国加州大学圣迭戈分校梅伟和谢尚平等专家组成的一个研究小组，在《自然·地球科学》杂志上发表论文称，随着大气中温室气体浓度上升，洋面预期将进一步变暖，中国大陆、台湾地区，以及韩国、日本可能在未来面临更具破坏性的台风。

由于现有数据中的不一致因素，地区性台风活动的强度变化一直很难识别，尤其是对两个最强的台风级别：人们在这两个级别识别出了相反的年风暴数量变化趋势。

该研究小组通过修正方法论差异，统一了数据，并发现过去38年间，台风显著地朝高强度方向转变。他们使用了聚类分析方法，发现与停留在海面上的台风相比，登陆台风的增强明显更强。他们认为，这些变化来源于增强速度加快，并不是速度保持一致而使时间延长。

（2）推进影响粤港澳大湾区台风强度研究。[10] 2022年5月，中国科学院南海海洋研究所热带海洋环境国家重点实验室研究员王春在领导的研究团队，在《气候动力学》杂志发表论文称，前人对南海热带气旋的研究多集中在其生成频数上，而他们采用新视角，揭示影响粤港澳大湾区台风强度的年代际变化及其机制。

研究人员对1977—2018年6—11月热带气旋高发季，生成于南海，或生成于西太平洋进入南海的热带气旋强度，依据年最高强度和年平均强度的变化进行探究，发现南海热带气旋强度存在两个高强度期，即1977—1993年（P1）和2006—2018年（P3）；一个低强度期，即1994—2002年（P2）。两个高强度期P1和P3与低强度期P2相比，南海热带气旋强度的年最高强度和年平均强度，均显著增强。值得注意的是，近十多年来（2006—2018年），南海热带气旋处于高强度时期。

进一步分析表明，和P2时期相比，P1和P3时期热带气旋的生成位置偏东，因此，强化持续时间偏长，有利于热带气旋强度的增强。垂向水汽输送也是影响强度年代际变化的一个因子。P2 时期，中层相对湿度低，垂向上又存在向下的运动异常，不利于热带气旋的发展，而 P1 和 P3 时期则相反。

该研究揭示了南海热带气旋强度的年代际变化，并对其年代际变化给出了物理解释。相关研究的开展，能提升对于南海热带气旋活动规律的认识，进而服务于粤港澳大湾区和防灾减灾国家战略。

（3）利用人工智能技术提前预测台风。[11] 2019 年 2 月，日本海洋研究机构和九州大学共同组成的一个研究小组，在《地球与行星科学的进展》杂志网络版发表研究成果称，他们利用人工智能深度学习技术，开发出从全球云系统分辨率模型气候实验数据中，高精度识别热带低气压征兆云的方法。该方法可识别出夏季西北太平洋热带低气压发生一周前的征兆。

台风和飓风都是一种热带气旋，只是发生地点不同，叫法不同。通常把印度洋和北太平洋西部发生的热带气旋称作台风，而把大西洋或北太平洋东部的热带气旋叫作飓风。预测台风和飓风等热带低气压的发生，一般是通过卫星观测和监视云的演变过程，对观测数据进行气象模型模拟。但大气现象非线性极强，不同的气象模型预测的未来气象结果会出现非常大的偏差。近年来人工智能技术飞速发展，可根据大数据中的特定类型进行深度学习，检测特定现象，从而应用于具有不确定性的气象领域。

利用深度学习获得更高的识别精度，对每一种气象类型都需要超过数千张图片的大量数据。研究小组首先利用热带低气压跟踪算法，把全球云系统分辨率模型 20 年积累的气候实验数据，制成 5 万张热带低气压初始云及演变中的热带低气压云图片，再加上 100 万张未演变成热带低气压的低气压云图片，共 105 万张图片组成 10 组学习数据，利用深度卷积神经网络的机器学习，生成不同特征的 10 种识别器，然后构筑出可对 10 种识别器结果进行综合评价的集合识别器。

该方法还可对台风路径和强度进行预测，并预测暴雨的发生。今后研究小组将以深度学习为代表的人工智能技术融合数据驱动方法和模型驱动方法，开展新的海洋地球大数据分析。

3. 探测飓风特性及滋生地的新发现

（1）发现北大西洋飓风季首次风暴出现提前趋势。[12] 2022 年 8 月，美国气候学专家瑞安·特鲁切卢特领导的研究小组，在《自然·通讯》杂志上发表的一篇气候变化研究论文指出，自 1979 年以来，北大西洋飓风季首次风暴的出现时间有提前趋势。该研究还发现，1900 年至今，登陆美国的首个被命名风暴也有提前趋势。这些研究结果对于制定更好的应对和适应策略具有重要意义。

这篇论文写道，目前对北大西洋飓风季的定义于 1965 年正式确立，将飓风季的出现时间定在 6 月至 11 月。虽然这个时间段确实覆盖了该区域的大部分飓风，但北大西洋飓风季缺少一个更精确的定义，而且近来多个热带气旋的形成时间，都早于北大西洋飓风季的官方起始日期 6 月 1 日。

研究小组利用观测数据，分析了 1979—2020 年大西洋热带气旋活动出现时间的变化，以及 1900—2020 年美国风暴登陆风险的出现时间。他们的研究结果显示，自 1979 年以来，北大西洋被命名风暴的形成时间一直在提前，其速度为每 10 年提前 5 天以上。

研究人员还指出，自 1900 年以来，首个登陆美国的被命名风暴每 10 年提前约 2 天。他们认为，这种风暴提前发生的趋势，可能与大西洋西部地区的春季暖化有关，这种暖化也在同期有增加的趋势。

研究人员说，最新的研究结果表明，对北大西洋飓风季起始时间的定义，或能根据经验提到 6 月 1 日以前。他们指出，海洋温度的上升或能让热带气旋提早形成，从而加剧有人居住陆块的热带气旋暴露。

（2）发现大西洋飓风一天内由弱增强可能性加倍。[13] 2023 年 10 月，美国罗文大学气候学家安德拉·加纳主持的研究团队，在《科学报告》发表论文认为，比起 1970—1990 年，现在大西洋飓风在 24 小时内，从较弱的 1 级飓风增长到强烈的 3 级飓风的可能性，增加了一倍以上。同时，飓风更有可能沿美国东海岸更快速地增强。所以，需要更好的通信手段提醒受威胁社区，因为很难预测飓风在其生命周期中何时会最为剧烈地增强。

热带风暴或飓风最快速的增强，通常发生在海面温度反常温暖的区域，风暴增强率的上升，与气候变化下海洋变得更暖有关。但飓风在整个大西洋盆地的增强率改变尚不明确。

该研究团队分析了1970—2020年间每一次大西洋飓风生命周期内的风速改变。这些飓风被分为三个时间段：历史期（1970—1990年）、中间期（1986—2005年），及现代期（2001—2020年）。他们计算了飓风生命周期中风速在任意24小时里的最大增加，以确定最大增强率。结果发现，飓风最大增强率达到20节（每小时37千米）及以上的可能性，从历史期的42.3％增加到现代期的56.7％。此外，飓风在24小时里从较弱增强到强烈飓风的概率，从3.23％增加到8.12％。

研究人员还发现，飓风最可能发生最大增强率的地点，在这些时期发生了改变。飓风发生最快速增强，更可能在美国沿大西洋海岸和加勒比海上，而在墨西哥湾则不太容易发生。

他们提出，造成经济损失最大的5次大西洋飓风中，有4次发生在2017年以后，并且都在其生命周期里快速增强。他们建议，为面临风险的社区研发更好的防灾计划和通信系统。

（3）研究表明美国东海岸已成超强飓风滋生地。[14] 2022年10月17日，美国能源部所属的西北太平洋国家实验室大气科学家卡提克·巴拉古鲁、梁丽蓉等人组成的研究小组，在《地球物理研究快报》杂志上发表论文称，他们研究发现，美国大西洋沿岸已成为超强飓风的滋生地，而如果人类继续依赖化石燃料的话，飓风可能会对世界各国沿海地区造成更沉重的打击。

这项研究发现，过去40年里，石油、天然气和煤炭燃烧产生的温室气体排放所引起的全球变暖，是导致美国东海岸风暴和洪水灾害日益严重的主要因素。风暴聚集起能量变得更快，官方向居民及时发出警告和疏散命令因而也愈发困难。

研究人员通过分析风暴活动及其形成条件发现，1979—2018年期间，美国大西洋海岸附近飓风增强的速度显著攀升。

一场风暴的强度迅速增强需要近乎完美的自然条件，以前这种条件很难具备。现在研究人员发现，随着温室气体排放的增加，这种完美自然条件的组成部分，例如温暖的海洋表面、高湿度、低风切变和空气的旋转运动（涡度）等，已经变得越来越普遍。巴拉古鲁说："美国东海岸近岸环境对飓风绝对变得更加有利，这与我们在该地区观察到的飓风强度的增强非常吻合。"

梁丽蓉接着说："沿海地区飓风行为的变化，可能会影响世界各地的大量人口。"

预测模型显示，人类若不逐步淘汰化石燃料，遏制温室气体排放，这种破坏性的趋势似乎将继续下去。巴拉古鲁还特别指出，除了人类活动所导致的气候变化，自然因素确实发挥了作用，但程度较小。

（四）研究海洋气象变化的其他新信息
——发现南极冰芯含有过去大规模海洋气象变迁痕迹[15]

2017 年 3 月，日本理化学研究所的一个研究小组在《地球化学杂志》网络版上发表论文称，他们对 2001 年在南极内陆挖掘的含有各种成分的冰芯进行离子浓度分析，结果发现，冰芯存在来自平流层的成分和过去大规模海洋气象变化的痕迹。

南极内陆被厚度平均超过 2000 米的冰床覆盖。冰床由降雪堆积而成，以各种形式保存着过去的气候变动和环境变迁等信息。日本南极科考队在南极富士圆顶附近钻探到超过 3000 米深的冰芯，这些冰芯的历史可追溯至 72 万年前；而深约至 85 米的浅层部分则有 2000 年历史。迄今为止，科学家尚未对南极冰芯按年份进行系统分析，而此类分析能够发现详细的化学特征，获得过去气候变动和环境变迁的重要信息。特别是浅层冰芯记录了人类历史活动，可以评估自然现象和人类活动对气候和环境的影响。

研究小组称，他们把 7.7～65 米深的冰芯，按年份划分，每一年份为 3～4 厘米，约为公元 600—1900 年，并制作出 1435 个冰芯样本。然后，利用高感度离子色谱装置，对 10 种负离子和 5 种阳离子浓度进行测定，精度在 5% 之内。结果发现，1435 个样本的平均化学成分，与来自海水的海盐成分完全不同。

研究人员解释说，这是因为南极富士圆顶附近雪中含有的物质，不仅是距地表约 8 千米的对流层从沿海运送来的海盐等物质，还有从距地表 8～50 千米的平流层而来的众多其他物质。研究人员对各种离子浓度进行分析，结果发现了数个样本的钠离子和氯离子浓度非常高。这表明，在冰芯记录的 1300 年间，至少发生了数次大规模的海洋气象变动现象，即非常大的低气压侵入内陆，气流从沿海携带海盐成分至南极内陆。但引起这种气象的原因，有待今后继续研究。

二、探索海洋气温变化的新成果

（一）研究海洋温度变化的新信息

1. 研究海洋温度变化的新发现

（1）发现珍珠母贝能忠实记录海洋温度。[16] 2016 年 12 月 19 日，美国威斯康星大学麦迪逊分校的物理学教授普巴·基尔伯特领导的一个研究小组，在《地球与行星科学通讯》杂志上发表论文称，他们发现，坚硬的矿物生物珍珠母贝，忠实地记录了古代海洋温度。

据美国科学促进会科技新闻共享平台报道，这项工作非常重要，为科学家提供了全新的、可能更准确测量古老海洋温度的方法。该方法非常简单，仅使用扫描电子显微镜和贝壳的横截面，就可以测量构成珍珠质微细片层的厚度。基尔伯特解释说："片状物的厚度与海洋温度有关。温度越高，片层越厚。"

研究小组研究了珍珠母贝的化石样本，这些快速生长的咸水蛤科软体动物，生活在大约有 2 亿年历史的浅海环境中。即便是现在，这种双壳类海洋生物，依然在热带和温带沿海和浅陆架环境中生存繁衍。

新方法比以往的方法更准确。因为化石贝壳的化学成分能够通过成岩作用改变，成岩作用发生在沉积物下降到海床上形成沉积岩期间，化石贝壳可部分溶解并再沉淀为方解石，填充珍珠质中的裂纹。如果物理结构被成岩作用改变，珍珠质将不再分层，所以会知道值不值得分析那个区域，如果只保留一些珍珠层，它们的厚度可以很容易测量。

珍珠母贝这种软体动物家族，已经在世界海洋中生活了超过 4 亿年，留下了清楚的海洋温度记录，除了说明过去的气候，相关数据还可以帮助建模者预测未来的气候和环境变化。

（2）发现海洋升温现象频繁创历史新高。[17] 2022 年 1 月，由中国科学院大气物理研究所牵头、联合全球 14 个研究单位 23 位科学家组成的国际研究团队，在《大气科学进展》杂志上发表论文称，新数据表明，2021年海洋升温持续，成为有现代海洋观测记录以来海洋最暖的一年。同时，地中海、北大西洋、南大洋、北太平洋海区都接二连三地创造出历史高温新纪录。

研究团队同时发布了两个国际机构的 2021 年海洋热含量数据，分别是来自中国科学院大气物理研究所的 IAP/CAS 海洋观测格点数据和来自美国海洋和大气管理局国家海洋信息中心的 NCEI 格点数据。

最新的 IAP 数据显示，在 2021 年，全球海洋上层 2000 米吸收的热量，与 2020 年相比增加了 14×1021 焦耳，这些热量约相当于中国 2020 全年发电量的 500 倍。

研究人员指出，全球变暖 90% 以上的热量储存在海洋中，相比地表温度而言，受自然波动的影响小，因而海洋热含量变化成为判断全球是否变暖的最佳指标之一。过去 80 年中，海洋每一个十年都比前十年更暖。海洋变暖随之会引起一系列严峻后果，包括推升全球海平面、降低海洋二氧化碳吸收效率、增加海洋热浪发生概率、强台风/飓风更多、极端降雨更多等，对人类活动和生态系统有重要影响。

该论文还表明，海洋变暖在南大洋、中低纬度大西洋、西北太平洋等区域更为剧烈。为探究原因，研究团队使用了美国国家大气研究中心（NCAR）地球系统模型（CESM）的独立强迫实验，揭示了不同强迫因子对海洋变暖的贡献。实验表明，温室气体增加是驱动海洋变暖空间结构的主要原因，此外工业和生物气溶胶、土地利用等对海洋变暖也有一定的影响。

研究人员说："海洋对大气温室气体增加的响应较为缓慢和滞后，过去的碳排放导致的海洋变暖等影响将持续至少数百年之久，这一现象凸显了海洋在全球气候变化中的重要作用。我们需要充分将海洋变暖的影响纳入气候风险评估、气候影响和应对当中。"

2. 提出预测海洋温度的时空结合新模型

运用时空四维卷积模型预测海洋温度。[18] 2021 年 11 月，中国科学院沈阳自动化所副研究员周晓锋等专家组成的研究小组，在《地球科学与遥感通讯》杂志上发表论文称，他们针对目前海水温度预测局限于海洋表面，且只考虑时序预测的问题，提出一种基于时空四维卷积网络的模型，以解决这些问题，从而推动海洋温度预测方法的创新。

周晓锋说："时空四维卷积模型由三部分组成：四维卷积网络、残差网络、再校准模块。"海洋温度数据本身为经度、纬度、深度构成的三维栅格化数据，增加时间维度后，形成了四维矩阵。利用四维卷积网络，对海洋温度数据提取时间特征的同时，提取三维立体空间特征。四维卷积网络的意义就是实现时空双重特征提取。由于卷积运算是线性运算，他们在三维卷积的原理基础上进行改变，实现四个维度同时卷积。

对于普通的神经网络来说，深度层次越多，优化算法越难训练，训练错误便会越多。残差模块可以优化深度神经网络，而利用残差网络进一步加深网络，可进一步提取海洋温度的空间特征。

在整个海洋空间中，相邻区域的数据对于预测的贡献在空间上各不相同。有的位置温度多变、有的位置温度稳定、有的位置等温线密集、有的位置等温线稀疏。为了提高模型性能，研究人员给模型在残差模块后面加入了再校准模块。再校准模块的意义就是探索并量化各个区域特征的贡献程度，对前面计算得到的特征数据进行加权。重要特征赋予较高权重，不同位置也赋予不同权重，然后将特征进行加权求和，得到最终结果，由此提高模型的质量。

研究小组利用时空四维卷积模型，进行了横截面方向和剖面方向的两方面实验。实验显示，时空四维卷积模型可以准确预测水平方向0~2000米的海洋温度，且准确度并不受海洋深度影响，均在98%以上，并有大部分大于99%。对于剖面方向，时空四维卷积模型可以准确预测出季节性温跃层和主温跃层的位置和形状，准确度不受海洋位置影响，均大于99%。

此外，研究小组还把时空四维卷积模型与目前的预测方法做了对比，在平均绝对误差、均方误差、预测精度和R平方等各个指标上，新模型都达到了最优的效果。

研究人员表示，时空四维卷积模型利用海洋温度数据的双重特征提取，并对特征及区域进行加权，实现了海洋内部温度的数据预测，打破了目前对于海表温度预测的局限性，并将温跃层的预测变为可能。

（二）研究海洋气候变暖现象的新发现

1. 发现北大西洋变暖速度比预计更快[19]

2018年9月，美国加州大学圣地亚哥分校斯克里普斯海洋研究所科学家组成的研究小组，在《气候杂志》上发表论文称，他们研究发现，北大西洋的变暖速度比之前预计的更快，这将扰乱主要的海洋循环继而对全球气候产生影响。

研究人员根据未来温室气体和气溶胶的排放率，进行情景建模。其中一个情景，主要关注的是未来气溶胶的减少和大气中温室气体的持续增加。气溶胶冷却效果，约为目前人为造成二氧化碳升温效应的 50%。由于冷却效应，气溶胶的减少将加速海洋变暖，引发北大西洋的大幅变暖，是二氧化碳排放量增加造成最显著的后果。

从历史上看，南大洋一直是主要的吸热器，约占海洋中人为温室热量摄入量的 72%，部分原因是该地区的冷却气溶胶含量较低。而北大西洋恰好相反，在强烈的气溶胶冷却下，北大西洋没有吸收太多热量，这意味着北半球的大部分变暖发生在大气层而非海洋。新提出的模型预示着一个巨大的转变。随着冷却气溶胶的减少，这些气溶胶集中在北半球，随着时间的推移，海洋需要吸收更多的热量。研究人员预测，北大西洋的吸收份额，可能从 6% 增加到约 27%。

北大西洋变暖速度的加快，可能会是影响大西洋经向翻转环流（A 经向翻转环流）的关键因素。作为地球气候系统的重要组成部分，大西洋经向翻转环流是一个庞大的洋流系统，以墨西哥湾流为例，通过将温暖的表面水传送到高纬度地区，从而让这些水，在寒冷的北大西洋深层水的地方进行冷却、渗透、向南返程流动，最终水被传送到地面，水温变暖并完成循环。由于这股环流分配热量和能量，所以它在维持全球气候模式方面发挥重要作用，对于调节北欧和北美沿海地区的气候尤为重要。

2. 研究显示北冰洋迎来气候变暖的全新时期[20]

2020 年 9 月，美国科罗拉多州国家大气研究中心劳拉·兰德勒姆和玛丽卡·霍兰德等专家组成的研究小组，在《自然·气候变化》杂志上发表研究成果，他们的研究显示，长期冻结的北极地区已经开始进入全新的气候系统，其特征是北冰洋冰层融化、温度上升和降雨天数的增加，这三个数值已远远超出了以往的观测范围。

研究小组专门考察了北冰洋海冰面积、气温和降水模式的变化。他们发现，海冰减少的变化程度远超过去几十年。换句话说，在气候变化的推动下，至少有一个信号意味着"新北极"已经出现，即海冰的减少。

随着时间的推移，海冰减少的情况只会变得更糟糕。在极端气候下，夏季海冰覆盖面积最晚将在21世纪70年代降至100万平方千米以下。大多数科学家认为，这意味着北极"无冰"状态出现的时间将会提前。

据了解，海冰会对北极的温度产生深远的影响。冰有一个明亮的反射性表面，有助于将太阳光从地球上散射出去。厚厚的海冰还有助于使海洋隔热，在冬天将热量"锁"在地下，并防止热量"逃逸"到北极寒冷的空气中。随着海冰变薄和消失，海洋在夏天能够吸收更多的热量。而在冬天，热量将会轻易穿过变薄的冰层散逸到空中，从而使大气变暖。

而海冰减少的研究结果证实，一个新的北极已经出现。如果全球气温继续以目前的速度上升，21世纪末之前，全球气候系统将会变得"面目全非"。海冰的变化是一个明确的迹象，这表明气候变化不是未来的问题，它已经极大程度上重塑了今天的地球。同时，这也为北冰洋以及整个北极地区的生态系统带来巨大困扰和担忧。

3. 发现北极局部变暖速度远快于世界其他地方[21]

2022年8月11日，芬兰气象研究所科学家米卡·兰塔宁及其同事组成的一个研究小组，在《通讯·地球与环境》杂志网络版发表论文称，北极变暖速度与全球平均值相比，确实比之前人们认为的更快。极地加速变暖表明，该地区对全球变暖的敏感程度高于当前的评估。

北极在全球气候系统中发挥着重要的调制作用。但过去的报告称，极地变暖速率平均而言是全球其他地方的2～3倍，是全球地表气温增高最剧烈的地区，这一现象被称为北极放大效应。目前，世界各国和气象组织，都对北极气温的变化高度关注。

该研究小组此次分析了北极圈1979—2021年间的观测数据，估计这一时期内，北冰洋的大部分以每十年0.75℃的速率暖化，至少是全球平均值的4倍。在北冰洋的欧亚部分，邻近斯瓦尔巴和新地岛，变暖速度高达每十年1.25℃，已经7倍于世界其他地方。研究团队认为，由于海冰损失增加，北极放大效应会随时间加剧。

研究人员表示，气候模型预测可能普遍低估了1979—2021年间的北极放大效应，他们呼吁更详尽地研究北极放大效应的机制，以及它们在气候模型中的表现。

（三）研究气候变暖影响因素的新信息

1. 探索导致气候变暖因素的新发现

发现东西伯利亚大陆架浅海带是气候变暖的源头之一。[22] 2015 年 7 月 9 日，《俄罗斯报》报道，俄科学院远东分院太平洋海洋研究所，极地地球化学实验室主任伊戈尔·谢米列托夫主持的研究小组，在接受俄媒体记者采访时指出，东西伯利亚大陆架浅海带对全球气候影响是相当大的，北极地区的科考工作，得出了令人惊奇的结论。实际上，美国和欧洲主要大学的学者早就认为，东西伯利亚大陆架浅海带是全球气候变暖的重要源头。

谢米列托夫说，以前人们普遍认为，东西伯利亚大陆架浅海带蕴藏丰富的甲烷水合物，被冰土严实地包裹着。然而，事实是，这些终年积冰在北极大陆架的水下部分，已出现了 700 余处大洞，它们中的一些直径达 1 千米，形象地说，这些大洞就像是独特的筛子。

他接着说，甲烷水合物位于大陆架下面数十米深处，如果它们与温水相遇，就会遭到破坏。在深水区，甲烷氧化成二氧化碳，而后钻出海面。在浅水区，大量甲烷没有足够时间氧化，直接逃逸进大气层，在更大程度上影响全球气候。

谢米列托夫还指出，地球大部分甲烷，在人类出现以前就集中在北极上空。地球上甲烷浓度，在其温暖期及间冰期较冰川时代要高 10%。众所周知，北极地区是全球气温变化最快的地方，北冰洋一些地区的气温，近年来上升了 3~5℃，这些地区正好是东西伯利亚大陆架所处的海洋区域。

2. 探索减弱气候变暖因素的新发现

发现变冷的太平洋深处或能帮助减弱气候变暖现象。[23] 2017 年 12 月，美国伍兹霍尔海洋研究所物理海洋学家杰克·盖比、哈佛大学气候科学家彼得·惠布斯共同负责的一个研究小组，在美国地球物理学会上报告称，被称为"小冰河期"的全球变冷趋势在几个世纪前结束，但它一直存在于太平洋最深处。更重要的是，这一海洋学的时间胶囊，或许能帮助减弱当前由人类驱动的变暖。

海洋是一个巨大的热量储存库，吸收了约 90% 的人类所致气候变暖产生的热量。不过，这种热量并未均匀、迅速地渗透进海洋深处。作为被称为温盐环流的全球洋流网络的一部分，北大西洋表面的冷水"俯冲"到深处，并且在好几个世纪的时间里，蜿蜒流至在很多方面可谓是地球冷藏柜的北太平洋深处。

这意味着太平洋的深层海水，应当能反映有着几百年历史的表层温度趋势。盖比表示："从1350年到现在，这些深层海水应当是在变冷，尽管表层在变暖。"

一系列重建的全球表面温度模型表明，几个世纪前，全球异常寒冷。关于冰冻的泰晤士河的画作可以证明。在中世纪暖期于15世纪结束后，变冷趋势开始出现，直到人类驱动的变暖在19世纪出现。通过将历史记录的表面温度填充到海洋模型中，盖比和惠布斯得以预测这些趋势在海洋多深处显现出来。

为测试模型，他们需要来自深海的长期温度变化的证据。但超过2000米水深的记录非常稀少，并且在20世纪之前似乎是不存在的。不过，事实并非完全如此。

19世纪70年代，一艘名为"挑战者"号的英国科考船在全球进行科考期间，用5年时间记录了海洋温度。研究人员通过用绳子下放到海底的温度计，获得了760条超过2000米水深处的记录。盖比和惠布斯将这些数据，同20世纪70年代以来的指标进行了比对。盖比说："我们精确地看到了模拟中发现的结果：太平洋深处在变冷，大西洋深处在变暖。"

实际上，海洋深处扮演了过滤器的角色，它消除短期的温度波动，并且保持长期趋势。如果盖比的模型是正确的，随着小冰河期的海水到达，太平洋深处在接下来的几十年里将继续变冷。

（四）研究气候变暖带来的自然和社会影响

1. 探索气候变暖对海洋自然环境造成的影响

（1）研究显示气候变暖将导致全球海平面上升。[24] 2016年4月，美国马萨诸塞大学阿莫斯特分校地球科学家罗布·德孔托，与宾夕法尼亚州立大学古气候学家大卫·卜立德等组成的研究小组，在《自然》杂志上发表论文称，他们通过建立模型进行预测的研究显示，温室气体排放量的持续增加，在未来几十年将引发南极冰盖的一场无法阻挡的崩塌，从而导致全球海平面快速上升，其影响比原有估计更大。

这项研究与越来越多的其他研究同时表明，南极冰盖并不像人们之前想象的那样稳定。此前的研究已指出，过去海平面上升的主要推动因素来自南极冰盖融化，未来这也很可能仍是主要因素。不过对具体影响有多大，不同研究的说法不一。

在2013年的一份报告中，政府间气候变化专门委员会曾评估认为，南极冰盖融化只会在2100年导致全球海平面上升几厘米。然而随着科学家开发出海洋和大气如何影响南极冰盖的更好模型，他们预测这块大陆的未来将变得越来越可怕。

研究小组开发出的气候模型，能够计算出正在变暖的洋流导致的海冰损失，这会"吃掉"冰盖下部，并计算出上升的大气温度融化冰盖上部的情况。

研究人员指出，冰盖表面形成的融水池塘通常会随着裂缝流干，而这可能引发链式反应，最终打碎冰架，并导致新暴露的冰崖在自身重量下坍塌。

研究人员发现，通过将所有这些过程包含在内，他们能够更好地模拟长期以来让科学家感到困惑的关键地质周期。通过将由大气变暖驱动的冰盖融化及冰崖坍塌结合在一起，研究小组在他们的模型中重现了过去几百万年里的数个关键地质周期。

在本次研究中，研究人员利用冰盖模型计算认为，如果温室气体排放一直保持在如今的速度，南极冰盖融化的影响要更大，到2100年将导致全球海平面上升1米以上，而到2500年可能会导致海平面上升15米以上，这会改变整个地球的面貌。

研究人员表示，这项计算结果，是对未来气候变化影响下海平面上升的最坏场景预测，其中一些因素可能会发生变化，有待更进一步深入分析。计算结果也显示，如果能大力减缓气候变化，将全球升温幅度控制在与工业革命前相比不超过2℃，那么未来海平面也可能只出现很小的变化，对人类社会的影响也会大幅降低。

（2）研究表明海平面上升会使极端洪水事件快速增加。[25] 2020年4月16日，由美国地质调查局、伊利诺伊大学芝加哥分校、夏威夷大学等机构相关专家组成的研究团队，在《科学报告》杂志上发表论文称，他们研究发现，如果海平面继续按预期上升，美国沿海地区的极端洪水事件每五年就会增加一倍。目前"一生一遇"的极端水位每50年出现一次，但到21世纪结束前，美国大部分海岸线的水位可能每天都会超过这个水平。

研究团队此次调查了美国海岸线202个验潮站测得极端水位的频率，并将这个数据与海平面上升的情景相结合，模拟了未来洪水事件的可能增加速度。

在研究使用的验潮站中，73％的验潮站发现，50年一遇的极端水位与日均最高水位之间的差距还不到一米，而大部分预测显示，到2100年的海平面上升幅度会超过一米。研究团队的模型预测，到2050年，当前的极端水位会从50年一遇的所谓"一生一遇"洪水事件，变成在美国70％的沿海地区一年一遇的事件。而在2100年结束前，此次测量中93％的地区，预计每天都会超过现在"一生一遇"的极端水位。

这些数据表明，当前的极端水位在接下来的几十年里会很常见。低纬度地区将是最危险的地区，那里发生海岸洪水的频率预计每五年会翻一倍。对于夏威夷和加勒比海岸带最危险的地区而言，海平面每上升一厘米，那里出现极端水位的频率可能也会增加一倍。

近年来，气候变化已引起极端洪水事件频发，而极端洪水事件会对人类重要基础设施以及人员生命安全造成极大损失，甚至将是人类未来面临的最大威胁之一。研究团队认为，与此相关的海岸灾害，如海滩和悬崖侵蚀，可能会随洪水风险的增加而加速发生。

（3）研究表明未来北冰洋或因气候变暖频繁掀起巨浪。[26] 2020年7月12日，加拿大环境与气候变化科学技术局气候研究部专家卡萨斯·普拉特主持的一个研究小组，在《地球物理研究杂志·海洋》网络版上发表的一项研究成果表明，全球变暖会导致北冰洋海浪气候发生巨大变化，未来该地区可能会频繁地出现巨浪，严重影响沿海地区居民及基础设施的安全。

在这项研究中，研究小组用5个气候模型，对1975—2005年和在RCP 8.5情景（到2100年升温5℃的情景）下2081—2100年两个时期，北冰洋的海浪气候与海洋风和海冰浓度的关系进行了模拟。他们发现，未来北冰洋区域几乎每个地方的海浪高度都会有所增加，预计 21 世纪末阶段，有些地区每年近海的最大浪高可能会增加 6 米，比 20 世纪末期高出 2～3 倍。此外，沿海地区的极端海浪事件也会变得更加频繁，由过去每 20 年发生一次变为每 2～5 年就会发生一次。换句话说，到 21 世纪末，北极地区沿海洪水的发生频率可能会增加 4～10 倍。

普拉特指出，北极地区是全球气候变化研究的热点地区，其中有些地方气候变暖的程度是世界其他地区的 3 倍。但这些变化会对该地区产生什么样的影响？相关信息并不多。此次他们的研究提供了更多信息，表明气候变化会对北冰洋的海浪气候产生巨大影响，而海洋条件的恶化将直接影响沿海社区、能源基础设施、航运，甚至生态系统和野生动植物的安全，对此应予以高度关注。

2. 探索气候变暖对海岛生态环境造成的影响

气候变暖将对太平洋岛屿物种带来严重威胁。[27] 2017 年 7 月 12 日，澳大利亚新英格兰大学科学家莱利特·库玛和马亚特·特兰尼领导的研究团队，在《科学报告》杂志上发表的一项成果，揭示出太平洋岛屿上因受气候变暖影响而可能最易灭绝的陆生脊椎动物。

气候是制约生物生长、分布、繁衍的主要因素之一。随着气候问题的升温，气候变暖对物种的影响，逐渐成为人们关注的焦点——其不但会造成生物物候期的改变，还会加快物种的灭绝速率。目前，科学家正试图探寻气候变化大背景下生物多样性的脆弱，以及如何采取保护措施。

此次，该研究团队在 23 个太平洋岛国中，鉴定出 150 种被世界自然保护联盟数据库收录的易危、濒危或极危陆生脊椎动物物种。研究人员将该信息与涵盖 1779 个太平洋岛屿的数据库结合起来，根据各岛屿对气候变化的敏感性，鉴定出灭绝风险可能最大的物种。

研究人员发现，其中 59 个对气候变化影响具有极高敏感性的岛屿，拥有 12 种当地特有物种，而 178 个具有高敏感性的岛屿，拥有 26 种特有物种。此外，他们还在这些岛屿上鉴定出大量因为气候变化而面临极高风险或高风险的极危物种，包括金狐蝠、大锥齿狐蝠、斐济带纹鬣蜥和玛利安娜狐蝠。研究人员表示，针对这种情况，宜按轻重缓急分配可用资源，保护最脆弱的物种。

3. 探索气候变暖对文化遗产造成的影响

气候变暖导致海平面上升会严重威胁世界遗产地。[28] 2018 年 10 月 16 日，德国基尔大学环境科学家莱纳·雷曼及其同事组成的一个研究团队，在《自然·通讯》杂志发表研究报告称，他们建立了一项风险指数，分析了到 21 世纪末，气候变暖导致海平面上升对沿海世界遗产地造成灾害的状况，基于该指数可对这些世界遗产地进行排名。研究显示，由于海平面上升，位于地中海地区的联合国教科文组织世界遗产地，包括威尼斯、比萨大教堂广场、罗得中世纪古城，正面临海岸侵蚀和沿海洪水的严重威胁。

地中海地区有多处地方被列入联合国教科文组织世界遗产名录，其中许多都位于沿海地区。海平面上升会对这些遗产地构成威胁，需要通过地方层面上的风险信息，才能制定出适应性规划。

该研究团队此次把模型模拟与世界遗产地的数据相结合，建立了一项风险指数。这项指数，针对地中海地区 49 处沿海的联合国教科文组织世界遗产地，评估了到 21 世纪末海平面上升对其所造成的沿海洪水和海岸侵蚀威胁。

研究团队发现，37 处遗产地可能会遭受百年一遇的洪灾；42 处遗产地已经面临着海岸侵蚀的威胁。到 2100 年，整个地中海地区出现洪水和侵蚀的概率分别会上升 50% 和 13%。除了突尼斯的阿拉伯老城，以及土耳其的桑索斯和莱顿遗址这两处遗产地以外，该地区其他遗产地均面临其中一项风险。

研究点名指出了亟须制定适应性规划的地区。科学家们建议，鉴于这些遗产地都是标志性景点，或可用来增强公众应对气候变化的意识。

三、探索调节气候变化洋流的新成果

（一）研究洋流参与调节气候的新信息

1. 探索洋流调节气候功能的新发现

发现海洋环流对调节气候变化发挥着重要作用。[29] 2014 年 10 月 24 日，物理学家组织网报道，美国罗格斯大学海洋和沿海科学系研究员斯特拉·伍德主持，该系教授罗森塔尔为主要成员的一个研究小组，在《科学》杂志上发表论文称，大多数对气候变化的关注，集中在释放到大气中的温室气体含量，但他们研究发现，海洋环流对调节地球气候起着同样重要的作用。

研究人员认为，在270万年前，地球北半球的冷却和大陆冰川的积聚，与海洋环流的变化一致，大西洋深处的二氧化碳和热量，被从北到南输送到太平洋中释放。

研究人员认为，海洋输送系统变化的同时，北半球冰川体积扩张，以及海平面大幅下降。而南极的冰切断了发生在海洋表面的热交换，迫使其到海洋深处。这引起了全球气候变化，而非大气中的二氧化碳起作用。

据报道，研究小组基于250万年前到330万年前的海洋沉积物岩芯样本，深入了解到今天的气候变化机制。伍德说："我们认为，大约建立于270万年前的现代深海环流，即海洋输送，引发了北半球冰盖扩张，而不是由大气中二氧化碳浓度的重大变化所致。"

研究表明，在海洋盆地之间热量分布的变化，对了解未来气候变化很重要。然而，科学家不能准确预测大气中二氧化碳进入海洋对气候产生的变化。不过，他们认为，近200年中释放的二氧化碳越来越多，超过近期在地质历史上任何一段时期，二氧化碳、温度变化和降水之间的互动，将导致海洋循环的深刻变化。

研究人员认为，300万年前的深海环流是另一种不同模式，对温度的升高负有责任，而海洋输送使得地球降温，形成了我们现在所生活的气候。

罗森塔尔说："研究表明，在深海中储存热量的变化，对于气候变化与其他假设同样重要，如构造活动或二氧化碳水平下降，可能是过去300万年的一个主要气候过渡。"

2. 探索洋流加快气候变暖的新发现

可用海洋环流解释北极变暖快于南极的原因。[30] 2014年12月，物理学家组织网报道，美国麻省理工学院绿色海洋学教授约翰·马歇尔率领的一个研究小组，在《英国皇家学会哲学汇刊》上发表研究成果称，他们通过研究海洋动力学这一现象发现，由于海洋具有吸收和运输巨大热量的能力，其在气候变化中发挥着关键作用。由此，海洋环流可以解释为什么北极变暖比南极更快。

近几十年来，科学家观察地球两极的气候难题：北极变暖并逐渐丧失海冰，而南极许多地方却有所降温，甚至在增加海冰。现在，该研究团队从研究人类活动导致气候变化的影响入手，揭示了这种南北极气候不对称现象的基本过程。

据报道，研究人员对海洋和气候的计算机模拟显示，温室气体排放的多余热量，被南极周围的南大洋和北大西洋吸收，但是它并不徘徊。取而代之的是，移动的海洋重新分配这些热量。在南大洋，实力雄厚、向北流动的支流将热量向赤道分流，远离南极洲。在北大西洋，单独向北流动的支流将热量分流进北极。因此，当南极变暖只是轻度时，北冰洋的温度升高很快，加速着北极大气变暖和海冰的损失。

模拟结果显示，随着北极变暖速度超出南极的两倍，每个区域中的温室气体反应是不同的。研究人员甚至认为，该模型可以预测，到21世纪中叶，北极将相当暖和，以至于在夏天没有海冰。

马歇尔研究小组还发现，海洋对于臭氧洞的反应，可以有助于解释到目前为止南极洲周围的变暖缓慢。人类排放的污染物氯和溴、氯氟化碳，在21世纪初曾达到顶峰而现在慢慢减少，这致使南极上空数百万平方英尺的臭氧恶化。

研究人员把一个臭氧洞引入到模型中后发现，在南大洋上空的风速增快，并向南移动，这与在南极洲周围观察到的风的变化一致。研究人员说，这种强化的风，开始冷却海面和扩大海冰，然后气候变暖和海冰收缩成为一个缓慢的过程。研究人员认为，发生这种变暖的情况，是由于强风终于疏通了深海区域表面相对温暖的海水。

3. 探索洋流影响气候变化机理的新进展

推进大洋东边界流影响气候变化机理研究。[31] 2023年3月18日，《科技日报》报道，由中国科学院院士吴立新领衔的中国海洋大学研究团队，在大洋东边界流与气候变化研究领域取得系列重要进展。他们首次利用高分辨率地球系统模式，揭示了世界大洋主要东边界上升流系统对全球变暖的响应与控制机理，改变了对该科学问题的传统认识。《自然·通讯》和《自然·气候变化》对这项研究成果进行了在线报道。

全球东边界上升流系统以不足2%的面积，贡献了全球7%的初级生产力，以及 20％的渔获量。阐明全球变暖背景下东边界上升流系统的演化特征和调控机理，对于理解海洋生态系统健康和人类社会可持续发展具有重要意义。

本研究利用中国海洋大学参与研制的高分辨率地球系统模式，并结合CMIP6 多模式数据，首次全面分析了加利福尼亚、加纳利、本格拉和秘鲁上升流系统等世界四大东边界上升流系统，对气候变化的响应。

研究表明，尽管风场引起的离岸埃克曼输运对上升流的气候平均态强度起决定性作用，但上升流的长期变化趋势不再由风场变化所主导，而是受到地转流引起的输运变化的控制。此外，研究进一步表明，尽管北半球上升流系统的海表温度增加相对开阔大洋较慢，但南半球上升流系统的情形则正相反。后者主要是因为东边界流自身减弱导致的冷平流减弱。南半球东边界流的减弱，则与大西洋经向翻转环流的减弱以及海盆尺度的风场变化有关。

上述发现，改变了东边界上升流系统对全球变暖的响应和控制机理的传统认识，揭示了南半球东边界上升流系统的"热斑"现象，为应对气候变化对东边界上升流系统的影响，提供了科学支撑。

该研究团队 2012 年发现气候变化导致全球西边界流热斑现象，2020年提出中尺度涡旋对西边界流海洋锋面的维持机制，本次成果在原有基础上又取得重要进展。这一系列成果，对于推动大洋边界流观测、理论与预测研究，深入认识大洋边界流系统对气候变化的响应和反馈作用具有重要意义。

（二）研究洋流运行及其动能变化的新信息

1. 探索黑潮暖流运行方式的新进展

推进黑潮暖流路径及其影响的研究。[32] 2013 年 11 月 19 日，有关媒体报道，中国科学院南海海洋所启动了我国首个黑潮南海综合科考航次，将重点考察和研究黑潮暖流在吕宋海峡的路径、影响范围及其对南海生态环境的影响。

物理海洋学家苏纪兰院士指出，黑潮是沿北太平洋西边界一股由南向北、高温高盐的强大暖流。这股强大暖流对邻近东亚地区的航海、渔业生产、海洋环境及气候均有影响。他认为，对黑潮本身及其所诱生的近海和陆架环流进行研究，具有非常重要的科学价值和现实意义。

实际上，黑潮的水并不黑，甚至比一般海水更为清澈透明。由于黑潮海水浊度极低，易吸收阳光中的红、黄色光波，偏重散射蓝色光波，所以人们往下看海水时，海水成了蓝黑色，所以称其为"黑潮"。

黑潮是海洋中第二大暖流，起源于热带地区，西行到达菲律宾沿岸后北上，流经吕宋海峡、台湾以东，穿过东海，再返回太平洋经日本南部向东流去。黑潮温度、盐度皆高，横向幅度超过100千米，向下深度约1000米，流速快，流量大。黑潮对西北太平洋及我国近海的海洋生态环境、渔场建设、海洋工程，以及国防安全等都有巨大影响，与我国东部天气系统和气候也有密切关联。

据了解，从1986年起，中日两国海洋学家开始了为期7年的黑潮联合调查研究，每年进行四个航次的大规模海上调查，苏纪兰是这个大课题的中方首席科学家。在他主持下，中方每年举行一次讨论会，共主编了5个讨论论文集，不断加深学界对黑潮、琉球海流和黄东海陆架环流的认识。

与此同时，中国科学院南海海洋所从20世纪80年代末开始对南海进行调查研究，调查区域主要集中在南海北部陆架附近海域以及南沙群岛附近。20多年来，研究人员始终没有间断研究，还扩大了调查范围，维持了一条从海南到吕宋，横贯南海的观测断面，为推进黑潮流动路径及其影响研究积累了大量基础材料。

2. 探索太平洋沃克环流动能的新发现

揭示太平洋沃克环流动能增强的原因。[33] 2021年11月11日，中国科学院大气物理研究所周天军研究员主持，博士生巫明娜以及德国马普气象研究所学者参加的一个国际研究团队，在《自然·通讯》杂志上发表论文称，他们研究表明，太平洋年代际振荡位相的转变，是1980年以来太平洋沃克环流动能增强的主要原因，其贡献要大于人为辐射强迫的作用。

太平洋沃克环流是热带太平洋最重要的大气环流系统，是在热带太平洋海表温度东西向梯度驱动下，产生的闭合热带纬向环流圈，其变化能够对热带及热带外的气候异常产生显著影响。例如，在全球尺度上，太平洋沃克环流能够通过海气相互作用影响气候系统的能量收支；在区域尺度上，其强度的变化能够调节南亚季风区、海洋大陆和亚马逊等地区的局地水循环。尽管气候模式预估伴随全球增暖，长期来看未来沃克环流将减弱，但是观测资料却表明，自1980年来太平洋沃克环流呈增强趋势，原因存在较大争议。

针对1980年以来太平洋沃克环流增强的原因问题，该研究团队基于多套气候系统模式大样本集合模拟试验结果，首次定量估算了外强迫和内部变率在近期太平洋沃克环流增强中的相对贡献。

结果指出，太平洋年代际振荡是决定1980年以来太平洋沃克环流增强的主要内部变率因子。太平洋年代际振荡是指太平洋海表温度年代际尺度上20～30年准周期的振荡现象，其正位相特征是热带太平洋中东部海温偏暖，热带暖异常沿美洲西海岸分别向两半球延伸至温带北太平洋和南太平洋，同时，中纬度北太平洋和南太平洋的海温偏冷；负位相的海表温度距平则反号。

太平洋年代际振荡位相的转换通过改变热带太平洋海温东西向梯度的变化，最终影响太平洋沃克环流的强度。当太平洋年代际振荡位相由正转负时，热带太平洋海温东西梯度增大，太平洋沃克环流增强，反之则减弱。

研究指出，在1980—2015年间，太平洋年代际振荡位相由正转负，解释了该时段内太平洋沃克环流增强幅度的大约63%。基于太平洋年代际振荡和太平洋沃克环流的关系，他们通过挑选与观测中太平洋年代际振荡位相变化一致的集合成员，进一步尝试预估了未来36年太平洋沃克环流的变化。结果表明，太平洋年代际振荡对太平洋沃克环流的主导作用能够持续到未来30多年，伴随着太平洋年代际振荡正位相的恢复，太平洋沃克环流将减弱。太平洋沃克环流的减弱，将引起南亚季风区和海洋大陆地区降水的减少，以及亚马逊西北部地区的变干。

3. 探索大西洋洋流动能的新发现

发现大西洋洋流动能近几十年来明显减弱。[34] 2018年4月11日，《自然》杂志发表了两篇分析大西洋经向翻转环流减弱的研究论文。这一洋流对气候具有重要影响，涉及热量的再分配，并且影响碳循环。研究发现，它近几十年来明显减弱，但这是否反映了长期性的自然变化仍不为人知。

在第一篇论文中，英国伦敦大学学院的研究团队，此次提供的古海洋学证据表明，自 1850 年左右的小冰期末期开始，拉布拉多海的深对流和经向翻转环流，与之前的 1500 年相比，已经变得异常微弱。研究人员认为，小冰期的结束与北冰洋及北欧海的淡水释放有关，而这种淡水释放引起了经向翻转环流的变化。但这一洋流的转变是在小冰期末期突然发生，还是在过去这些年里逐渐发生，尚难以确定。

在第二篇论文中，德国波茨坦气候影响研究所的团队，把整体全球气候模型与全球海面温度数据集结合，发现自 20 世纪中期以来，经向翻转环流的减弱"痕迹"约为 3 斯维尔德鲁普（海洋学使用的流量计量单位）。该痕迹在冬季和春季最明显，包括由热传输减少引起的大西洋近极地区的降温，以及由墨西哥湾流平均路径北移引起的墨西哥湾区域变暖。

这两项研究，在经向翻转环流减弱的时间点方面存在分歧，这可能反映了经向翻转环流的表达存在许多细微差别。在相应的新闻与观点文章中，美国地质调查局科学家认为，从科学角度看，现代经向翻转环流处于相对微弱的状态让人感到安慰。但他们总结称，从未来气候变化场景的大背景下看，也许就不那么令人安心了，因为经向翻转环流减弱可能导致北半球的气候和降水类型发生重大变化。

4. 探索墨西哥湾洋流动能的新发现

研究显示墨西哥湾洋流流速接近停滞。[35] 2021 年 8 月 5 日，英国《卫报》报道，气候学家监测到世界第一大海洋暖流墨西哥湾流，即大西洋经向翻转环流的崩坏迹象，洋流流速接近停滞，一旦突破临界点，将会对全球气候造成毁灭性影响。

据报道，大西洋经向翻转环流自 20 世纪开始就几乎失去了稳定性，流速处于 1600 年以来最慢的状态。一项新的分析发现，其流速现已近乎停滞。

研究人员称，墨西哥湾流的停滞将对全球造成毁灭性的影响：破坏印度、南美和西非数十亿人赖以生存的降水条件，导致欧洲暴风天气增多、气温下降，提升北美东部的海平面，并危及亚马逊的雨林和南极的冰盖。

来自德国波茨坦气候影响研究所的尼克拉斯·布尔斯表示："洋流不稳定的迹象显而易见，而这件事影响过于重大，绝对不能发生。"

全球变暖通过改变洋流的温度和含盐量，增加了洋流的不稳定性。大西洋经向翻转环流的复杂性和全球变暖的不确定性，使得目前无法预测洋流崩坏的具体日期。布尔斯指出："目前，还不知道什么程度的二氧化碳会引发洋流的崩坏，我们唯一能做的就是尽可能少地排放。我们每向大气中排放一克二氧化碳，这种极端事件发生的可能性就会增加。"

（三）研究影响洋流因素与洋流带来的影响

1. 探索影响洋流因素的新发现

研究表明海猴子等浮游动物迁移影响全球洋流。[36] 2014 年 10 月，美国加州理工大学莫妮卡·威廉默斯和约翰·达毕里等人组成的研究小组，在《流体物理》杂志上发表研究报告说，他们在实验中证实了浮游动物迁移模式所引起的海流，比种群里单个微生物所引起的海流的总和要大得多。其结果表明，小型海洋微生物的群体运动，对全球洋流模式所产生的影响，可能和风力或者潮汐力一样显著。

一直以来，咸水虾、海猴子因其显而易见的生命周期，吸引着人们的目光。不过，物理学家感兴趣的是它们生活里的一种短期运动模式：像其他的浮游动物一样，这些咸水虾根据光线变化，在水中成群地上下垂直迁移，它们在夜晚靠近海面，在白天又退回深海。

研究小组在一个大的蓄水箱中，利用激光聚集并诱导了一群海猴子的垂直迁移运动。研究人员在水箱周围用蓝色激光诱导咸水虾向水体表面移动，在水箱顶部用绿色激光使之聚集在水中央。为了再现咸水虾群体迁移后的海流模式，研究人员在水中混入了很多细小的镀银玻璃颗粒，并用高速相机拍下水流在海猴子群体迁移过程中所经历的分布变化。

如果是单个运动，所造成的水流扰动并不会强大到对洋流模式产生影响。但当两个或更多的微生物彼此相邻做集体运动时，单个微生物所造成的涡流，会彼此相互作用从而产生更强大的旋转流体力，在大面积范围内影响水体环流。

达毕里说："这项研究，揭示了一种显著的、以前从未被观察过的生物学和海洋物理学的双向结合：海洋中的微生物，能够通过集体游动影响它们的生活环境。"

2. 探索洋流带来影响的新发现

研究表明深海洋流减缓或将引发多个连锁反应。[37] 2023 年 3 月 29 日，澳大利亚新南威尔士大学教授马修·英格兰等人组成的一个研究小组，在《自然》杂志上发表论文称，他们新近的研究表明，如果温室气体排放量继续保持今天的水平，到 2050 年，海洋最深处的洋流可能会减慢 40%。

这项研究关注的深海洋流，存在于海平面 4000 米以下。南极区域的海水由于温度低、密度大而下沉，并从海底往北向热带地区扩散，最终形成环流。深海洋流形成的环流，有助于在全球范围内输送营养物质。海洋生物死亡后沉入海底，分解为营养物质后随着上升流返回，为浮游植物提供养分。洋流减缓将直接影响海洋食物链的基础。

研究人员指出，深海洋流减慢或将产生一系列连锁反应，包括推高海平面、改变全球气候、使海洋生物缺乏营养来源等。他们还指出，深海洋流的减缓可能导致大陆周围的表层海水升温，从而加剧冰层融化。此外，海洋吸收二氧化碳的能力也可能因洋流变慢而减弱。

第二节　气候影响海冰与冰盖研究的新进展

一、研究气候影响海冰变化的新成果

（一）探索气候变化导致北极海冰减少的新信息

1. 审视气候变化引起北极海冰减少的表现

（1）数据证实北极融冰期每 10 年延长 5 天。[38] 2014 年 3 月，英国伦敦大学学院极地观察与建模中心的朱利恩·斯托夫及同事，并与美国多家研究机构联合组成的一个研究团队，在《地球物理学研究快报》上发表论文称，他们通过最新的卫星数据分析，进一步证实北极的融冰期正在延长，大约每 10 年增加 5 天。数据显示，北冰洋在夏季吸收了越来越多的太阳能量，导致秋季海冰出现得越来越晚。在一些地区，封冻来临的时间每 10 年延迟达到 11 天。

研究人员指出，这一发现对跟踪气候变化具有重要意义，对北极地区的航运和能源工业也有实际应用价值。斯托夫说："过去 40 年来，北极海冰的范围一直在下降。冰开始融化和冻结的时间对每年夏季海冰损失的数量有很大影响。随着北极地区在长时间里变得更容易接近，人们也需要更好地预测海冰何时后退、何时前进。"

该研究团队分析了北极地区的卫星图像，追溯了 30 多年的变化情况。利用数据将整个区域划分为 25×25 平方千米的小区，分析了这些小区每个月的反射率，更新了冰面变化趋势，补充了新增的 6 年。以往的观察显示融冰期正在变得更长，新数据仍延续了这一趋势。

虽然北极在所有日历月份的温度一直在升高，但海冰融化开始的趋势远远小于秋季封冻。然而融化开始的时间对海冰能吸收多少太阳能量的影响更强烈，反过来，也会影响地表反射的情况。反射能力强的地表，比如冰面，反射率也高，即它们会把大部分照进来的阳光反射回太空。反射能力弱的表面，比如液体水面，反射率也低，它们会把照进来的阳光热量吸收掉。

这就意味着，海冰的覆盖范围在春天即使有一个很小变化，也会导致夏季吸收的热量有很大变化，使得秋季封冻大大延迟。此外还有第二个影响，经整个夏季而不融化的多年冰，比一年冰的反射率更高，一年冰只在冬天覆盖于海面。自 20 世纪 80 年代以来，在北极冬天的冰中，多年冰的比例从约 70% 降到了现在的 20% 左右，这一变化非常明显。

相关的能量变化也很大。每平方米海域累计多吸收了几百兆焦的能量。也就是说，北极每平方千米海面多吸收的能量，是广岛原子弹放出能量的许多倍。在上个 10 年，海面温度从 0.5℃ 增加到 1.5℃，这也很好地解释了北冰洋临海秋季封冻延迟的现象。

研究人员指出，对于北极的一些团体机构，如石油钻探，详细掌握海面何时封冻非常关键。对于气候科学家来说，本研究也有助于更好地理解北极气候的内在反馈机制。

（2）发现北极冰湖融化时间越来越早。[39] 2016 年 12 月，英国南安普敦大学教授贾杜·达什等专家组成的一个研究团队，在《科学报告》杂志上发表论文称，北极那些冬季冰封的湖泊会在每年春季升温时融化，他们研究显示，在全球变暖的大背景下，这些冰湖的融化时间正呈现越来越早的趋势。

研究团队通过卫星图像对北极地区 1.3 万多个湖泊在 2000—2013 年间的结冰和融化状况进行长期观察。这些湖泊分布在北极地区的 5 个区域：

阿拉斯加、西伯利亚东北部、西伯利亚中部、加拿大东北部和欧洲北部。

据他们的论文显示，在这一期间，结冰湖泊在春季开始融化的时间，每年平均会提前一天。达什说，这一观察结果，与其他相关研究成果都进一步展示了不断升高的气温，对北极地区带来的影响。

此外，研究人员还观察到，晚秋时节这些北极地区的湖泊表面开始结冰的时间点，也比以往推迟，导致整个结冰期缩短，但研究人员强调这还需要进一步的观察来确认。

(3) 研究显示北冰洋或比预期提前出现无冰夏季。[40] 2023 年 6 月 6 日，由韩国浦项科技大学气候学家主持，加拿大和德国相关学者参加的一个研究团队，在《自然·通讯》杂志上发表论文称，他们通过气候变化模型研究发现，即使在低排放场景下，北极可能早至 2030 年代就会在夏季没有海冰，比此前的估计早了约 10 年。这些发现，强调了人类活动对北极的重大影响，并表明对北极未来季节性无冰做好计划和适应的重要性。

北极海冰在最近几十年里快速减少，自 2000 年起减少加剧。没有海冰的北极可能影响北极内外的人类社会和自然生态系统，导致海洋活动不断改变，进一步加速北极变暖，以及碳循环出现新情况。然而，在低排放场景下，人类活动对海冰减少的影响，是否会导致北极无冰，仍有相当不确定性。

为了分析人类对北极海冰减少的影响并预测其未来路径，研究团队使用 1979—2019 年间的观察数据建立模型。他们的发现表明，人类对北极海冰减少的影响全年可见，可在很大程度上归因于温室气体排放增加。气溶胶及太阳、火山活动等自然因素的影响则小得多。

研究团队预计，在所有排放场景下，北极在 2030—2050 年的夏季都可能发生无海冰现象。这与此前联合国政府间气候变化专门委员会第六次评估报告的估计相悖，后者没有预测在低排放场景下未来北极夏季会发生无海冰现象。

2. 分析北极海冰减少带来的影响

(1) 发现北极海冰减少会大大影响温室气体平衡。[41] 2013 年 2 月，每日科学网站报道，瑞典隆德大学的研究人员发现，无论是在吸收还是释放方面，大面积的北极海冰减少，是影响大气中温室气体平衡的显著因素。研究人员还发现，在苔原及北冰洋都存在温室气体二氧化碳和甲烷。

"温室气体平衡不停地发生变化会产生严重的后果，因为在全球范围内，人类在使用化石燃料时，会向空气中释放一定的二氧化碳，而植物和海洋仅仅吸收其中大约一半的二氧化碳。如果北极组成部分的缓冲区发生变化，那么大气中温室气体的含量就会大大增加。"隆德大学的帕门蒂尔·弗兰斯博士解释说。

瑞典隆德大学及丹麦、格陵兰、加拿大和美国有关研究机构的科学家，共同参与了此项研究。他们注意到，当海冰融化时，已经形成了一个恶性循环。通常情况下，白色的海冰将太阳光反射回太空；但当海冰的覆盖面积收缩减少时，反射的太阳光量也随之减少了。相反，被海洋表面吸收的太阳光占了很大一部分比例，因此导致北极气温上升、气候变暖。

当然，这个过程的影响是多方面的。弗兰斯说："一方面，温度升高，可使植物生长更加茂盛，因此又能吸收更多的二氧化碳，这是积极的影响；另一方面，升温也意味着将有更多的二氧化碳和甲烷从土壤中释放出来，这又是一个强有力的负面影响。"

其实，除了陆地上的变化，目前的研究成果毕竟有限，还有很多无法确定的影响，比如海融冰与温室气体通过自然过程相互交换的影响等。当下我们对海洋影响气候的变化实在是知之甚少。

（2）发现北极海冰消失会破坏当地生态。[42] 美国阿拉斯加州一家咨询公司马丁·伦纳主持的研究小组，在《生物学快报》上发表研究成果称，海冰覆盖的持续损失正在破坏北极的生态系统，并且可能意味着比此前认为的更多的物种将因此灭绝。

在经历了史无前例的暖冬后，北极海冰覆盖面积，在2016年夏季缩减到有记录以来的第二低。伦纳介绍说，诸如象牙鸥等直接依赖于海冰的物种将陷入困境。

该研究小组分析了1975—2014年间关于白令海东南部区域海冰和浮游动物、鱼类及海鸟的数据。他们发现，当海冰在春天融化时，大多数海鸟和大型浮游动物的丰度会降低。这表明，这些物种的数量在更加温暖的气候下会进一步减少。

不仅仅只有海洋生物处于危险之中。来自法国萨瓦大学的格伦·雅尼克针对这项研究表示："对于北极动物来说，海冰的消失代表着一种新的严重障碍，尤其是它们在岛屿之间的移动将受到阻碍。"

该研究小组还研究了海冰损失对皮尔里驯鹿可能造成的影响，认为前景不容乐观。对于当地原住民来说，皮尔里驯鹿是一种具有重要文化意义的动物。而且，在拥有 3.6 万余座岛屿的加拿大北极群岛生态系统中，它们是关键的组成部分。皮尔里驯鹿会在连接这些岛屿的冰面上穿行，以寻找食物和住所、交配并抚养幼崽。

（3）发现北极海冰消融或加速病原菌传播。[43] 2019 年 11 月，美国加州大学戴维斯分校生物学家特雷西·古德斯特恩主持的研究小组，在《科学报告》杂志上发表论文指出，气候变化造成的北极海冰减少，可能会让感染海洋哺乳动物的病原菌，在北大西洋和北太平洋之间更频繁地传播。海冰消融等环境变化不仅会改变动物的行为，还会开放新的航道，让本来不同的种群接触，从而增加对新病原菌的暴露。

1988 年和 2002 年，海豹瘟病毒曾在北大西洋导致大量斑海豹死亡，但直到 2004 年才在北太平洋得到确认。该研究小组考察了海豹瘟病毒进入北太平洋的时间，以及与病毒出现和传播模式相关的风险因素。他们在 2001—2016 年期间采集了海豹、海狮、海狗及海獭的海豹瘟病毒暴露和感染数据，以及这些动物的活动数据。

研究小组发现，北太平洋大规模海豹瘟病毒暴露和感染，发生在 2003 年和 2004 年，超过 30% 的动物对该病毒的检测呈阳性。海豹瘟病毒的流行，在之后几年有所下降，但在 2009 年再次飙升至最高点。2004 年和 2009 年采集动物样本的病毒感染概率是其他年份的 9.2 倍。而这与卫星影像探测到的 2002 年、2005 年和 2008 年的新航道打开有关。

该研究结果，为北太平洋从 2002 年以来的海豹瘟病毒大面积暴露和感染、病毒在各种海洋哺乳动物之间的传播，以及海豹瘟病毒暴露和感染在海冰消融后达到峰值，提供了证据。病原菌在北太平洋和北大西洋之间传播，可能会随北极海冰的持续消退而变得愈加频繁。

（4）发现北极海冰消退凸显北极航道开通的战略价值。[44] 2023 年 10 月 18 日，北京师范大学樊京芳教授与北京邮电大学孟君研究员等专家组成的研究团队，在《自然·通讯》杂志网络版发表的论文显示，他们呼吁，重视北极航道的重要战略价值，积极采取行动抓住这一机遇。

随着全球气候变暖，北极海冰逐渐减少，这不仅给当地生态系统带来了巨大压力，还对中国及其他国家的气候造成了深远影响。该研究从复杂系统角度出发，揭示了北极不稳定天气如何通过大气的长距离连接路径，影响到中国以及其他地区。

值得一提的是，随着海冰的减少，北极航道也逐渐展现出其巨大的潜在价值。研究指出，作为连接欧洲和亚洲的最短航线，北极航道可显著缩短两地航行时间，降低航行成本。对中国来说，这意味着更加高效和经济的贸易路径。同时，北极地区丰富的矿产和能源资源，也可为世界经济发展提供新的机遇。

孟君表示，从复杂系统的视角出发，人们能够更为深刻地洞察气候变化对全球，尤其是对中国的影响。樊京芳指出，北极航道的开放和利用，对中国来说无疑是巨大的经济和战略机遇。中国可以进一步在全球舞台发挥建设性作用，促进区域和平与稳定。

（二）探索气候变化引起南极海冰减少的新信息

1. 审视气候变化导致南极海冰减少的表现

南极海冰面积创下 45 年来最低纪录。[45] 2023 年 7 月 30 日，美国有线电视新闻网报道，美国国家冰雪数据中心最新数据显示，南极海冰面积目前正处于自 45 年前有记录以来的最低水平。科学家提醒道，南极生态系统的"游戏规则"可能已发生改变。

据报道，每年 2 月底，也就是南极大陆的夏季，南极海冰面积都会缩减到最低点。海冰会在冬季重新形成。但 2023 年海冰并没有恢复到接近预期的水平，而是处于最低点。

据美国国家冰雪数据中心的数据，2023 年 7 月中旬的海冰面积，比 2022 年创下的冬季历史新低还要少约 160 万平方千米，比 1981—2010 年的平均水平低 260 万平方千米。这一数字，几乎与阿根廷的国土面积一样大。

南极是一个遥远而复杂的大陆。与北极不同的是，随着气候危机的加剧，南极海冰在过去几十年里始终在高点和低点之间不断摇摆，这使得科学家们难以理解它是如何应对全球变暖的。然而，自 2016 年以来，科学家们开始观察到一个急剧下降的趋势。许多科学家表示，气候变化可能是南极海冰消失的主要原因。

2. 通过新设备探索南极海冰变化状况

（1）运用水下机器人获取南极海冰数据。[46] 2014 年 12 月，美国伍兹霍尔海洋研究所冰层研究员泰德·马克西姆主持，澳大利亚霍巴特大学盖·威廉姆、英国剑桥大学南极调查所杰瑞米·威尔金森等科学家参加的一个研究团队，围绕南极开展的机器人科学探险发现，在很多地方冰层厚度比此前测量的厚很多。他们在《科学美国人》与《自然》两家杂志联合发布了这一数据。

此前的测量受限于科考船的破冰前行，到达考察区域后丢下一队人马开始钻孔，让卷尺插进去测量。这个技术产生的数据仅限于直接观察所得。现在，该研究团队使用一种名为"自动式水下航行器"的机器人，在靠近海岸线的三个区域的冰层下展开巡航，直接在更广大的范围内开展冰层厚度测量。

此前对南极海冰厚度的观察，得出了一个 1 米左右的平均吃水深度（水线和冰层底部之间的距离），而新的考察结果是平均吃水深度 3 米。此前考察最厚的冰层为 10 米，而这次发现最厚处达 16 米。

冰层厚度源于不同板块的海冰相互碰撞，然后在碰撞部位堆叠到一个高度。但从这些数据并不能明确知道整体冰层的体积究竟比此前预计的多多少。该研究团队只是测量了每年在南极周边形成的一小部分海冰。他们最新发布的数据是 50 万平方米，但相形见绌的是，海冰的总体量在年度最大值时达到了平均 2000 万平方千米。马克西姆说："但这些数据仍然表明，有大量南极覆盖的地域比此前传统考察结构厚很多，而且变形很大。"

这个结果并没有出乎极地科学家的预测，因为考察船理智地避开可能将之陷入麻烦的厚冰地带，因此此前的抽样显然偏向了薄冰层。

科学家得到的南极海冰的数据越多，越能解释气候模型为何很难准确预测海冰状况。尽管研究人员已经在为南极海冰大幅度沉降成功建立模型，但南极海冰的范围实际上在最近一些年里增加了许多，与模型的预测正好相反。

更多冰下机器人的考察，能用卫星校正冰层厚度，允许研究人员更好地理解，这块冰冻之地究竟正在发生着什么。

（2）首次利用无人机揭示南极海冰表面精细结构。[47] 2019 年 4 月 14 日，北京师范大学全球变化与地球系统科学研究院院长程晓和博士生李腾，与英国纽卡斯尔大学、诺桑比亚大学及加拿大环境局有关专家组成的联合研究团队，在《遥感》杂志上以封面文章形式发表成果称，海冰是全球气候变化的敏感因子，但目前对于大范围海冰表面形态的精细刻画仍存在诸多困难。他们利用海冰无人机遥感数据，首次系统评价了无控制点摄影测量的精度分布，并揭示了南极海冰表面的精细结构特征。

2016—2017 年，参加中国第 33 次南极考察的北京师范大学研究人员，利用新型"极鹰Ⅲ"号小型无人机系统，对"雪龙"号通往中山站的海冰断面进行无人机遥感作业，并成功获取 3 个架次的南极夏季固定冰无人机遥感数据。李腾说："这是我国首次将固定翼无人机技术用于南极大面积海冰测绘工作，支持'雪龙'号破冰和卸货保障，之前都是由海冰判读员手持 GPS 乘坐直升机进行目视探路。"

研究表明，在无控制点的情况下，无人机摄影测量能够达到亚米级制图精度，在经过地理校正后的正射影像和数字表面模型上，能够准确地识别冰貌起伏形态，尤其是冰脊的精细特征。冰脊是海冰形变的主要表现形式，它的结构与分布能够从动力和热力两个方面影响海冰与海洋、大气的相互作用，而这也正是利用传统卫星平台研究海冰的难点所在。

程晓说："利用轻小型无人机平台对固定冰进行测图，在未来的海冰研究和极地考察中将会有广阔的应用前景，比如基于时间序列刻画海冰消融过程，揭示海冰形变的力学机制指导'雪龙'号破冰路线，规避后勤卸货和冰上运输的风险等。"程晓表示，未来他们还将继续利用无人机平台，与国内外的学术同行开展更加广泛深入的合作。

二、研究气候影响冰川与冰盖变化的新成果

（一）探索气候影响冰川变化的新信息

1. 研究气候对冰川变化影响的新进展

（1）发现调节气候的暖流在推动思韦茨冰川融化。[48] 2020 年 9 月，英国南极调查局与美国国家航空航天局等机构科学家组成的研究团队，在

《冰冻圈》杂志上发表研究报告称，有"末日冰川"之称的南极思韦茨冰川，正在以惊人的速度融化，提高海平面，令人担忧。他们找到了这个问题的答案：冰川融化过快的元凶，是潜入冰川底部和基岩之间的暖流，水温2℃。而且，借助最新勘测仪器，科学家绘制出暖流在冰下逡巡的路径。

各种探测数据显示，思韦茨冰川前端底部悬空，海洋暖流由一个巨大的通道插入大陆架和冰川底部之间；暴露在水中的冰面越大，融化就越多，而涌入的暖流水量更大，如此形成恶性循环。报道称，冰川底部的这个空隙比以前认为的更深，大约600米，相当于6个足球场首尾相连。这股海底暖流，被形容为有数百万年历史的思韦茨冰川的阿喀琉斯之踵，即它的致命弱点。如果思韦茨冰川以现在的速度持续融化，则冰架最终崩塌不可避免，地球的海洋和大气循环系统将被严重扭曲，后果堪忧。

思韦茨冰川是南极最大、移动速度最快的两个冰川之一，位于南极洲的西部，冰川厚度达4千米，面积超过18万平方千米，略小于英国，和美国佛罗里达州的大小相当。它被认为是预测全球海平面上升的关键。数据显示，它拥有足够的冰来将海平面提高0.65米，它融化后注入阿蒙森海的冰水，约占全球海平面上升总量的4%。

美国国家航空航天局2019年年初宣布，利用最新卫星雷达探测技术，发现思韦茨冰川底部一个巨大洞穴，高300米，面积约40平方千米，可容纳140亿吨冰。数据显示，这个洞穴有很大一部分是3年内形成的。英国南极调查局用无人潜水艇对冰川底部的水流进行勘测，结果不但探测到由咸、淡水混合而成的湍流，更测得比冰点高出2℃多的"暖水"水温。

根据各种数据绘制的剖面图展示了暖流从底部侵蚀、融化冰川的路径和后果。他们研究结果证实了科学界多年来的怀疑，即思韦茨冰川前端并不是紧贴着大陆架的基岩，所以暖流可以像梭子一样嵌入冰层和海床之间；切面越大，冰川融化越快。

卫星数据显示，自20世纪70年代以来，思韦茨冰川明显退缩，1992—2017年，冰川接地线以每年600~800米的速度退缩。20世纪90年代，思韦茨冰川每年融化100亿吨冰，现在差不多是800亿吨。它的坍塌将使全球海平面上升约0.65米，同时会释放出南极洲西部的其他主要冰体，这些冰体加起来可能会使海平面上升2~3米。这对许多国家，包括世界上大多数沿海城市来说，将会带来灾难性的后果，还会让一些地势低的海岛消失。

但是，更重大的危险在于海洋风暴的烈度将因此加剧。英国南极调查局科学部负责人大卫·沃恩教授说："如果海平面升高0.5米，本来千年一遇的风暴可能更频繁，变成百年一遇；如果升高1米，那就可能每10年发生一次。"

思韦茨冰川不会在一夜之间全部融化；那需要数10年，甚至超过一个世纪。但不可否认的是，二氧化碳排放不断增多，使得更多热量进入大气和海洋，意味着地球生态系统中的能量增多，必然导致全球大循环发生变化。这种现象已经在北极发生，南极的迹象也日益清晰。

（2）发现思韦茨冰川已处于快速融化状态。[49] 2022年9月，英国南极调查局海洋地球物理学家罗伯特·拉特等人组成的研究团队，在《自然·地球科学》杂志上发表论文称，他们研究发现，由于温暖的深水密集地将热量输送到今天的冰架洞穴，并从下方融化冰架，南极洲西部阿蒙森海的思韦茨冰川融化的速度，比之前认为的要快得多，恐将导致全球海平面上升3米。

研究人员称，思韦茨冰川是南极洲地区变化最快的冰川之一，与同样位于阿蒙森海的松岛冰川一起，这两大重要冰川对南极洲海平面上升的贡献最大。

面积相当于佛罗里达州的思韦茨冰川正面临迅速崩溃。研究人员为其绘制了一份消融历史轨迹图，从中可以推测冰川未来的演变趋势。

2020年发布的松岛冰川和思韦茨冰川的卫星图像显示，这两个冰川毗邻而立，出现了高度破裂的区域和开放的断裂。这两种迹象都表明，在过去十年中，冰架较薄的两个冰川上的剪切带在结构上已经变弱。根据这项研究，科学家们现在发现，思韦茨冰川从搁浅带的退缩速度接近每年2100米，是从2011—2019年间卫星图像上观测到的最快退缩速度的两倍。

研究人员记录了160多个平行的山脊，这些山脊是由于冰川的前沿后退并随着每日的潮汐上下波动而形成的。此外，他们分析了水下约半英里处的肋状构造，确定每一条新肋状构造可能都是在一天内形成的。

2018年10月和2020年2月，思韦茨冰川发生了大规模的崩解事件，当时发生了史无前例的冰架撤退。这使得松岛冰川和思韦茨冰川上的冰架对海洋、大气和海冰中的极端气候变化更加敏感。研究人员认为，如果思韦茨和松岛发生动荡，邻近的几个地区也会四分五裂，导致大范围的崩塌。仅思韦茨冰川就可能导致海平面上升约 3 米。

2. 研究冰川消融带来的生态影响

发现冰川消融会使北极地区汞污染加剧。[50] 2023 年 5 月，西班牙国家研究委员会罗卡索拉诺物理化学研究所研究员赛斯·洛佩斯领导的一个国际研究团队，在《自然·地球科学》杂志上发表论文指出，由气温上升引起的冰川消融，正导致海洋向北极大气层排放更多的汞，从而给北极生态系统带来风险。

研究人员指出，在当前气候变化的背景下，冰川消融与向大气自然排放的汞增加之间存在联系，从而对北极地区的生态系统构成更大风险。洛佩斯解释说："在极地地区，海冰在控制汞天然排放到大气方面起着关键作用。事实上，已有证据表明，永久冻土层阻止了具有挥发性的汞从海洋向大气转移。"

由于全球持续变暖，自 20 世纪中叶以来，北极地区的永久冻土层面积已经缩减 50% 以上。研究人员利用在格陵兰岛开采的冰芯样本，来研究过去的气候变化与北极地区汞含量之间的关系。研究目的，是弄清决定汞的生物地球化学循环的自然来源。汞是一种全球性污染物，也是对生物神经系统有毒的化学元素。

研究结果显示，从末次冰期向目前的气候期（始于 1.1 万年前的全新世）过渡期间，北极地区的汞含量有所增加，这归因于气温上升所导致的冰盖减少。当然，排放到大气中的汞不单是人为因素造成的，因为全球汞循环还受到自然来源如海洋排放和火山排放的影响。

3. 研究用于监测冰川消融的新技术

推出助力监测潮汐冰川变化的新方法。[51] 2015 年 9 月，美国得克萨斯州科学家组成的一个研究小组，在《地球物理研究快报》上发表题为《通过地震传感器揭示潮汐冰川底部流动变化》的论文，他们首次使用地震传感器跟踪监测发现，阿拉斯加和格陵兰冰川融水流入了海洋。这项新技术，为科学家提供了潮汐冰川变化的监测工具。

研究人员试图通过地震引起的冰山崩解，确定随季节变化的冰震，并识别在夏季很难检测到由地震引发的噪声而被遮蔽的冰震信号。在分析导致噪声产生的潜在原因，如降雨、冰山崩解和冰川运动等的过程中，研究人员发现利用地震传感器，可以检测地震所引发的冰川融水向下渗透，以及通过冰川内部复杂的管道系统的流动过程。研究发现，融水活动与地震信号的产生具有同步性，同时该方法还可以确定冰川底部的融水量。

研究人员指出，格陵兰岛冰川及南极冰川都将流入海洋，因此需要了解这些冰川是如何运动的，以及冰川前端的消融速度。基于冰川底部流动速度，可以更好地对冰川变化进行测量。这种方法，将有利于了解冰川与海洋的耦合机制，以及其对海洋冰川潮汐的影响。

（二）探索气候影响冰架与冰盖变化的新信息

1. 研究气候对南极冰架变化影响的新进展

发现大气极端条件令南极冰架更脆弱。[52] 2022 年 4 月 15 日，法国格勒诺布尔大学、法国国家科学研究中心乔科学家纳森·威勒主持的一个研究团队，在《通讯·地球与环境》杂志上发表论文指出，2000—2020 年间，围绕南极半岛拉森冰架的冰山崩解事件（会形成新的冰山），有 60％ 由极端大气条件引发。这项研究认为，在未来变暖预估下，同样的过程或将使拉森 C 冰架面临坍塌风险。

该论文称，南极的冰架坍塌事件，被认为加速了大陆冰损失，促成海平面上升。"大气河流"是高湿的狭带，在大气中像河流一样移动。这些"流"起源于亚热带或中纬度地区，会导致热浪、海冰融化和海洋涌浪，也会导致冰山崩解、冰架坍塌风险。近几十年里，南极半岛的拉森 A 和拉森 B 冰架，分别于 1995 年和 2002 年急剧崩塌。这些事件被认为，与冰面融化及风暴带来的海洋波浪相关压力有关。

为明确大气河流对南极冰架的影响，该团队研究识别出 2000—2020 年间 21 次拉森冰架崩解和坍塌事件，他们利用一种大气河流侦测算法，发现 21 次崩解和坍塌事件中的 13 次，在之前 5 天内发生过强大气河流登陆。

研究人员表示，未来冰盖稳定性模型，需包括短期大气行为极端条件，而非仅仅依靠平均条件。

2. 研究气候对南极冰盖变化影响的新进展

(1) 发现气候变化造成南极冰盖大量冰块损失。[53] 2018 年 6 月,《自然》杂志同时发表数篇论文的合集,从多个角度探讨南极洲的过去、现在和可能的未来。其中,英国利兹大学科学家安德鲁·谢赫德主持的研究团队,在有关气候科学分析的报告里称,南极冰盖在 1992—2017 年间损失了大约 3 万亿吨冰,相当于海平面平均上升约 8 毫米,而南极洲冰盖正是气候变化的一个关键指标。

南极冰盖被认为是全球气候环境变化最好的记录载体,也是海平面上升的一个主要驱动因素,其中所蕴含的水足以使全球海平面升高 58 米。南极冰盖始于渐新世末,至少在距今 500 万年前就达到了目前规模。冰盖绝大部分分布在南极圈内,直径约 4500 千米,面积约 1398 万平方千米,约占南极大陆面积的 98%。因此,了解目前的冰盖质量平衡,即质量损益的净值,是估计未来冰盖质量潜在变化的关键。自 1989 年以来,人们已对南极洲的冰块损失进行了 150 多次计算。

研究团队此次进行的冰盖质量平衡相互比对试验,分析了 1992—2017 年期间,确定的 24 项基于卫星观测的独立冰盖质量平衡估算结果,并将其与表面质量平衡建模相结合。研究人员发现,在此期间,海洋驱动的冰融化导致西南极洲的冰损率,从每年 530 亿吨增加 2 倍达到 1590 亿吨。由于冰架崩塌,南极半岛的冰损率从每年约 70 亿吨增加到 330 亿吨。然而,东南极洲的质量平衡仍然高度不确定,接近于稳定。

研究团队指出,关于冰盖质量平衡的评估仍有改进的可能,例如重新评估 20 世纪 90 年代获得的卫星测量结果或许会有所帮助;与此同时,持续进行卫星观测仍然至关重要。

(2) 南极冰盖受气候变暖影响露出远古河流侵蚀地貌。[54] 2023 年 10 月,英国杜伦大学斯图尔特·杰美森与同事及合作者组成的一个研究小组,在《自然·通讯》杂志上发表论文称,他们发现,由于气候变暖,在南极东部冰盖下露出了遥远古代河流侵蚀的地貌,它距今至少已有 1400 万年。

论文指出,地球气候正在快速改变,即将达到 3400 万—1400 万年前的典型温度,那时比现在高出 3~7℃。理解过去南极冰盖如何改变有助于提供信息，了解它在气候持续变化的未来可能如何演变。这一点非常重要，因为冰盖蕴含着的水量，相当于潜在海平面上升约 60 米。

探冰雷达可用于观测冰下地貌，判断冰盖在此前的改变情况。研究小组用卫星和雷达分析了南极洲奥罗拉-施密特盆地东部冰盖下的地貌，该盆地位于丹曼和托滕冰川的内陆。

研究人员发现，这里的地貌由三个被深槽分隔的河蚀高地块组成，距离冰盖边缘仅 350 千米。这些地块的形成早于冰川形成，当时河流流经这一地区，流向冈瓦纳超大陆解体过程中开辟出来的海岸线。冈瓦纳超大陆的解体还导致高地间形成谷地，然后高地才开始被冰川覆盖。他们研究认为，这一地区覆盖的冰在数百万年间基本保持稳定，尽管间歇有过温暖期。

研究人员总结表示，气候变暖可能会导致冰川在 1400 万年来首次消退到这一地区，这项研究发现增进了人们对南极东部冰盖冰川过往历史的了解。

3. 研究气候对格陵兰冰盖变化影响的新进展

（1）评估格陵兰冰盖在气候变化条件下的稳定性。[55] 2023 年 10 月，挪威北极圈大学尼尔斯·博霍夫及其同事组成的一个研究小组，在《自然》杂志上发表的论文表明，如果全球升温比工业前水平高 2℃ 左右，预计格陵兰冰盖会因为融化而急剧损失。

2002 年至今，气温上升导致的格陵兰冰盖融化，估计贡献了观测到的海平面上升的 20%。不过，格陵兰冰盖会如何应对未来升温仍不清楚。建模和古气候证据显示，格陵兰冰盖或在变暖和变冷曲线的多个不同配置下保持稳定。

该研究小组模拟了格陵兰冰盖在未来暖化情景下的行为，在这些情景中，气温会首先超过维持冰盖稳定的临界值，随后全球平均气温下降。研究人员认为，冰盖的稳定性，受到气温超过临界值的时间长度及升温幅度的影响。如果全球平均气温阈值比工业前水平高 1.7～2.3℃，冰盖可能会急剧损失。

这项研究显示，如果全球平均气温涨幅能在几个世纪内下降至 1.5℃，即使最大升温幅度比工业前水平高 6℃ 或以上，这种冰损失也可以缓解。

不过时间很关键:如果气温超过临界值后的降温需要不止几个世纪,那么冰盖可能依然会导致海平面上升数米。

(2)发现北格陵兰遗留冰盖随海洋暖化普遍减少。[56] 2023年11月,法国国家科学研究中心罗曼·米兰及其同事组成的一个研究小组,在《自然·通讯》杂志上发表论文称,他们研究发现,北格陵兰岛冰架正在快速消退,总体积自1978年至今已减少30%以上。这些冰架一直被认为很稳定,但2000年以来已有3个完全崩塌。研究人员指出,在剩下的5个冰架中,会随海洋暖化进一步消退的冰川附近冰架,质量损失正在变得不稳定,并将带来海平面上升的严重后果。

2006—2018年间,格陵兰冰盖的冰损失,导致了观测到的17.3%的海平面上升。仅存的格陵兰漂浮冰架,位于格陵兰冰盖的北部边缘,能通过调节排入海洋的冰流使冰盖稳定下来。格林兰北部冰川在过去20年里才开始变得不稳定,也就是损失的冰大于形成的冰,这是因为这些冰川的一些漂浮延伸部分出现了弱化和崩塌。为了更好地预测其对海平面上升的影响,就必须确定剩余冰架变化的时间和驱动因素,以及冰川的响应。然而,这些冰架的演化及影响它们的复杂过程,一直缺乏完整描述。

该研究小组利用数千张卫星图像以及气候建模,分析了北格陵兰冰川与气候及海洋的相互作用。他们观测到,冰架质量损失出现了显著而广泛的增加。2000年以来,他们发现海洋暖化主要导致格陵兰冰架底部出现冰损失。此外,他们发现格陵兰冰川已经开始消退,排入海洋的冰流也在增加,这与冰架损失同时发生。

研究结果显示,根据对海洋热力胁迫的未来预测,基础融化速率将持续上升或保持在高水平,这可能会破坏格陵兰冰川的稳定性。研究人员认为,如果冰架完全崩塌,格陵兰北部冰川可能会极大促进因冰盖导致的海平面上升。

4. 研究冰盖融化对海平面影响的新进展

首次找到冰盖融化所致海平面指纹的直接证据。[57] 2017年9月,加利福尼亚大学欧文分校和美国航空航天局喷气推进实验室联合组成的一个研究团队,在《地球物理通讯》杂志上发表研究报告说,他们利用卫星数据首次观测到了"海平面指纹",这将帮助人们预测不同区域海平面的变化趋势，更好地应对气候变化。

　　所谓海平面指纹，是指冰盖融化导致全球海平面格局的变化。或者说，冰盖融化会改变海面地形，导致各处海平面的升降程度不同，形成海平面指纹。有关海平面指纹的理论研究已经相当深入，但这是科学家首次发现海平面指纹的直接证据。

　　该研究团队利用美国航空航天局的两颗卫星，从 2002 年 4 月到 2014 年 10 月收集到的重力数据，计算出海平面指纹，并用海底压力观测数据进行验证。

　　研究人员说，他们计算了从陆地和大气进入海洋的淡水质量，并绘制出这些淡水在时间和空间上的分布模式。在这段时间里，全球海平面平均每年上升 1.8 毫米，中低纬度海域上升幅度较大，两极部分海域在短暂上升之后转为下降。海洋里增加的淡水质量约有 43％ 来自格陵兰岛冰盖，16％ 来自南极，其余来自山脉冰川。

　　冰盖本身具有巨大质量，会对下方的地壳形成压力，其引力则会使周围海水向冰盖聚拢。冰盖融化后，压力和引力都消失，导致地球局部重力分布发生改变，还会使地球自转轴偏转。这些因素加在一起会使海面地形发生很大变化，不同冰盖带来的影响也不同。研究人员说，根据这项研究，他们可以预测全球海洋中任意地点海平面高度因冰川融化而发生的变化。

第三节　气候影响海洋生物研究的新进展

一、研究气候对北极熊影响的新成果

（一）探索气候变暖对北极熊饮食的影响

1. 气候变暖正在迫使北极熊改变食谱

（1）发现极地气候变暖让北极熊以海豚为食。[58] 2015 年 7 月，英国等国相关专家组成的一个研究团队，在《极地研究》杂志上发表研究成果称，他们首次记录了一些北极熊正在依赖海豚作为食物。此前，海豚从来都不是北极熊捕食的对象，北极熊主要以大量海豹为食。

在这项研究中，研究人员描述了，他们的研究团队在 2014 年 4 月，发现一头瘦骨嶙峋的雄性北极熊正在啃食一只白吻斑纹海豚的尸体，而且这只北极熊似乎还在雪地里藏了另外一只海豚作为随后的食物。

研究人员表示，极地变暖导致的冰雪融化，很可能让海豚比过去在冬春季向北游得更远，从而让它们和北极熊之间发生了交集。

(2) 发现极地气候变暖迫使北极熊改吃鸟蛋。[59] 2017 年 5 月，有关媒体报道，挪威极地研究所主席查曼·汉密尔顿带领的一个研究团队，发表研究成果称，随着气温升高和北极海冰融化，北极熊正在放弃海鲜，改吃鸟蛋。北极海岸线的变迁，让这些捕猎者难以捕捉到它们喜欢的海豹，正在迫使它们盗取鹅蛋。

这是该研究团队在 2006 年海冰突然减少前后，对当地北极熊和海豹的观测结果，当时的海冰减少，改变了挪威斯瓦尔巴群岛海滨地区的环境。

研究人员给 60 只环斑海豹和 67 头北极熊戴上了追踪设备，这使得他们能够在海冰融化前后对比他们的活动。

在冻冰融化之前，当北极熊在稳定的海冰上狩猎时，它们对捕食喜欢的猎物有着很大的优势。汉密尔顿说："所有年龄段的雌性和雄性北极熊，都能通过潜伏或者'静候'方式成功逮到猎物。"

然而，在有竖立着很多破碎冰山的融化的海岸线上，形势变得对海豹更加有利。为此，北极熊现在必须在没有被发现的时候通过游泳潜近海豹，然后将猎物放到浮冰上。并非所有北极熊都能掌握这种爆发性的技巧，即便是那些掌握了这一技巧的北极熊，失败概率也很高。

汉密尔顿说："斯瓦尔巴群岛似乎目前仅有大型的雄北极熊，利用这种水下捕猎技能。它可能比传统的捕猎方法对体能的要求更高。"为此，北极熊正在从海边撤离。跟踪设备显示，它们跑了很远的距离，寻找替代性陆地食物。它们还在鸟巢附近滞留了很久，这表明鸟蛋已经成为一种重要的食物来源。

2. 气候变暖使北极熊难以找到足够的食物

研究发现由于天气太热导致北极熊挨饿。[60] 2018 年 2 月，一个由海洋科学家组成的研究小组，在《科学》杂志上发表研究报告称，北极熊一直难以找到足够的食物，而随着全球变暖，问题将日益恶化，因为北极熊新陈代谢速度比之前预计得更快。

北极熊要在海冰的帮助下获得自己主要的食物：海豹。但随着气候变暖，海冰数量不断减少，以至于它们需要付出更多的努力寻找猎物，这对北极熊的健康产生了巨大影响。

为了弄清这些动物需要吃多少食物，3 年来，该研究小组每年春季捕获 9 只雌性北极熊，并采集血液样本和其他测量数据，以便测量它们的新陈代谢。这些北极熊生活在波弗特海。然后，他们把装有摄像机和加速计的 GPS 项圈佩戴在北极熊身上，观察它们的觅食活动。

研究人员发现，生活在海冰上的北极熊，每天需要摄入 1.2 万多卡路里的热量。这意味着，它们必须每 10 到 12 天，至少吃一头成年的环斑海豹，这相当于近 220 个巨无霸汉堡。这表明，北极熊的新陈代谢比以前认为的要快许多。

另外，研究人员表示，北极熊走路时也消耗了大量的能量，比同样体型的动物多。研究人员追踪这些北极熊大约 10 天，发现它们将 1/4 多的时间用于行走。在研究期间，那些杀死和吃掉环斑海豹的北极熊体重增加或保持，但是超过一半的北极熊体重减轻了，而且有 4 只失去了至少 10% 的体重，有一只北极熊不仅储备脂肪减少，甚至肌肉也萎缩了。

基于这些观察情况，研究人员说，随着海冰持续消融，能源需求可能会超过北极熊的觅食能力，最终导致它们灭绝。

（二）探索气候变暖对北极熊生育及生存的影响

1. 研究气候变暖影响北极熊生育的新发现

发现气候变暖使北极熊生育率下降。[61] 2011 年 2 月，加拿大阿尔伯塔大学一个研究小组，在《自然·通信》杂志上发表研究报告说，由于气候变暖导致北极海冰面积逐渐缩减，生活在加拿大哈得孙湾的北极熊生育率正在下降。

哈得孙湾是位于加拿大东北部的一个大型海湾，位于北冰洋边缘，是北极熊的重要栖息地。研究人员分析了哈得孙湾 20 世纪 90 年代以来冰层缩减的情况，并将所获得的数据与北极熊的数量进行对比。

海冰是北极熊觅食和生活的重要平台，也是雌性北极熊怀孕时的休养生息之地。研究发现，海冰如果融化过早，北极熊捕食海豹的难度就会增加，导致能量积蓄不足，难以生育。

模拟推算显示，如果哈得孙湾海冰每年融化的时间，比 20 世纪 90 年代提前 1 个月，就会有 40％～73％的怀孕雌性北极熊无法成功生育；如果海冰融化时间提前 2 个月，这一比例会达到 55％～100％。

在过去 10 年里，哈得孙湾北极熊的数量，已由 1200 头下降至目前的约 900 头。研究人员指出，如果北极海冰面积缩减的趋势持续下去，不仅哈得孙湾的北极熊将减少，整个北极地区的北极熊也将面临一场生存危机。

2. 研究气候变暖影响北极熊生存的新发现

发现气候变暖会给北极熊生存带来巨大压力。[62] 2016 年 9 月，美国西雅图华盛顿大学数学家哈利·斯特恩和生物学家里斯汀·莱德领导的一个研究小组，在《自然》杂志上发表研究报告说，他们发现，在气候变化的影响下，没有一只北极熊，在迅速变暖的北极地区是安全的。

据报道，众所周知，北极熊依赖海冰漫步、繁殖，并且用它作为平台捕猎海豹。每年夏季，当海冰融化后，这些大家伙会花几个月的时间在陆地上生活，在此期间，它们大多数情况下是不吃东西的，直至冰冻期到来能够重新开始捕猎。因此北极熊如果想要存活下来，它们实际上一年到头都离不开海冰的帮助。

一些气候模型显示，到 21 世纪中叶，北极的大部分地区将无冰可寻。然而北极附近那些冰冷的避难所目前支撑了 19 个北极熊种群，总共约 2.5 万只个体的生存。

目前，科学家尚不能确定，这些北极熊栖息地的海冰的确切退却速度，抑或是否有一些避难所目前还没有减少。如今，对卫星数据进行的一次详细分析表明，所有的北极熊避难所，事实上都是在衰退之中。

该研究小组，利用一个长达 35 年的卫星记录，对上述 19 个北极熊种群所处的地点逐一进行分析。其范围从 5.3 万平方千米到 28.1 万平方千米不等。对于每一块栖息地，研究人员计算了海冰在北极春天的后撤和在秋天前进的日期，以及海冰在夏天的平均密集度和被冰覆盖的天数。

研究人员最终发现，所有的栖息地都存在这样一个趋势，即海冰在春天的后撤变得越来越早，而在秋天的前进变得越来越迟。研究人员指出，自从 1979 年开始进行卫星观测以来，每年出现海冰最大值的 3 月与海冰最小值的 9 月之间的时间跨度已经延长了 9 周。他们在《冰雪圈》杂志上报告了这一研究成果。

研究人员表示，这些测量结果意味着北极熊的所有栖息地都面临着减少的风险。莱德说："每年春季的海冰解冻和秋季的海冰封冻，大致限制了北极熊捕猎、寻找配偶和繁殖后代的时间段。"

此前的研究，已经证明北极海冰的减少，对北极熊的丰度和健康均产生了不利影响。例如，当海冰融化和食物变得稀缺后，北极熊的新陈代谢看起来似乎并不慢，这表明北极熊并不具有节约能量，以便在夏天不进食期间生存的习性。

美国、加拿大、格陵兰、挪威和俄罗斯 5 个北极国家和地区，在 2015 年采取了一项保护北极熊的为期 10 年的环极地行动计划。

二、研究气候对海鸟影响的新成果

（一）探索气候变暖对帝企鹅生存的影响

1. 研究气候变暖影响帝企鹅繁殖的新发现

发现气候变暖使南极帝企鹅遭遇繁殖危机。[63] 2019 年 4 月 25 日，英国剑桥南极调查局遥感专家彼得·弗雷特维尔和英国南极调查局企鹅生态学家菲尔·德兰珊等人组成的一个研究小组，在《南极科学》杂志网络版上发表研究成果称，南极洲极具魅力的帝企鹅被认为特别容易受到气候变化的影响，因为变暖的海水正在融化它们生存和繁殖所需的海冰。威德尔海哈雷湾是帝企鹅的第二大聚居地，可如今已被放弃，因为三年来，在那里繁殖的企鹅几乎没有孵化出任何新的雏鸟。

研究人员指出，尽管这一结果不能直接归咎于气候变化，但它对这种最大的企鹅物种来说绝对是一个不祥的征兆。

通常情况下，帝企鹅在寻找配偶、繁殖后代和养育幼仔的过程中，需要常年保持固态的海冰。对于哈雷湾聚居地的帝企鹅来说，这一需求如今已成为一个关键问题。从 2015 年开始，那里的海冰已被由强烈厄尔尼诺引发的风暴所破坏。厄尔尼诺是一种太平洋周期性变暖的现象，它改变了全球的气候模式。

为了摸清帝企鹅种群的生存状况，弗雷特维尔对 2009—2018 年的高分辨率卫星图像进行分析。这些图像展现了企鹅个体及群体的情况。根据他的估计，在这段时间里，这个帝企鹅种群里有 1.4 万～2.5 万只成年个体和雏鸟。然而，他发现，自 2016 年以来，几乎没有看到小企鹅诞生，他认为这是帝企鹅"前所未有"的繁殖失败时期。

不过，此类繁殖失败本身可能不会对该物种产生长期影响。美国西雅图华盛顿大学企鹅生态学家伊·布尔斯马指出："由于有些帝企鹅个体的寿命超过了 30 年，因此这些企鹅应该还有其他的繁殖机会。"

之前栖息在哈雷湾的许多企鹅，似乎正在迁往位于 55 千米外的另一个企鹅聚居地。随着哈雷湾企鹅数量的减少，那里的企鹅数量增加了 10 倍。

帝企鹅是企鹅家族中个体最大的物种，一般身高在 90 厘米以上，最大可达到 120 厘米，体重可达 50 千克。其形态特征是脖子底下有一片橙黄色羽毛，向下逐渐变淡，耳朵后部最深，全身色泽协调。颈部为淡黄色，耳朵的羽毛鲜黄橘色，腹部乳白色，背部及鳍状肢则是黑色，鸟喙的下方是鲜橘色。帝企鹅在南极严寒的冬季冰上繁殖后代，雌企鹅每次产 1 枚蛋，雄企鹅孵蛋。雄帝企鹅双腿和腹部下方之间有一块布满血管的紫色皮肤的育儿袋，能让蛋在环境温度低达零下 40℃ 的低温中保持在舒适的 36℃。

帝企鹅是群居性动物。每当恶劣的气候来临，它们会挤在一起防风御寒。它们可以潜入水底 150～500 米，最深的潜水记录可达 565 米。帝企鹅主要以甲壳类动物为食，偶尔也捕食小鱼和乌贼。它们是唯一一种在南极洲的冬季进行繁殖的企鹅，在南极及周围岛屿都有分布。

2. 研究气候变暖影响帝企鹅幼鸟哺育的新发现

南极海冰融化将给帝企鹅幼鸟带来灭顶之灾。[64] 2023 年 8 月 24 日，在英国《通讯·地球与环境》杂志上刊载的一篇论文指出，随着全球气候变暖，南极海冰面积去年创下历史新低，直接威胁到南极许多物种的生存，海冰提早融化将给帝企鹅幼鸟带来灭顶之灾。

帝企鹅主要分布在南极大陆及周边岛屿，以鱼虾为食，在南极大陆海岸线以内、状态稳定的海冰上筑巢和哺育幼鸟。它们通常在 5—6 月间产卵。孵化后，雏鸟会在当年 12 月至来年 1 月前后褪去绒毛，长出防水的成羽，学习游泳、觅食等基本技能，独立生活。然而，2022 年，这片区域海冰破裂时间比往年早得多，部分地区的海冰甚至到 11 月就已完全融化。

研究人员表示，一旦海冰提前融化破裂，雏鸟可能会掉进水里淹死，或者随浮冰漂走，因得不到哺育而饿死。据观测，在 2022 年年底，有 4 个帝企鹅群落的幼鸟很可能因海冰提早融化而全军覆没。

有关专家表示，帝企鹅繁育失败后，可能会在来年另觅他处，整个群落或许过一两年就能恢复过来。然而，越来越多的证据表明，由于全球变暖导致海冰减少，帝企鹅的生存机会正变得越来越小。

3. 研究气候变暖影响帝企鹅种群生存的新发现

气候变暖可能会导致帝企鹅种群走向灭绝。[65] 2019 年 11 月，美国伍兹霍尔所海鸟生态学家斯蒂芬妮·杰努夫里尔主持的研究小组，在《全球变化生物学》杂志上发表论文称，他们研究发现，如果不及时采取行动遏制气候变暖的趋势，现存企鹅家族中体形最大的成员帝企鹅种群将在 21 世纪末灭绝。

杰努夫里尔表示，她所在研究所结合两种计算机模型对帝企鹅未来生存状态的研究显示，如果不采取行动遏制全球变暖的趋势，预计到 2100 年，南极洲的帝企鹅数量将减少 86%，届时帝企鹅的数量将不太可能回升，该物种将走向灭绝。

帝企鹅的命运与海冰息息相关：帝企鹅的栖息地，既要在南极大陆海岸线以内的海冰上，又必须靠近海洋以便获得食物。它们繁育后代也需要稳定的海冰，从帝企鹅宝宝每年 4 月诞生到 12 月长出羽毛，海冰不能破裂。然而，随着全球气候的不断变暖，南极海冰将逐渐消失，帝企鹅也将随之失去栖息地、食物来源和孵化后代的能力。

伍兹霍尔所的两个计算机模型：第一个是由美国全国大气研究中心创建的全球气候模型，该模型预测了在不同气候情景下海冰将在何时何地形成；第二个是企鹅种群本身的模型，它计算海冰变化如何影响帝企鹅的生命周期、繁殖和死亡。

研究人员设置了 3 种场景，分别是未来全球气温升高 1.5℃（《巴黎协定》设定的目标）、2℃，以及不采取行动阻止全球变暖情况下的 5～6℃。在第一种场景，到 2100 年，5% 的海冰会消失，帝企鹅群落数量将减少19%。在第二种场景，海冰消失量会大幅增加，几乎是原来的 3 倍，届时超过 1/3 的现有帝企鹅栖息地将消失。而在第三种场景，不采取行动任由全球变暖的情况下，帝企鹅种群将失去几乎所有栖息地，走向灭绝。

（二）探索气候变暖对其他海鸟生存的影响

1. 研究气候变暖影响海鸟信天翁的新发现

全球变暖致使海鸟信天翁"离婚率"上升。[66] 2021 年 11 月，葡萄牙里斯本大学生物保护学家弗朗西斯科·文图拉主持的一个研究小组，在《英国皇家学会会刊 B 辑》上发表论文称，超过 90% 的鸟类是一夫一妻制，且大部分都对伴侣忠贞不贰。其中，海鸟信天翁更是典型代表。信天翁夫妇很少分开，年复一年地和同一个伴侣在一起。但此次却发现，信天翁"离婚率"上升了，全球变暖可能是罪魁祸首。

为了找出环境是否对信天翁的"离婚率"有直接影响，研究人员分析了从 2004—2019 年 15 年间，生活在福兰克群岛上的 1.55 万对野生黑眉信天翁的繁殖情况。他们发现，在信天翁的早期"婚姻生活"阶段，繁殖失败仍是"离婚"的主要因素。那些没有成功孵化雏鸟的信天翁与伴侣分离的可能性，是成功孵化出雏鸟的 5 倍多。

研究人员称，在海水水温较高的年份，位于南大西洋马尔维纳斯群岛的信天翁的"离婚率"，从平均不到 4% 上升至近 8%。这是首次有证据表明，环境因素会影响野生鸟类的"婚姻"，而不仅仅是繁殖失败的原因。

文图拉提出两个可能的原因：一是变暖的海水，迫使鸟类狩猎时间更长并飞得更远。如果鸟类在繁殖季节未能返回，它们的伴侣可能会寻找"新人"；二是当水温升高且环境更恶劣时，信天翁的压力荷尔蒙上升，这会影响配偶的选择。

研究人员认为，这一结果表明，由于人类活动导致气候变化，使信天翁和其他一夫一妻制动物的"离婚率"更高。

信天翁可以存活数十年，有时会在海洋中花费很长时间寻找食物，然后返回陆地进行繁殖。与伴侣在一起，有助于抚养它们的孩子。文图拉表示，这种稳定性在动态的海洋环境中尤为重要。

如果繁殖不成功，许多鸟类，主要是雌性鸟类，会离开它们的伴侣，到别处寻找更好的"未来"。在条件更困难的年份，鸟类繁殖更有可能失败，并在接下来的几年里对"离婚率"产生连锁反应。

2. 研究气候变暖影响北极候鸟的新发现

发现全球变暖正在导致北极候鸟体型缩小。[67] 2016 年 5 月 12 日，荷兰、澳大利亚、法国、波兰和俄罗斯等国鸟类专家组成的一个国际研究团队，在《科学》杂志上发表论文称，随着气候变暖，在北极繁殖的一种叫作红腹滨鹬的候鸟体型正在日益变小。这是全球变暖对北极地区动物产生影响的一个代表性现象，值得人们关注。

研究指出，体型缩小对红腹滨鹬不是一个好消息。这种可连续飞行5000 千米的小鸟会跨越半个地球到热带过冬，但届时可能会因它们的喙变短吃不到深埋在沙滩中的食物而死亡。

红腹滨鹬繁殖于环北极地区，属长距离迁徙鸟类，每年秋天从北极飞到西非等地的热带沿海地区过冬，每年春天又飞回北极繁殖，中国的渤海湾等地是它们的中途停歇地。原本，红腹滨鹬飞到北极正是这里冰雪开始融化之时，昆虫的数量最为丰富，而昆虫是红腹滨鹬幼鸟的主要食物。

该研究团队分析了卫星图片后发现，过去 33 年来，红腹滨鹬繁殖地的冰雪融化时间提前约两个星期，这意味着红腹滨鹬的孵化期与昆虫的繁盛期错开了约两个星期，其结果就是，在北极暖和年份所生的红腹滨鹬因食物不足而体形缩小。

由于这些红腹滨鹬的喙都比较短，当它们飞回西非过冬时，就吃不到深埋热带沙滩之下的双壳类软体动物，只能以海草等为食。因此，这些红腹滨鹬在第一年的存活率，只有体型较大红腹滨鹬的一半左右。

研究人员认为，由于短喙不利于红腹滨鹬生存，这些候鸟最终可能进化成身体较小但有着长喙的模样。他们还据此提出，未来在北极繁殖的动物发生身体大小与外形的变化，可能是一个普遍现象，从而可能对它们的种群数量产生负面影响，这是一个亟须关注的情况。

3. 研究气候变暖影响海岸筑巢鸟类的新发现

气候变暖使海平面上升可能导致海岸筑巢鸟类灭绝。[68] 2017 年 6 月，澳大利亚国立大学网站报道，该校生物学博士利亚姆·贝利领导的一个研究团队，对一种名为欧亚蛎鹬的海岸筑巢鸟类跟踪研究 20 年后发现，气候变暖使海平面上升，以及由此造成的潮汐洪水频发，可能使全球范围内海岸筑巢鸟类面临灭绝危险。

欧亚蛎鹬是一种主要分布在欧洲至西伯利亚地区的鸟类，它在南方越冬，平时栖息在海岸、沼泽、河口三角洲等地，在海滨沙砾中筑巢，退潮后在泥沙中搜索食物。

贝利认为，随着气候变暖及海平面上升，全球范围内潮汐洪水的发生将更加频繁，严重威胁着以海岸为栖息地的鸟类生存状况，一个主要原因是这些鸟类对环境变化缺少调适能力。他进一步解释说，这一结果是通过对欧亚蛎鹬跟踪研究发现的。这种鸟生活在潮汐洪水泛滥的地区，即使巢穴被洪水破坏，它们也不会提高筑巢的海拔，可能是因为高海拔存在有威胁的捕食者，那里的植被种类也不适合它们生存。

据贝利介绍，其他几项国际同行的研究也印证了同样的结果。例如，据另一个国际团队预测，海平面上升及洪水事件增多，可能导致栖息在美国沿海的尖嘴沙鹀在 20 年内灭绝。

贝利说："越来越多的研究都表明了海岸鸟类的脆弱性，我们的研究是其中一部分，这些物种未来需要额外的保护和关注。"该研究团队希望通过研究，帮助这些鸟类找到免受洪水威胁的办法。

三、研究气候对珊瑚影响的新成果

(一) 探索气候变暖影响珊瑚存活的新信息

1. 调查气候变暖导致珊瑚白化的新发现

发现气候变暖使大堡礁珊瑚严重白化。[69] 2021 年 11 月，澳大利亚詹姆斯·库克大学珊瑚礁研究示范中心特里·休斯教授主持的一个研究小组，在《当代生物学》杂志上发表论文称，过去 20 多年，气候变化及由此导致的海水升温对大堡礁造成严重危害，在此期间只有极少数的大堡礁珊瑚能避免白化。

大堡礁是澳大利亚东北海岸外一系列珊瑚岛礁的总称，是世界上最大的珊瑚礁群，绵延 2000 多千米，是超过 1500 种鱼类的家园。珊瑚的色彩来自其体内的共生海藻。水温升高或酸碱度变化时海藻会减少，珊瑚逐渐变成白色。如果环境无法恢复，珊瑚甚至会死亡。

休斯说，他们利用大堡礁 1998 年、2002 年、2016 年、2017 年和 2020 年 5 次大规模白化事件的相关数据，对整个大堡礁发生白化的位置、程度等进行评估后发现，自 1998 年以来只有约 2％的大堡礁珊瑚"躲过"了白化。研究还发现，在 2016 年、2017 年和 2020 年三个年份中，约 80％的大堡礁珊瑚发生严重白化。与此前经历过海水升温的珊瑚相比，没有这类经历的珊瑚面临海水升温时会更加脆弱。

研究人员说，气候变化带来的多种干扰因素会相互作用，因此往往难以根据单一事件预测珊瑚所受到的影响。

2. 防治气候变暖导致珊瑚白化研究的新进展

（1）发现藻类基因作用可使珊瑚避免白化现象。[70] 2016 年 6 月 15 日，澳大利亚新南威尔士大学网站报道，该校教授彼得·斯坦伯格、博士生蕾切尔·莱文，以及悉尼海洋学研究所、澳大利亚海洋学研究所和墨尔本大学等相关专家组成一个研究团队，在《分子生物学与进化》杂志上发表论文称，他们首次发现，藻类基因的"中和"作用，能够解释为何一些珊瑚能够承受海洋温度升高，并避免珊瑚白化现象。

热带珊瑚和寄居于其体内的藻类，是互惠共生关系。微小的共生藻通过光合作用，成为珊瑚 90％以上的食物来源。没有了这些藻类，热带珊瑚也无法继续生存。

共生藻受到海水升温的刺激，会释放过量有毒化学物，包括臭氧，这些有毒物质会同时破坏藻类自身及其赖以栖身的珊瑚，导致珊瑚因排斥共生藻而最终白化死亡。

莱文说，研究人员首次发现，为应对海水升温，有些共生藻会激活某种基因来生成特定的蛋白质，以中和有毒物质。

研究人员从澳大利亚大堡礁附近两处不同水温海域采集了珊瑚，对比了其中的共生藻类。结果发现，水温较低区域的珊瑚在温度升高时，其体内的藻类受到破坏并被珊瑚排出体外。而水温较高区域的珊瑚在温度升高时，其体内的藻类仍然很健康，并没有被珊瑚排斥。莱文说，只有与温水区珊瑚共生的藻类，才能在受到升温刺激时，激活特定基因来对抗有毒物质。

研究还发现，与冷热不同区域珊瑚共生的藻类在热力作用下，有可能从普通的无性繁殖转化为有性繁殖。有性繁殖可以加速进化，使某些藻类尽快适应海水温度升高，同时也避免了珊瑚白化。

斯坦伯格说："海洋系统不断遭受多重环境威胁的挑战，我们不能只是描述这些威胁的严重性，还应该了解海洋生物和海洋生态系统适应并克服这些威胁的能力，这至关重要。"

（2）发现可防止珊瑚因气候变暖白化死亡的物质。[71] 2018 年 5 月，日本京都大学和东京大学等机构组成的一个研究小组，在《海洋生物技术》杂志网络版上发表论文称，随着全球变暖和海水升温，全球多处海洋出现了珊瑚白化死亡的现象。他们对此进行研究，发现了一种能够防止珊瑚白化的化学物质，今后或可用于海洋珊瑚资源保护。

该研究小组通过大数据分析，在分子水平上揭示了全球变暖导致珊瑚白化死亡的机理，他们推测问题在于海水升温而产生了过多的活性氧。

在实验中，当海水温度高达 33℃时，氧化还原纳米粒子核糖核蛋白复合体（RNP）能够清除活性氧，显著提高鹿角珊瑚幼虫的存活率，可能适用于珊瑚保护。研究人员下一步将实地检验其效果，并寻找其他高分子材料来替代这种纳米粒子，以确保不会影响海洋生态。

（3）发现珊瑚与共生藻类关系变化可助白化珊瑚恢复。[72] 2020 年 12 月，加拿大维多利亚大学朱莉娅·鲍姆及其同事组成的一个研究小组，在《自然·通讯》杂志上发表论文称，他们研究发现，珊瑚与共生藻类的关系，可以帮助白化珊瑚在持续温暖的水域中恢复过来，但只有在当地没有强烈的人类干扰的情况下才可以。这项研究成果，可能对管理珊瑚和预测它们对未来气候变化的反应产生影响。

研究人员指出，气候变化造成的海洋热浪越来越频繁，对世界上的珊瑚礁构成严重威胁。气候变暖导致珊瑚将生活在其组织内提供营养的共生藻类排出，这将导致白化，使珊瑚更容易受到饥饿、疾病和死亡的影响。虽然有些藻类跟其他藻类相比能让珊瑚更耐高温，但此前的研究表明，白化珊瑚需要水温恢复正常，才能重新获得藻类并恢复。

该研究小组，在 2015—2016 年热带海洋热浪期间，研究了太平洋基里蒂马蒂环礁的珊瑚。该环礁受到的人类干扰呈现出一定的梯度：一端是村庄和基础设施；另一端则几乎没有人类干扰。热浪来临前，环礁"受干扰"一端的珊瑚寄居着耐高温的藻类，而受干扰较少地区的珊瑚则含有对热敏感的共生体。热浪持续两个月后，以耐热藻类为主的珊瑚，如预期的那样，白化的可能性较小。一些包含对热敏感藻类的珊瑚白化了，但在海水仍然温暖的时候又意外地恢复了。

这种效果以前未曾有记录，而且只在没有强烈本地干扰的地区观察到，这似乎是因为珊瑚将热敏藻类排出，以更耐高温的物种取而代之。

研究人员认为，这项研究表明，珊瑚可能有多种途径在长期热浪中生存下来：它们有可能能够抵御白化或从白化中恢复过来，这些途径受其共生关系的影响。测试这些途径如何受到珊瑚与共生体组合和人类干扰模式的影响，有助于在未来的长期热浪中管理珊瑚礁。

（二）探索珊瑚对抗气候变暖影响的新信息

1. 寻找耐热珊瑚物种的新进展

（1）发现暖水珊瑚物种能够抵抗气候变暖的影响。[73] 2017 年 5 月 18 日，《中国科学报》报道，瑞士联邦理工学院生物学家托马斯·克鲁格等人组成的一个研究小组展示的研究成果表明，如果位于红海北部的珊瑚能够免受污染，它们的独特进化历史意味着，即便全球变暖温度升高，它们也可能生存到 21 世纪末，甚至变得更加欣欣向荣。

如果水温比夏季正常水温连续数周升高 1℃，那么珊瑚就会赶走生活在其中的藻类，这一过程叫作白化。然而，位于红海北部一些地区的一种常见珊瑚，即便在水温比当地目前最高温度升高 2℃ 时，仍能繁荣生长。当这种珊瑚连续 6 周处于 2050—2100 年的温度模式时，它甚至比现在生长得更快。

克鲁格说："这种珊瑚没有白化。实际上，伴生在其中的藻类的健康程度提高了。"

有迹象表明红海北部的其他珊瑚物种，也能够耐受高温。在末次盛冰期，全球海平面下降了 120 米，在很大程度上把红海与其他海洋隔绝。这里的含盐量非常高，能够杀死珊瑚。随后，在约 6000 年前，在海平面再次升高之后，珊瑚从南部重新迁徙到红海，那里的环境更加炎热。现在生长在红海北部的珊瑚，在夏季时经历的最高海水温度在 27℃ 左右，它们是曾经生活在水温可达 30℃ 以上珊瑚的后代。这表明红海北部的珊瑚可能天然能够抵抗炎热，从而在比夏季最高水温高出若干摄氏度的水中生长。

（2）发现部分珊瑚物种对海洋暖化和酸化具有韧性。[74] 2022 年 3 月，美国俄亥俄州立大学罗文·麦克拉克伦及其同事组成的研究团队，在《科学报告》杂志上发表论文称，他们通过分析三个夏威夷珊瑚物种发现，一些珊瑚物种对海洋暖化和酸化所产生的影响具有韧性。这项研究结果，有助于人们进一步认识部分珊瑚在海洋环境变化下的潜在生存及适应能力。

研究人员指出，世界各地的珊瑚礁，正在面临气候变化带来的海洋暖化和酸化威胁，这会对珊瑚健康构成巨大压力，可能会导致大面积珊瑚白化。

该研究团队于 2015 年 8 月 29 日至 11 月 11 日，从夏威夷四个珊瑚礁分布地址，采集了三个不同珊瑚物种的 66 个样本。这三个珊瑚物种，分别是多分支板状石珊瑚、扁缩滨珊瑚、团块滨珊瑚。这些样本被存放在 4 种不同条件的海水缸中：一是模拟当前海洋条件的对照缸；二是模拟了海洋酸化（−0.2pH 单位）的条件；三是模拟了海洋暖化（＋2℃）的条件；四是结合海洋酸化和暖化的条件。珊瑚样本在这些不同条件下放置了 22 个月。

他们发现，珊瑚的生存受到温度的影响，只有 61％ 的珊瑚样本能在更温暖的条件下生存下来，而对照组的比例为 92％。在 3 种不同的气候变化条件下，多分支板状石珊瑚的存活率低于扁缩滨珊瑚，两者的存活率分别为 67％ 和 83％。在结合了暖化和酸化的条件下，扁缩滨珊瑚的生命力，比多分支板状石珊瑚和团块滨珊瑚更强，前者的样本存活率为 71％，后两者为 46％ 和 56％。

研究人员表示，与对照组的情况不同，很多多分支板状石珊瑚个体得不到足够能量，无法在结合不同气候变化条件的情况下生存下来。这或许解释了为何它的死亡率比扁缩滨珊瑚更高；相比之下，扁缩滨珊瑚能在未来海洋条件下获得更多的能量。在对照条件和模拟未来海洋条件存活下来的团块滨珊瑚之间，生理差异很小。

他们研究认为，扁缩滨珊瑚物种对于温度和酸化的韧性，以及它们在造礁中的作用，让人们有理由相信，部分珊瑚礁生态系统或许能在不断变化的海洋环境中生存下来。

（3）运用人工智能帮助寻找耐热珊瑚物种。[75] 2022 年 3 月 29 日，澳大利亚海洋科学研究所一个珊瑚礁修复研究团队，在《自然·通讯》杂志上发表的一篇论文，描述了一个结合繁殖实验、遥感技术和机器学习的模型框架，用来定位大堡礁中能将很高的耐热性传给后代的可繁殖珊瑚物种。该结果或有助于寻找到能抵抗气候变化影响的珊瑚礁，促进对受损珊瑚的修复工作。

气候变暖正在把珊瑚推向它们的耐热极限，这会导致珊瑚礁白化和退化。通过理解这种耐热性的遗传度，可以鉴别出能抵抗气候变暖的珊瑚并预测它们所在位置，这对全世界范围内正在计划的珊瑚礁修复项目具有重要意义。

研究人员表示，他们对一种鹿角珊瑚开展了基于实验室的繁殖实验，增进了人们对珊瑚如何在热应激下生存，以及如何获得更高的耐热性的理解。研究团队随后利用机器学习模型开发了一个预测框架，来预测适合耐热成年珊瑚出现的条件，并利用卫星探测的环境数据寻找大堡礁上这类珊瑚生活的位置。他们发现，约 7.5％ 的珊瑚礁上可能生活着耐热珊瑚，而且纬度并不是预测耐热性的良好指标。他们认为，日均温度极高、经历过长期暖化的珊瑚礁才是适合这类珊瑚生活的理想条件。

这一研究结果，对于全球的珊瑚礁管理者，以及旨在修复珊瑚礁的实际保育工作，具有重要的参考价值。

2. 寻找提高珊瑚耐热性的新方法

发现细菌能帮助珊瑚在高温下存活。[76] 2021 年 8 月，沙特阿拉伯阿卜杜拉国王科技大学，生物学家艾瑞卡·桑托罗等人组成的一个研究小组，在《科学进展》上发表论文称，他们的研究表明，用有益细菌组成的益生菌"鸡尾酒"治疗珊瑚，可以在白化后提高珊瑚存活率。这种方法，可以在预测的热浪来临之前实施，以便帮助珊瑚从高温中恢复过来。

气候变化正在提高海洋温度，这破坏了珊瑚及其共生光合藻类之间的关系，并导致白化。该研究小组提出，通过影响珊瑚微生物群可能会增强它们的耐受性。为了验证这一点，研究人员选择了 6 种从珊瑚中分离出来的有益菌株，并将相关混合物施用到珊瑚上。与此同时，研究人员让珊瑚暴露的环境温度，在 10 天内上升到 30℃，然后回落到 26℃。他们监测了珊瑚的健康状况，以及微生物多样性和代谢参数。

起初，没有什么不同，有益生菌与没有益生菌的珊瑚，在峰值温度下的反应相似，而且都发生了白化。桑托罗说："但当降低温度后，我们观察到用益生菌治疗的珊瑚发生了明显不同。"益生菌治疗改善了珊瑚在热应激事件后的反应和恢复,把存活率从60%提高到100%。

研究人员发现,在恢复期,使用了益生菌的珊瑚,凋亡和细胞重建相关基因表达降低,热应激保护基因表达增加。

使用益生菌是帮助珊瑚应对热压力的有效工具,但它不是灵丹妙药。桑托罗表示,对于保护珊瑚,最重要的是减少温室气体排放,珊瑚将需要所有这些干预措施。

四、研究气候对海洋生物带来的其他影响

(一)探索气候变暖对其他海洋生物的影响

1. 研究气候变暖影响南极海狗的新发现

发现气候变暖已影响南极海狗的生存。[77] 2014年7月,英国自然环境研究委员会和德国比勒费尔德大学研究人员组成的一个研究小组,在《自然》杂志上刊登研究报告说,他们经过长期跟踪研究发现,气候变暖已经切实影响到南极海狗的生存,后果包括海狗总体数量下降、新生海狗体重变轻、生育期推迟乃至基因改变等。

研究人员说,他们从20世纪80年代初开始,通过英国设在南极地区的监测站,对南极海狗进行长期监测,包括它们的总数量、健康状况和生活习性等。

结果发现,在过去30余年中,雌性海狗的生育年龄平均推迟近2年,新生海狗的平均体重也大幅下降。

研究人员认为,这些变化与南极海狗的主要食物磷虾数量下降有关。随着气候变暖,生活在海冰区域的磷虾逐渐减少。在磷虾数量格外少的年份,南极地区的海狗和企鹅等动物的幼崽,饿死数量明显增多。

此外,研究还发现,南极海狗尤其是雌性海狗的基因,在过去30年中发生改变。研究人员认为,这说明生存环境的大幅改变,加速了南极海狗的自然选择过程,迫使它们每一代都要做出调整以适应这种改变。

2. 研究气候变暖影响海星的新发现

发现疾病随着水温升高正在大量杀死海星。[78] 2019年2月,有关媒体报道,美国加州大学戴维斯分校野生动物兽医乔·盖多斯主持的研究小

组，在研究成果《水下僵尸启示录》中，详细描述了"海星损耗病"带来的影响。研究人员指出，自2013年以来，从墨西哥到阿拉斯加，这种疾病已经导致20多种海星死亡。

现在，盖多斯研究小组的一项新研究带来了更多坏消息：这种疾病已经袭击太平洋东北区域的向日葵海星，而该海星是一种重要的捕食动物。这一曾经常见的物种，已经从其生存范围的大部分地区消失，给生态系统带来巨大的破坏。

研究小组还发现，海洋温度升高与疫情严重程度之间存在令人担忧的联系，这表明气候变化可能会加剧未来的海洋流行病。

海星数量的衰减具有更广泛的影响，例如昆布所受影响尤其明显，因为海星的减少令其主要猎物之一海胆数量增加，而海胆是吃昆布的。

研究人员以加利福尼亚至不列颠哥伦比亚的近岸浅水域和离岸深部水域作为考察范围，对其中的向日葵海星丰度进行评估。从2006—2014年，潜水员报告称，他们在潜水时所见的向日葵海星数在两个至100个之间。但在2014年后，在这一区域至少60%的勘察，以及在加州和俄勒冈州高达100%的勘察，所见的浅部水域中的向日葵海星数为0或1。

在深部离岸水域中，研究人员从2004—2016年间，对位于加州至华盛顿州的8968次海底拖网所收集的平均年度生物质，进行了估计。2013—2015年间，加州和俄勒冈州的向日葵海星的生物质下降了100%。进一步的分析表明，近岸水域中向日葵海星数量下降幅度最大的时间，与出现异常温暖的海洋表面温度的时间相符。

3. 研究气候变暖影响地中海绿海龟的新发现

发现气候变暖或使地中海绿海龟筑巢范围扩大。[79] 2023年12月，意大利罗马第一大学奇亚拉·曼奇诺与同事及合作者组成的一个研究团队，在《科学报告》杂志上发表论文称，他们通过生态学建模研究发现，全球气温升高或使地中海绿海龟的筑巢范围扩大。

研究人员介绍，人为气候变化使全球海表温度上升，对部分海洋生命造成严重影响，其中，海龟受到的影响尤其大，因为它们后代的性别取决于孵化温度。虽然之前的研究分析过气候变化对全球多个不同海龟种群的影响，但很少有人研究过地中海的绿海龟种群。

　　为此，该研究团队开发了一个模型，用来预测地中海海岸线的某个位置，是否适合作为绿海龟的筑巢点。在本次研究中，他们先将模型与178个已确认的筑巢点进行比对，评估该模型的预测能力，这些筑巢点记录于1982—2019年期间，主要局限在地中海东部的土耳其和塞浦路斯。他们发现，该模型的预测能力很好，其海表温度、海域盐度和人口密度，最容易影响特定位置作为筑巢点的适宜性。

　　随后，研究人员模拟4个不同温室气体排放情景，会如何影响2100年绿海龟的筑巢范围。他们发现，逐渐恶化的气候情景，与筑巢范围进一步扩大相关。在最坏的模拟气候情景下，筑巢范围会扩大62.4%，覆盖远至阿尔及利亚的北非海岸线、意大利和希腊的大部分地区，以及南亚得里亚海。

　　研究人员同时指出，绿海龟筑巢范围，在人口稠密的地中海中部和西部地区的扩大，增加了它们与人类和城市化海滩的接触。这可能会对筑巢成功率产生不利影响，后续应该进一步研究探索如何缓解这类影响。

4. 研究气候变暖影响海洋底栖生物的新发现

　　发现洋流变暖导致海洋底栖生物迷路。[80] 2020年9月13日，《科学》网站报道，加拿大罗格斯大学生物学家海蒂·福克斯领导的一个研究小组，对海洋底栖生物产卵及其幼体，在大西洋随洋流沿岸漂流的情况进行了研究，发现洋流变暖正导致底栖生物向不适于生存的地方分布。福克斯表示："它们明显去了错误的方向。"

　　底栖生物，即栖息于海洋或内陆水域底部的生物，是水生生物中的一个重要生态类型。几年前，福克斯注意到：一种海螺的数量在几十年里大幅减少；另一种则在外大陆架消失。在同片海域的其他底栖生物中，她也发现了类似的奇怪现象：一些寒冷水域的物种正往南，从深水区向浅水区转移，整体来看分布范围正在缩小，且新栖息地较之前温度更高、更危险。

　　深入探究之后，她发现底栖生物通常在海水达到一定温度时排卵，在大西洋中部，这个时间段通常为晚春到初夏。而近几十年里，海水温度平均升高2℃，使得海洋更早达到温度阈值，底栖生物排卵的时间也因此提前约一个月。沿大陆架洋流流速在早春时期加快，随后又有所放缓，如果底栖生物排卵时间过早，其幼体则可能沿岸漂移过远。

随后，科学家扩大研究的物种范围，从公共数据库中收集了 50 个物种的数据，并绘制出它们排卵时间、地点的分布图，补充添加了几十年来不同地区温度变化的信息，并最终根据排卵时间对幼体转移的影响，得出物种分布的长期变化。

（二）探索气候变暖对海洋生态的影响

1. 研究气候变暖对海洋生物生态影响的新发现

发现海洋变暖压缩了海洋生物的三维栖息地。[81] 2019 年 12 月 23 日，西班牙巴利阿里群岛大学、西班牙科学研究理事会等科研机构相关学者组成的一个研究小组，在《自然·生态与进化》杂志上发表论文称，他们研究发现海洋变暖压缩了海洋生物的三维栖息地。

为适应海洋变暖，一些海洋生物会垂直迁移到较冷水域。研究人员通过计算得出 1980—2015 年间，全球海洋的实际垂直等温线迁移率已日益明显。预计在 21 世纪（2006—2100 年），全球表面等温线将以越来越快的速度加深。

海底深度和透光层深度，对物种可能的垂直迁移构成了最终限制。在 21 世纪末大部分海洋的物种迁移将达到这两个极限，并导致许多海洋生物的三维栖息地在全球范围内迅速压缩。浮游植物的多样性可能得以保持，但会向光层底部移动，而以珊瑚为代表的生产力高的底栖生物的三维栖息地将迅速减少。

2. 研究气候变暖对海洋植物生态影响的新发现

发现气候变暖引起海中鳗草南界北移现象。[82] 2022 年 9 月，中国科学院海洋研究所一个研究小组，在《交叉科学》网络版上发表研究成果称，他们的研究，首次发现气候变暖致使海中鳗草地理分布南界北移现象，揭示了全球气候变化对海草床生态系统的潜在影响。

为确定鳗草地理分布北移是否由区域变暖所致，2016—2021 年期间，研究人员从青岛湾获取鳗草植株和种子，在日照石臼所海域共开展了 16 次鳗草植株移植和种子种植实验，监测海草生长状况及水温等环境参数，并进行海草生化分析和转录组分析。

对比历史文献资料发现，全球变暖将使许多物种的地理分布向极地移动。

3. 研究气候变暖对海洋动物生态影响的新发现

发现地中海水温升高加速外来动物蓝蟹繁殖。[83] 2022 年 11 月 22 日，央视新闻报道，全球气候变化带来的影响日渐凸显。位于地中海突尼斯的盖尔甘奈岛，近年来由于水温不断升高，一种名为蓝蟹的外来入侵物种迅速繁殖，造成了当地鱼类数量锐减。

突尼斯盖尔甘奈岛渔民萨拉赫·扎伊姆使用夏尔非亚捕鱼法进行捕鱼，这是当地的一种传统技艺。它通过棕榈叶制成的固定捕鱼装置，阻断鱼的活动路线，以完成捕捞。撒网再收网，一番操作下来，萨拉赫只收获了一条小鱼，更多的是一种蟹腿为蓝色的螃蟹。

扎维姆说，这种蓝蟹出现以前，我们是能捕到鱼的，但现在我们已经什么都捕不到了。

蓝蟹并非本地物种，而是从印度洋等地迁徙至此。研究显示，由于气候变化，地中海温度上升速度，比全球海洋平均水平约快 20%，成为全球变暖最快的海洋之一，这也为蓝蟹的繁殖提供了天然条件。作为多产的物种，蓝蟹每年繁殖四次，久而久之，它们挤压了本地物种的生存空间，并逐渐地取而代之。

环境工程师兼气象专家哈姆迪·哈切德指出，气候变化和不断升高的海水温度，导致许多栖息地原本不在地中海的入侵物种出现并繁殖。它们来自其他地方，比如红海、大西洋或者印度洋。随着海水温度的升高，地中海的环境变得更适合它们繁殖。所以这些物种在此定居，并开始挤走本地的物种，因为这些外来物种比本地物种的适应力更强。它们逐渐取代了本地物种，并造成其中的一些物种灭绝。

同时，蓝蟹异常凶猛并极具破坏力，它们锐利的蟹钳常常割破渔网，胃口很大的它们还会吃掉身边的小鱼，这导致以传统捕鱼业为生的渔民们收入锐减，成为他们口中的诅咒。为维持生计，渔民们开始学会适应这种改变，转而开始捕捞蓝蟹。

蓝蟹出口企业主哈利卜·泽里达说，我们是 2018 年 7 月开始相关业务的，当时蓝蟹繁殖的速度非常快，我们开始想办法。一开始，它们对渔民来说只是一个诅咒，并没有其他意义。后来，我们想到用蓝蟹创造价值，于是开始把它们出口到泰国、荷兰，然后是韩国。

根据粮食和农业组织的数据，2021 年 5 月，突尼斯的蓝蟹出口额为 720 万美元，是 2020 年同期的两倍多。尽管商业捕捞一定程度上解决了当地渔民的生计问题，但地中海气温持续变暖对物种多样性及沿岸国家带来的影响仍在继续，各国需要制定更加详尽的行动战略，以应对气候变化带来的连锁效应。

第四节 海洋气候观测预报系统建设的新进展

一、建设海洋气候观测记录网的新成果

（一）推进实时海洋气候观测网建设的新信息

1. 在北太平洋海域布放锚碇浮标[84]

2014 年 7 月 21 日，《中国科学报》报道，中国北极科考队于 20 日在北纬 55 度 59 分、东经 172 度 60 分的北太平洋海域成功布放一套锚碇浮标。

据悉，这是我国首次在北太平洋海域布放锚碇观测浮标，对于我国获取北极中高纬度海气界面的长期连续观测数据、了解北极定点海气界面要素变化特征、分析其对全球气候系统，特别是对我国气候变化所产生的影响，具有重要意义。

据了解，此次布放的锚碇浮标系统由浮体系统和锚碇系统组成。浮体重 2.3 吨、直径 2.4 米，浮体上部装有温度、气压、风速等气象观测设备，下部装有海面表层温度、盐度探测仪记录器，观测到的相关海气数据可按设定时间通过铱星传回国内。为保障浮标正常工作，获得较长期的固定点位观测数据，浮标上除配有蓄电池外，还备有太阳能和风能发电设备。

由于极区环境恶劣，在此锚碇浮标成功获取数据的难度较中低纬度要困难得多，国内外布放的量也很少。因此，极地海域缺少长期定点连续观测数据。该套浮标的成功布放并运行，将改变这一状况。

2. 在印度洋成功投放深海气候观测浮标[85]

2017 年 9 月 12 日，科学网报道，正在执行我国首次环球海洋综合科学考察的"向阳红 01"号科考船，在印度洋完成了首次定点作业任务，成

功布放了 7000 米级深海气候观测浮标。

此次布放浮标是该航次的第一个定点作业任务，在科考船到达印度洋的第二天即开始实施。当前正是印度洋季风盛行季节，风大、波浪高、洋流强，风速达到 6 级，波高接近 3 米，属于可布放条件的极限情况。科考队员用时 7 个多小时，成功把浮标布放到指定站点。

亚洲夏季季风系统是影响我国汛期气候的重要因素，印度洋是对亚洲夏季季风产生重要影响的关键区域，在这一区域开展海洋气候关键要素实时监测，对提高我国短期气候预测能力、保障汛期防灾减灾至关重要。

此前，我国已在印度洋东南部区域布放了两套浮标。浮标不仅可以观测海表气温、气压、风速风向、相对湿度、雨量、长波和短波辐射等大气要素，还可以利用感应耦合传输技术，实时采集海洋表层至深层海水温度、盐度、海流、溶解氧等重要海洋参数。

浮标所采集的现场数据，可通过铱星实时传输回陆地岸站，系统实时处理，并和全球共享，为改进全球天气和气候预报发挥作用。

此次投放站位于东印度洋暖池区，是印度洋上升流核心区域，也是热带季节内信号关键区，更是年际时间尺度海气耦合过程发生重要区域，监测结果对开展前沿科学问题探索和提高短期气候预测能力具有重要意义。同时，本站位浮标也是国际印度洋浮标阵列组成一员。本次顺利投放，意味着我国继续与美国、日本等发达国家一起，共同为全球印度洋海洋气候监测提供基础支撑。

3. 我国建成首个全球实时海洋气候观测网[86]

2018 年 1 月 25 日，科学网报道，在西北太平洋海域，"科学"号上的科考队员正在完成我国新一代海洋实时观测系统计划的一项工作，他们把中船重工七一〇所研制的 HM2000 型剖面浮标缓缓放入海面。这是自 2002 年实施以来布放的第 400 个剖面浮标，也是我国布放的第 30 个国产北斗剖面浮标。

至此，我国正式建成首个全球实时海洋气候观测网。这些浮标主要分布在西北太平洋、中北印度洋和南海海域，基本覆盖了由我国倡导的"21 世纪海上丝绸之路"沿线海域。

报道称，2000 年正式启动实施的全球海洋气候实时观测系统计划，在近 30 个国家和地区的努力下，截至 2018 年 1 月，已有 3890 个浮标在海上正常工作。

散布在全球深海大洋区域的这些浮标，主要用来监测上层海洋内的海水温度、盐度和海流，以帮助人类应对全球气候变化，提高防灾抗灾能力，以及准确预测诸如发生在太平洋的台风和厄尔尼诺等极端天气、海洋事件等。

我国于 2002 年正式加入这场"海洋观测技术的革命"，成为继美国、法国、日本、英国、韩国、德国、澳大利亚和加拿大之后第 9 个加入国际海洋实时观测系统计划的国家。

（二）完善深海潜标观测网的新信息

1. 成功破解深海潜标数据实时传输难题[87]

2017 年 1 月 2 日，新华社报道，我国科考船"科学"号在完成 2016 年热带西太平洋综合考察航次后，当天返回位于青岛西海岸新区的母港。我国科学家在本航次成功对两套深海潜标进行实时传输改造，破解了深海观测数据实时传输的世界难题。

海洋实时观测数据长期依靠卫星遥感和浮标。用于观测水下和深海数据的潜标只能每年回收一次，从中获取数据，无法像卫星遥感和浮标那样获得实时数据。这是因为潜标最上面一个浮体距离海平面还有四五百米，这些数据无法穿透海水传输到卫星上。这次，科考队员在水面上放置了一个数据实时传输的浮体，它与潜标通过无线和有线两种方式连接。潜标将数据传输给浮体，浮体发射到卫星上，卫星再反馈回陆地实验室。

这项技术的难点，在于浮体与潜标之间要建立稳定的联系，另外海上施工具有很大的不确定性和难度。此次实现实时数据传输的两套浮标，分别采用了无线和有线连接，证明我国科学家研发的两种解决方案均可行。

据了解，深海潜标观测数据的实时传输技术，是中国科学院海洋研究所和中国科学院声学研究所等单位共同研发而成。

2. 建成国际规模最大的区域潜标观测网[88]

2018 年 3 月 25 日，科学网报道，由中国海洋大学吴立新院士、赵玮教授等专家组成的研究团队，首次在南海构建了国际规模最大的区域海洋潜标观测网，取得诸多在国际上具有重要显示度的科技创新成果，为持续推进"透明海洋"工程提供了强大助力。

据悉，南海潜标观测网，是我国正在实施的"透明海洋"工程的重要组成部分，它的成功构建奠定了我国在"两洋一海"动力环境观测方面的重要国际地位。

潜标是开展海洋动力过程长期连续观测最有效的手段。针对之前研究的不足，该研究团队突破了沿缆往复稳定可靠运动控制、水下沿缆剖面测量等关键技术，集成多尺度动力过程海洋观测仪器，自主研发了海洋多尺度动力过程观测潜标等适合深海多尺度观测的系列潜标系统，实现了多尺度海洋动力过程长期的连续观测。

此外，研究团队突破深海电缆破断与电控释放等卫星通信单元发射关键技术，自主研发适合深海长期连续观测的系列深海潜标，并开展长期海上应用检验，性能可靠、工作稳定，有效提高了潜标观测数据的时效性。相关研发成果获4项国际发明专利及8项国家发明专利授权，大幅提升了我国海洋多尺度动力过程长期观测水平，有力推动了我国海洋深远海定点连续观测技术的发展。

南海潜标观测网获取的长期连续观测数据，有力支撑了南海环流、中尺度涡、内波、混合等多尺度动力过程科学研究的系统开展。在海洋环流方面，精确刻画了南海北部环流时间变异特征，探明了南海与太平洋水体交换的时空结构，揭示了太平洋西传中尺度涡对南海北部环流的影响机制；在中尺度涡方面，首次发现了南海中尺度涡的"全水深三维倾斜结构"，剖析了南海北部中尺度涡的生成机制及环流在其中的作用，阐明了能量正级串至亚中尺度过程是中尺度涡消亡的主导机制。

南海海洋观测数据库的构建，丰富了我国海洋观测数据库，推动了我国海洋数值模拟与预报模式发展。它已成功应用到国家海洋环境预报中心的工作中，在预报系统的模式检验与优化过程发挥了关键作用，有效提升了预报中心对南中国海温度、盐度、海流等关键海洋动力环境要素的预报准确度。

（三）建设气候多变性记录网的新信息
——建成全球海洋及陆相气候多变性记录网[89]

2018年2月5日，德国阿尔弗雷德·瓦格纳研究所科学家基拉·雷费尔德及其同事组成的一个研究小组，在《自然》杂志网络版上发表论文称，他们建成了全面的全球海洋及陆相气候记录网，可以更准确地了解气候多变性的变化幅度及其影响。

气候多变性的变化对人类社会造成的影响，不亚于全球均温上升。此外，多变性的变化幅度可以很大，比如，此前对格陵兰岛气候数据的分析表明，从末次盛冰期到全新世（过去 11500 年间），气候多变性大幅降低。然而，该现象只限于格陵兰岛还是在全球范围内出现，此前一直不明确。

鉴于这种情况，该研究小组，此次组建了一个迄今最全面的全球海洋及陆相气候记录网络。分析表明，从末次盛冰期到全新世，气温升高了 $3\sim8℃$，与此同时，在过去几百年到千年的时间尺度上，全球范围内气候多变性下降到了之前的 1/4。其中，热带地区气候多变性有了小幅度减弱（$1.6\sim2.8$ 倍），南北半球中纬度地区的下降程度更高（$3.3\sim14$ 倍），而格陵兰岛的气候多变性降幅可谓巨大，达到 70 倍。这证实了之前的结果，也确定格陵兰岛存在异常于全球趋势的变化。

发表于同期《自然》杂志的另一篇论文中，美国科罗拉多大学波尔得分校研究团队，使用一份来自西南极冰核的水同位素记录，来研究南半球每一年的气候差异。研究表明，纬度更高的地方，末次盛冰期的气候多变性比更暖和的全新世几乎高一倍。科学家提出，这些变化并非由变暖造成，或者说并非从赤道到北极的气温梯度直接导致的，而是由北半球冰盖消融乃至全球大气循环改变引起的。

二、建设海洋气候预报系统的新成果

（一）研制海洋气象信息的收集与传输设备

1. 研制海洋气象监测数据的收集设施

在南极设置收集海洋气象数据的科研监测舱。[90] 2011 年 9 月 25 日，巴西媒体报道，由巴西南极计划资助、巴西空间研究院负责研制的第一座科研舱"冰冻 1 号"将在南极建立。目前，该科研舱，正在巴西空间研究院进行能源系统和设备的安装，接着将运往巴西阿雷格雷港，最终安置在南纬的 85 度地区，距南极极点仅 500 千米。

"冰冻 1 号"配备有太阳能电池板和风力发电机，不使用化石燃料，不会产生污染，每天24小时连续工作，无须研究人员常驻，通过卫星信号传输科研监测信息。其主要功能是收集气象数据，包括风速、温度及南极地区大气化学成分等资料。

在"冰冻1号"运行的第一年，巴西里约热内卢联邦大学、南大河州联邦大学和巴西空间研究院的研究人员，将就南极臭氧层减少及污染物，通过大气输送到南极地区对气象的影响开展科研工作。

巴西在南极的南纬62度地区设有科研站，巴西空间研究院等机构已经在南极地区开展了25年的研究工作，主要侧重于大气动力学、臭氧层、气象学、全球变暖、温室气体、紫外线辐射、太阳与大气关系、污染输送、海洋学、海洋与大气相互作用等方面的研究。

2. 开发海洋气象信息的图像传输设备

研制覆盖南海海域的无线电气象传真系统。[91] 2022年3月23日，《人民日报》报道，在第六十二个世界气象日，交通运输部南海航海保障中心广州海岸电台，与广东省气象台联合启动南海海上无线电气象传真服务，并于当日10时起正式对外播发。该项服务填补了我国南海海区海上无线电气象传真业务的空白。

南海海上无线电气象传真业务以图像形式展现，具有信息丰富、动态直观、预报时间长、范围广等特点，能够更好地了解海洋环境及其变化，实现对气象灾害早预警、早发现、早行动。该项业务播发19种主要产品，全天候分40个时段轮播。其中，无线电每天播发11种气象产品，涵盖地面实况分析、降水预报、海浪预报、台风预报等；网络发布每天推送8种气象产品，涵盖红外云图、卫星云图等。

据介绍，南海海上无线电气象传真业务实现了我国周边海域、重要航区海上气象图自主制作和播发，对保障周边水域船舶的航行安全、维护国家海洋权益、增强国际履约能力等具有重要意义。

（二）建立海洋气候预报的全球服务系统

1. 我国建成首个全球业务化海洋气候预报系统[92]

2013年10月18日，新华社报道，从国家海洋局获悉，国家海洋环境预报中心启动全球业务化海洋学预报系统，这是我国首个涵盖全球大洋到中国海的综合业务化海洋学预报系统。

报道称，全球业务化海洋学预报系统的启动，体现了我国海洋数值预报技术的发展和进步，未来将为我国实施海洋强国战略及开发深远海资源、维护国家海洋权益、保护海洋生态环境提供保障。目前全球业务化海洋学预报系统运行稳定，预报性能指标符合实际预报业务需求，具备了长期业务化运行的能力，已可正式开展海洋预报服务，相关预报产品可通过国家海洋环境预报中心官网实时查询。

国家海洋环境预报中心主任王辉介绍，该系统目前主要由海面风场预报系统、温盐流预报系统、海浪预报系统及两极海冰预报系统构成，预报区域包括全球、印度洋、西北太平洋、渤海、黄海、东海、南海和两极地区，未来还将陆续推出其他区域和要素的预报。此外，预报中心还将加大中国近海海洋学预报系统的研发和发布力度，从而实现中心数值预报能力建设新的跨越。

国家海洋环境预报中心总工程师王彰贵表示，该系统在框架结构上，采取了国际主流的全球向区域再到近海逐步精细化、降尺度的方式，预报区域既涵盖全球大洋，还在印度洋、西北太平洋海域实现了较高的分辨率，在渤海、黄海、东海和南海区域实现了精细化网格，可以较好地满足公益预报和针对企业专项用户等不同层次的需求。在技术路线方面，该系统采用国际上先进的技术，预报精度较高。

2. 我国建立海洋气候预报的全球监测和服务系统[93]

2023 年 5 月 12 日，《光明日报》报道，国家海洋环境预报中心当天宣布，在海温、海浪、海流、海面风、海冰、搜救溢油等业务，率先实现全球覆盖的基础上，全球风暴潮、海啸预警系统正式投入业务化运行，标志着我国海洋预报实现了"全球监测、全球预报和全球服务"。

据介绍，国家海洋环境预报中心，自主研发出基于六边形非结构网格的高分辨风暴潮数值预报系统，该系统在全球近岸区域的网格分辨率为 3 千米左右。他们还自主开发出全球风暴潮监测系统，可实时获取全球 65 个沿海国家 300 多个站点的潮位观测信息，实现了对全球风暴潮的实时监测。

同时，该中心基于完全自主技术建设的全球海啸监测预警系统，已经具备定量响应全球海啸的预警能力。这个系统通过融合自然资源部自建宽频地震台、中国地震局部分沿海地震台站，以及全球其他国家共享的实时数据，建立了全球海底强震实时监测和速报系统，海底强震震源基本参数分析确定平均监测延迟小于 4 分钟；针对海底强震过程，可以进行快速预报，在一分钟之内完成定量海啸预警分析，并判断全球重点城市岸段的海啸危险性。利用中国沿海验潮站和全球共享的浮标和水位站，预警中心还可在震后 30～40 分钟确认和监测海啸事件的影响。

　　投入正式运行的全球风暴潮、海啸监测预警系统，具备以下可称道之处：一是自主化，主要技术均是自主研发；二是低碳化，均支持图形处理器并行加速技术，相对于传统超级计算机的计算方式，完成同等规模计算耗电节省 90%；三是智能化和高集成度，可实现自动运行、一键发布等特点。

第二章 研究海洋地质探测的新信息

海洋地质是指地壳被海水淹没部分的物质构成,其内部结构和外部特征,主要是由海底岩石、矿物成分、岩层和岩体等要素决定的。研究海洋地质,可以揭示海岸至海底的地形地貌,分析海底岩石类型及其演变方式,探明海洋沉积物的结构、厚度和沉积速率,查清海底矿产资源的构成及形成机制。加强海洋地质勘探,是实施海洋开发的一项基础性工作。近年,国内外在海洋地质综合考察调查方面主要集中于:探索地球海洋中水的来源,绘制出最精细的三维全球海洋图。开展太平洋及其边缘海、印度洋与北冰洋等海域地质的综合考察调查;正式承认南大洋为世界第五大洋,并对其冰山、冰盖和海域地质进行考察研究。在海洋地形区域探测领域的研究主要集中于:开展海底科考与地质钻探,编制海底地质地图,探测研究海山与海沟、热液区与冷泉区,探测研究滨海湿地与浅滩、海盆与峡湾。在海洋地质灾害防治领域的研究主要集中于:研究引发海底地震的因素、海底地震的发展及后果,监测海底地震的新方法。研究海啸的蔓延及其影响,加强海啸预警系统建设。研究减轻海底火山灾害,减轻海底滑坡与海岛滑坡灾害。

第一节 海洋地质综合考察调查的新进展

一、海洋地质概貌考察研究的新成果

（一）探索地球海洋水之来源的新信息

1. 研究地球表面水从何而来的新进展

（1）研究表明地球海洋的水是土生土长形成的。[1] 2010 年 12 月 1 日,《科学时报》报道,美国麻省理工学院地质学家埃尔金斯·坦顿负责的研

究小组，在一篇论文中报告称，他们的研究表明，地球供给了自己所需的水，这些水是从形成这颗行星的岩石中渗漏而来的，也正是由此而土生土长出地球海洋。

地球上的海洋到底来自何方？天文学家长期以来一直宣称，冰彗星和小行星在大约39亿年前结束的一个狂轰滥炸的时期内，将其所携带的水送到了地球上。坦顿对此持有异议，她领导研究小组经过深入探索，终于获得了上述的新发现。这项发现，或许有助于解释为什么地球上的生命出现得如此之早，并且它可能意味着其他岩石世界正在被汪洋大海所淹没。

我们的星球一直得到了水的庇护。结合而形成地球的碎石中含有痕量的水。然而科学家并不相信这足以形成今天的海洋，因此他们曾关注于地球水供给的外星起源，但坦顿并不认为研究人员需要找那么远。

为了给出充分的理由，坦顿对地球的陨石库，即一种相对于地球基本成分的有用的类似物，进行了一次化学与物理分析。她随后把数据加入一个早期类地球行星的计算机模型中。她的模型显示，在冷却并凝结为海洋之前，熔岩中大比例的水将迅速形成一种蒸汽大气。这一过程将持续几千万年的时间，意味着海洋早在44亿年前便开始在地球上搅动。即使在地幔中只有少量的水，就算比撒哈拉沙漠的沙子还要干，也足以形成几百米深的海洋。

太空生物学家一直惊讶于地球上的生命进化何以如此迅速——在地球形成6亿年后，或者说39亿年前。坦顿研究小组的发现，或许有助于解释其中的原因。美国华盛顿州立大学的太空生物学家舒尔策·马库奇表示："如果海洋在形成月球的碰撞（约44.5亿年前）后不久便存在了，将有更多的时间可以用于生命的进化，并且这将能够解释，为什么当我们在岩石记录中找到生命的第一个痕迹时，它已经相当复杂了。"

（2）建立新模型分析地球海洋及江河湖泊水的来源。[2] 2023年4月，美国加州大学洛杉矶分校和卡内基科学学会联合组成的一个研究团队，在《自然》杂志上发表论文称，他们参考太阳系外行星的资料，通过建立新模型分析发现，地球上的水，可能是原始大气里的氢气与地表的炽热熔岩相互作用产生的。

研究人员说，这一过程足以解释地球为什么拥有如此之多的水，还可以解释地球的另一些特征，比如地幔高度氧化、地核密度偏低。

根据当前理论，地球这样的岩质行星诞生于幼年恒星周围的尘埃盘中，固体物质构成的小型结构"星子"互相撞击、融合，逐渐成长为行星。撞击能量和放射性元素释放的能量使刚刚诞生的地球表面覆盖着熔岩海洋，逐渐冷却后形成金属质核、岩石地幔和地壳的结构。

人类迄今已发现多颗太阳系外岩质行星，对这些行星的研究显示，岩质行星刚诞生时，原始大气中富含氢分子可能是一种普遍现象。研究人员在此基础上开发出新模型，涉及 25 种化合物以及它们之间的 18 种化学反应，模拟原始大气与熔岩海洋之间的相互作用。

模型显示，该过程会产生大量的水，并导致地幔中的硅酸盐岩石氧化。一部分氢随着金属沉入地核，导致地核密度比理论上的铁质核要低。即使聚集形成地球的固体物质完全不含水，也不会妨碍地球成为一颗富含水的行星。

研究人员说，这只是地球演化的一种可能情景，但该研究把地球演化历程与常见的太阳系外行星联系起来。他们希望，随着观测手段进步，人们将可深入研究太阳系外行星大气的演变，确定更可靠的"生命印记"指标，帮助寻找地外生命。

2. 研究地球内部是否存在水的新发现

研究表明地球内部存在着一个"隐藏的海洋"。[3] 2014 年 6 月 12 日，美国新墨西哥大学和西北大学地球物理学家组成的一个研究小组，在《科学》杂志上发表论文说，地球内部可能存在着一个水量相当于地表海洋总水量 3 倍的"隐藏的海洋"。这一发现，也许有助于解释地球上海洋的水从何而来。

论文指出，这一"隐藏的海洋"位于地球内部 410～660 千米深处的上下地幔过渡带，其水分并不是我们熟悉的液态、气态或固态，而是以水分子的形式存在于一种名为林伍德石的蓝色岩石中。

研究人员利用遍布全美国的 2000 多个地震仪，分析了 500 多次地震的地震波。这些地震波会穿透包括地核在内的地球内部，由于水会降低地震波传播的速度，研究人员可以据此分析地震波穿透的是什么类型的岩石。结果表明，就在美国地下 660 千米深处，岩石发生部分熔融，且从地震波传播速度减缓来看，这是可能有水存在的信号。

与此同时，研究人员在实验室中合成上下地幔过渡带中存在的林伍德石，当模拟地下 660 千米深处的高温高压环境时，林伍德石发生部分熔融，就像出汗一样释放出水分子。

西北大学教授史蒂文·雅各布森说："我想我们最终找到了整个地球水循环的证据，这或许有助于解释地球地表大量液态水的存在。几十年来，科学家一直在寻找这一缺失的深层水。"地球上水的来源有多种说法，一些人认为是彗星或陨石撞击地球带来的，也有人认为是从早期地球的内部慢慢渗透出来的。新发现为后一种说法提供了新的证据。

2014 年 3 月，加拿大艾伯塔大学研究人员在《自然》杂志上报告说，他们首次发现了来自上下地幔过渡带的一块林伍德石，其含水量为 1.5%，从而证明有关过渡区含有大量水的理论是正确的。

（二）海洋地质概貌考察研究的其他新信息

1. 用三维视角考察研究海洋的新进展

开发出覆盖全球海洋的最精细三维海洋图。[4] 2016 年 12 月 16 日，美国地球物理学会在加利福尼亚州旧金山召开的一次会议上，美国地理信息系统公司首席科学家道恩·赖特，与美国地质调查局生态学家罗杰·塞尔一起负责的海洋生态单位项目国际研究团队，报告了一项研究成果，他们开发出一张新的三维地图，从深而寒冷的极地海域到缺氧的黑海，把全球水体分成 37 个类别。

新的三维地图，将具有相似温度、盐度、氧气和营养水平的海洋地区组合在一起。它刚刚问世几个月，研究人员仍在研究如何使用它。但开发该三维地图的国际团队，希望它将帮助环保主义者、政府官员和其他人，更好地了解海洋生物地理学信息，以及做出保护海洋的决策。它同时还可以作为分析未来海洋变化的一条具有丰富数据的基线。

许多现有系统也试图对海洋变化进行分类，例如大的海洋生态系统列表和朗赫斯特生物地理省份（由海洋生物消费碳的速度所定义）。但这些系统往往局限于海表或海岸生态系统。而最新的工作，被称为海洋生态单位，是迄今为止，在 3 个维度上覆盖全球海洋的最详细的尝试。

海洋生态单位，能够帮助解释海洋生物为什么在那里生活。在东部热带太平洋海域，三维地图展现了富含氧气的海水与缺乏氧气的海水之间的一种复杂相互作用。在某些点上，低氧区的边界在向海洋表面移动，而在其他一些区域则向更深处倾斜。

海洋生态单位的产生，是在陆地上使用类似绘图技术的一项计划的第二步。政府间地球观测组织曾要求塞尔率领一支队伍对陆地生态系统进行分类。塞尔表示，接下来，研究人员便将他们的目光从陆地转向了海洋："它就像生态系统在全世界的映射。"

研究人员从由美国国家海洋与大气管理局负责的，世界海洋地图集中的 5200 万个数据点入手。它们包括了每隔 27 千米采集的化学和物理参数信息，并由此形成了一个三维网格。在此基础上，研究人员添加了其他数据，例如海底形状，并利用统计学技术，把最终的结果划分为不同的类别。

2. 考察研究海洋深渊区域的新发现

发现海洋深渊里存在着一条生物分隔带。[5] 2023 年 7 月 24 日，英国国家海洋学中心西蒙·莱多及其同事组成的一个研究小组，在《自然·生态与演化》杂志上发表论文称，他们发现海面下超过 4000 米的地方，存在一个特殊的过渡区，它把深海生物体按照不同类型分隔开来。在这个过渡带上方大量生活着带壳动物，而其下方的深渊深处则主要由软体动物占据。

海洋的深渊区域是地球上面积最大的生物栖息地，占到地球表面积的 60% 以上，但也是人类探索最少的区域。这个区域位于海面下 3000～6000 米，阳光无法穿透，温度在 0.5～3℃之间，生物体必须调整适应这里的极端压强。虽然之前认为深海的物种数量比浅层生态系统的少，但我们一直不清楚深渊区域内的生物多样性有哪些变化。

该研究小组分析了生活在海底附近，大小超过 10 毫米的 5 万多种动物数据。这些数据，来自太平洋克拉里昂—克利珀顿区，通过整理 12 次深海科考中拍摄的照片而形成。由此，他们发现了两个截然不同的深海动物区：深度 3800～4300 米的浅层深渊区，主要被软体珊瑚、海星的近亲海蛇尾，以及带壳软体动物占据。深度 4800～5300 米的深层深渊区，主要被海葵、玻璃海绵和海参占据。这两个区域的中间过渡带由两个群落的混合生物组成。

研究人员发现，生物多样性在这些过渡带保持不变，而不是一般认为的生物多样性会随深度增加而减少。深渊的这种明显分带，可能是由碳酸盐补偿深度引起的：海水中碳酸钙达到不饱和的临界点，以及动物外壳的形成开始变为不利的条件。他们指出，气候变化和海洋酸化或会改变这条分隔带，而加上深海开采的影响可能会使其成为一个脆弱的生态系统。

二、太平洋及其边缘海考察调查的新成果

（一）太平洋地质综合考察调查的新信息

1. 考察研究西太平洋地质的新进展

（1）"科学"号科考船在西太平洋获取大量科研样本。[6] 2015 年 2 月 16 日，新华网报道，正在西太平洋雅浦海沟附近海域执行科考任务的"科学"号科考船，15 日结束本航次岩石拖网项目作业，从 2500～3500 米水深获得数百公斤珍贵的玄武岩和珊瑚礁等样本。

经岩石拖网项目负责人张国良初步分类鉴定，成功"捞"得的三网样本，主要由几百块大小不一的玄武岩组成，还有珊瑚礁、火山浮岩、钴结壳等。

张国良介绍道，本次采样区在卡洛琳海底高原和高原裂开形成的海槽内，是卡洛琳海岭、帕里西维拉海盆及马里亚纳岛弧的三联点。这一特殊的构造地貌单元普遍分布着岛弧火山岩和板内火山岩。由于卡洛琳洋底高原的裂解，这里还可能分布着由于板块撕裂而剥离出来的地幔岩。

张国良说："玄武岩来自地幔，其矿物组成和化学成分记录了来自地球深部的信息，是大洋岩石圈演化过程最直接的证据。通过对火山岩，尤其是大洋玄武岩的研究，进行年代学和地球化学分析，可以推断地幔的演化和海山形成的原因。"

拖网项目成员罗青则把太平洋比作一锅"海底捞"。他说："这个很'有年头儿'的'锅'，可以追溯到 3000 万年前的渐新世。"据罗青介绍，这个"锅"自地球形成初期就不断发生变化，形成了海盆、海脊、海山、海沟等复杂的地形地貌，其起源和演化与整个大洋的演变息息相关。

（2）提出西太平洋板块俯冲起始、发育与成熟新模型。[7] 2022 年 2 月，中国科学院广州地球化学研究所李洪颜研究员、中国科学院徐义刚院

士和李翔博士，以及美国南佛罗里达大学杰弗里·赖安教授、西北大学张超教授等组成的研究小组，在《自然·通讯》上发表研究成果，提出了西太平洋板块俯冲起始、发育与成熟新模型。

板块构造理论是固体地球科学的基石，虽然它的提出已经超过了50年，但是板块俯冲如何开始、发育与成熟这一关键科学问题，仍然没有得到很好的解答。此前研究认为，西太平洋伊豆—小笠原—马里亚纳俯冲带的形成，是地球上自发式起始俯冲的典范，表现为太平洋板块在重力作用下的垂向下沉。

研究人员分析了钻取的小笠原群岛弧前玻安岩的 B-Sr-Nd-Pb-Hf 同位素和主—微量元素，识别出早期形成的低硅玻安岩源区含有俯冲太平洋板块下洋壳辉长岩的熔体，无沉积物和蚀变玄武岩贡献，而晚期形成的高硅玻安岩源区却含有沉积物和蚀变玄武岩的流体。

该研究揭示出伊豆—小笠原—马里亚纳板块俯冲，起始表现为太平洋板块侧向挤入到原菲律宾板块之下，而非之前认为的垂向下沉。新的研究揭示，最早期的低角度俯冲，导致俯冲板块表面的沉积物和蚀变玄武岩，被刮削增生到初生海沟位置。因此，最早发生熔融的板块物质是下洋壳辉长岩（熔融温度 $900\sim950℃$），当高角度俯冲开始，增生楔物质被俯冲，但是因为俯冲板块与初生地幔楔界面温度降低，新俯冲的沉积物和蚀变玄武岩无法发生熔融，仅能发生脱水（最高温度 $780\sim840℃$）交代低硅玻安岩残余地幔，并激发其进一步熔融形成高硅玻安岩。

伴随俯冲带的进一步发育，新的俯冲板块物质被源源输入，初生地幔楔被降温，岩浆活动向西跃迁 80 千米至向岛和哈哈岛之后，岛弧发育成熟。研究发现，初始俯冲板块熔融-脱水过程无蛇纹岩的贡献，明显区别于成熟岛弧。在成熟岛弧，俯冲板块在弧前深度低温脱水导致上覆地幔蛇纹岩化，蛇纹岩化地幔被俯冲侵蚀进入深部俯冲隧道（大于 80 千米），蛇纹岩分解释放流体导致弧火山作用。

该研究表明，伊豆—小笠原—马里亚纳起始俯冲，可能是全球板块构造调整背景之下的被动产物。

（3）在西太平洋获取海底大地电磁长期观测数据。[8] 2023 年 7 月，有关媒体报道，中国海洋大学海洋地球科学学院海洋电磁探测技术与装备研究团队，自主研制的海底电磁采集站在西太平洋成功完成海底大地电磁长期观测，这标志着我国海洋电磁装备研制达到国际先进水平。

2022 年 11 月，该研究团队完成自主研发的 5 台海底电磁采集站投放工作，最大座底深度为 5040 米，并于 2023 年 4 月成功完成所有采集站的回收，获得高质量的长期观测数据。这是我国首次在水深超过 5000 米的海域成功获得海底大地电磁数据，填补了国内海洋电磁探测深海进入能力的一个空白，为海洋电磁装备进一步走向深海勘探奠定坚实基础。

研究人员说，将加快对获得的数据进行分析、处理和反演解释，及时为西太深部地质结构研究提供新的电性信息。

研究团队表示，下一步将继续以国家重大需求为牵引，聚焦国家重大战略，瞄准关键核心技术攻关，发挥"多学科高度交叉融合"赋能优势，持续创新研发海洋电磁高端装备，为深海资源勘探、海底深部结构和岩石圈壳幔结构研究提供重要支撑。

2. 考察研究太平洋西南部地质的新发现

发现太平洋西南部碧波下隐藏着一个新大陆。[9] 2017 年 2 月 20 日，《中国科学报》报道，新西兰地质与核科学研究所地质学家尼克·莫蒂默负责，他的本国同事，以及澳大利亚和新喀里多尼亚的相关学者组成的研究小组，在《今日美国地质学会》上报告称，他们发现，在太平洋西南部一望无际的碧波下，隐藏着一个不为人知的区域：西兰大陆。

地球物理学数据显示，西兰大陆的面积约为 500 万平方千米，相当于澳大利亚的 2/3。该大陆只有 3 个主要陆块，即南边的新西兰北岛和南岛及北边的新喀里多尼亚，其中 94％ 淹没在水下。

研究人员表示，西兰大陆是一个单独的地理实体，符合适用于地球上另外几个大陆的所有标准：高于周边区域、与众不同的地质状况、界线分明，以及比大洋底部厚得多的表层。

莫蒂默说："如果可以让大洋消失，大家就会清楚地看到那里有山脉和一片高耸的大陆。"10 多年来，莫蒂默和同事一直致力于探索西兰大陆的秘密。他们借助谈话、流行书籍和文章及论文收集资料。数据显示，西兰大陆曾是冈瓦纳古陆的一部分，约占冈瓦纳古陆面积的 5％。西兰大陆约在 1 亿年前从冈瓦纳古陆分离，随后于约 8000 万年前与澳大利亚大陆分家。

但目前还没有国际机构负责指定官方大陆，因此研究人员只能希望西兰大陆被公认为地球大陆的一部分。可以想见，在学界对此达成一致前，还会有无数争论。澳大利亚莫纳什大学地质学家彼得·卡伍德说："这样把西兰大陆称为一个大陆有点像集邮。"

不过，该研究小组表示，把西兰大陆定义为一个大陆，科学意义远不止在大陆名单中增加一个名字，而是证明了一个大陆可以被淹没但仍保持完整，这有助于探索陆壳的内聚力与分裂。

3. 考察研究太平洋下方地质的新进展

绘出太平洋下方最大尺度超低速带三维结构。[10] 2022 年 2 月 24 日，中国科学技术大学孙道远教授与瑞士伯尔尼大学行星专家丹·鲍尔主持的一个国际研究团队，在《自然·通讯》上发表论文称，他们在地球核幔边界大尺度超低速异常体结构研究领域取得重要进展，获得了太平洋下方迄今为止所发现的最大尺度超低速带的三维结构。

地球核幔边界广泛分布着超低速带，它是核幔边界存在的一种结构异常。大多数现有观察到的超低速带，聚集在下地幔大尺度低速体的边缘，其详细特征在地球演化研究中具有特殊意义。

已有研究指出，太平洋下地幔大尺度低速体的北部边界存在超大尺度柱状超低速带，但由于缺乏南—北方向数据，该超低速带的位置、大小等信息尚不清楚。2016 年以来，随着阿拉斯加地区地震监测台站数量不断增加，利用南—北、东—西两个方向地震数据来"绘出"该区域内大尺度低速体的边界与超低速带三维结构成为可能。

研究团队通过对两个方向不同地震波的测量，确定太平洋大尺度低速体北部边界处的高度约 900 千米、大尺度低速体内部的横波速度扰动，以及大尺度低速体向北倾斜的边界特征。他们进一步利用波形拟合的方法，得到超大尺度超低速带的三维结构，其尺寸约 1500 千米×900 千米，高度约 50 千米，S 波波速降为 10%。根据超低速带内部的横纵波速度扰动比值，研究人员认为它是由化学异常所造成。

结合大尺度低速体、超低速带及古老俯冲板片的位置关系，研究团队对超大尺度超低速带的形成提出假说，认为太平洋大尺度低速体的北部边界处存在长期稳定由俯冲板片主导的水平地幔汇聚流，小尺度的超低速带在地幔流的作用下，不断在大尺度低速体的边缘处累积，最终形成现在探测到的超大尺度超低速带。同时，由于地幔流的作用，大尺度低速体也形成了向北倾斜的形态。

相比之下，太平洋大尺度低速体东北缘探测到的小尺度超低速带，是剪切地幔流将大尺度超低速带不断破碎化所造成，而其中导致的强烈的热不稳定性可能会触发地幔热柱的产生，因此夏威夷热点下方地幔热柱的起源更可能来源于大尺度低速体东北部边界。

研究团队的假说，与动力学研究结果有很好的相关性。这一成果，显示了更精确的地震图像，对认识地球下地幔动力学过程具有重要意义。

（二）太平洋边缘海考察研究的新信息

1. 调查研究南海深海沉积物的新进展

（1）建成全球先进的南海深海沉积物观测系统。[11] 2017 年 2 月 20 日，新华社报道，深海沉积物是地球表层系统演化重要的信息载体，为了加强研究深海沉积现象，经过多年努力，我国已在南海建立起全球先进的深海沉积物观测设施，并已取得一些重要研究成果。

南海是西太平洋地区最大的边缘海，濒临亚洲大陆，每年要接受数亿吨周边河流的沉积物，加之西太平洋深层水贯入的长期影响，在南海深海形成复杂和活跃的底层海流搬运和沉积作用，使南海成为开展深海沉积过程研究的理想场所。

目前，我国在南海东北部已建成全球先进的深海沉积动力过程综合观测系统。这套系统由同步观测的 12 套综合锚系和 1 套海底三脚架组成，锚系长度在 1000～3300 米之间，水深主要分布在 1500～3900 米范围内，主要观测南海的深海海流温度、盐度、流速、混合强度等参数，并收集深海里的悬浮沉积物样品。目前，它已成为我国科学家持续开展深海沉积学研究的野外实验室。

同济大学海洋地质国家重点实验室刘志飞教授负责的研究团队，通过在这里长时间的深海锚系观测，已证实等深流在南海北部海盆长期存在，在国际上第一次定义深海等深流的速度结构及其季节性变化。他们发现海表生成的中尺度涡，能够穿透数千米水层，与等深流一起，共同对深海沉积物远距离搬运起到关键作用。

他们还鉴别出南海存在两种典型的深海峡谷，分别是浊流频繁活动的"高屏海底峡谷"和沉积动力相对安静的"福尔摩萨海底峡谷"，发现高屏海底峡谷长年频发的浊流事件是由途经台湾的台风引起的。

每当超强台风登陆台湾，台风带来的超强降雨，将台湾大量沉积物通过河流灌入南海，从而沿高屏海底峡谷以浊流形式进入深海，是南海的深海物质侧向搬运最重要的过程。这些研究是深水沉积过程观测实验的先驱性工作，大大推进了我国南海深海沉积学发展。

该研究团队参加的南海大洋钻探活动，就是要追溯南海在数千万年前开始形成至今的深海沉积过程，探索深海沉积如何记录南海周边大陆和岛屿的沧海桑田演变，通过与现今沉积动力过程观测的直接对比，从而提取南海深海沉积中的地区性特征和全球性普适规律。

（2）南海深海沉积物钻探顺利完成首个钻孔任务。[12] 2017 年 2 月 21 日，新华社报道，由我国科学家主导的本次南海深海沉积物钻探顺利完成首个钻孔任务，科学家基本摸清了钻孔位置 800 万年以来的海底沉积特点和规律，为即将开展的基底岩石钻探奠定了良好基础。

来自中国、美国、法国、意大利等国家的 33 名中外科学家乘坐美国"决心"号大洋钻探船，于 2 月 14 日抵达北纬 18.4 度、东经 115.9 度的目标钻探海域，开始进行本次南海深海沉积物钻探。旨在钻取南海基底岩石，探寻大陆如何破裂、陆地为什么会变为海洋的科学之谜，检验国际上以大西洋为蓝本的非火山型大陆破裂理论。

本次南海深海沉积物钻探的首个钻孔编号为 U1499A，水深在 3770 米左右。连日来，"决心"号用先进的 APC、XCB 等钻探取样设备，共钻取了 71 管海底沉积样品，钻孔深度为 659.2 米。目前，"决心"号上的中外科学家，已对首个钻孔沉积样品的形成年龄、沉积速率、岩性等进行了初步研究。古生物与古地磁的研究均判断，首个钻孔的沉积样品最早是 800 万年前沉积的。

首个钻孔只有最上面的 48 米是深海软泥样品，属于"平静有序"的典型深海沉积；48 米以下的绝大部分沉积样品则"动荡无序"，反映了 800 万年以来，南海海底大部分时间都处于惊心动魄的风云变幻状态，海底滑坡、深海浊流、远距离搬运、生物扰动等事件频发。其中有两段最动荡的时期，分别在海底形成了厚达 70～100 米、延伸达数百千米的砂层。

2. 研究分析南海下部地幔的新进展

首次揭示南海下部地幔的性质及作用。[13] 2018 年 3 月 10 日，中国科学院海洋研究所张国良研究员为第一作者的研究团队，在《地球与行星科学快报》网络版上发表论文称，他们利用南海钻探获得的岩芯，开展地球化学研究，首次揭示了南海地幔具有印度洋型特性，且南海的东、西两个次海盆具有明显不同的地幔性质，阐明这种特性是来自海南地幔柱和大陆裂解过程中的地壳混入双重作用的结果，并认为海南地幔柱对南海的打开具有重要推动作用。

由于南海底部有一层上千米厚的沉积层，长期以来，南海的基底甚至不为人所知。这就类似脸盆中有一层沙子，如果不拨开沙子，则无法知道脸盆的硬底材料是什么。国际大洋发现计划 349 航次利用大洋钻探船，首次在南海钻透了上千米的沉积层，终于获得了海盆的硬底地质材料玄武岩。这些玄武岩是南海海底扩张时期由于火山作用而形成，携带了关于南海下部地幔组成的重要信息。

研究人员认为，我国的海南岛下部可能存在一个超深来源的"热柱"，在地球科学中被称为地幔柱。这个来自深部的地幔柱具有异常高的温度和特殊的化学组成，如果地幔柱出现在大陆下部，可能会将大陆"拱"裂，并改变原来地幔的化学组成。如果海南下部真的存在这样一个"热柱"，有没有可能影响到南海打开过程，以及南海下部的地幔组成？这些问题可以从钻探获得的玄武岩中得到答案。

通过分析南海海底玄武岩的化学组成，研究团队认识到：南海东、西两部分的下部地幔组成差异很大，而且在同位素组成上都属于印度洋型地幔。为了揭示南海为何存在印度洋型地幔，以及为何两个次海盆之间存在不同的地幔演化历史，该团队模拟了海南地幔柱和大陆下地壳对亏损上地幔组成的影响。结果发现，南海东部的地幔含有"热柱"组分达 40%，而南海西部的地幔含有大陆地壳组分。研究最后提出一个南海初始裂解过程的模型：新生的海南地幔热柱在南海打开过程中可能起到助推作用，海南地幔柱不仅混入到南海下部的地幔，而且可能曾"烘烤"着大陆，并将大陆地壳卷入到南海的地幔中。

三、印度洋与北冰洋综合考察调查的新成果

（一）印度洋地质综合考察调查的新信息
　　——完成西南印度洋和中印度洋的载人深潜科考[14]

2019 年 3 月 10 日，新华社报道，我国"探索"一号科考船，搭载"深海勇士"号载人潜水器，历时 121 天，航行 17000 余海里，圆满完成我国首次覆盖西南印度洋和中印度洋的 TS10 深潜科考航次，于当天返回海南省三亚市。

本航次由中国科学院深海科学与工程研究院牵头，组织对西南印度洋和中印度洋进行深潜科考。自 2018 年 11 月 10 日开始，于 2019 年 3 月 10 日结束，共完成 5 个热液区及 2 个异常区的深海水下实地勘察，获得大量高质量、高分辨率的海底热液活动视像资料，采集了丰富的热液流体、硫化物、基岩及热液大生物样品，取得了一批具有重要科学价值的深海热液科考成果，为深入研究现代海底热液流体系统的物质循环、生命演化和适应机制及生态环境效应，提供了重要基础数据和样品。

在本航次中，"深海勇士"号在高海况、海底地质环境复杂的西南印度洋和中印度洋热液区，共下潜作业 62 次。其中，2018 年 12 月在西南印度洋单月下潜作业 25 次，刷新了中国载人深潜史单月下潜作业次数的新纪录。在位于高海况的西南印度洋西风带完成了连续 15 次下潜作业，实现了 6～7 级海况下的安全回收，多次完成了夜间作业，完全具备了应急连续下潜的能力。

"深海勇士"号在地质环境复杂、多变的热液区海底，多次完成原位监测设备的水下布放与回收，成功实现了海底丢失潜标的追踪；完成了一款国产深海成像声呐和二款万米机械手的海底试验，验证了高精度的水下搜寻、搜救作业和深海水下试验能力。一系列成果和新数据书写了中国载人深潜新历史，本航次的完成，标志着我国载人深潜运行和维持能力大幅提升，达到了国际先进水平。

（二）北冰洋地质综合考察调查的新信息

1. 考察北冰洋区域范围的新进展

我国北极科考队成功到达北极点进行科学考察。[15] 新华社报道，2010

年 8 月 20 日 15 时 38 分，我国北极科学考察队成功到达北极点，并随后进行科学考察作业，创造了我国历次北极考察队到达北冰洋最北的考察纪录。

当天上午，科考队乘坐"雪龙"号极地科学考察船到达北纬 88 度 22 分、西经 177 度 20 分地点。在进行第 6 个"短期冰站"和海洋考察站作业的同时，考察队领队吴军和首席科学家余兴光，率 12 名考察队员分两批乘"海豚"直升机成功抵达北极点。五星红旗和考察队队旗在北极点冰面上飘扬。

考察队员在北极点冰面上进行了冰浮标布放、温盐深剖面探测仪观测、海冰和海水样品采集与生态学观测，获取了 0～1000 米水深的温盐资料、3 根冰芯样品和一批海水样品，沿途同步进行了海冰分布观测，为本次考察海冰快速变化和海洋生态系统响应综合研究，采集了重要的科学数据。

本次北极科学考察队到达北极点进行科学考察作业，使我国对北冰洋的考察范围延伸到地球的最北端，说明我国的北极科学考察能力在不断提升。

2. 考察研究北冰洋水体的新进展

研究揭示北冰洋水体由淡变咸的原因。[16] 2017 年 6 月，德国阿尔弗雷德·韦格纳研究所一个研究小组，在《自然·通讯》杂志上发表论文称，几千万年前，北冰洋是一个巨大的淡水湖，与咸水海洋隔绝。他们发现，格陵兰与苏格兰之间的陆桥沉到水下约 50 米深处之后，北大西洋的海水才开始大量注入北冰洋，导致它的水体由淡变咸。

目前，格陵兰与苏格兰之间是开阔的水域，连接着北冰洋与北大西洋，但几千万年前这里是一片陆地。此外，现在的白令海峡当时也位于海面之上，隔开了北冰洋与北太平洋。

地球的板块运动，使格陵兰与苏格兰之间的陆桥沉到水下，北冰洋才有了第一个连接海洋的通道。研究人员说，他们模拟了陆桥逐渐沉到水下 200 米深处的情形，该过程可能历经数百万年才完成。结果显示，来自北大西洋的含盐海水，并不是一旦有通道就立即大量注入北冰洋，必须要求陆桥沉到水下 50 米左右后才能顺畅地流入，这正是海洋混合层的深度。

由于各处温度、含盐量、密度等差异，海洋水体有着分层结构。在靠近海洋表面的某个位置，海水受到水流、蒸发等多种因素影响，会形成比较均匀的一层，称为混合层。研究人员说，混合层的深度非常关键，海水流动通道达到这个深度之后，北冰洋才真正开始变咸。

北冰洋与大西洋之间出现通道，改变了地球中纬度到高纬度海域的热量流动，对全球气候有着深远影响。当年的陆桥如今已经沉到水下 500 米深处，只有冰岛区域还在水面之上。

3. 考察调查北冰洋地貌的新发现

在北冰洋地貌考察调查中新发现五个岛屿。[17] 2019 年 10 月，据俄罗斯卫星网报道，俄罗斯北方舰队水文服务部主管阿列克谢·科尔尼斯表示，北方舰队在北冰洋的综合考察中，于新地岛的维塞海湾发现 5 个岛屿，它们可以透露许多关于地球生命起源的信息。

科尔尼斯称："新地岛维塞海湾发现的 5 个岛屿，其中两个非常小，只有 900 平方米。现在很难评判这些岛屿的价值及存在期限。这些岛由碎片材料组成，而冰川移动时，会碾碎所有下方物体。"

他指出，考察团内的水文地理学家推测，这些岛 10 年内就会被毁。不过，科尔尼斯认为，由于海湾"隐蔽性好"，这些岛有可能会存在很久。

水文地理学家解释说："如果有人研究这些岛如何形成并存在，是极其有益的，基于这些研究可以得出地球上如何产生生命的结论。"他认为，新的岛屿形成时间很近，大概就在 2014 年冰川移动的时候。

这位学者还指出："我对那里现在的情况进行了观察：先是出现藻类，一些地方已经开始形成腐殖质层，然后出现鸟类和植物，我们已经在那里发现了被北极熊撕碎的海豹的遗骸。如果这些都保持下去，岛屿也就能存在下去。"

四、南大洋地质综合考察调查的新成果

（一）正式承认南大洋为世界第五大洋
——确认南大洋范围为南极洲周边海域[18]

2021 年 6 月 8 日，美国哥伦比亚广播公司报道，在世界海洋日当天，

美国国家地理学会宣布，南极洲周围海域将被称为南大洋，并正式承认南大洋为地球第五大洋。

美国国家地理学会表示，自从1915年美国国家地理学会开始绘制地图以来，已经确认了世界上有四大洋：大西洋、太平洋、印度洋和北冰洋。

南大洋是海洋生态系统的重要家园，也是南半球的焦点。它直接包围着南极洲，从大陆的海岸线一直延伸到南纬60度。海洋的边界，与地球上存在的其他四个大洋中的大西洋、印度洋和太平洋相连。

但南大洋与其他大洋的不同之处在于，它在很大程度上不是由周围的陆地决定的，而是由于内部有一股洋流，这片水域很独特。美国国家地理学会在其杂志上表示，这股洋流估计大约有3400万年的历史，使南大洋的生态如此独特，为数千种物种提供了独特的栖息地。

2021年早些时候，美国国家海洋和大气管理局也承认了南大洋的称号，美国地理名称委员会自1999年以来便承认了南大洋。但是，美国国家地理学会在声明中表示，世界各地的科学家多年来一直在试图确定一个官方名称。美国国家地理学会称，南大洋将受到和四大洋一样的待遇，将被收录在世界大洋科普书中。

（二）探索南大洋冰山及附近冰盖的新信息

1. 考察研究南大洋冰山的新发现

（1）确认在南大洋形成世界最大冰山。[19] 2021年5月20日，新华社报道，总部设在法国巴黎的欧洲航天局19日发布新闻公报说，一座巨型冰山从位于南大洋威德尔海的龙尼陆缘冰断裂，成为目前世界上最大的冰山，面积约4320平方千米。

根据公报，这座冰山由英国南极调查局发现，并由美国国家冰中心利用欧洲"哨兵-1"卫星近期拍摄的图像确认。

公报说，该冰山被命名为A-76，长约170千米、宽约25千米。它的面积超过同样位于威德尔海的A-23A冰山，成为目前世界最大的冰山。A-23A是此前最大的冰山，面积约3880平方千米。

"哨兵"系列地球观测卫星，是欧盟委员会和欧洲航天局共同倡议的"全球环境与安全监测系统"（又称哥白尼计划）重要组成部分，目的是帮助欧洲监测陆地和海洋环境，并满足其应对自然灾害等安全需求。不同组别的"哨兵"卫星有不同观测功能。

"哨兵-1"系列卫星由两颗极地轨道卫星组成，借助 C 频段合成孔径雷达成像技术，全天候收集并传回数据，以实现对南极洲等偏远地区的全年观测。

（2）发现南大洋又形成一座面积接近伦敦的冰山。[20] 2023 年 1 月 23 日，英国广播公司报道，英国南极调查局当天报告说，一座面积接近英国大伦敦地区的巨大冰山，22 日从考察处附近的布伦特冰架脱落，进入南大洋水域。这是两年内第二座巨大冰山从布伦特冰架脱落。

据法新社报道，这座冰山面积约 1550 平方千米，而大伦敦地区面积约 1577 平方千米。依照英国南极调查局的说法，新冰山的形成属于"裂冰作用"这一自然过程，不能将其归因于气候变化。不过，气候变化的确在加速北极和南极部分地区的海冰流失。

冰山的形成过程又称裂冰作用，成因或是海浪或风向的作用，或是较大冰山的碰撞，或是冰架自身过大，以致在与海洋交界处无法支撑。

布伦特冰架厚 150 米。十来年前，研究人员首次发现冰架上出现巨大裂缝，此后陆续发现若干大裂缝。其中三条最大裂缝分别名为"1 号裂缝""万圣节裂缝"和"北裂谷"。"北裂谷"是三条裂缝中最新出现的一条。

英国南极调查局研究人员表示，他们早就为冰山"降生"做好准备。英国哈雷科考站每天监测布伦特冰架状况，没有受到最新这次冰山脱落的影响。据报道，下一步，研究人员将经由分析卫星图像，判断布伦特冰架剩余部分是否存在不稳定情况。

2. 研究南大洋附近冰盖的新发现

研究表明南极海床反弹或能延缓冰盖崩塌。[21] 2018 年 6 月 22 日，美国科罗拉多州立大学地震学家里克·艾斯特、俄亥俄州立大学极地地质学家特莉·威尔珣等参加，丹麦技术大学地球物理学家瓦伦蒂娜·巴列塔领导的一个国际研究团队，在《科学》杂志上发表研究成果称，他们记录了一个可能减缓南极冰盖崩溃的过程。随着冰盖融化，地壳的负荷变得越来越轻，从而使西南极洲的海底岩床迅速上升。

在未来的一个世纪里，海底岩床可能会上升 8 米，从而有可能保护冰层不受温暖海水的影响，因为海冰会从下面开始融化。艾斯特说："这可能会让全世界多了几十年的喘息时间。"

海底岩床属于地壳，是一层很薄的岩石圈，下方是熔融状态的地幔。地壳在冰川的重压下会凹陷，压力减轻时会"回弹"，"回弹"速度取决于地幔的黏性。

巴列塔说："地球的反应就像一个记忆泡沫床垫。一旦冰盖融化，一些反弹就会立即发生。但有的地方要慢一些，这是因为深层地幔的黏性岩石需要逐渐适应较轻的负担。"

为了测量这种反弹的趋势，巴列塔和她的同事利用 6 个 GPS 传感器，追踪高度的微弱变化。他们把这些传感器固定在阿蒙森海周围的无冰基岩上，这里是西南极洲冰盖融化的中心，其中包括迅速消退的特怀特和松岛冰川。负责布置传感器工作的威尔珣指出，2010—2012 年，在传感器被部署后不久，研究团队就注意到它们正在迅速上升。但她花了 2～3 年时间才意识到这一点。

新的观测结果虽然显示相关区域融冰数量高于预期，但也预示着西南极冰盖会比预期的更稳定，可能不至于彻底消融。研究人员利用卫星数据分析了西南极地区阿蒙森海湾底部地质特征，得出了上述结论。

全球气候变暖正使西南极冰盖迅速融化，岩床负重减轻。卫星观测显示，阿蒙森海湾底部岩床正在最快以每年 4.1 厘米的速度上升。研究人员据此计算出，此处地幔的黏性比全球平均值低得多，岩床会在几十年到几百年的尺度上显著"回弹"，而不是通常预计的 1 万年。

南极冰盖分为东南极冰盖和西南极冰盖。与完全覆盖在陆地上的东南极冰盖相比，西南极冰盖有一部分位于海中，对气候变化更为敏感，一些学者认为它会在不久的将来彻底消融。新研究显示，随着岩床加速回升，在冰盖漂浮部分与接地部分的分界线，即"接地线"一带，海水会变浅，冰盖接地的斜坡会变得平缓，这都有利于冰盖保持稳定。

人类活动正使地球快速升温，对冰川造成严重威胁。研究人员说，尽管新研究显示了积极变化的空间，但如果气候变暖极端化，西南极冰盖仍会消失，导致全球海平面大幅上升。

（三）对南大洋实施综合科考的新信息

1. 我国对南大洋展开的综合科考

（1）刷新全球科考船在南极海域到达的最南纪录。[22] 2017 年 2 月 6 日，《光明日报》报道，我国第 33 次南极科考队搭乘的"雪龙"号科考船，日前行驶到南纬 78°41′罗斯海水域。这是"雪龙"号在南半球到达的最高纬度，也刷新了全球科考船在南极海域到达的最南纪录。

罗斯海是南半球最高纬度的边缘海，也是船舶所能到达的地球最南部海域。随着近年来罗斯冰架东部前缘崩解后退，鲸湾岸线后移，水面不断向南扩大，科考船可向南航行的范围因此延伸。

第 33 次南极科考队领队孙波介绍，罗斯海具有丰富的科研价值，是国际科考竞相研究的重点。"雪龙"号船长朱兵表示，科考队利用箱式采集器和重力柱状取样器、生物垂直拖网等设备进行了考察观测，是人类首次对这片新出现最南纬度海域开展综合科学调查。

（2）展开南极阿蒙森海大规模综合调查。[23] 2018 年 3 月 30 日，新华社报道，虽然我国第 34 次南极科考队搭乘"雪龙"号日前已踏上返航回国行程，但值得回顾的是，科考队员返航之前在阿蒙森海及附近的高浪海区颠簸 20 多天，成功完成了我国首次南极阿蒙森海综合调查，为我国探索南极奥秘积累了宝贵样本和数据。

阿蒙森海位于南极南大洋太平洋扇区。历史上，曾有韩国、美国等少数国家在夏季对该海域开展过研究。科考队员指出，如果把阿蒙森海比作月球，那么阿蒙森海的深海就像月球背面。这次科考的主要任务之一，就是从阿蒙森海的海底采集沉积物。

3 月 2 日元宵节晚上在作业海区，科考队员开动钢缆绞车，将一个金属箱子缓缓放下海底。两个多小时后，他们从 2700 多米深的海底将箱子收回，成功采集到沉积物样品。整个调查期间，像这样的沉积物采集作业，"雪龙"号一共成功完成了 9 次。这些海底沉积物就像地球的"年轮"，记载着南极海洋一段被封存的历史。

除了沉积物取样，科考队员在阿蒙森海域还完成了重要的海水取样工作。就像体检时要抽血，对海洋概貌进行探测时，海水取样必不可少。每到作业站位，科考队员都用钢缆绞车将几百千克重的海水温盐深测量仪，从"雪龙"号布放到几百米至几千米深的海水里，从不同的深度获取海水样品。这些样品被分别送到"雪龙"号上的海洋物理、化学、生物实验室中，用于不同学科的检测研究。

据介绍，本次科考活动，要研究海水中最初级的海洋微生物、浮游植物和浮游动物，并进行生物拖网研究磷虾、鱼类、底栖生物等，以便完整地了解阿蒙森海的海洋生态系统的能量流动和物质循环，为保护南极海洋生物提供科学支撑。同时，还要专门从物种多样性、种群数量和分布模式等方面对这一海区的鸟类和鲸鱼、海豹等哺乳类动物进行调查，为了解阿蒙森海地区的生态系统特征和生物资源状况积累数据。

为了能更持久地对这一海域进行观测，此次科考队在阿蒙森海陆坡外围海域布放总长 2400 米的一串潜标，它们由多个仪器和大大小小的浮球连成串，共同形成一个锚碇观测系统。在未来一年时间里，它们将在阿蒙森海中不间断地收集水体中的沉降颗粒物，测量不同水深的温度、盐度等信息。直到下一年，"雪龙"号再次抵达时将它回收，获取数据。

科考队员表示，这次调查，有助于我国掌握该海域水文、气象、海冰、生态、地质等基本环境信息，为全球气候变化、南大洋资源开发利用、航海等提供基础资料。

（3）展开南大洋宇航员海的综合科考。[24] 2019 年 12 月 18 日，新华社报道，首航南极的"雪龙"2 号 12 月 7 日离开南大洋普里兹湾海域向西航行，对宇航员海海域展开物理海洋、海洋化学、海洋生态、海洋地质等学科的科考作业，这是中国南极考察队首次在这一海域展开综合科考。目前，61 个计划海水温盐深测量仪作业站位完成了 31 个，这意味着宇航员海的大洋科考任务已经完成过半。

在南大洋宇航员海执行科考任务的科考队员，首次使用"雪龙"2 号极地科考破冰船装备的 22 米长活塞取样器，在极地海域进行柱状沉积物取样，收获了 18.36 米长的海底沉积物样品。这是我国首次在南大洋取得这样长的沉积物样品。分析所获样品的粒度、矿物、元素、同位素及生源组分等，有助于了解更久远时间的古环境与气候记录，对揭示南极冰盖、南极底层水与气候变化等方面问题具有重要意义。

科考队员在这一海域还进行了多次鱼类拖网作业，这也是我国南极科考首次拖网作业获取鱼类样品。同时，科考队员还进行了多次磷虾拖网和多联网浮游生物拖网等作业，在冰区进行了 3 次海水温盐深测量仪采水作业，并通过"雪龙"2 号由主甲板直通海底的月池系统作业，解决了浮冰密集难以进行科考的问题。

宇航员海是国际上科学认知相对缺乏的海域。通过"雪龙"2 号的系统调查，可以加强对这一海域的认知，深入了解南大洋在全球变化中的作用。

2. 德国对南大洋展开的专项研究

着手探索藏在冰层下万年的南极海域。[25] 2019 年 2 月 19 日，有关媒体报道，在德国研究用破冰船"极星号"上，鲍里斯·多舍尔是一个由 45 人组成的强大国际团队的首席科学家。他和团队成员计划从智利启程，首次探索这片被冰层隐藏的海洋。该船只目前停泊在世界最南端的大陆城市蓬塔阿雷纳斯。在那里，它正在装载物资，以应对为期 9 周的探险。

2017 年 7 月，一块巨大的冰山从南极半岛东部的拉森 C 冰架上脱离。躺在冰层下面黑暗中的大片海洋由此露出。新暴露的海床，可能隐含了关于海洋生命进化和迁移及其对气候变化响应的线索。不过，这片遥远的区域很难到达，同时恶劣的天气使在那里开展研究变得极具挑战性。

在不来梅港阿尔弗雷德·魏格纳极地海洋研究所工作的多舍尔说："对地球上最后的纯净区域之一进行探险令人兴奋。但这也是一件伤脑筋的事。当地天气和冰层状况可能随时妨碍探险工作。"

2017 年从拉森 C 冰架脱离的面积达 5800 平方千米的冰块，自此之后向北漂移了约 200 千米。科学家迫切地希望探寻哪些物种可能在冰层下繁盛，以及生态系统如何应对这一突然的变化。

第一次尝试在 2018 年失败，当时厚达 5 米的海冰，迫使由英国南极调查局运营的"詹姆斯·克拉克·罗斯"号船返航。英国海洋生物学家卡特林·琳赛领导了这次无功而返的探险。她说："我们已经非常靠近这片海洋。当船长决定返回时，我们度过了灾难性的一天。"虽然琳赛无法参与本航次的探索，但其团队成员在船上。在距蓬塔阿雷纳斯 1.3 万千米的位于剑桥的办公室中，琳赛每天紧张地研究着海冰地区，希望航行路线将畅通无阻。

海洋探测研究领域的新进展

目前的条件看上去是有利的：阻止英国南极调查局探险的海冰，现在已从威德尔海漂向东部更远的地方。威德尔海位于南极半岛和南极大陆之间的南大洋区域。

2019年1月，南非科考船"厄加勒斯2号"上的一个研究团队，在该冰川断裂处以北200千米的地方停泊。在那里，他们采集了海洋和海底样本，但海冰状况及其他优先的研究任务，意味着该船只无法进一步向南航行。如今，"极星号"将尝试向南推进，到达冰山脱离的地方。

3. 澳大利亚对南大洋展开的综合科考

派出"调查者"号科考船对南大洋进行科学考察。[26] 2023年3月，有关媒体报道，澳大利亚地球科学局、联邦科学与工业研究组织共同合作，派出科考船"调查者"号，前往南极洲东部开展多项科学研究。

此次科学考察航行为期7周，团队成员由澳大利亚研究机构和高校的科研人员组成，将重点考察达恩利角附近的南极底层水的流动路径，对气候变化及海底生态系统的影响，预测海洋环流受全球变暖影响的变化情况。

航行期间，科研人员将绘制该地区的首张海底地图，收集沉积岩、对海底沉积物进行采样、分析海水样本，并使用深海相机拍摄海底生物图像。通过对沉积物的分析，可以得出历史上海冰、冰盖和海洋环流的变化，以及过去不同气候状态之间可能的临界点的证据。这将为如何应对全球气候变化提供重要参考。

第二节　海洋地形区域探测研究的新进展

一、海底地质概貌考察研究的新成果

（一）国际海底命名的新信息

1. 我国已命名19个国际海底[27]

2013年9月19日，《北京日报》报道，2011年7月，我国提交的"鸟巢海丘""白驹平顶山"等7个位于太平洋的海底地名提案，经国际海底地名分委会第24次会议审议通过后，收入国际海底地名名录，实现了我国向

96

国际组织提交海底地名提案零的突破。

2012 年 10 月，国际海底地名分委会第 25 次会议又审议通过了我国提交的"牛郎平顶山""织女平顶山""维翰海山"等 12 个海底地名提案。至此，已有 19 个具有中国"标签"的海底地名收入国际海底地名名录。

2. 我国首次发布国际海底地理实体名称[28]

2015 年 10 月 9 日，《科技日报》报道，国家海洋局当日向社会公开了我国勘测命名的 124 个国际海底地理实体名称，其中太平洋 101 个、印度洋 15 个、大西洋 8 个。这是我国首次发布国际海底地理实体名称。

海底地理实体是海底可测量并可划分界限的地貌单元，赋予其标准名称的行为称为海底命名，海底地名包括通名和专名两部分。

据国家海洋局办公室时任主任石青峰介绍，根据《联合国海洋法公约》，国际海底区域属于人类共同继承财产。根据国际有关规定，如果一个海底地理实体完全或超过 50% 的面积位于国家领海以外，则该国地名管理机构可向国际组织申报其名称，审议通过后录入国际海底地名辞典，成为全世界的标准地名。这项工作体现了国家科研调查实力，是当下各国扩展海洋权益的新形式。

传统海洋大国均成立了专门的海底命名机构，开展有关工作。2014 年发布的最新海底地名辞典中，有 3862 个地名得到世界各国的认可和使用。

我国于 2010 年正式开展国际海底区域地理实体命名工作。中国大洋协会办公室副主任李波表示，这次是国家海洋局在过去 36 个大洋航次调查成果资料基础上进行的系统性命名，并经国务院审核批准。命名过程中，除了按照有关国际规定保证上述地名有明确、正确的形态外，还具备了取自《诗经》和古代人名等体现中华传统文化的"专名"。

（二）海底科考与地质钻探研究的新信息

1. 北冰洋海底科学考察的新进展

我国水下机器人完成北冰洋海底科学考察。[29] 2021 年 10 月 7 日，新华社报道，由中国科学院沈阳自动化研究所主持研制的"探索 4500"自主水下机器人，在我国第 12 次北极科考中，成功完成北极高纬度海冰覆盖区科学考察任务。4 名科考人员已随"雪龙"2 号科考船返回。

此次自主水下机器人在北极高纬度地区的成功下潜，为我国不断深化对北冰洋中脊多圈层物质能量交换，以及地质过程的探索和认知，提供基础数据资料。这将为我国深度参与北极环境保护，提供重要科学支撑。

针对此次北极科考工作区高密集度海冰覆盖的特点，研究团队创新性地研发了声学遥控和自动导引相融合的冰下回收技术，克服了海冰快速移动和回收海域面积狭小给水下机器人回收带来的挑战，确保水下机器人在密集海冰覆盖区的北极高纬度海域连续下潜成功，并全部安全回收。

在科考应用中，该机器人成功获取了近底高分辨多波束、水文及磁力数据，为超慢速扩张的加克洋中脊地形地貌、岩浆与热液活动等北极深海前沿科学研究，提供了一种先进的探测技术手段。

据悉，该机器人是中国科学院战略性先导科技专项支持研发的深海装备。为了参加此次北极科考，研究团队对其进行了环境适应性、高纬度导航、海底探测、故障应急处理等技术升级与改造，并开展了湖海验证工作，全面提高了系统可靠性。

"探索 4500"机器人在科考中的成功应用，充分验证了其在北极冰区低温环境中具有良好的适应能力，以及它的高纬度高精度导航性能、密集冰区故障应急处理能力和洋中脊近海底精细探测能力。

2. 海底地质钻探研究的新进展

（1）钻探到达希克苏鲁伯陨石海底撞击坑。[30] 2016 年 5 月，国外媒体报道，美国得克萨斯大学地球物理学家肖恩·古利克、英国伦敦帝国理工学院的乔安娜·摩根同为项目首席科学家的研究团队，终于到达了地球历史上最著名的一场灾难的"原爆点"。随着挖掘进入到导致恐龙灭绝的撞击构造中，他们已经实现了自己的主要目标，即采集墨西哥尤卡坦半岛沿岸海底 670 米以下的岩石。

研究人员指出，这些核心样本包含有少量原始花岗岩基岩，它们不幸成为距今 6600 万年前发生的一次天体碰撞的目标。当时，一颗小行星撞击了地球，形成了 180 千米宽的希克苏鲁伯撞击坑，并导致地球上生活的大多数生物的灭绝。

虽然科学家之前已经在陆地上钻入地下埋藏的撞击坑，但这是第一次在海上的尝试获得成功，也是第一次针对撞击坑的峰值环（作为太阳系中最大撞击坑所特有的位于坑边缘内部的圆形山脊）进行的研究。

天文学家在月球、火星及水星上都曾发现过峰值环，但迄今为止，他们从来没有在地球上成功采样。该研究团队已经绘制了此次灭绝事件后，全世界的生物在钻探洞穴的更高位置上留下的印记。通过仔细分析峰值环的岩石，研究人员希望能够测试撞击坑形成的模型，同时确定撞击坑本身是否为微生物在撞击后的第一批栖息地之一。

峰值环大约是在撞击后的几分钟内形成的。研究人员指出，在撞击后，深部的花岗岩基岩就像液体一样流动，并在塌陷形成圆形山脊之前，反弹至一个高达 10 千米的位置。随后，峰值环被一层乱七八糟的岩石，即称为角砾岩的所覆盖，角砾岩包含有大块遭受撞击的岩石及熔化物。在随后的几个小时里，海啸把大量的砂质沉积物倾泻在地球表面的这个大洞中。

希克苏鲁伯撞击坑，是一个在墨西哥尤卡坦半岛发现的陨石坑撞击遗迹，是目前地球最大的陨石坑；希克苏鲁伯是一座位于其上的村庄。陨石坑体地表不可见。据推测，陨石坑整体略呈椭圆形，平均直径约有 180 千米；造成坑洞的陨石，直径推测约有 10 千米，撞击后完全蒸发，释放出的能量相当于 120 万亿吨黄色炸药，足以引发大海啸，并使大量灰尘进入大气层，完全遮盖阳光、改变全球气候，造成包括恐龙在内的大量生物灭绝。

（2）在海底下成功获取地幔岩石样本。[31] 2023 年 6 月，有关媒体报道，国际大洋发现计划的"乔迪斯·决心"号海洋钻探船，在大西洋中部的海底下成功采集到地幔岩石样本，并且许多样品结构完整。这一发现，有望为地球地质构造、岩浆与火山活动、远古生命起源及地球物理等研究领域开启新篇章。

"乔迪斯·决心"号海洋钻探船，原是美国赛德柯公司和英国石油公司所属的一艘商用石油勘探船，后经改装供国际大洋发现计划使用。其总排水量 9050 吨，船长度 143 米、宽度 21 米，能在海上连续航行 75 天。钻塔高 61.5 米，能操作 9150 米钻杆柱。

人类对地幔岩层样本的追寻始于 1961 年，由于钻探设备和地质条件的限制，难度极大，少数的几次尝试均告失败。国际大洋发现计划这次获取的岩石核心样本超 1000 米长，主要由橄榄岩组成，学术界认为橄榄岩是一种上地幔岩。相关研究已在这艘钻探船的实验室里开展，最终这些岩石样品将提供给国际大洋发现计划的各方参与者。

（三）编制海底地质地图的新信息

1. 编制近海海底地质地图的新进展

我国首次编制近海大比例尺海底地形图和地貌图。[32] 2010 年 12 月 11 日，新华社报道，中国近海海洋综合调查与评价专项海底环境调查与研究学术交流会当天在厦门举行。该专项全面更新了我国近海海底环境基础数据和资料，首次编制了近海大比例尺海底地形图和地貌图。

海底地形图和地貌图解释了我国近海地形地貌特征的分布变化规律，以及各种地形地貌形态、结构、成因类型，这些成果将为我国近海开发、国防安全、科学研究、海洋考古等工作，以及海洋交通运输、海洋工程建设等海洋产业发展提供海底基础测绘资料。

国家海洋局海洋科学技术司副司长雷波表示，该专项首次在我国近海海域系统开展了海洋底质、海洋地球物理、海底地形地貌调查与研究，调查面积近 60 万平方千米，覆盖了我国内水和领海全部海域。目前数百名海洋科学家完成了海底各个专业的调查任务，已经有 110 个海底调查任务通过验收。

通过此次海底底质调查，还首次编制了我国近海大比例尺沉积物类型图，详细阐明了我国近海沉积物的分布规律、控制因素、古环境演化特征，初步阐述了悬浮体变化规律和重金属元素的分布变异规律，为海域使用管理、海底工程建设、海洋减灾防灾等提供了基础数据和科学依据。

据了解，此次调查还填补了我国陆地与边缘海之间的调查空白，揭示了我国近海的构造和沉积地层分布格局，阐述了第四纪以来的活动构造和凹陷沉积中心的变化趋势，这些成果对海洋油气与矿产资源勘探、海洋防灾减灾及国防建设等方面具有重要价值。

2. 编制全球海底地质地图的新进展

绘制出基于大数据的首张全球海底地质数字地图。[33] 2015 年 9 月，澳大利亚悉尼大学地球科学学院地理地质专家组成的一个研究小组在《地质学》杂志上，刊登题为《世界海洋海底沉积物的普查》一文，表明他们创建了世界首个海底地质的数字地图。这能帮助科学家们更好地了解海洋如何适应环境的变化，同时也揭示出深海盆地远比预想的复杂。

洋底地质记录，是深入认识海洋环境变化的基础。此次海底地图绘制，距最近一次，即 20 世纪 70 年代手绘地图已有 40 年之久，首次成功绘制了覆盖地球表面 70% 面积的海底构成。研究人员在分析半个世纪的研究数据和 1.45 万个海底样本，以及游轮地图数据的基础上，与大数据专家合作，成功绘制出首张地球海底数字交互地图，其能够揭示深海盆地的更多信息。通过这张数字地图，可以呈现出"裸体海洋"，了解海底"奇妙"的环境特征。

交互数字地图，提供了关于全球海洋深度的最新视角，以及海洋深度如何受气候变化影响。海底地图中最重大的变化，发生在澳大利亚周围的海域：旧地图显示澳大利亚南大洋洋底被陆源黏土所覆盖，而新地图显示，该区域实际上是由微生物化石遗骸的复杂混合物组成。该研究为未来海洋研究开辟了新途径。

二、海山与海沟探测研究的新成果

（一）探测调查海山自然环境的新信息

1. 调查研究卡罗琳海山的新进展

（1）首次前往西太平洋卡罗琳海山探秘。[34] 2017 年 8 月 14 日，新华社报道，我国科考船"科学"号搭载的"发现"号遥控无人潜水器，当天在西太平洋下潜考察卡罗琳海山。航次首席科学家徐奎栋说，这是人类首次对这座海山进行科学考察。

海山又称海底山，是指从海底计高度超过 1000 米，但仍未突出海平面的隆起。典型的海山由死火山形成，且以硬底为主，有些海山形成以有孔虫砂或珊瑚砂为主的软底沉积。全球海洋中估计有 3 万多座海山，其中60% 以上分布在太平洋。卡罗琳海山位于地球最深处马里亚纳海沟南侧、雅浦海沟东侧。

海山最主要的特点是生物资源丰富，这是因为洋流遇到海山会向上走，即形成上升流，将海底的营养盐带到海山上方，吸引生物在这里聚集。同时，上升流会改变海山上方流场，形成特定环境将生物吸引在海山周边。

据近日"科学"号获得的最新地形扫描数据，按50米等深线计算，这座海山南北向长约27.78千米、东西向宽约9.26千米。海山最高处距海平面约28米，山顶部是一个椭圆形盆地。"发现"号首次下潜的位置在海山南麓，位于水下约1500米处，这里地势相对平缓，以确保其安全下潜。

"发现"号将对海山南侧500~1500米深的区域进行调查，了解海山的精细地形、底质类型和生物多样性等信息并获取生物和地质样品。在这个区域的海面上，可以看到成群的海鸥和飞鱼等，这预示卡罗琳海山区可能具有较高的生产力和丰富的生物多样性，研究人员将利用"发现"号从不同方向对这座海山进行搜索。

此前，研究人员已对雅浦与马里亚纳岛弧的两座海山进行了调查，这两座海山距离只有180千米，但共有物种的比例只有12%左右，其他生物均不相同。卡罗琳海山与这两座海山形成一个三角区，此次研究人员就是要通过对卡罗琳海山的环境与生物生态调查，探秘三个海山生态系统的共性、特性及其背后的驱动因素。

(2) 调查卡罗琳海山取得丰富实物资料。[35] 2017年9月5日，新华社报道，我国科考船"科学"号圆满完成西太平洋卡罗琳海山的探测调查任务，当天靠泊海南三亚。本航次科考队员利用"发现"号遥控无人潜水器下潜15次，对这座海山进行了精细调查，取得了丰富的生物、岩石和沉积物样品。

据统计，共采集到深海巨型及大型底栖生物样品近400个、170多种，包括珊瑚、海葵、柱星螅、海绵、海胆、海蛇尾、海参等生物，还涉及许多未知新物种。

"发现"号在海山东侧的海岭，采集到一个宽约3米、高1.6米的巨大柳珊瑚，根部直径约5厘米。目前全球发现的深水珊瑚最大寿命约为4200岁，生活在400~500米水深，而这株巨大柳珊瑚发现于1246米水深，它生长更慢，其寿命可能超过已知的深海珊瑚最大寿命，其具体年龄还需要带回实验室进一步分析确认。

此外，科考队员还获得41块岩石和12站位的沉积物样品，利用温盐深仪、垂直拖网和分层拖网等完成了水体22个站位的水文、化学和生物生态调查。

科考队员通过调查发现，卡罗琳海山曾是处于海面以上的岛屿，在板块运动过程中逐渐下沉成为海山，它至少下沉了 1500 米。一般海山通常具有高生物量和高生物多样性特征，而卡罗琳海山西侧则与此完全不同，仅见极少量生物，其主要原因是这里的海山频繁滑坡，致使生物的生活环境遭到破坏。

同时，科考队员在海山东侧的海岭上发现了成片的珊瑚林和海绵场，这是首次在西太平洋缺少营养的深海底发现珊瑚林和海绵场。它们是高生物量的突出表现。

（3）发现卡罗琳海山成因接近"地幔柱假说"。[36] 2020 年 3 月 12 日，中国科学院海洋研究所张国良研究员领导的研究团队，在《化学地质学》网络版上发表论文称，他们通过科考取样和实验室分析发现，西太平洋卡罗琳海山隆起部分玄武岩的形成，早于其东侧海山链的玄武岩，而且两处玄武岩同位素相同，说明这座海山的成因接近从未被证明过的"地幔柱假说"。

卡罗琳海山是海底地质运动活跃地带，海山隆起部分是一个洋底高原，最高处距离海平面很近。2015 年，该研究团队依托"科学"号科考船，对卡罗琳海山隆起的不同部位进行了岩石采集，获得样品主要是玄武岩。

张国良说："玄武岩说明这里是火山喷发形成的，而海山隆起的东侧又有海山链，这就引导我们对卡罗琳海山成因是否符合'地幔柱假说'进行了科学探索。"

近半个世纪前，科学界提出"地幔柱假说"，用来解释海洋底部的洋底高原和海山链。"地幔柱假说"认为，在距离地表约 2800 千米的地核与地幔交接处，会出现犹如炸弹爆炸一般的现象，以蘑菇云状上涌，形成大量岩浆，洋底高原就是"蘑菇云"顶部，而海山链就是"蘑菇云"尾部，由于板块漂移，两者的先后顺序在地表体现为空间上的连接性。

但地球上的洋底高原和海山链大都单独存在，也没有证据显示两者成因相连现象，因此科学家一直未能找到"地幔柱假说"的证据。

该研究团队对采集到的玄武岩样品进行了年代学、岩石学、矿物学和地球化学研究。他们发现，卡罗琳海山隆起形成时间确实比海山链早，而代表岩石"基因"的同位素又非常相似,这说明卡罗琳海山的洋底高原和海山链很有可能来自同一地幔柱,成为目前最接近"地幔柱假说"的例证。

2. 考察调查麦哲伦海山的新进展

前往调查西太平洋麦哲伦海山的自然环境。[37] 2018年3月17日,新华社报道,在国家科技基础资源调查专项"西太平洋典型海山生态系统科学调查"项目支持下,我国"科学"号科考船前往麦哲伦海山,调查了解其本底资料及生态系统,进一步加深对海山特定环境条件的认识。

海山特定的地理和水文条件,造就了独特的生物群落结构,极具生态价值,目前已成为世界海洋生物多样性研究的热点地区。但目前国际上对海山的调查研究还很不够。据悉,全球海山共3万余座,其中有测量数据的海山仅600多座,有生物取样的海山仅300多座,取样调查较全面的海山只有50多座。

2015年以来,中国科学院海洋所对西太平洋的雅浦海山、马里亚纳海山、卡罗琳海山开展了生物多样性和生态系统调查。这些调查成果显著,获得大量的海山大型底栖生物标本,涉及400种生物;发现大型生物1个新属、20个新种,多个疑似新种;共分离培养500多株细菌,获得800多株不同细菌,发现46个潜在的深海细菌新种,已发表4个新物种。

研究人员介绍,不同海山区具有各自独特的水动力环境,海山除了引起上升流,还通过海山上方的流场改变,形成"泰勒柱",控制着周边物质和能量的输运和时空分布,形成独特的生态系统。海山不仅生物多样性高,还蕴藏了丰富的矿产资源。生物、化学和地质的相互作用,使海山及周边形成了高浓度的多金属结核。海山的存在是海底富钴结壳形成的基本条件,为富钴结壳成矿提供了一个长期稳定的"容矿空间"。西太平洋是全球富钴结壳资源最富集的洋区。

研究人员表示,海山生态系统对人类干扰的耐受力较低,而且受干扰后恢复周期较长。一旦受到破坏,恢复需要几十年甚至几百年的时间。未来的海底矿产资源开发,无疑将会对海底的环境和生物产生巨大影响,对其本底资料的调查和评估,是资源开发的必要条件。

"科学"号此次前往调查的是一座典型的浅水海山,目前尚无人探测过，位于西太平洋麦哲伦海山链。麦哲伦海山链由十多座大型的平顶海山组成，是一个全球关注的富钴结壳区。中国、俄罗斯、日本、韩国均在此区域有海底矿产合同区。

（二）探测调查海沟自然环境的新信息

1. 探测调查马里亚纳海沟的新进展

（1）我国科学家首次精确测量世界最深海沟。[38] 2012 年 7 月 14 日，新华社报道，广州海洋地质调查局所属的中国大型远洋科考船"海洋"六号，在执行中国载人潜水器"蛟龙"号 7000 米级海试警戒与保障任务期间，首次对世界最深海沟马里亚纳海沟南端的"挑战者深渊"，进行了高精度多波束测量，填补了中国在这一领域的科研空白。

据科考船首席科学家助理刘方兰教授介绍，测量结果显示，"挑战者深渊"存在 3 个水深超过 10900 米的洼地，其最深处位于西侧洼地，坐标位置为 142°12.2′E，11°19.9′N，为本次测量马里亚纳海沟所获得的最深点，水深值为 10923 米。

刘方兰教授表示，这是中国科学家首次对马里亚纳海沟进行的精确测量。根据文献，对"挑战者深渊"最早的水深报道，是美国"挑战者"8 号船于 1951 年测得的 10863 米，而最深的水深测量值则由"维迪亚兹"船于 1957 年所测得，为 11034 米。

据介绍，"海洋"六号科考船在西太平洋海山区执行新任务中，研究人员将采用深海浅钻、结壳拖网等调查手段，进一步查明西太平洋目标海山资源分布特征。

（2）中国"彩虹鱼"下潜探索世界最深海沟。[39] 2018 年 12 月 17 日，新华社报道，马里亚纳海沟迎来中国"彩虹鱼"科考团队。团队成员来自上海海洋大学、西湖大学、中国科学院海洋所、同济大学、复旦大学、浙江大学、中国地质大学等多家机构，他们一起乘坐"沈括"号双体科考船一路远航来到这里，探索海洋最深处的科学奥秘。

陆地上的山再高，也不如这里的海沟深。作为世界上最深的海沟，马里亚纳海沟全长 2550 千米，平均宽 70 千米。最深处的"挑战者深渊"曾测到的最大深度为 11034 米，如果把陆地上最高的珠穆朗玛峰放进这片海域，峰顶距离海面还有 2000 多米。

"沈括"号此次携带了3台"彩虹鱼"万米级着陆器。两台最新研制的"彩虹鱼"第二代着陆器，在顺利通过万米级海试后，立即投入采集海水和诱捕生物的实际应用。另一台"彩虹鱼"第一代着陆器，主要用于搭载其他科学设备开展万米级海试，同时在海底采集沉积物。

每天下午，这3台"彩虹鱼"着陆器从"沈括"号船艉轮流下潜，到海底执行采样任务，次日上午浮出水面，由吊架回收到甲板，休整和充电后下午继续下潜。它们在相距万米的海底与海面之间，往返穿梭、夜伏昼出。

在"彩虹鱼"着陆器下潜到万米深渊的同时，"沈括"号上的生物拖网等常规采样工作也穿插着展开。据悉，在海洋最深处的这个站位，研究人员已采集到丰富的科学样品，包括一只放射状、目前尚不能确定"身份"的透明生物。

研究团队此次考察，将着重开展深渊碳、氮循环机制和生态过程、深渊区有机质富集机制及早期成岩作用，以及深渊生物、微塑料污染等方面的研究。

2. 探测调查雅浦海沟的新进展

在雅浦海沟7000米深渊区捕获到鱼虾样本。[40] 新华社报道，2017年6月8日，中国大洋38航次科考队员在雅浦海沟作业区，回收深渊着陆器生物诱捕系统时，成功在7000米海底采集到一批钩虾和2条狮子鱼样本。

两天前回收深渊着陆器时，已采集到8000米深渊区2000多只小钩虾。这次采集到的大小钩虾都有，且不止一个品种；2条狮子鱼约20厘米长。这些在深渊区巨大压力和低温环境下生活的鱼虾，在抵达水面时已经死亡。

狮子鱼是深渊特征的生物物种，它们通常生活在6000～8000多米的深渊区。本航段"蛟龙"号在马里亚纳海沟深潜时，曾在6000多米海底近距离拍摄到2条狮子鱼游弋的影像。中国科学院深渊科考队也曾在马里亚纳海沟和雅浦海沟通过着陆器获取过7000多米海底的多个狮子鱼样本。

在雅浦海沟作业区，科考队员主要开展深渊生物群落及深海基因资源的调查，并揭示生物群落与深渊环境的相互作用机制。本航段首席科学家陈新华表示，狮子鱼和钩虾样本的获得，有助于了解深渊生物演化及其极端环境适应性的机制。

3. 考察研究莫克兰海沟的新进展

联合研究莫克兰海沟的地质构造。[41] 2018 年 1 月 31 日，有关媒体报道，中国和巴基斯坦科学家联合组成的研究团队，正在进行首次北印度洋联合考察，对莫克兰海沟开展大尺度的地质构造研究，拟为巴基斯坦海上安全与减灾提供科学依据。

在网格状的测线上，中国科学院南海海洋研究所"实验" 3 号科考船的船尾，拖拽着一条长地震电缆匀速航行。电缆上安装了一连串地震波接收器。每隔十几秒，船上就往海里打"空气枪"，通过释放压缩空气产生人工地震波，穿透海水，让电缆线上的地震接收器记录下来。科学家分析数据就能推断莫克兰海沟的浅层地壳结构。

根据板块学说，在大洋中脊产生的新洋壳，通过地幔热对流"传送带"被运往大陆边缘，使大洋板块与大陆板块产生碰撞。大洋板块岩石密度大、位置低，俯冲插入大陆板块之下进入地幔后逐渐消亡。发生碰撞的地方通常会形成海沟，莫克兰海沟就是阿拉伯板块向北俯冲到欧亚板块之下而形成的。在形成过程中，阿拉伯板块的东南部又受到印度板块的剪切作用。

俯冲带堪称全球"地震之源"。世界上 80％以上的地震都发生在俯冲带，人类有记录以来最大最强的地震也都发生在俯冲带。专家解释道，这是因为大洋板块在向下俯冲的过程中，与大陆板块产生的摩擦阻力并不是均匀的。由于受到不同物质成分、温度和压力的影响，导致大洋板块的一些浅层部位被"卡住"，不能顺畅地俯冲到大陆板块之下。这些被卡住的浅层部位能量越积越多，最终只能以地震的形式释放，这就是地震频繁产生的根源。被卡住的部位就是地震带。

莫克兰俯冲带也是地震频发地带。根据以往的研究，莫克兰俯冲带长 700 多千米。但阿拉伯板块在向下俯冲的过程中，在什么部位被"卡住"？"卡住"的范围有多大或地震带有多宽？目前，全球科学家都还不清楚，这也是中巴首次北印度洋联合考察的重要科学目标。

此外，因为莫克兰海沟是世界上最浅的海沟，有深厚的沉积物，而沉积物比较松软，即使发生比较小的地震，都有可能引起大面积的海底滑坡，引发比较大的海啸。1945 年 11 月 27 日，莫克兰俯冲带的东部区域就曾经发生 8.1 级地震。除地震本身造成近 300 人死亡外，随后引发的海啸灾害更造成 4000 多人死亡。

研究人员认为，莫克兰海沟是阿拉伯板块、印度板块和欧亚板块的汇聚地带，对这里地质构造展开大尺度研究，有助于更深入了解这三大板块的相互作用，也有利于提出减轻海上地质灾害的有效对策。

三、热液区与冷泉区探测研究的新成果

（一）探测调查热液区地质状况的新信息

1. 在大西洋探测热液区的新进展

我国科考队在南大西洋洋中脊发现热液区。[42] 2012 年 11 月 2 日，《中国科学报》报道，今天从中国大洋协会获悉，当地时间 11 月 1 日凌晨，正在执行科考任务的"大洋"一号，在南大西洋洋中脊发现一处海底热液活动区，并获取 1.2 吨多金属硫化物样品。这是我国大洋多金属硫化物资源调查历史上，单次成功获得多金属硫化物样品量最多的一次，也是获取样品类型最为丰富的作业之一。

本次获取的样品类型主要有多金属硫化物烟囱、块状硫化物和多金属软泥，还获得一只长约 14 厘米的珍贵盲蟹生物样品。本区样品的成功获取，为我国在该区域进一步开展资源、环境调查和科学研究奠定了基础，为矿区的圈定提供了丰富的资料。

首席科学家杨耀明介绍，在本次科考剩余作业时间里，除计划利用电视抓斗获取多金属硫化物、基底岩石样品外，还计划选择距洋中脊较远、沉积较厚、成矿条件有利区域，利用电视多管或重力柱状取样器设备获取柱状沉积物样品，这将是我国对年龄较老和不活动热液区开展的首次探测。

2. 在太平洋探测热液区的新进展

（1）在西太平洋冲绳海槽发现海底热液区黑烟囱线索。[43] 2014 年 4 月 17 日，《科技日报》报道，我国最新一代科考船"科学"号当天在西太平洋冲绳海槽进行综合科考时，利用其搭载的水下有缆遥控潜水器发现了

海底热液区黑烟囱的线索，在一些海底火山口发现了阿尔文虾和毛瓷蟹等聚集的群落。

黑烟囱是一种独特的海底热液系统，周边存在着不依赖光合作用的生物群落。"科学"号科考船第一航段的科考任务就是寻找海底热液区黑烟囱。海底黑烟囱也叫海底热泉，和冷泉相对应，它们是地壳活动在海底反映出来的现象，多分布在地壳张裂或薄弱的地方，如大洋中脊的裂谷、海底断裂带和海底火山附近。按照万物生长靠太阳的常识，在海底深部，没有阳光并且是高温区域，还能存在生物群落，的确让人不可思议。

据介绍，海底热液区黑烟囱附近通常温度在300℃左右，在大西洋的大洋中脊裂谷底，其热泉水温度最高可达400℃。因其在海底看上去蒸汽腾腾，烟雾缭绕，烟囱林立，好像重工业基地一样而被称作黑烟囱。在"烟囱"中有大量生物围绕着烟囱生存。烟囱里冒出的烟的颜色大不相同。有的烟呈黑色，有的烟是白色的，还有清淡如暮霭的轻烟。

（2）发现冲绳海槽热液区喷口竟是"天然发电厂"。[44] 2017年5月，日本国立海洋研究开发机构一个研究团队，在《应用化学国际版》杂志网络版上发表成果称，他们在西太平洋冲绳海槽的深海热液喷出区域进行电化学测定时，发现了海底的自然发电现象，为在深海寻找利用电能的微生物生态系统提供了线索。

海底热液喷口，有大量金属离子和易于释放出电子的硫化氢、氢气和甲烷等气体随热水喷出，形成硫化矿物沉淀。2013年，研究团队发现，这些硫化矿物具有较高的导电性和化学反应催化剂活性，可作为电极利用，并设想深海热液喷口可以产生电流。为了验证这一想法，他们在冲绳海槽的深海热液喷口附近进行了现场电化学测定，并将矿物样品带回实验室分析。

现场测定发现，硫化矿物表面呈电子易于释放状态。而在实验室对样品进行分析表明，硫化矿物在热水和海水之间主要起导电体作用，其本身变质引起的电子转移作用较小。研究结果说明，在活跃的海底热液喷口，广泛而自发性地发生着电子从热水向海水传递而产生电流的现象。

此次确认的自然发电现象，明显对周围能量和物质循环具有影响，特别是对微生物生态系统及生物矿物的相互作用影响重大。近年来，有报告称存在吸收电能和依靠电能生活的微生物，微生物的新能力受到瞩目。此次发现深海热液喷出区域具有"天然发电厂"的功能，因此，海底可能存在利用电能的微生物生态系统。科学家一直相信，深海热液喷口是地球上生命起源最有希望的候选地。电可以促进各种有机化学反应，深海热液喷口的发电现象，或许能越过至今无法说明的多重障碍，揭开地球上生命诞生之谜。

（3）揭示西太平洋深海热液低温溢流区气体释放通量。[45] 2023 年 4 月，中国科学院海洋研究所一个研究团队，在《地质学》杂志上发表研究成果称，他们基于自主研制的深海原位拉曼光谱探测系统、深海热液温度探针等装备，首次发现并证实深海热液低温溢流区的气体释放通量，远远大于高温喷口区。

热液喷口释放的二氧化碳、甲烷、氢气、硫化氢等大量气体，为热液极端生态系统提供了能量和物质来源，并在全球海洋化学循环中扮演着重要角色。但是长期以来一直缺乏对热液气体释放通量的有效观测手段，传统保压流体取样的测量方式，无法保证气体浓度测量的准确性，较低的采样效率也制约了通量观测的大范围开展，大大限制了对热液释放物质在极端生态系统供养，以及全球海洋化学循环中作用的认识。

为此，研究团队基于无人遥控潜水器平台，开发出多种海底原位观测探测设备，并建立一系列热液气体组分的原位定量分析方法，陆续突破热液气体浓度难以原位观测、喷口流速难以准确测量、热液喷发区域难以厘定评估的技术难题，构建起适用于热液系统释放气体通量评估的原位观测技术体系。

研究人员以典型弧后热液系统为研究靶区，利用"发现"号潜水器搭载的原位观测装备，分别对溢流区和高温喷发区开展了大范围的原位探测，获取了 14 个站位热液流体的原位拉曼光谱、流体温度和流体流速等数据，并基于超短基线定位系统和视频图像分析手段，厘定热液区流体的喷发区域和面积。

原位观测数据表明，热液靶区的流体温度和气体组分浓度呈现负相关，低温溢流区流体中溶解态气体浓度，是高温集中喷发区的数倍至数十倍。基于原位观测数据对热液区气体释放通量的量化评估表明，低温溢流区的气体释放通量比高温喷发区高 10～100 倍。

这项研究，基于自主构建的原位观探测技术体系的常态化应用，揭示出热液低温溢流区在气体释放通量中的巨大贡献，综合考虑低温溢流区的气体通量、喷发面积、流体温度、流速、地形等因素，可以推断热液低温溢流流体对热液生态系统的贡献，很可能远超高温喷发区流体。该研究为今后的热液研究提供了全新视角与思路，也为全面量化热液区流固界面的物质能量交换研究提供了方法参考和观测样板。

（4）首次发现西太平洋弧后深海热液区存在碱性黑烟囱。[46] 2023 年 5 月，中国科学院海洋研究所张鑫研究员领导的研究团队，在《地球物理学研究杂志》上发表论文称，他们基于自主研制的深海原位拉曼光谱探测系统，构建了高温热液流体原位 pH 的测量方法，并把它应用到对弧后热液区的原位探测研究中，继而发现受沉积物影响的高碱度热液流体的原位 pH 为碱性。

据了解，碱性热液系统，被认为是地球生命起源的理想场所，因为碱性热液环境可为地球早期生命形成提供理想的离子梯度条件。但是，目前碱性热液喷口仅发现于大西洋失落城热液区的白烟囱，在全球广泛分布的黑烟囱区域是否也存在碱性热液喷口呢？要解答这一疑问，必须准确获取热液 pH 值。但传统测量技术很难满足这一需求，因为先取样后再进行实验分析的测量方式，由于流体温度变化、矿物沉淀和电离平衡的改变，热液流体的 pH 不可避免地会受到影响。

针对这一问题，该研究团队基于深海极端环境模拟平台，开展了 H_2S-HS-电离平衡体系的定量分析研究，分别建立了 H_2S、HS- 在高温高压条件下的拉曼定量分析模型和热液原位 pH 反演模型。研究人员以典型弧后热液系统为研究靶区，利用"发现"号无人遥控潜水器，搭载深海原位拉曼光谱探测系统开展原位探测，成功获取到深海黑烟囱热液流体的 H_2S、HS-原位浓度和 pH。

研究团队首次发现高温喷口的原位 pH 值为 6.3，已超过中性流体在该喷口温度压力下的 pH 值（5.6），呈现弱碱性特征，并且原位 pH 值比在常温下测量的结果高约 1.5。

这项研究证实了，碱性热液喷口不仅存在于失落城这种受蛇纹石化反应控制的热液区域，还可能在靠近大陆边缘的受沉积物显著影响的热液区域普遍存在。

3. 在印度洋探测热液区的新进展

（1）探测西南印度洋"龙旂"热液区带回丰富样品。[47] 2015 年 1 月 5 日，《光明日报》报道，"蛟龙"号载人潜水器在西南印度洋"龙旂"热液区，完成两次下潜科考任务，这是"蛟龙"号首次在西南印度洋中国多金属硫化物勘探合同区执行热液区下潜科考任务。

这两次下潜的最大深度为 2835 米，取得了海底热液区构造带岩石、高温热液流体，还取得了带有贻贝、茗荷等生物的完整低温"烟囱体"等丰富样品，对研究海底热液区的形成与演化具有重要的科学价值。

（2）探测西南印度洋脊上热液区获取大量地质资料。[48] 2016 年 3 月 25 日，新华社报道，由中国自主研发的水下机器人"潜龙"二号，成功地对西南印度洋脊上的热液活动区开展了试验性应用探测。在这种被称为"海底黑烟囱"的复杂地带，"潜龙"二号获得了热液区的地形地貌数据、发现多处热液异常点，拍摄到硫化物、玄武岩和海洋生物等大量照片，取得大洋热液探测的突破。

"潜龙"二号由中国大洋协会办公室负责，中国科学院沈阳自动化研究所作为技术总体单位，联合国家海洋局第二海洋研究所等单位共同研制，为 4500 米级自主水下机器人即无缆遥控潜水器。它主体长 3.5 米，高 1.3 米，宽 0.7 米，外部为鲜黄色，头尾部还各有两个红色"鱼鳍"形推进器，看上去就像一条扁扁的热带鱼。

"潜龙"二号总设计师刘健研究员说："别看它体重有 1.5 吨，但身形矫健，可以在深海里以 2 节的时速，完成各项探测任务。"此次对西南印度洋脊上的热液活动区进行探测，机器人经受了巨大考验。

"潜龙"二号软件负责人徐春晖说："机器人就像在石林中穿行。西南印度洋中脊海底环境复杂，面积 30 平方千米内地形起伏可达上千米，'潜龙'二号需要'翻山越岭'，作业难度极大。"为此，"潜龙"二号在设计上首次采用基于前视声呐的避碰控制方法，大大提高了避碰障碍物能力。仅在一次下潜探测中，就触发了 90 次避碰，都有效规避了障碍，整个试验过程，没有发生触碰事故。

　　从 2015 年 12 月 16 日出发，到 2016 年 3 月 4 日完成潜水器验收试验和试验性应用。"潜龙"二号共完成 16 次下潜，顺利通过了现场验收专家的验收，探测面积达 218 平方千米，单次下潜最长时间超过 32 小时，最大深度超过 3200 米。

　　大洋深处的海底常有高温热液活动，俗称"海底黑烟囱"。多金属硫化物就是这"黑烟囱"的重要产物，其中富含铜、锌、铅、金与银、钴、锰等金属元素。随着陆地金属矿床的日益枯竭，海底热液硫化物矿床开发潜力越来越受到重视。

　　刘健说，自主水下机器人对提升深远海洋资源开发的国际竞争力，具有战略价值。"潜龙"二号在西南印度洋获得了试验性应用成功，填补了中国深海硫化物热液区自主探测技术装备的空白。

　　（3）在西北印度洋区域发现众多热液喷口。[49]　《光明日报》报道，2017 年 4 月 5 日傍晚，"向阳红 09"号船搭载着"蛟龙"号载人潜水器及其全体科考队员，停靠海南三亚凤凰岛码头，标志着中国大洋 38 航次第一航段任务顺利结束。自 2 月 6 日青岛起航以来，历时 59 天，航行 10274 海里，本航段共计 18 家单位 94 人参航，"蛟龙"号累计安全下潜 11 次，圆满完成本航段科学考察任务。

　　在本航段中，我国在国际上首次在西北印度洋卡尔斯伯格脊实施了载人深潜精细调查，再次验证了载人潜水器在深海复杂环境下独有的技术优势。在这一海域水深约 2900～3600 米的卧蚕 1 号、卧蚕 2 号、天休与大糦 4 个热液区，"蛟龙"号成功发现了 27 处海底热泉活动喷口所形成的高浓度矿物黑烟物质，即"黑烟囱"和多金属硫化物丘及黑暗条件下的深海生态系统。同时，科考人员采集到了岩石、硫化物、含金属沉积物、底层水、热液流体等全套样品，开展了近底高分辨率测深侧扫作业，测量了温度、溶解氧等物理化学环境参数，获得大量高清摄像和照相资料，确定了海底热液活动的精确位置、特征与范围。

　　据悉，所获调查成果为深入开展热液区岩浆作用及其演化、沉积作用、构造作用、热液羽状流的结构、热液作用与演化、硫化物成矿作用、硫化物资源和微生物基因资源潜力、生物连通性及地理区系等方面的研究抢得了先机，为相关科学研究的认识水平的提高打下了坚实的基础。

（二）探测调查冷泉区地质状况的新信息

1. 在南海寻找冷泉区的新发现

南海海底首次发现活动性"冷泉"。[50] 2015年4月1日，《中国科学报》报道，由上海交通大学作为技术负责单位研制的"海马"号4500米级深海有缆遥控潜水器，于3月首次投入地勘应用，取得了我国南海水合物地勘工作令人振奋的成果——在我国南海北部西陆海域首次发现了海底活动性"冷泉"，获得了双壳类生物群、甲烷生物化学礁、碳酸盐结壳、菌席和气体渗漏等高清视频记录和相关样品。

据介绍，这些成果为开展天然气水合物有利区详查、圈定勘探目标区、评价天然气水合物资源潜力提供了宝贵的调查资料，为今年开展的天然气水合物钻探奠定了坚实的基础。

专家认为，"海马"号有缆遥控潜水器首战告捷，标志着我国自主研制的深海作业型有缆遥控潜水器已不再是搁置于实验室仅供观摩的科研成果，而是实际应用于深海调查的装备，实现了科研成果向地勘应用的快速转化，打破了我国现有应用于深海调查与深海作业的有缆遥控潜水器均为国外产品的局面。"海马"号有缆遥控潜水器在"冷泉"区海底作业过程中的出色表现，证明我国在深海作业型有缆遥控潜水器自主研发方面取得了实质性突破，同时体现了我国在水合物矿产资源领域具备了国际一流的科研水平和深海探查技术设备研发与应用能力。

2. 探测南海冷泉区地质概貌的新进展

查明"海马冷泉"海洋地质的基本情况。[51] 2016年6月25日，新华社报道，经过近4个月的艰苦努力，我国科学家已经查明了"海马冷泉"的分布范围、地形地貌、生物群落、自生碳酸盐岩及流体活动特征等，取得了海洋地质调查的丰硕成果。

"海马冷泉"是我国首次在南海北部西陆海域发现的、规模空前的活动性冷泉。相关科研考察成果，不仅为进一步的海洋开发研究打下了坚实基础，还实现了天然气水合物资源勘查的突破，同时对气候环境、冷泉生命起源科学研究具有重大意义。

据介绍，"海马冷泉"位于珠江口盆地西部海域，总体呈东西向条带状展布，水深1350～1430米，已探查发现有冷泉活动的区域约350平方千米。该"冷泉"是由中国地质调查局带头自主研发的 4500 米级非载人遥控潜水器"海马"号于 2015 年 3 月发现的，故名"海马冷泉"。

调查显示，"海马冷泉"有浅表层富含天然气水合物、自生碳酸盐岩大量出露和生物群广泛发育三大特点。其中，在"海马冷泉"区海底浅表层获取大量的天然气水合物样品，是继南海北部陆坡神狐海域和珠江口盆地东部海域之后，在新海域找矿的重大突破。这进一步证实了我国管辖海域天然气水合物分布广泛，资源潜力巨大。

3. 探测研究南海冷泉区生物群落的新进展

在南海冷泉区采集到大量生物样品。[52] 2017 年 7 月 25 日，新华社报道，"科学"号科考船搭载的"发现"号遥控无人潜水器，当天从南海一冷泉区带回 100 多件生物样品，并拍摄到大量海底高清视频资料。

"发现"号在 24 日 19 时布放到水中，25 日 7 时回收到甲板上，水下工作时间约 12 小时，水深超过 1000 米。其生物采样桶内捕捉到的有：白色的潜铠虾、棕色的贻贝和少量的阿尔文虾，其中一些潜铠虾和阿尔文虾还能在水中游动。

本航次首席科学家孙松说："这些冷泉生物从 1000 多米的海底到船上还活着，一方面是采集了原位海水；另一方面是'发现'号慢慢把它们从海底带上来，这些动物有了一个适应压力和温度等环境因素变化的过程。"

冷泉区生物和常见的近海生物有很大区别，它们生活在海底，没有光，所以眼睛都退化了。同时，它们身上或者体内都附着了很多微生物，它们就依靠食用这些微生物而生存，而这些微生物是依靠甲烷等化能而生存。

当日凌晨 5 时 30 分左右，科考队员将我国自主研制的深海着陆器布放到这一冷泉区，用于长期观察冷泉区生物的习性和变化，这一着陆器将在海底持续工作 3 个月。着陆器到达海底后，"发现"号还对其实施了精准布放，即布放到冷泉区生物密集的区域，并调整了它的姿态。

四、海洋地形区域探测研究的其他新成果

（一）探测研究滨海湿地与浅滩的新信息

1. 滨海湿地保护研究的新进展

研究滨海湿地抵御海平面上升威胁的能力。[53] 2018 年 9 月，英国林

— 115 —

肯大学生态学家马克·许尔希及同事组成的一个研究小组，在《自然》杂志上刊登论文称，他们研究认为，在特定条件下，尽管接下来的 1 个世纪海平面会持续上升，但全球滨海湿地总面积也会继续增加，且最多会扩大 60%。

沼泽和红树林等滨海湿地，是提供自然海岸带保护的重要生态系统。虽然很多研究曾预测海平面上升会导致大面积的湿地丧失，但一些评估认为这一威胁被过分夸大，且全球模型并未考虑到能够维持湿地的当地反馈机制。

为了解决这种局限性，该研究小组评估了全球滨海湿地抵御海平面上升威胁的能力，并把湿地堆积沉积物的能力，以及湿地的可容纳空间即可供湿地扩大的内陆面积，也纳入评估范围。研究人员模拟了全球湿地对海平面上升及人类活动的响应，认为全球湿地覆盖面积可能会上升 60%，前提是至少有 37% 的现存湿地拥有足够的可容纳空间。但在容纳空间不够的场景下，沉积物的严重缺乏则可能导致滨海湿地整体面临丧失风险，而这种风险会随海平面上升的增加而上升。

研究人员指出，筑坝和疏浚等当地航道管理工程，可能增加这些模拟的复杂程度。他们认为，只有大规模建立起有利于湿地扩大的海岸带管理模式，才有可能保护滨海湿地不受海平面上升的影响，同时保护快速增长的全球沿海居民。

世界气候研究计划全球海平面收支研究组，发布评估报告指出，自 1993 年以来，全球海平面显著上升，平均每年上升 3.1 毫米，并且这一上升趋势正在加速。专家指出，海平面上升有重要的社会经济影响，将加剧沿海地区的灾害风险，如破坏生态系统、侵蚀土地、加强风暴潮等。对海平面变化进行系统性监测、归因分析和预估，是应对风险的基础。

2. 海滩监测防护研究的新进展

（1）建成首套 Argus 海岸带海滩观测系统。[54] 2015 年 5 月 12 日，《中国科学报》报道，由国家海洋局第二海洋研究所负责的 Argus 视频监测系统，在浙江省舟山市朱家尖岛顺利建成，这在国内尚属首套。该系统将主要用于东沙海滩事件尺度的动力地貌过程，以及旅游安全和承载力的研究，研究成果将为沙滩的保护与开发、海岸工程评估等提供科学依据。

据了解，Argus 是"自主实时地表全方位监视成像系统"的简称，该系统在美国、欧洲、澳大利亚和日本得到广泛应用，但在我国还没有类似应用。在此之前，国内对海滩地形、地貌数据资料的获取都是通过借助测量仪器现场测量获得，不仅成本高，而且监测的时间尺度短，对天气的依赖严重。当海滩研究越来越需要更小尺度上的地形、地貌变化信息时，如何获得连续、长期、高分辨率的监测数据已成为国内海滩研究发展的瓶颈，Argus 海岸带观测系统的出现有效解决了此类问题。

此次建成的 Argus 视频监测系统由 6 台摄像机组成，覆盖 180°视野范围，可以获得整个海滩的图像数据，分辨率从几厘米到几米。采集数据的频率可由用户自己设置，数据采集的过程自动化。摄像机与站点电脑相连，并通过网络实现远程数据查看和下载。该系统可以提供的信息包括海岸地貌形态高精度变化、波浪和流的特征、防护工程的状态，并能清晰连续地显示海岸变化的可视化影像。

（2）用七十万张卫星图像绘成全球潮滩地图。[55] 2018 年 12 月 20 日，澳大利亚昆士兰大学科学家尼古拉斯·莫雷主持的一个研究团队，在《自然》杂志网络版上发表的一项生态学研究成果，发布了一份全球潮滩地图，其根据 70 万张卫星图像绘成，描述了这些海岸生态系统的变化。研究发现，1984—2016 年间，在有充足数据的区域（占绘制面积的 17.1%），16%的潮滩已经消失。

潮滩指经常发生潮汐泛滥的沙滩、岩石或泥滩，主要受潮流影响。对人类来说，潮滩生态系统非常重要，可以提供关键防护，如防风暴、稳定海岸线和粮食生产，全球数百万人的生计有赖于此。

然而，此前的研究报告显示，潮滩正承受着来自各方面的巨大压力，包括沿海开发、海平面上升和侵蚀。尽管潮滩是分布最广泛的沿海生态系统之一，但是迄今为止它们的全球分布和状态仍然未知，这阻碍了人类针对它们的管理和保护工作。

研究团队发现，地球上潮滩生态系统至少有 12.79 万平方千米，类似于全球红树林的覆盖面积。大约 50%的潮滩位于 8 个国家，分布在亚洲、北美洲和南美洲三个大洲。

报告显示，按国家划分，印度尼西亚的潮滩最多，其次是中国和澳大利亚。就研究团队已收集到充足卫星数据的区域而言,其中的潮滩面积在33年的时间内减少了约16%。这意味着自1984年以来,全球范围内损失的潮滩面积可能超过2万平方千米。

3. 海底浅滩地质研究的新进展

"决心"号钻取亚特兰蒂斯浅滩新钻孔岩芯。[56] 2015年12月21日,新华社报道,停泊在西南印度洋中脊海域的"决心"号大洋钻探船,20日成功钻取一处名为"亚特兰蒂斯浅滩"的新钻孔岩芯,钻孔编号为U1473A。

位于南纬32度42分、东经57度17分的亚特兰蒂斯浅滩,在海水下方约700米的深处,极具科研价值。来自12个国家的30名科学家乘坐"决心"号来到这里开展大洋钻探,最终目的是想打穿地壳与地幔的边界,本航次的目标是钻取1300米的岩芯。

在"决心"号上可以看到,长达10米的透明岩芯管从钻杆里取出,里面几乎装满了大大小小、形状不一的灰黑色岩芯。"决心"号技术人员首先将长长的岩芯管切成1.5米的小段,两端盖上不同颜色的盖子。

岩芯是"有生命的材料"。船上的微生物学家采样后,由技术人员将岩芯按顺序进行拼装和清洗,不完整的部分放上分隔片,紧接着送到物理实验室的各种仪器上进行"体检"。

技术人员使用不同功能的全岩芯记录仪器,首先为它们拍下360度的"全身像",然后进行快速、非破坏性的密度、磁性、辐射等指标检测。完成"体检"后的岩芯,被切割成相等的两半:一半用于研究,一半用于存档。无论大小,每块岩芯都贴上"身份证编码",包括航次、钻孔、岩芯段等编号。

用于研究的岩芯样品,将在"决心"号上现场切割、磨片,供科学家第一时间研究,并在本航次结束后邮寄给船上各国科学家。用于存档的岩芯,船上科学家将对它们进行详细的特征描述及更加深入的"专项体检",各类数据都将与岩芯一起存入岩芯库。

目前,国际大洋计划共设有3个岩芯库,美国得克萨斯农机大学的海湾岩芯库、德国不来梅大学的不来梅岩芯库和日本高知大学的高知岩芯中心。

该计划共有3个钻探平台,美国"决心"号大洋钻探船是其中之一,另外两个分别是日本"地球"号大洋钻探船，以及由独立钻井平台和船舶组成的欧洲"特定任务平台"。

（二）探测研究海盆与峡湾的新信息

1. 探测研究海盆的新发现

在西南极洲冰原下方发现一个巨大海盆。[57] 2012 年 5 月，美国得克萨斯大学奥斯汀分校科学家唐·布兰肯希普，与英国爱丁堡大学教授马丁·西格特等人组成的一个研究小组，在《自然·地学》杂志上发表研究报告称，他们在西南极洲冰原下方发现了一个巨大海盆，这将使该冰原变得不太稳定，将来可能面临萎缩甚至坍塌的风险。

这一海盆位于威德尔海附近，靠近西南极洲冰原边缘，深约 2 千米，盆口面积约为 2 万平方千米，与美国新泽西州相当。研究人员在威德尔海附近进行雷达绘图时发现了这一海盆，他们担心，西南极洲冰原伸向威德尔海的冰融化速度可能比预计的要快，这可能使冰原本身逐渐坍入海盆，进而导致海平面上升。

布兰肯希普认为，海盆上方的冰目前可能处于坍塌的临界点。西格特表示，这是科学家在迄今了解不多的南极区域完成的一个卓越发现，海盆上方区域已开始发生变化，需要进一步研究来预测这种变化将产生何种影响。

2. 探测研究峡湾的新发现

发现峡湾具有巨大的碳汇功能。[58] 2015 年 5 月 4 日，美国科罗拉多大学博尔德分校沉积物地质学家伊琳纳·奥弗里姆、华盛顿大学地球化学家里克·凯尔和比利时布鲁塞尔自由大学地球化学家古尔文·拉吕埃勒等人组成的一个国际研究团队，在《自然·地球科学》杂志上发表研究报告称，峡湾以其超凡脱俗的美而著称，不过，他们的研究发现，这些高纬度的水湾在碳循环中起到极大的作用。

研究人员指出，尽管峡湾只占地球表面积的约 0.3%，但每年能固定 1800 万吨碳，是海洋沉积物所吸收碳总量的 11%。

该研究团队测量了新西兰 4 个峡湾底部沉积物中的碳浓度，然后把数据同来自全球此前关于峡湾研究的观测结果相结合。对全部数据集进行的分析显示，每平方千米峡湾沉积物每年固定的碳是同等面积海洋大陆架的

5倍多。

奥弗里姆表示，关于峡湾是强大碳汇的最新发现是合理的。峡湾两侧通常是峭壁，顶部丛林密布，这样的绝妙位置非常适合收集从斜坡滑落的富含碳的土壤。

然而，以往峡湾并无得到应有的关注，可用的资料也不多，其中存在许多原因。凯尔认为，研究全球土壤、水和碳循环的科学家倾向于关注更大的水域。海洋覆盖了约70%的地球表面，因此很容易利用地球观测卫星进行监控。但峡湾只有2~3千米宽，比较难绘制其地图。对峡湾表面积的估测大不相同，而且取决于卫星数据的分辨率。

同时，从地面研究峡湾也很困难。奥弗里姆说："很多峡湾并没有路，所有只能乘直升机过去。"另外，研究人员不可能在结冰时取样，而且在一些地方如格陵兰，一年中约有9个月属于有冰期。

拉吕埃勒介绍说，考虑到类似挑战，研究人员想方设法收集尽可能多的各种数据。但关于单独的峡湾，仍有很多地方需要进一步研究。例如，阿拉斯加峡湾吸收的碳比任何其他地方的峡湾都要多，而研究人员并不理解原因何在。

随着地球变暖、冰川消退导致更多的峡湾出现，这样的问题将更加重要。最新研究表明，这些新形成的地貌或许缓存了比之前认为的更多的剩余碳。凯尔表示："不过，这远远不够弥补人类正在做的改变碳循环的事情。"

第三节　海洋地质灾害防治研究的新进展

一、减轻海底地震灾害研究的新成果

（一）研究引发海底地震因素的新信息

1. 探索引发海底地震的地质因素

（1）发现海域地质结构在引发地震中具有重要作用。[59] 2016年3月2日，美国加利福尼亚斯克里普斯海洋研究所丹·巴塞特领导的研究团队，在《自然》杂志上发表论文称，他们对东日本大地震发生海域的地质结构进行了详细研究，阐明该海域和其他潜在地区存在产生地震的特征。

2011 年 3 月 11 日，发生在日本东北部太平洋海域的东日本大地震，是过去十年中最广为人知的自然灾害之一，也是过去 50 年中第二强的地震，矩震级超过 9 级。虽然有描述地震发生时与断层运动有关的能量突然释放的高分辨率数据，但导致断层破裂的物理或结构特征，此前并不清楚。

此次，该研究团队使用地貌和重力数据，对地震区域的地质结构进行分析。他们重点研究俯冲带上方的地质边缘，在此处，太平洋板块俯冲到日本本州岛下面。研究团队的数据揭示，这个上冲断层中存在着一个突变边界，研究人员分析认为这是日本中央构造线在海上的延伸。中央构造线在陆地上可以被观测到，表现为不同来源和密度的岩石并列出现。

研究人员认为，这个上冲断层的地质结构在引发地震中起到重要作用。他们表示，这些研究结果，可以用于了解有着类似地质组成的世界其他地区的地震风险。

（2）发现海沟慢滑区可能是导致海啸地震的震源地。[60] 2016 年 6 月，一个国际联合研究小组在《科学》杂志上发表研究成果称，他们通过设置在海底的观测仪器，发现新西兰北岛以东的希库朗伊沉降带发生的慢滑运动，并证实慢滑区域可能会成为海啸地震的震源地。这项发现，对今后预测沉降带沿岸部位潜在地震的发生，具有重要意义。

慢滑是缓慢地震的一种，与通常地震相比，它是一种缓慢进行的地质破坏现象。慢滑区域会在地震发生时再次发生巨大崩塌，是引发海啸灾害的一个重要因素。由于沉降带较浅部位（海沟附近）发生的慢滑现象很难被观测到，因此目前学界对慢滑的认识还比较肤浅。

此次，该研究小组利用海底压力计，在希库朗伊沉降带成功观测到慢滑现象。他们于 2014 年 5 月在希库朗伊海底设置了 24 台海底压力仪器，并于 2015 年 6 月成功进行了回收。在去除仪器记录中的潮汐成分和海洋噪声干扰后，研究人员获取了地壳上下变动的数据，并与此前从 GPS 观测网得到的数据进行了对比。结果证实，此前认为随着板块沉降无法蓄积变形的沉降带浅部，是可以蓄积变形的，慢滑区域与通常地震一样，会产生地震性滑动以释放板块形变压力，成为海啸地震的震源地。

发生在海底或海边的地震会形成巨浪，即所谓的地震海啸。在引发海啸的地震发生后，通常会观测到比推断的地震里氏震级更大的海啸。在历史上，日本 1896 年发生的明治三陆地震就被认为是海啸地震。

这一研究成果，对于预测断层滑动对地震的影响，提高数值模拟精度，减轻地震和海啸灾害具有积极意义。

2. 探索引发海底地震的时间因素

研究显示涨潮期间更有可能引发大地震。[61] 2016 年 9 月 13 日，日本东京大学井出哲及其同事组成的一个研究小组，在《自然·地球科学》杂志网络版上发表论文认为，大地震更可能在新月或满月时发生。这一研究结果意味着，了解地震区的潮汐应力状况或许有助于评估地震可能性。

地震是地壳快速释放能量过程中造成的振动，经常会造成严重人员伤亡，以及种种次生灾害。当前的科技水平，尚无法预测地震的到来，甚至未来相当长的一段时间内，地震也是无法精准预测的。虽然，已处在破裂边缘的断层，可能会在太阳和月球的引力作用下发生滑动这一理论，十分符合直觉，但潮汐引发地震的说辞始终缺乏确凿证据。

此次，日本研究人员，不仅确定了涨潮或潮汐相位的时间点，还重建了过去 20 年内大地震（里氏 5.5 级或以上），发生两周前潮汐应力的振幅和大小。虽然并未建立潮汐应力与小规模地震的明确联系，但他们发现，一些规模巨大的地震，比如 2004 年的印尼苏门答腊大地震、2010 年的智利莫莱大地震和 2011 年的日本东北大地震，都发生在潮汐应力振幅高的时期。研究人员还发现，随着潮汐应力振幅的增加，大规模地震相较于小地震的比例也会上升。

据统计，地球上每年约发生 500 多万次地震，其中绝大多数太小或太远，因此人们感觉不到。而真正对人类造成严重危害的是大规模地震，但至今我们尚未完全理解大规模地震究竟是如何发生和发展的。科学家曾推测，这一类地震，可能源自从小断裂连锁发展而来的大规模破裂。

本篇论文作者的结论意味着，小断裂连锁发展为大规模地震的可能性，在春季潮汐期间会更高，因此，了解地震区的潮汐应力状况或许有助于评估地震可能性。

（二）研究海底地震发展及后果的新信息

1. 探索海底地震发展过程的新成果

揭示海中最大深源地震的破裂发展过程。[62] 2013 年 9 月 19 日，美国加州大学圣克鲁斯分校中国在读博士生叶玲玲及其美国同事组成的研究小组，在《科学》杂志上发表研究报告称，2013 年 5 月 24 日，邻近俄罗斯的鄂霍次克海发生震源深度为 610 千米的 8.3 级强震。他们研究表明，这一深源地震释放出大约 36 兆吨 TNT 炸药爆炸的能量，相当于约 2300 个广岛原子弹爆炸的威力，创下震级和能量释放最高纪录。

研究人员表示，他们利用全球数百个地震台站记录的数据，分析了鄂霍次克海深源地震，发现该地震释放出了有记录以来空前强大的能量。

分析结果显示，此次鄂霍次克海地震的破裂速度约为每秒 4 千米，在长约 180 千米、宽约 50 千米的断层面（即岩石之间的破裂面）上发生了平均约 2 米的滑动，最大滑动位移达 10 米。叶玲玲说："这是目前观测到的破裂最长的深源地震。"

深源地震是指发生在地表以下 400～700 千米的地震，一般发生在俯冲板块内。地球上有记录以来的最深地震发生在地下约 700 千米处。由于震源较深，这类地震对地表产生的危害较小，其地震发生机制及地震破裂发展过程至今仍是未解之谜。

研究人员通过对比发现，此次鄂霍次克海深源地震，与 1994 年玻利维亚深震在破裂速度、能量和应力释放等方面存在显著不同，可能是由它们所对应的俯冲板块的年龄和温度不同所致。俯冲到鄂霍次克海下方的太平洋板块较冷，而玻利维亚地震所对应的俯冲板块温度较高，产生了较多的黏性变形并耗散了更多能量。

研究人员还猜测，鄂霍次克海地震可能发生在已存在的断层面上。这一断层曾发生浅层地震，之后该断层随着俯冲的太平洋板块以每年大约 8 厘米的速度，从千岛群岛－堪察加海沟下插到了鄂霍次克海下方。

叶玲玲说，尽管他们不清楚这场地震是如何开始的，但发生深源地震的俯冲板块内应力分布情况，可能与造成巨大灾害的浅源地震有密切联系，对深源地震的研究有助于深入理解地震发生和进一步发展的条件。

2. 探索海底地震造成地貌破坏后果的新发现

发现东日本大地震在海底造成巨大断层崖。[63] 2023 年 12 月，有关媒体报道，日本新潟大学等机构参与的一个国际研究团队报告，他们利用载人潜水器调查了日本海沟，在海底发现了 2011 年日本"3·11"大地震导致的巨大断层崖。

报告说，研究团队利用潜航能力达 1.1 万米水深的"限制因素"号载人潜水器，在宫城县近海日本海沟水深约 7500 米的海底，调查了地形和地质等情况。他们发现，一处隆起地形的东面边缘，存在一个落差达 26 米、近乎垂直的断层崖。

研究人员认为，这个断层崖是大地震造成的。据推测，地震发生时，日本海沟区域的海底，沿着断层水平向东移动了 80～120 米，导致板块前端被急剧抬升了约 60 米。其中一部分沿断层崩塌，形成断层崖。

报告说，日本附近有千岛海沟、日本海沟等多个海沟，未来这些区域有可能发生大地震和大规模海啸，对相关区域开展调查有助于提高灾害预测的精确度。

(三) 研究监测海底地震的新方法

1. 发现可用海洋漂浮物监听海底地震[64]

2019 年 4 月 24 日，有关媒体报道，由美国普林斯顿大学地震学家弗雷德里克·西蒙斯及该校研究生乔·西蒙等人组成的研究小组，在欧洲地球科学联盟会议上发表研究报告称，他们运用一种从海洋中研究地球内部的多用途、低成本方法，已经画出了第一张图像。他们通过把水听器安装在深海中的漂浮物上，正在探测发生在海底的地震，并利用这些信号在缺乏数据的地方窥探地球内部。

2019 年 2 月，研究人员报告说，厄瓜多尔加拉帕戈斯群岛附近的这些漂浮物，有 9 个帮助追踪到地幔柱。地幔柱是一种从群岛深处升起的热岩柱。

在会议报告中，研究人员说，现在，18 个在塔希提岛下寻找羽状流的漂浮物也记录了地震。美国加州大学伯克利分校地震学家芭芭拉·罗曼诺维奇说："看起来他们已经取得了很大进步。"

西蒙斯表示，"南太平洋舰队"2019 年夏天将会壮大。他设想在全球范围内建立一支由成千上万个此类漫游装置组成的"舰队",这些装置还可用来探测雨声或鲸的叫声,或者配备其他环境或生物传感器。他说:"我们的目标,是探测所有的海洋。"

几十年来,地质学家一直把地震仪安装在陆地上,以研究遥远的地震是如何传播的。但不同密度的深层结构,例如沿着俯冲带下沉到地幔中的海洋地壳冷板,可以加速或减缓地震波。通过结合在不同地点检测到的地震信息,研究人员可以绘制出这些结构的地图。然而,上升羽流和海洋中其他巨型结构则更为神秘。原因很简单:海底的地震仪要少得多。

漂浮物是一种廉价探测方法。它们漂浮在1500米深的地方,这样可以将背景噪声降到最低,并减少周期性上升传输新数据所需的能量。每当漂浮物的水听器接收到强烈的声音脉冲,计算机就会评估这种压力波是否可能来自海底震动。若是如此,漂浮物将在数小时内浮出水面,并通过卫星发送地震记录。

西蒙在此次会议上说,到目前为止,漂浮物已经识别出258次地震,其中大约90%也被其他地震仪探测到。

2. 实验表明可用海底光缆监测海底地震[65]

2019年11月28日,美国加利福尼亚大学伯克利分校纳特·琳赛,与蒙特雷湾海洋生物研究所同行共同组成的研究小组,在《科学》杂志上发表论文称,他们成功完成了一次用海底光缆监测海底地震的实验,这说明全球已存在的光缆系统有潜力变成一个巨大的地震监测网络。

研究人员说,他们利用蒙特雷湾海底光缆中一段长约20千米的部分进行了实验,通过向光缆中发射激光脉冲并检测反射光,可分析出光缆形变并进一步推断地震情况。据介绍,这段20千米长的光缆用于监测地震,相当于在有关区域设置了1万个地震台站。在为期4天的实验中,研究人员监测到一次3.5级地震,还监测到一些地震波活动。

海洋占地表大部分的面积,但目前海洋中的地震台站数量很少。琳赛说,海底地震学研究需求很大,任何置于海中的相关仪器都可以有帮助。

研究人员说,此前曾用陆地光缆测试过上述监测地震的方法,这是首次用海底光缆研究相关海洋学信号和对地质断层成像。目前全球陆地和海底的光缆总长度可能超过1000万千米,这个巨大的网络有潜力被用于监测地震，特别是在那些缺乏地震台站的地区。

3. 试用海中浅水浮标监测海底地震[66]

2019 年 12 月 2 日，美国国家科学基金会网站报道，在其海洋科学部资助下，南佛罗里达州大学地球学家组成的一个研究小组，成功研制并测试了一种新型的高科技海中浅水浮标，它能够监测到可能引起地震、火山或海啸等致命自然灾害的海底微小运动和变化。

研究人员在距佛罗里达州埃格蒙特基岛不远处的墨西哥湾海域固定了一个顶部装有高精度全球定位系统（GPS）的杆状浮标。通过电子罗盘显示水平方向左右移动的偏航、垂直方向前后移动的俯仰和垂直方向左右移动的侧倾信息，可以度量浮标方向，生成海底变化的三维数据，从而捕获地球的侧向运动情况，监测可能引起海啸的大型地震。

该研究小组称，这个系统还将有望监测到地壳压力的微小变化。

二、防治海啸灾害研究的新成果

（一）研究海啸蔓延及其影响的新信息

1. 模拟探索海啸蔓延的新进展

利用数字模拟程序再现汤加火山爆发的超级海啸。[67] 2023 年 4 月，美国迈阿密大学海洋地球科学家山姆·珀基斯领导的一个研究小组，在《科学进展》杂志上发表论文称，他们利用模拟程序，再现 2022 年汤加海底火山的大规模喷发，及其引发的海啸在整个地区的蔓延。研究表明，火山爆发在汤加的一些海岸线上产生了 40 多米高的海浪。这项工作，可为改进未来灾害评估和防灾准备，提供有帮助的见解。

南太平洋的汤加火山于 2022 年 1 月 15 日爆发，产生的冲击波导致异常高的海浪，影响范围远至加勒比海。为了调查海啸是如何展开的，研究人员利用火山喷发前后拍摄的卫星图像，以及无人机和其他实地观察收集的数据，建立起这项灾害事件的一个数字模拟程序。他们绘制了汤加 10 个岛屿上 118 个地点的地图，以追踪火山三次关键爆发产生的海浪运动。

三次爆发中的最后一次爆发产生的能量，相当于 1500 万吨 TNT 炸药，比二战期间投在日本广岛的原子弹威力大百倍。

汤加火山爆发后一分钟内，火山北侧海浪飙升至 85 米，而南端的海浪也高达 65 米。爆发后约 20 分钟，45 米高的海浪，淹没了火山以北 90 千米的托富阿岛的海岸线。在南部，汤加人口最多的岛屿汤加帕图岛经历了 17 米高的海浪。珀基斯指出，这非常符合"大海啸"的标准。而其他地方则成功躲过了海啸的猛烈袭击，距离汤加塔普岛约 25 千米的尤亚岛东海岸的海浪，平均高度只有 5 米。

珀基斯说，汤加群岛上巨大的浅礁平台，可能决定了整个地区海啸的高度和流量。这些浅礁就像一道屏障，阻挡了从公海冲过来的大浪。但这些珊瑚礁，也成了当天起初喷发所产生较弱波浪的陷阱。结果，小浪变大浪，更不可预测，并在汤加岛屿周围反弹了一个多小时。

2. 探索海啸造成影响的新发现

发现大海啸会导致海洋生态系统出现变化。[68] 2014 年 12 月，日本海洋研究开发机构的一个研究小组，在英国《科学报告》杂志网络版上发表论文称，他们研究发现，2011 年日本大地震引发的大海啸，导致海底贝类和微生物的生存区域出现变化，有可能通过食物链对整个生态系统产生影响。

青森县下北半岛 2011 年 3 月，曾出现 10 米多高的海啸，地震海啸发生 5 个月后，研究小组采集了下北半岛近海的海底沉积物，调查了其中含有的生物。

结果发现，通常生活在水深 10～50 米的两种贝类"日月蛤"和"布氏魁蛤"，也出现在了水深 80 多米的海中。

有孔虫是一种微生物，根据种类的不同生存地点也有所不同。此次调查中，在水深 55 米、81 米以及 105 米处，都发现了这种微生物，几乎都是存活状态。这比 20 世纪 70 年代调查时的种类增加了约 1 倍。

研究小组认为，本来生活在较浅水域的有孔虫，被海啸搬运到了较深水域，并存活下来。这样，这种微生物的分层状态就被打乱了。不过，随着时间推移，一些种类可能会难以在新环境下长期生存。

研究小组认为，这说明海啸能让海底不同地点的生物群混杂在一起。研究小组准备今后继续调查，研究海洋生态系统会出现怎样变化。

（二）加强海啸预警系统建设的新信息

1. 探索提高海啸预警能力的新方法

（1）用深海声重力波理论助力海啸预警。[69] 2016 年 3 月，美国麻省理工学院科学家组成的一个研究小组，在《流体力学》杂志上发表对海洋声重力波基础理论的研究成果："三元声重力波交互共振"，并提出用这个理论帮助加强海啸预警工作。

该研究小组首次发现了海洋表面重力波和声重力波之间的关系，提出了一套非线性理论方程，得出两个表面重力波相遇共振，会释放95％的初始能量，并形成声重力波，携带这些能量向更远、更深处传播，从而揭示了来自大气、太阳、风和海洋上方的能量，可以驱动深海波动的原因。

这项新研究发现，在海洋表面广泛存在着声重力波，其源于海洋表面重力波。研究人员提出了一个全新波动方程，建立了表面重力波和声重力波的关系模型，将声重力波和声波紧密联系在一起。

基于新的波动方程，研究人员分析了3个表面重力波和1个声重力波之间的相互作用。计算表明，如果两个表面重力波流向相同，并且频率和振幅相似，当它们相遇时，彼此能量的95％可以被转换成为声重力波，这种能量的波动，取决于初始的表面重力波的振幅和频率。有关专家表示，以此理论为基础，可以开发出更加灵敏的海啸预警设备。

（2）发现监测海底板块慢滑动有助海啸预警。[70] 2016年5月，日本京都大学防灾研究所和美国同行一起组成的研究小组，在美国《科学》杂志上发表论文称，他们详细监测到海底板块的"慢滑动"现象，这可能有助于提高海啸预警的能力。

慢滑动，又称"沉默地震"，是板块之间非常缓慢的活动，可能持续数周至数月，而不是像普通地震在短时间内发生板块活动。发生在海洋深处板块的慢滑动虽几乎无震感，却有可能引发海啸。如果能监测到板块之间在海底发生的这种慢滑动，则有望及早预报海啸。

该研究小组，从2014年5月至2015年6月，在新西兰北岛附近的希库朗伊海沟周边设置了24个海底压力仪，持续监测海底的板块变动情况。这一海沟西侧是澳大利亚板块，东侧是俯冲于澳大利亚板块之下的太平洋板块，该海域曾发生极具破坏力的大海啸。

研究小组报告说，在2014年9月末至10月初的约20天内，他们监测到了轻微的慢滑动现象，海底板块交界处澳大利亚板块发生了1.5～5.4厘米不等的隆起。

研究人员认为，发生慢滑动的板块区域，可能就是地震海啸的震源区域，实现实时监测海底慢滑动，将有助于尽早发出地震海啸预警。

2. 建立区域海啸预警服务中心

南中国海区域海啸预警中心投入业务化试运行。[71] 2018年2月8日，科学网报道，由国家海洋局承建的联合国教科文组织政府间海洋学委员会南中国海区域海啸预警中心，正式开展业务化试运行。届时，将为南中国海周边的中国、文莱、柬埔寨、印尼、马来西亚、菲律宾、新加坡、泰国、越南和中国香港、澳门特别行政区提供全天候的地震海啸监测预警服务。

南中国海区域位于环太平洋地震带的边缘，马尼拉海沟及苏禄海和苏拉威西海所处的西太平洋岛弧带，是国际公认的海啸潜在发生源地，其引发的区域海啸对南海周边各国威胁极大。据历史海啸数据统计，南中国海区域在历史上曾发生过40多次海啸。根据数值模拟，若马尼拉海沟北段发生8.5级以上地震海啸，海啸波会在震后10～30分钟后到达菲律宾西部沿岸，40分钟左右开始到达台湾岛南端，1个小时左右将影响南海主要岛礁，2小时后到达海南岛和越南沿岸，3小时后开始影响我国广东沿岸，最大海啸波幅在2～5米之间。

国家海洋环境预报中心主任于福江表示，近年来，我国的地震海啸监测预警能力得到了跨越式提升，通过建设海啸观测台、自主研发新一代智能化海啸监测预警人机交互平台等举措，使得我国海啸预警的时效由2015年的20～30分钟大幅缩短至8～10分钟，达到国际先进水平。

作为国家海洋局首个24小时业务化运作的国际预警中心，南中国海区域海啸预警中心将加大自主成果创新，加强国际协调和合作，推动数据公开共享，开展海啸监测预警技术培训，形成对我国及邻近海域、全球大洋的地震海啸监测、分析和预警能力，为我国沿海地区、南中国海周边国家提供快速的海啸预警信息服务。

三、减轻海底火山与滑坡灾害研究的新成果

（一）减轻海底火山灾害研究的新信息

1. 考察海底火山喷发现象的新进展

见证史上最大的海底火山喷发。[72] 2019年5月24日，《中国科学报》

报道，法国巴黎地球物理研究所科学家纳塔莉·菲勒特领导，她的同事以及法国国家研究机构和其他研究所专家一起参加的研究团队，发布一项初步研究结果称，他们见证了一个神秘海底火山的喷发，这是有史以来最大的水下事件。

法国巴黎地球物理研究所所长玛克·巢西顿，在查看该研究团队最近完成的海底地图时，发现了一座新的山峰。在非洲大陆和马达加斯加之间的印度洋海底隆起一座 800 米高、5 千米宽的庞然大物。在以前的地图上，这里什么都没有。巢西顿说："这个家伙是在 6 个月内从零开始建造的！"

菲勒特是搭乘马里昂·杜弗雷内号科考船，对海底火山所在地进行考察的。她认为，几个月来，居住在科摩罗群岛法属马约特岛上的 25 万居民，肯定知道这里发生了什么。于是从居民中展开调查，结果发现，从 2018 年年中开始，当地居民几乎每天都能感觉到小地震，大家感到非常紧张，许多人经常失眠。

然而，地方政府对相关信息知之甚少。马约特岛上有一个地震仪，但是要想对这些隆隆声的来源进行三角测量，需要使用好几台仪器，而最近的仪器也在几百千米之外的马达加斯加和肯尼亚。直到 2019 年 2 月，一次严谨的科学研究才正式开始，当时菲勒特和她的团队，在 3.5 千米深的海底放置了 6 台地震仪，那里离地震活动发生的位置很近。

研究人员从地震检波器上获得的数据显示，此处有一个紧密聚集的地震活动区域，范围从地壳深处 20～50 千米不等。研究团队推测，是一个深处的岩浆库将熔融的岩浆注入海底然后收缩，导致周围地壳开裂并发出隆隆声。全球定位系统对马约特岛的测量，也表明岩浆库正在收缩：有关数据显示，马约特岛在过去的 1 年中下沉了 13 厘米，并向东移动了 10 厘米。

科考船上的多波束声呐绘制的海床图显示，多达 5 立方千米的岩浆被喷发到海床上。声呐还探测到了从火山中心和两侧喷出的富含气泡的水柱。菲勒特说，她的团队并没有看到渔民报告的死鱼群，但研究人员从羽状物中收集了水样。水的化学成分将提供有关岩浆组成、岩浆来源的深度以及火山喷发风险的信息。

研究人员还从新火山的两翼打捞出岩石。菲勒特说："当我们把它们拉上船时，这些石头还在砰砰作响。"这是一种高压气体被困在黑色火山物质中的迹象。

解释导致此次火山喷发的原因并不容易。大多数海底火山都是在大洋中脊上发现的，地壳的构造板块在那里缓慢分裂，使得相对较浅的岩浆库中的岩浆从裂缝中渗出。还有一些周期性冲破地壳的深地幔柱形成了一系列火山。夏威夷群岛、加拉帕戈斯群岛，以及附近位于马达加斯加岛与马约特岛对面的留尼汪岛都被认为是这样形成的。

该研究团队还在进行更深入的研究，直到有一个完整的分析结果再发表。与此同时，马约特岛上的居民仍然感到焦虑。持续不断的地震活动现在离该岛更近了，再加上新火山侧翼的海底滑坡引发海啸的可能性，都让人们感到恐慌。菲勒特打算把研究任务再延长几个月，以监测这个地质谜团的发展。

2. 探测深渊海底泥火山活动的新发现

（1）发现马里亚纳海沟存在活动的泥火山。[73] 2016 年 7 月 13 日，《科技日报》报道，长期以来，由于深海探测技术的限制，深渊一直是人类探索地球的"禁区"。我国科考队本航次依托"蛟龙"号载人潜水器大深度作业优势，在全球深渊的代表区域——雅浦海沟、马里亚纳海沟开展作业，成功获得了海斗深渊探测的第一手资料和样品，这对于科学界探究深渊生命、环境和地质过程意义重大。同时，也有助于我国跻身深渊科学前沿研究之列。

本航次科考首次在马里亚纳海沟南坡发现了活动的泥火山，拍摄了大量高清视频资料。同时，证实马里亚纳海沟北坡作业区海山为泥火山，获取了大量泥火山地质样品。这些样品和视频资料，为研究泥火山地质活动和俯冲板片的地质过程提供了重要依据。

此外，初步探明了维嘉海山与采薇海山巨型底栖生物分布具有良好的联通性。科考人员通过与采薇海山的对比分析，表明维嘉海山巨型底栖生物种类组成和多样性，与采薇海山具有很高的相似性，除了少数海绵动物及其共生的俪虾有可能是新种外，其余种类与采薇海山基本相同，改变了海山间生物群落联通性差的传统认识，为科学评价海底环境、合理设计深海采矿系统提供了第一手资料。

（2）发现目前已知全球最深海底泥火山活动区域。[74] 2019 年 6 月，中国科学院深海科学与工程研究所副研究员杜梦然为第一作者，美国明尼苏达大学和美国地质调查局相关专家参加的一个研究小组，在《地球化学通讯》杂志网络版上发表研究成果称，马里亚纳海沟存在一种新类型泥火山，这是目前已知的全球最深的泥火山活动区域。

研究结果显示，这种新型泥火山无论是在化学机制上还是在物理机制上，均与马里亚纳海沟弧前区域已知的蛇纹石化泥火山作用有显著不同。它可能为海沟深部氢气支撑的化能自养微生物群落提供了新的栖息场所，这对深渊极端环境与生命过程研究有了新的启示。

杜梦然介绍道，研究人员使用大深度载人深潜器"蛟龙"号，在马里亚纳海沟水深5448～6668米区域发现了多处泥火山和麻坑，以及其伴生生命群落的存在，这是目前报道的全球最深的泥火山活动区域，也是首次在俯冲板块上发现与洋壳蚀变相关联的流体活动和释放现象。

研究人员认为，洋壳上部玄武质基性岩石蚀变，是导致俯冲板块内浅层流体和泥浆形成的主要因素，而俯冲板块弯折引发的构造挤压，是导致俯冲板块上流体喷发的直接原因。这些结果表明，俯冲板块的构造变形，产生了一种上层洋壳与海水之间物质交换的新方式。

3. 分析海底火山地质成因的新进展

确认汤加海底火山位于环太平洋火山地震带。[75] 2022年1月，有关媒体报道，据中国科学院南海海洋研究所张锦昌等专家介绍，猛烈喷发的汤加火山，位于环太平洋火山地震带的西南端。由于活跃的板块运动，导致该区的地质结构复杂，火山和地震灾害频发。

环太平洋火山地震带，是一个围绕太平洋频繁发生地震和火山喷发的地区，全长约4万千米，呈马蹄形。全球90％的地震、81％的大地震及75％的火山喷发都发生在环太平洋火山地震带。但是，同样位于环太平洋火山地震带上，为什么夏威夷火山平静温和，而汤加火山却性烈如火呢？

张锦昌解释道，这是因为两种火山属于不同类型的海底火山。海底火山大致可以分成洋脊火山、海沟火山、洋盆火山三种类型。

洋脊火山形成于大洋中脊，是大洋板块扩张的边界，也是海洋地壳增生的地方。这类型火山沿着大洋中脊走向喷发，构成一条条绵长的山脉。

海沟火山形成于海沟，是板块汇聚的边界，也是海洋地壳俯冲消亡的地方。这类型火山沿着海沟分布，呈现出弧状的火山岛弧，例如印尼的喀拉喀托火山。

洋盆火山形成于大洋盆地内，属于大洋板块内部的火山，是地幔热点喷发岩浆的地方，主要包括海底火山链、平顶海山、洋底高原等，例如美国夏威夷的冒纳罗亚火山。

张锦昌说："夏威夷火山和汤加火山都是活火山，时不时就喷发一次，但两座火山的类型不同。夏威夷是洋盆火山，汤加是海沟火山。由于不同的地质成因，夏威夷火山动力学上较弱，物质能量相对小，所以温和一些。"

4. 探索海底火山造成影响的新进展

（1）分析汤加海底火山带来的次生灾害影响。[76] 2022 年 1 月 18 日，新华社报道，南太平洋岛国汤加的洪阿哈阿帕伊岛发生火山喷发。澳大利亚和新西兰多名专家分析认为，这可能是 30 年来全球规模最大的一次海底火山喷发，它引发的海啸规模巨大，火山灰将对周边的大气、洋流、淡水、农业及民众健康等造成不同程度的影响，具体情况还有待进一步评估。

澳大利亚莫纳什大学研究高温地球化学的奥利弗·内贝尔副教授表示，汤加位于环太平洋火山地震带，由于地壳板块发生碰撞，位于俯冲带的火山就会发生猛烈喷发。他介绍，这次火山喷发并不是单一事件造成的，而是地下能量的持续聚集，因此预测火山喷发是一件很困难的事。

内贝尔认为，火山下岩浆的补充是一个持续的过程，洪阿哈阿帕伊岛的火山有可能再次喷发，不过由于这次喷发已经很猛烈了，如果未来数天、数周或数月内发生下一次喷发，也不太可能像这次这样猛烈和具有破坏性，因为地下的大量岩浆已经被喷发出去了。

对于这次海底火山喷发所引发的次生灾害，内贝尔表示，除海啸以外，其次是火山灰，这样规模的火山喷发会让大量火山灰进入大气。

新西兰奥克兰大学火山学专家肖恩·克罗宁教授介绍，汤加这次火山喷发时的爆炸性侧向扩散表明，它可能是自 1991 年菲律宾皮纳图博火山喷发以来全球规模最大的一次。

位于汤加首都努库阿洛法以北约 65 千米处的洪阿哈阿帕伊岛 14 日上

午开始发生火山喷发，15日下午再次喷发。火山喷发致使大量火山灰、气体与水蒸气进入高空形成巨大云团，喷发至高空20千米处。15日喷发后，除汤加外，斐济、萨摩亚、瓦努阿图等国部分地区也海水活动异常，这些国家都紧急发布了海啸预警。此外，日本、美国、加拿大、新西兰、澳大利亚和智利也都发布了海啸预警。

新西兰大气及水资源研究院流体动力学和海啸研究专家艾米莉·莱恩博士表示，大多数海啸是由水下地震引发的，但只有大约5%的海啸是由火山喷发引起的，"火山海啸"极为罕见。她说，这次汤加火山喷发所引发的海啸规模巨大。此前有记载的类似事件是1883年印度尼西亚喀拉喀托火山喷发引发的海啸。

目前，汤加部分地区上空的火山灰已经沉降，但仍有大量火山灰飘浮在空中。内贝尔说，与木头燃烧后的灰烬不同，火山灰实际上是微小的岩石颗粒，如果飞机从中穿越，挡风玻璃会受损，火山灰的颗粒还会在飞机发动机中熔化并结晶，可能会导致发动机停转，这很危险，因此火山灰会对空中交通造成影响。

克罗宁还介绍，火山灰也可能使汤加的淡水供应和农业受到严重影响。火山灰不仅会危害民众健康，还会产生酸雨和渗滤液，从而破坏农作物。他说，酸雨会腐蚀农作物的茎叶和多叶蔬菜等，饮用受火山灰污染的水则可能导致胃部不适和其他健康问题。

斐济环境部门警告，卫星数据显示，汤加及周边国家大气中的二氧化硫浓度增高，可能导致酸雨，民众在下雨时应尽可能待在家中，并采取措施防止雨水污染饮用水。

汤加火山喷发还导致连接该南太平洋岛国与外部的海底电缆损坏，目前汤加的对外通信基本中断。拥有该电缆的汤加电缆有限公司表示，修复电缆可能需要数周时间。

（2）分析冰盖消退引发火山喷发所造成的影响。[77] 2022年11月3日，中国新闻网报道，瑞士苏黎世联邦理工大学杜江辉和同事及同行组成的研究小组，在《自然》杂志上发表论文称，冰盖消退引发的火山喷发，可能导致末次冰消期（约1.7万～1万年前）北太平洋的低氧水平。这项研究发现，凸显出不同地球系统间的复杂耦合，对海洋生态系统的影响。

该论文介绍，预计随着全球变暖趋势，海洋次表层的脱氧现象将增加，并对依赖氧气生存的海洋生态系统有强烈影响，特别是在太平洋北部和东部的低氧地区。但由于年年情况多变不定，很难确定引发和维持过去长期脱氧的机制。

研究小组通过检查东北太平洋阿拉斯加湾的两处海床沉积物，记录了海洋氧化的高分辨率。他们发现，末次消冰期科迪勒拉冰盖消退后，北太平洋的最初脱氧立即出现，与海床沉积物中火山灰增加相关。

这一发现表明，冰盖融化触发火山喷发，这是由地壳在失去冰的下压力后，隆起过程中的压力变化所致。火山灰中的铁肥化了这一区域的海洋，助长生物生产力，导致了持续的脱氧。随后，研究人员还继续鉴别了过去 5 万年间更古老的与冰盖消退有关的脱氧事件。

在《自然》同时发表的"新闻与观点"文章中，来自中国南方科技大学和加拿大多伦多大学的同行专家指出，在今天，海洋某些区域缺氧，或许会影响到世界上最广泛而又最未经探索的海洋生态系统，对食品安全带来未知后果。他们补充说："这项最新成果，指出了迫切需要提高对生物地球化学反馈如何影响全球海洋健康的认识。"

（二）减轻海底滑坡与海岛滑坡灾害研究的新信息

1. 探索减轻海底滑坡灾害的新进展

研究证明稳定的天然气水合物或引发海底滑坡。[78] 2018 年 4 月，德国亥姆霍兹基尔海洋研究中心、德国基尔大学、亥姆霍兹极地与海洋研究中心阿尔弗雷德·魏格纳研究所等机构相关专家组成的研究小组，在《自然·通讯》杂志上发表研究成果称，他们发现了天然气水合物和海底滑坡确有联系的证据，但情况却完全不同于此前的认识。新的数据表明，稳定的天然气水合物可以间接破坏其上面的沉积物，进而引发海底滑坡。

20 世纪 90 年代中期，德国科学家证实，海洋边缘的陆坡含有大量的天然气水合物。这些固体冰状的水和气体化合物通常被认为是一种"水泥"，可以稳定斜坡。

由于天然气水合物仅在高压和低温下处于稳定状态，因此水温升高会导致天然气水合物分解或"融化"。之前，有人提出天然气水合物的大规模分解可能导致海底滑坡，进而触发海啸。与此同时，许多古滑坡与含有天然气水合物的沉积物在空间上相关，似乎也加强了这一论点。

现在，这项新研究证明，天然气水合物可以在海底下方形成一层坚固的不渗透层。游离气体和其他流体可以在该层下面聚积。随着时间的推移，它们会产生超压，最终天然气水合物和沉积物，不能再承受高孔隙压力和沉积物中形成的裂隙。这些裂缝形成管道，将超压转移到较浅的粗粒沉积物上，从而引发浅层边坡失稳。

2. 探索海岛出现滑坡灾害的新发现

发现北极海岛半世纪滑坡频率增加近 60 倍。[79] 2019 年 4 月 3 日，加拿大渥太华大学专家安东尼·卢科维奇领导，其同事罗伯特·韦等参加的一个研究小组，在《自然·通讯》杂志上发表论文称，近半个世纪以来，加拿大北极海岛班克斯岛滑坡频率增加了 59 倍，滑坡已成为全球变暖最危险的后果之一。

卢科维奇表示："如果永久冻土已经融化，我们无法阻止土壤缓慢滑塌。我们只希望此问题能够引起注意，减少温室气体排放。"

气候学家近些年非常担心，北极变暖会导致最后一次冰期，在西伯利亚、阿拉斯加和加拿大极地地区出现的所有永久冻土迅速消失。据当前预测，西伯利亚和阿拉斯加南部地区永久冻土，在 21 世纪末会消失 1/3 左右。

研究人员认为，永久冻土融化会释放出在数百万年冰期内冻结在土壤中并不断累积的大量有机物质。这些动植物残骸将开始腐烂，向大气层释放甲烷和二氧化碳，在自然火灾中燃烧，进一步加速全球变暖。

除了对自然界的影响外，这些灾难性过程，还会对极地居民造成极为不利的影响。气候学家研究发现，永久冻土融化，将影响俄罗斯、加拿大和美国极地城市 70% 以上的基础设施。

罗伯特·韦对在不同气候条件下，卫星于 1984—2016 年拍摄的班克斯岛地表高清图片进行分析，他们统计出泥石流、山洪、滑坡和其他土壤移动现象发生的次数，计算出受影响地区面积，并将所得数据与班克斯岛所在群岛不同季节的气温进行了对比。

卢科维奇表示，1984 年共 84 块土地受到滑坡影响，面积相对较小，全部位于海岛南部海岸附近。30 年后，情况发生了很大的变化，滑坡次数增加了 59 倍，而且有许多泥石流已经在班克斯岛上缓慢移动了 20 甚至 30 年。

滑坡、泥石流和其他类似现象导致河湖阻塞，妨碍岛上交通，已开始影响班克斯岛上因纽特人部落的生活。当地居民告诉专家，不仅沿海地区，海岛中部也开始出现这些现象。

专家预测，将来滑坡次数还会增加大约 2 倍，不仅给人类造成麻烦，当地动植物也会受到影响。气候学家计划，开始观察河流阻塞和污染，对当地鱼类和无脊椎动物的影响。

第三章　探索海洋生物奥秘的新信息

海洋生物通常指海洋中存在的生命体，表现为海洋微生物、海洋植物和海洋动物等具体形式。探索海洋生物的生理机制和繁衍规律，研究不同种类海洋生物的生活习性，以及它们的海域分布和数量比例，有利于准确评估海洋生物的多样性，有利于及时了解优势物种和濒危物种，可以帮助相关部门制订更有效的海洋生物管理办法和开发利用策略。近年，国内外在海洋微生物领域的研究主要集中于：探索海底微生物的代谢潜力和代谢秘诀，建成世界最大的海洋微生物资源库。分析研究海洋原生生物、海洋新核糖核酸病毒、海洋细菌和海洋藻类微生物。在海洋哺乳动物领域的研究主要集中于：调查和保护鲸类动物种群，研究鲸类动物的基因、神经、器官、行为和疾病防治。探索海豚的生理特征与生活方式，分析海豚照料和呼唤幼崽的方式。另外，还研究过海象、海豹与海獭的生存技巧和防病方式。在海洋鱼类领域的研究主要集中于：探索海洋鱼类的蛋白、细胞和体表特征及繁殖方式。研究海洋硬骨鱼中鲑形目、鳗鲡目、月鱼目、海龙目、鲈形目、鲉形目、腔棘目与鮟鱇目等鱼类的生物学特征和行为方式。揭示海洋软骨鱼蝠鲼、鲨鱼的繁育方式与行为习惯。在海洋软体动物领域的研究主要集中于：探索头足类动物乌贼与鱿鱼，以及贝类动物牡蛎、文蛤与海蛞蝓的生理机制和生存方式。在海洋刺胞动物领域的研究主要集中于：探索珊瑚的生理功能和病害防治，搜寻珊瑚礁新种类；研究海葵的生理机制及行为方式，研究水母的生命循环、生理机制与行为特色。在其他海洋生物领域的研究，主要集中于探索海鸟、海龟、海参、海星、海蛇尾、深海管状蠕虫和海洋丝盘虫等动物，以及波西多尼亚海草和鳗草等植物。

第一节　海洋微生物探秘研究的新进展

一、探秘海洋微生物及原生生物的新成果

（一）海洋微生物探秘的新信息

1. 探索海底微生物代谢的新进展

（1）发现海底微生物具有逾亿年的代谢潜力。[1] 2020 年 7 月 28 日，日本国立研究开发法人海洋研究开发机构科学家诸野祐树及其同事组成的一个研究团队，在《自然·通讯》杂志上发表论文称，他们在能量最贫乏的深海沉积物中，发现有微生物群落维持了超过亿年的代谢能力。

理论来讲，经过几百万年时间在海底沉积下来的沉积物，几乎没有能让细胞维持代谢活跃状态的能量。虽然科学家已经能够恢复沉积物中的微生物群落，但迄今尚不清楚它们是如何在如此恶劣的条件下生存，以及究竟存活了多久。

此次，该研究团队分析的沉积物样本，是从南太平洋环流区的深海平原下收集的，大约位于海平面以下 3700～5700 米。这些沉积层是在 1300 万年前到 1.015 亿年前的一段时间内沉积下来的，虽然其中也存在氧气，但包含的碳等有机物非常有限。

研究团队进行了孵化实验：采用以同位素标记的碳和氮基质作为生物活动示踪剂，检验 1300 万年前到 1.015 亿年前样本中的细胞，是否能够以基质为食、正常分裂，从而存活下来。他们发现，某些微生物对孵化条件反应迅速，在 68 天的孵化期内，它们在数量上的增加部分，超过 4 个数量级。

在最古老的沉积物样本中（1.015 亿年前），他们观察到微生物活跃摄取同位素标记的化合物，而且细胞总数在增加。研究人员利用 DNA 测序和 16S rRNA 基因谱分析技术，确定了哪些类型的微生物在群落中占主导地位，最终发现其中大多数是需氧细菌。

研究人员指出，海底渗透性的降低和沉积物层的厚度似乎会阻止微生物在各层之间移动。他们总结表示，海底下面沉积物中的微生物群落可以

至少保持代谢活跃状态长达 1.015 亿年。

（2）揭示海底微生物存活的代谢秘诀。[2] 2022 年 2 月，美国加州大学洛杉矶分校蒂娜·特雷德及其同事组成的一个研究小组，在《自然·通讯》杂志上发表论文称，较高的能量代谢率或使一个微生物种群能够生活在海床下 1000 多米深、温度最高有 120℃的沉积物中。这项研究结果，或有助于阐释生物在被认为生命可承受的最高温度下的生存策略。

研究人员介绍，地表以下的海洋沉积物，被认为蕴含了地球上很大一部分微生物。之前有一支考察队钻取了南海海槽俯冲带的沉积物岩芯，为的是研究这种生境中存在哪些极端生命。研究人员发现，虽然这里最深处的沉积物温度高达 120℃，但仍有一个很小的微生物种群生机盎然，不过，这些生物的生存机制并不清楚。

该研究小组基于之前的研究，在高度无菌的操作条件下开展灵敏的放射性示踪实验，以研究这些微生物是如何在这样的沉积物中活下来的。他们发现，生活在深处、炙热沉积物中的微生物有着极高的能量代谢率，与之前在深海海底发现的代谢很慢微生物形成鲜明反差。

研究人员认为，这个微生物种群，必须在如此极端环境下保持很高的代谢率，才能提供它们修复高温造成的细胞损伤时所需的能量，而沉积物中的有机物受热会为它们提供丰富的营养物质。他们表示，这项研究结果，对于理解地表以下的沉积物环境，以及生命能存在的最高温度，具有重要意义。

2. 建设海洋微生物资源库的新进展

我国建成世界最大的海洋微生物资源库。[3] 2017 年 7 月 22 日，中新社报道，当天在厦门举行的中国深海大洋生物资源探测开发成就新闻发布会上，中国国家海洋局局长孙书贤报告说，中国大洋生物资源勘探工作取得丰硕成果，已建成世界库藏量最大和种类数最多的海洋微生物资源库。

孙书贤表示，深海微生物是未来的可持续开发利用的深海基因资源，是中国海洋经济发展所依赖的重要战略资源，也是深海生命科学研究的重要材料。他说，近 15 年来，我国研究人员从太平洋、印度洋和大西洋中采集的水体、沉积物、硫化物、大生物等样品中，获得了大量深海微生物资源，建成第一个深海菌种库。该库菌种功能多样，包括高温、低温、抗重金属等深海极端微生物，它在药物筛选、环境保护、工业、农业等领域有重要应用潜力。

据介绍，目前海洋微生物菌种库中细菌、真菌等海洋微生物库藏 2.2 万株，涵盖 3400 多个种，并有潜在的微生物新种约 500 个。

孙书贤说，在基因资源库方面，初步构建了深海微生物基因库，完成了近 300 株海洋微生物的基因组测序，为深海基因资源的共享打下了良好的基础。同时，深海微生物化合物库与药源库初具规模。建立了抗菌、抗附着、抗肿瘤活性物质的高通量筛选，构建了我国第一个深海微生物代谢物库与信息库，并分离鉴定了 400 多个新化合物，建立了化合物信息指纹图谱库。

（二）海洋原生生物探秘的新信息

1. 调查分析原生生物的新进展

首次查明确定多样单细胞捕食者。[4] 2016 年 12 月，有关媒体报道，一种曾被认为是无关紧要的稀有微生物，最终被证明是一种大量存在的单细胞海洋"猎人"。加拿大英属哥伦比亚大学教授帕特里克·基林领导的研究团队，在微生物多样性综合项目研究中，首次瞥见这些"神出鬼没"的捕食者。

报道称，二倍体中期（Diplonemid）是微小的细胞，它一直遭到研究人员的忽视。直到最近，海洋多样性调查显示，它们是一类最丰富的原生生物，是除细菌和病毒外的具有多样类别的单细胞海洋生物体。尽管它们数量丰富，但从未在海洋中被直接观察或捕获过。

基林说："如果一种微生物非常丰富，那么它可能在生态系统中扮演非常重要的角色。微生物世界是最前沿的探索领域，我们正在使用显微镜和基因组学尽可能多地了解这种看不见的生物。"

该研究团队从美国加州蒙特利湾海洋馆研究所起航，沿着已经被很好研究的 67 条航线航行。这里的海水很深但缺乏营养。他们拍摄了深海样本中的生物体，并测序了这些单细胞生物的基因。研究结果显示，二倍体中期是一种非常多样的物种，具有许多不同的形状和大小，并以细菌和更大的海藻为食。

基林说："这就像在只看到瞪羚、羚羊和斑马许多年后，才发现追在它们后面的狮子。"

研究人员还发现二倍体中期具有有趣的基因：大且充满了内含子（一种能打断基因的"垃圾"DNA）。内含子存在于所有复杂细胞的基因里，但二倍体中期的内含子十分独特，特别是它的扩散方式，似乎类似于病毒攻击时把遗传物质复制到其他细胞的方式。

下一步，为了更充分了解这种生物体的生态系统及其在维持海洋生态体系中的作用，该研究团队计划探索如何在实验室培养二倍体中期。

2. 研究培养原生生物的新进展

利用深海沉积物培养出单细胞微生物。[5] 2020 年 1 月 17 日，日本海洋研究开发机构科学家井町宽之，以及日本产业技术综合研究所科学家延优等人组成的一个研究团队，在《自然》杂志上发表论文称，他们经过不懈探索，终于利用深海沉积物培养出一种神秘单细胞微生物。研究人员指出，这种不同寻常的微生物，将帮助人类揭示复杂的真核生物的起源。

古菌构成了一个单细胞原核生物域，新近发现的阿斯加德古菌，据信为更加复杂的真核生物的祖先。但是迄今为止，人们对阿斯加德古菌生物学的理解，一直局限于脱氧核糖核酸研究，其显示存在真核细胞样基因。

此次，日本研究团队经过 10 年的努力，分离并培养了一种阿斯加德古菌。研究小组从日本海岸的大峰脊深处收集了淤泥，之后把样本放入充满甲烷的特制生物反应器里培养。

2000 天后，他们分离出包含多种微生物的混合物，再经过多年进一步地富集，得到了阿斯加德古菌的活体培养物。他们对这种新培养的古菌，选用希腊神话中的神来命名，把它叫作"普罗米修斯"。

研究表明，这种新古菌的生长速度极慢，每 14～25 天数量翻一番。进一步分析发现，它的基因组包含高比例的真核细胞样基因，证实了之前的脱氧核糖核酸分析。这种小小的球形细胞通常聚集成团，依靠其他的微生物伙伴生长。它们似乎缺少复杂真核生物所拥有的胞内细胞器样结构，但是外部表面拥有长长的凸起，这些凸起通常还会分支。

研究人员推测，古菌的这种凸起可能捕获了经过的细菌，细菌继而被内在化，最终演变成线粒体。这很可能为真核生物的演化奠定了基础。

二、探秘海洋病毒与细菌的新成果

（一）海洋病毒探秘的新信息
——海洋中发现五千多种新核糖核酸病毒[6]

2022年4月，美国俄亥俄州立大学微生物学家组成的一个研究团队，在《科学》杂志上发表论文称，他们从世界各地收集的海水样本中，发现了5000多种新核糖核酸病毒，把它们归类之后，使核糖核酸病毒门的数量增加了一倍。这一有关核糖核酸病毒的新数据宝库，扩大了生态研究的可能性，并重塑了人们对这些小而重要的亚微观粒子如何进化的理解。

该研究团队收集了海水样本，并通过搜索编码核糖核酸依赖的核糖核酸聚合酶（RdRp）的基因，对它们进行病毒核糖核酸测序。研究人员随后使用超级计算机和机器学习算法，为核糖核酸病毒建立系统发育树，共发现5504种新的海洋核糖核酸病毒，并将已知核糖核酸病毒门的数量从5个增加到10个。

研究人员把新发现的病毒，归入五个新提出的门。从地理上绘制这些新序列显示，其中两个新门数量特别丰富。

研究人员相信，新发现5个病毒门的一个可能，是研究人员长期寻找的核糖核酸病毒进化中缺失的一环，它将两个已知的核糖核酸病毒分支连接起来，这些分支在复制方式上存在分歧。这一发现，填补了病毒进化历史中缺失的部分空白。

研究人员说，更多了解世界海洋中病毒的多样性和丰度，将有助于解释海洋微生物在海洋适应气候变化中的作用。海洋吸收了大气中人类产生的二氧化碳的一半，该研究团队之前的研究表明，海洋病毒是生物泵上的"旋钮"，影响海洋中碳的储存方式。

此外，这些新病毒，不仅有助于科学家更好地了解核糖核酸病毒的进化历史，还有助于了解地球上早期生命的进化。

正如新冠疫情大流行所展现出来的一样，核糖核酸病毒会导致致命的疾病。但核糖核酸病毒在生态系统中也发挥着至关重要的作用，因为它们可以感染广泛的生物体，包括动物、植物和微生物。绘制出这些核糖核酸病毒生活在世界上的哪个位置，有助于阐明它们如何影响地球上许多生态过程的生物体。这项研究，还可帮助研究人员随着基因数据库的增长对新病毒进行分类。

（二）海洋细菌探秘的新信息

1. 探索海洋细菌生理功能的新进展

（1）发现马里亚纳海沟一组细菌具有"吃油"功能。[7] 2019 年 4 月，《新闻周刊》网站报道，英国东英吉利大学生物科学院乔纳森·托德、利亚·史密斯等专家组成的一个国际研究小组，在世界海洋的最深处马里亚纳海沟底部，发现了一组具有"吃油"功能的新细菌。

托德说："马里亚纳海沟是地球上研究得最少的环境之一，关于微生物如何在这个独特的环境下生存的信息有限。我们最初的目标是确定微生物在这种环境下生存所需要的生化过程。例如，它们以何种食物为生及如何在极端压力条件下生存？"

为获得这些问题的答案，研究小组收集并分析了马里亚纳海沟最深处的微生物样本，发现了这种新的可降解碳氢化合物的细菌。碳氢化合物是仅由氢原子和碳原子组成的有机化合物，在很多地方都能找到，包括原油和天然气。

托德解释说，这种细菌基本上吃的是与石油成分类似的化合物，然后将它作为养料。类似的微生物在降解自然灾难中泄漏出的石油方面发挥了作用。史密斯补充说："此项研究的一个重要发现是，马里亚纳海沟底部有大量这种细菌，这表明此处存在大量的碳氢化合物，成为细菌的食物来源。"

此外，他们还在沟槽底部的海洋沉积物中发现了天然存在的碳氢化合物。史密斯说："这些碳氢化合物与我们在其他地方看见的碳氢化合物不同。这表明，马里亚纳海沟底部的微生物使用不同的生物化学方法来合成这些碳氢化合物。我们未来希望确定马里亚纳海沟中某些微生物产生碳氢化合物的生化过程，这些碳氢化合物类似于我们在柴油燃料中发现的化合物。如果我们能确定这条路径，就可以将其引入其他细菌或酵母中以生产生物燃料，这可能取代目前由化石燃料生产的柴油。"

（2）发现拥有变形视紫红质的细菌捕光功能更强。[8] 2019 年 8 月 7

日，美国南加州大学生物学家戈麦斯·孔赛尔纳等人组成的一个研究小组，在《科学·进展》杂志上发表论文称，他们发现，拥有变形视紫红质的细菌，能够通过视黄醛与视紫红质蛋白结合的方法来捕捉光线，从而形成更强大的捕光功能，可把更多光线转化为能量，这对细菌生存来说，在营养物质匮乏的海域中尤其显得重要。

孔赛尔纳说："在海洋中，叶绿素很重要，现在我们发现另一种色素也同样重要。"

地球上所有已知的光营养代谢都依赖于三种能量转换色素：叶绿素a、细菌叶绿素a和视黄醛（视紫红质中的色素团）。叶绿素捕获太阳能的重要性已被研究了数十年，但基于视黄醛的光营养对这一过程的贡献还未曾研究。

大约20年前，研究人员在海洋细菌中发现了变形视紫红质，它利用光将质子泵出细胞，从而在质子回流时产生能量。2007年，孔赛尔纳和同事证明，细菌可以利用这些能量生长。2011年，另一组科学家发现，视紫红质利用光维持细菌的大小和能量水平，从而使其适应低营养条件。随后的元基因组研究证实，海洋样本中存在编码蛋白视紫红质基因，但全球范围内利用这种蛋白能源生产的规模尚不清楚。

2000年，以色列理工学院微生物学家奥德·贝雅，作为第一作者首次描述了视紫红质。他说："我们知道这很重要，但当时没有意识到这是一个如此重要的视紫红质群。这篇论文实际上把相关数字放了进去……这是我们以前没有做过的。"

该研究小组报告了三种能量转换色素，在地中海和大西洋的垂直分布。他们首先开发了一种检测视黄醛的方法，然后从地中海和大西洋的不同位置和深度收集海水样本。因为每个视紫红质蛋白会与视黄醛上的一个分子结合，他们用这种测量方法估计了每个样本中视紫红质蛋白的总数。研究发现，最高视紫红质浓度高于叶绿素a的最大值，其地理分布与叶绿素a呈负相关。视紫红质蛋白最常见于地中海营养不良的水域，叶绿素含量较低的水域往往视紫红质含量较高。

在研究小组记录了每个样本在水柱中的位置和光线强度，然后用视紫红质水平估计捕获了多少光线。评估表明，变形视紫红质能够提供让细菌存活的足够能量。然后，研究人员对微藻用来进行光合作用的叶绿素 a 的丰度进行了类似计算。他们发现，变形视紫红质吸收的光能至少与叶绿素 a 一样多，并且这种光能足以维持细菌的基础代谢。

（3）发现海洋热带沙孢菌具有抗癌功能。[9] 2022 年 3 月 21 日，美国加州大学圣地亚哥分校斯克里普斯海洋研究所保罗·詹森、比尔·芬尼克和布拉德利·摩尔等专家组成的一个研究团队，在《自然·化学生物学》杂志上发表论文称，他们发现一种海洋热带沙孢菌具有抗癌功能，能够制造出有效的抗癌分子，并首次了解了激活该抗癌分子的酶驱动过程。

1990 年，詹森和芬尼克在热带大西洋的沉积物中发现了该热带沙孢菌。他们发现这种海洋微生物能产生一种新的抗癌化合物。在进一步研究其分子机制中得知，一种名为 SalC 的酶，组装了热带沙孢菌分子特有的抗癌"弹头"。这项工作，解开了近 20 年来关于海洋细菌如何合成抗癌分子的谜团，并为未来制造新抗癌剂的生物技术打开大门。

目前，科学家利用热带沙孢菌产生的化合物，制成一种商品名为马里佐米的药物，用它治疗胶质母细胞瘤的第三期临床试验刚刚结束，正在等待美国食品和药品管理局审批。摩尔说，该分子药物具有跨越血脑屏障的特殊能力，这就是它在胶质母细胞瘤临床试验中取得进展的原因。这种分子药物有一个很小但很复杂的环结构。它最初是一个线性分子，可以折叠成更复杂的圆形。

研究人员表示，大自然制造 SalC 酶的方式非常简单，它在生物学中很常见，它参与人体脂肪酸和微生物中红霉素等抗生素的生成。

此外，SalC 酶进行的反应与一般的酮合酶非常不同。一般的酮合酶，是一种帮助分子形成线性链的酶。相比之下，它通过形成两个复杂的、反应性的环结构来制造热带沙孢菌分子化合物。

基于这些信息，科学家们现在或能制造出这种复杂环结构的酶，为未来研究抑制各类疾病的治疗方式打开了新大门。

2. 探索海洋生物肠道菌群的新发现

发现饮食和演化历史塑造出鲸鱼肠道菌群。[10] 2015 年 9 月，美国哈佛大学乔恩·桑德斯领导的一个研究小组，在《自然·通讯》杂志上发表论文指出，须鲸的肠道菌群，与陆地上食草动物较为相似。这项发现，支持了饮食和演化历史都有助于塑造哺乳动物肠道菌群的观点。

饮食是决定哺乳动物肠道菌群构成的主要因素。但有些动物，肠道菌群的整体构成与近亲相似，即便它们的饮食完全不同。例如，食竹的大熊猫和它们的近亲熊相似。研究小组想探究须鲸是否也有类似情况。须鲸是一种海洋肉食动物，从与牛、河马相近的陆地食植祖先演化而来。

研究人员分析了来自3个不同种的12头须鲸的粪便样本中的微生物基因。然后，把这一信息，与从其他有不同饮食的海洋或者陆地哺乳动物获得的类似信息，进行比对。结果发现，须鲸的整体微生物组成和功能范围，与它们的陆地食草亲戚相似。但特定微生物代谢通路，更类似于陆地食肉动物。

这项研究，有助于理清饮食和演化决定肠道菌群组成的复杂相互作用。作者指出，对于须鲸，演化关系和肠道菌群组成的相关性，可能表明了胃肠道结构引起的限制，鲸和它们的陆地亲属都有多节前肠作为发酵室。

3. 探索海洋细菌抵抗噬菌体的新进展

揭示海洋细菌抵抗噬菌体的遗传变化规律。[11] 2023年12月，华东理工大学生物工程学院刘琴领导的一个研究团队，在《国际微生物生态学会杂志》上发表论文称，他们以海洋病原菌杀鲑气单胞菌为研究对象，揭示了细菌抵抗噬菌体的遗传多样性与时序性变化规律，在细菌与噬菌体共进化方面的研究取得新进展。

在海洋生态环境中，细菌群落的多样性受到病毒群落影响，是海洋生态系统演化的关键因素。细菌与噬菌体的实验性进化，是研究微生物群落变化的简易模型。其中，感染和抵抗动态过程，同群落的遗传分化和生物多样性维持息息相关。

细菌与噬菌体共进化的过程，通常被描述为军备竞赛动态或波动选择动态。细菌可以通过多种方式抵抗噬菌体的感染，同时也可能出现不同程度的抗性代价。而在抵抗噬菌体的过程中，细菌如何权衡自身的抗性成本并维持群落动态，尚未被解析。

该研究团队鉴定了11个噬菌体抗性基因，并将其按功能分为脂多糖、外膜蛋白和双组分系统3种类型。

在细菌与噬菌体的长期共进化实验中，研究人员发现，脂多糖和外膜蛋白的共突变是细菌抵抗噬菌体的主要方式，并由于抗性代价较低而在共进化中被保留。同时，研究中首次发现，细菌通过双组分系统抑制噬菌体转录而导致了不完全的噬菌体抗性，但难以在共进化中富集。研究团队进一步探索细菌群落表征发现：细菌在抵抗噬菌体初期的生长和毒力快速下降，表现为军备竞赛动态；随后趋于稳定，表现为波动选择动态。

这项研究，解析了共进化中海洋细菌群落动态变化过程和噬菌体抗性的进化权衡问题，有助于进一步在时间尺度上了解海洋微生物的相互作用，也为海洋病原菌的噬菌体治疗提供了理论支持。

三、探秘海洋藻类微生物的新成果

（一）原核海洋藻类探秘的新信息

1. 探索蓝藻环境适应功能的新发现

发现蓝藻依靠"变色龙"基因适应不同环境。[12] 2018 年 2 月，英国华威大学、法国塔拉海洋科考队等机构相关专家组成的一个国际研究团队，在美国《国家科学院学报》上发表论文称，他们发现，海洋生态系统的基石蓝藻拥有"变色龙"基因，能根据环境中的光照情况调节体内色素，更好地利用阳光能量。

蓝藻并不是植物属性的藻类，而是一类能进行光合作用的单细胞原核生物，也称为蓝细菌。蓝藻是地球上历史最悠久、分布最广泛的生物之一，也是海洋食物链的第一环。

蓝藻拥有多种参与光合作用的色素。为了研究色素类型与地理分布的关系，该研究团队对来自全球各海域的蓝藻样本进行了详细分析。这些样本属于蓝藻的代表性类群聚球藻，由法国塔拉海洋科考队收集。

分析显示，对环境光照条件的适应，是影响聚球藻色素类型分布的主要因素，这种影响通过一批"变色龙"基因来实现。在蓝光充足的开阔海域，适合吸收蓝光的色素特别丰富；在温暖的赤道海域和沿海，色素类型适合吸收环境中占主导地位的绿光；而在光线偏红的河口，色素类型比较适应红光。

研究人员说，这一成果，加深了对蓝藻生物学机制的理解，并有助于预测气候变化对海洋生态系统的影响。

2. 探索蓝藻降低患病风险的新进展

揭示蓝藻遭受噬藻体病毒感染死亡的机制。[13] 2019 年 10 月，香港科技大学海洋科学系曾庆璐副教授领导的研究团队，在美国《国家科学院学报》上发表论文称，他们揭示了环保细菌蓝藻被一种名为噬藻体的病毒杀死的机制，这项新发现有望提升蓝藻吸收二氧化碳的能力，未来将有助于减缓全球变暖。

研究人员介绍，蓝藻在海洋中进行光合作用为海洋生物提供氧，地球 20% 以上的二氧化碳经由蓝藻吸收。然而，全球每天有近一半的蓝藻因被捕食或受病毒感染而死亡，其中噬藻体病毒每天杀死全球总量约 20% 的蓝藻。

该研究团队花了 5 年时间，利用实验室培植的噬藻体进行研究。结果发现，蓝藻通过光合作用产生的能量，成了噬藻体感染蓝藻的燃料，让噬藻体在日间完成所有足以破坏蓝藻细胞结构的感染过程，导致蓝藻在晚间分崩离析。这是科学家首次发现这种病毒具有昼夜节律。

曾庆璐表示，通过了解日夜循环如何控制噬菌藻的感染过程，能帮助降低蓝藻被感染的风险，增加其吸收二氧化碳的能力，从而有助于减缓全球变暖速度。他接着说，很多人类疾病都是由病毒引致，现在发现了病毒感染受生理节律和昼夜循环影响，相信能为对抗人类病毒药物的研究带来新启示。

（二）真核海洋藻类探秘的新信息

1. 探索海洋藻类生理机制的新进展

（1）找到硅藻擅长捕光的新机理。[14] 2019 年 2 月 8 日，中国科学院植物研究所沈建仁和匡廷云率领的研究团队，在《科学》网络版上发表论文称，他们研究发现了自然界"奇葩"光合物种硅藻具有独特的捕光结构，其利用这种结构可以高效地捕获和利用光能。这项研究成果，对设计和培育出可高效捕光的新型作物，有重要参考价值。

该研究团队解析了硅藻的主要捕光天线蛋白高分辨率结构，这是硅藻的首个光合膜蛋白结构解析研究工作，为研究硅藻的光能捕获、利用和光保护机制提供了重要的结构基础。

对于绿色植物而言，它们光合作用主要吸收的是红光和蓝紫光。这种现象，与绿色植物吸收光的基本单位有关。绿光波段的能量基本没有被绿色植物所利用，这也是它们呈现绿色的主要原因。

但是，自然界中并非没有能利用绿光的光合生物。海洋藻类拥有色彩斑斓的捕光蛋白，比如蓝藻的藻蓝蛋白、红藻的藻红蛋白、硅藻的岩藻黄素-叶绿素蛋白等，可以帮助海藻在不同的海水深度利用不同的太阳光能。其中，海洋赤潮的主要"肇事者"硅藻可谓是最"成功"的光合生物之一，其分布范围广，吸收二氧化碳的能力约占全球生态系统的 1/5，比热带雨林的贡献还高。

此前研究表明，硅藻特有的捕光天线蛋白，具有出色的蓝绿光捕获能力和极强的光保护能力。然而，硅藻光合膜蛋白的结构长期没有得到解析，极大限制了硅藻光合作用的研究。

该研究团队这项研究即填补了这一空白，为人工模拟光合作用机理提供了新理论依据。该研究同时表明，学术界过去一些主流观点可能存在问题。

研究人员表示，基于这项成果，科学家有望设计出能够利用绿光波段、具有高效捕光和光保护能力的新型作物，也可为现代化智能植物工厂的发展提供新方向。

(2) 研究表明甲藻发光是抵御食草动物的防御机制。[15] 2019 年 6 月，瑞典哥德堡大学生物学家安德鲁·普雷维特领导的一个研究团队，在《当代生物学》杂志上发表文章指出，有些甲藻具有非凡的发光能力，可使自己和周围的水发亮。他们认为，对于这种浮游生物来说，生物发光主要是一种防御机制，能帮助它们抵御桡足类食草动物的"魔掌"。

普雷维特说："这种生物发光现象，在海洋中除了是一种美丽景象外，还是一种防御机制，一些浮游生物利用它抵御敌人。这些发光细胞能感觉到食草动物，并在需要的时候打开'灯'，这对于单细胞生物来说，是令人印象深刻的。"

该研究团队通过结合高速和低光敏视频发现，这些生物发光细胞，在与桡足类食草动物接触时就会闪光。桡足动物的反应是迅速排斥闪烁的细胞，并似乎不会使其受到伤害。研究人员指出，来自瑞典西海岸的观测数据支持了他们的预测，即桡足类食草动物的存在，对发光甲藻的丰度产生影响。单细胞甲藻通常不是很好的竞争对手，因为其生长速度只有其他浮游生物的 1/3。而桡足类动物似乎不喜欢它们，而喜欢吃防御较差但生长较快的浮游生物。

研究人员原本预计生物发光会导致桡足类动物减少接触，但令他们惊讶的是，这一降幅竟然如此之大。普雷维特说："我们研究中的甲藻丰度较低，尽管如此，防御的有效性仍让人感到惊讶。"

然而，目前还不清楚这种光辉是如何保护甲藻的。研究人员说，无论它们是如何工作的，利用生物发光抵御捕食者的能力，似乎是甲藻打败其他竞争对手的关键。

研究人员计划进行更多研究，探索被吃掉的"恐惧"如何驱动生态系统结构。他们还计划研究桡足类产生的化合物如何作为一般的报警信号，以及它们对复杂浮游生物组合的影响。

2. 探索海洋藻类繁殖方式的新发现

发现红藻繁殖由动物媒介传粉来实现。[16] 2022 年 7 月 29 日，英国北安普顿大学杰夫·奥利顿教授，与中国科学院昆明植物研究所任宗昕副研究员一起，在《科学》杂志上发表有关绿色植物起源前是否存在传粉现象的述评文章，主要针对法国学者的一项成果进行讨论。法国索邦大学拉瓦特与智利南方大学同行组成的一个研究小组，通过严格的控制实验，揭示了非绿色植物红藻，竟然可在水生环境中传粉"生殖"，刷新了人们的认知。

在水生环境中，"不露脸"水生被子植物往往通过水流进行传粉；但也有报道发现，海洋被子植物泰来草，通过海洋十足类动物的幼虫传粉。因此，在绿色植物起源之前，或者从水生环境登陆之前，是否有传粉现象的存在呢？海洋中常见的红藻类是否存在类似于被子植物的传粉现象呢？

全球约有 7000 余种红藻，包括紫菜和石花菜等，是光合自养生物。红藻类的有性生殖为卵式生殖，由精子囊中释放出来的成熟精子，随媒介抵达雌性的果胞，与果胞顶端的受精丝接触，经此进入果胞，与其中的卵结合，完成受精过程形成合子。红藻生殖细胞都不具鞭毛，在水中的游动能力差，暗示红藻可能由动物媒介进行传粉而实现繁殖。

　　拉瓦特等人的实验发现，红藻纲杉藻目江蓠科江蓠属藻类，由节肢动物门软甲纲等足目盖鳃水虱科盖鳃水虱属动物，实现雄配子体传递到雌性的器官，从而完成受精过程。这是非绿色植物能够在水生环境中实现动物传粉的全新发现。

　　奥利顿介绍道："传粉现象在红藻类中的发现，极大地扩展了依赖于动物传粉类群的范围；红藻类起源于 12 亿年前，而等足目甲壳动物起源于 3 亿年前，因此，这种原始的传粉互利关系可能已经存在了 3 亿年甚至更长时间。"由于红藻类物种多样性高，因此这类传粉现象在海洋中普遍性可能很高，意味着大量这样的互作关系可能尚未被揭示出来。拉瓦特等人的研究，让人们对传粉互作关系的认知，从辽阔的陆地扩展到更加深邃的水下世界。

　　此外，在这种互利关系中，红藻为等足目甲壳动物提供可附着的生存环境，避免被捕食和被洋流冲走；等足目甲壳动物以黏附在红藻藻叶表面的硅藻为食，可以清理红藻藻叶，促进红藻的生长。而拉瓦特等人的研究发现，等足目甲壳动物能为红藻传粉，是红藻有性生殖的必要条件。因此该系统可称为"双重互利关系"，形成相互依赖的互利生态关系。

　　任宗昕说："大多数红藻生长在海岸带，而这些环境恰恰是人类干扰和气候变化影响最大的区域。甲壳动物对海洋水温变化、水质酸化和污染极为敏感。因此，海洋里这些重要的互作关系，在我们尚未认知的时候，可能就已经受到了全球变化的严重威胁。"研究表明，保护海洋环境中的物种互作关系刻不容缓。

3. 探索海洋藻类进化历程的新发现

　　发现一种深海海藻独自进化出复杂结构。[17] 2016 年 5 月 9 日，比利时根特大学进化生物学家弗雷德里克·莱利厄特参与的一个研究团队，在《科学报告》上发表研究成果称，他们发现了一种生存于深海中的神秘海藻，在距今 5.4 亿年前与绿色植物家族中的其他成员分道扬镳，并最终进化出独立于其他所有海洋或陆地植物的复杂结构。

　　这一发现，颠覆了有关植物界早期进化的传统观点。之前对于这种奇怪的海洋生物只有极少数的物种描述，它通常都生存于海洋深处，与海洋表面的距离至少超过 80 米。

　　5年前，该研究团队第一个研究了这种生物的基因组。然而尽管它表面看起来非常像许多绿藻类生物，但它最终被证明，与任何其他绿藻或陆地植物的亲缘关系都非常遥远。在这一点上，科学家能做的仅仅是表明这一物种是非常不同的。

　　如今，利用在墨西哥湾获得的样本，研究人员已经绘制了这一神秘海藻在生命树上的位置。随着新一代测序技术在价格上的下降，测定其基因组的研究变得愈发可行。有了更多的基因在手，科学家便可以更好地将它与日益增长的绿藻集合进行比较。同时，还使得研究人员能够利用系统发生软件，精确定位该海藻何时与其他相关物种分道扬镳。

　　事实证明，这种深海海藻与其他绿色植物的分离，在绿色植物自身分裂成两个主要谱系后便发生了，当时绿色植物也是新奇的暴发户。

　　尽管该海藻很早便从其他植物中分离出来，但其宏观规模可能并未成熟直至后来的进化。莱利厄特小心翼翼地把这种海藻称为"单细胞生物"，这是因为它的细胞是未分化的并且悬浮在一种硬胶上。尽管如此，研究人员说，整个植物具有一种独特的结构，包括像根一样的固着根，一条茎与叶片。

（三）海洋浮游藻类探秘的新信息

1. 探索浮游藻类导致有害藻华的新发现

　　研究证实渤海褐潮由浮游藻类抑食金球藻造成。[18] 2019年9月4日，中国科学院海洋所唐赢中研究员负责的研究小组，在《分子生态学》杂志网络版上发表论文称，他们在渤海褐潮原因种的历史溯源和生物地理学研究方面获得新发现，确定褐潮是当地存在的浮游植物抑食金球藻造成的，从而否证了可能是"外来种入侵引起"的假说。

　　据了解，这一研究，聚焦自2009年以来对我国渤海海域贝类养殖业和生态系统造成巨大损失的褐潮，首次证实了褐潮原因种抑食金球藻在其生活史中存在休眠体阶段且可在海洋沉积物中长期存活。

　　据研究人员介绍，褐潮是有害藻华，因爆发时水体呈褐色而得名。目前全世界的褐潮主要由2～3种微藻引起，其中浮游藻类抑食金球藻，是爆发最经常、规模最大，也是最令人关注的。我国是继美国、南非之后第三个爆发褐潮的国家。2009年以来，秦皇岛海域的多起褐潮给当地水产养殖业造成了巨大经济损失，也对生态系统造成重大破坏。

研究人员发现，抑食金球藻不仅在渤海海域至少已经有 1500 年的存在历史，而且在我国分布范围覆盖南起南沙群岛、北至北戴河、丹东的中国四大海域自近岸养殖区到 3450 米水深外海的广泛海域。这一发现，将抑食金球藻在北半球的分布记录至少南延了 1700 千米，从而明确地否证了渤海褐潮由外来种入侵引起的假说。

研究证实抑食金球藻是一种全球各大洋广泛分布的广布种，产生休眠体可能是造成该种全球分布和褐潮年际复发的重要原因。这项研究结果，为我国褐潮原因种抑食金球藻的"种源"和其全球地理分布格局，提供了决定性的认识，也为进一步揭示褐潮爆发成因提供了至关重要的研究导向，即褐潮爆发原因必须从本地环境条件的变迁中探索。

2. 探索浮游藻类爆发增长现象的新发现

发现澳洲山火之后海中浮游藻类爆发增长。[19] 2021 年 9 月 15 日，美国杜克大学生物地球化学教授尼古拉斯·卡萨尔主持，普林斯顿大学研究助理唐伟义，以及巴塞罗那超级计算中心研究员琼·劳特等人参加的一个研究团队，在《自然》杂志上发表论文，强调澳洲山火对海洋生态系统的影响，表明大火排放的气溶胶很可能为数千千米外南大洋（南极洲附近）海域的浮游生物提供了养料。

该研究首次把海洋生物的大规模反应，与野火产生的铁气溶胶的施肥相联系，表明风中的烟雾和灰烬中的微小铁颗粒在落入水中使水肥沃，为该地前所未有的大规模水华提供养分。

论文称，人类活动正在改变全球水循环和碳循环。尽管各地区面临的气候变化相关的干旱风险不同，但变暖和干燥会增加野火的发生频率和强度。野火不仅让栖息地和生物多样性丧失，还排放了大量大气气溶胶。气溶胶可以通过提供可溶性形式的氮、磷、铁等营养元素来影响陆地和海洋生态。

此项成果中，研究人员对 2019—2020 年澳大利亚野火如何刺激南大洋广泛的浮游藻类反应，进行了首次评估。他们根据哥白尼大气监测服务估计的黑碳气溶胶光学深度，发现野火排放主要来自澳大利亚南部和东部，并在几天内扩展到南太平洋。

研究人员使用了卫星和自主生物地球化学阿尔戈浮标数据，来评估大火气溶胶沉积对浮游藻类生产力的影响。他们发现，从 2019 年 12 月到 2020 年 3 月，在火灾的下风处，南大洋出现浮游藻类大量繁殖。

南大洋的高营养低叶绿素海区大多铁含量有限。一般认为，输送至此海域的铁，是海洋初级生产、吸收大气二氧化碳，以及在地质时间尺度上改变气候的重要驱动因素。而澳大利亚野火的气溶胶样本含有高铁含量，大气轨迹显示这些气溶胶很可能被输送到水华地区。这表明，铁的"施肥"作用导致了水华。

这一发现引发了一个有趣的新问题：野火促进了浮游藻类生长，但浮游藻类又能通过光合作用从地球大气层吸收大量二氧化碳。论文显示，2019 年 10 月至 2020 年 4 月，海水中的浮游藻类吸收了约 186 ± 90 百万吨碳，相当于澳大利亚野火二氧化碳排放量（约 195 百万吨碳）的 $95\% \pm 46\%$。

研究人员同时表示，这一数据具有高度不确定性。目前，受大火影响的浮游藻类群有待确定，这会对碳输出效率产生影响。浮游藻类在海洋上层通过光合作用生成颗粒有机碳，并由海洋表层向深层传输，这是海洋固碳的一条重要途径。

卡萨尔说："目前很难确定有多少藻类碳被传输到深海，以及传输了多深（这将决定碳被隔离的时间）。很大一部分藻类生物可以在海洋表面呼吸，导致二氧化碳迅速释放回大气。"目前尚不清楚澳大利亚大火或其他野火引发的藻类爆发所吸收的碳中，有多少储存在海洋、有多少被释放回了大气。

论文指出，2019—2020 年澳大利亚野火对初级生产、碳输出和二氧化碳交换的大规模和长期影响，值得进一步研究。

3. 探索预测浮游藻类生长的新方法

提出浮游藻类春季生长高峰预测机制。[20] 2022 年 6 月，华东师范大学河口海岸学国家重点实验室刘东艳领导的研究团队在《水研究》杂志上发表论文称，他们研究发现，海洋锋面、湍动能与大气强迫共同影响浮游藻类春季生长高峰的暴发时间与规模，并由此提出预测机制。

浮游藻类素有"海洋牧草"之称，海洋中浮游藻类春季的生长规模决定了渔获物的多少。该研究团队通过分析黄海 2003—2020 年的卫星遥感数据和 3 次海洋锋面观测数据，建立起浮游藻类春季生长高峰与海洋锋面、湍动能之间的时空变化关系。刘东艳说："具体来看，海洋锋面松弛得越早且持续时间越长，湍动能越低，越有利于营造适合的光照与营养盐环境，促进浮游藻类快速生长。"

海洋锋面是指不同性质的水团相遇后形成的狭窄交界面，例如高盐水团与低盐水团的相遇。据介绍，受黄海暖流入侵的影响，山东半岛沿岸锋面一般从每年 11 月起形成，锋面强度随着冬季天气变冷不断增加，如同形成了一面垂直的"水墙"。而到了春天，黄海暖流减弱，锋面逐渐松弛下来，"水墙"开始倾斜，加速近岸营养盐输送入海。与此同时，湍动能在春季逐渐降低，意味着水体稳定度增加。

我国近岸河流携带泥沙入海，较高的湍动能可以通过混合作用增加水体混浊度，导致水体中的光线变弱。与之相反，当湍动能为零时，混合作用降低，水体稳定度高，上层浮游藻类可以获取更多的光，进行光合作用。

研究人员表示，揭示海洋锋面、湍动能与大气之间的运行机制，对利用海洋生态动力学模式模拟和预测浮游藻类春季生长特征具有重要参考价值。

第二节 海洋哺乳动物探秘研究的新进展

一、探秘鲸类动物的新成果

（一）鲸类动物种群调查与保护的新信息

1. 考察调查鲸鱼种群的新进展

（1）南海科考记录到 11 个鲸类物种。[21] 2020 年 7 月 28 日，新华社报道，由中国科学院深海科学与工程研究所海洋哺乳动物与海洋生物声学研究室组织的 "2020 年南海深潜及远海鲸类科考航次"，完成全部科考任务，当天顺利返回三亚。

这个航次历时 21 天，航程 3000 多千米，考察区域集中在南海北部西沙群岛和中沙群岛的陆坡、海山及海槽水域。航次采用目视考察和被动声学监测相结合的方法，并辅以环境 DNA 收集，目的是在"2019 年南海深潜及远海鲸类科考"航次的基础上，进一步对考察海域的鲸类物种多样性、种群现状及分布模式等进行较为全面的调查。

考察期间，共目击到深潜和远海鲸类动物 31 群次，其中深潜鲸类 14 群次。通过视频和照相拍摄、动物水下发声记录，获取了大量的南海鲸类图片、视频和音频等资料。

经对考察结果进行初步分析发现，本航次目击到的鲸类动物至少包含 11 个物种，其中深潜鲸类物种 7 种，分别为抹香鲸、柯氏喙鲸、短肢领航鲸、瑞氏海豚（又叫花鲸）、伪虎鲸、小虎鲸和瓜头鲸，其他远海鲸类物种 4 种，分别为热带斑海豚、弗氏海豚、长吻飞旋海豚和条纹海豚，表明考察海域具有较为丰富的鲸类物种多样性。

与该研究团队执行的"2019 年南海深潜及远海鲸类科考"航次结果相比，此次科考航次记录到了更多的鲸类物种，获取到了更为丰富的数据。2019 年记录到的 8 个鲸类物种中，除了一种神秘的喙鲸没有在本航次被确认发现以外，所有其他 7 个物种均被再次记录到，同时还新发现并记录到小虎鲸、伪虎鲸、长吻飞旋海豚、瓜头鲸等 4 个鲸类物种。

历史捕鲸和搁浅记录表明，在南海出没过的鲸类动物多达 30 多种，该海域是我国鲸类生物多样性最丰富的海区。然而，除历史上的捕鲸记录、部分搁浅鲸类信息的收集，以及个别近岸物种如中华白海豚的生态学调查外，针对南海尤其是海南岛以南的南海海域鲸类的研究和保护工作，在近期这两次鲸类科考航次调查和研究之前，几乎是一片空白。

鲸类动物跟人类等陆生哺乳动物一样，都属于哺乳动物，同时还是适应水生环境的特殊哺乳动物类群，是海洋生态系统的旗舰动物和指示性生物，具有极高的研究和保护价值，在国际上，尤其是发达国家，研究和保护关注度都非常高。研究和保护南海海域海洋生态环境及其生物资源，尤其是鲸类等珍稀濒危海洋动物资源，有助于维护和提升我国在全球环境治理尤其是海洋环境治理过程中的国际形象或地位。开展南海鲸类资源的调查和研究工作，不管是从研究还是保护角度来看，都具有非常重要的意义。

（2）调查发现长须鲸种群在南极摄食地回升。[22] 2022 年 7 月，德国汉堡大学海伦娜·赫尔与同事及同行组成的一个研究小组，在《科学报告》杂志上发表论文称，在 1976 年限制捕猎以后，他们首次记录到南极长须鲸在许多古代摄食地觅食，包括首次视频记录到大群长须鲸在南极象岛附近觅食。他们认为，长须鲸种群在南极摄食地的恢复和回升，或可修复海洋生态系统的营养，支持其他海洋生物的恢复。

研究人员介绍，长须鲸是体型仅次于蓝鲸的第二大鲸鱼物种，南极长须鲸是它的一个亚种，生活在南半球。19 世纪，南极长须鲸遭到过度捕猎，尤其是在南极的特定摄食场周围。到 1976 年长须鲸捕猎被禁止时，估计已有 70 多万头被杀死，在传统摄食区周围已难觅其踪。

该研究小组使用直升机调查和视频记录，在 2018 年 4 月和 2019 年 3 月的两次考察中，收集长须鲸在南极的丰度数据。他们沿着 3251 千米的搜索路线，根据看到的所有个体和群体来估计长须鲸的数量。他们记录到 100 个长须鲸群体，群体数量大多在 4 头左右，还有 8 个异常庞大的群体，多达 150 头鲸鱼似乎正在积极进食。而此前观察到摄食的长须鲸，最多有 13 头个体。

研究人员用建模分析南极地区的长须鲸种群密度，预测整个调查区域约有一个包括 7909 头长须鲸的种群，密度为每平方千米 0.09 头个体，这高于其他地区的长须鲸种群，如南加利福尼亚区域的每平方千米 0.03 头。他们报告说，象岛附近是一个明显的长须鲸热点，预计有 3618 头个体，每平方千米 0.21 头。

研究人员总结认为，长须鲸种群的恢复，可以通过鲸鱼进食和排泄（称为"鲸泵"）的营养循环，丰富南极海洋生态系统，并反过来支持浮游植物的生长和磷虾种群的增加。

2. 探索保护鲸鱼种群的新举措

中泰两国研究人员携手保护布氏鲸种群。[23] 2022 年 6 月 8 日，新华社报道，广西科学院副研究员陈默负责，北部湾大学和中国科学院水生生物研究所等科研机构相关专家参与的海洋哺乳动物研究团队，从 2016 年开始，在涠洲岛上建立研究基地，对布氏鲸进行调查和研究。涠洲岛位于中国广西北部湾海域中部，陆地面积约 25 平方千米，是中国最年轻的火山岛，也是一个风景优美的著名景区。

陈默说："2016—2018 年，我们识别这个布氏鲸种群个体只有 10 头左右，现在已经接近 50 头，而且数量还在增加。"研究团队已连续几年在涠洲岛附近海域，发现母鲸带幼鲸捕食的场景，还有成年布氏鲸的交配行为，涠洲岛海域应该就是布氏鲸捕食和繁衍的重要场所之一。

与广西北部湾直线距离 1000 多千米的泰国湾，由于饵料丰富，具有较完好的海洋生态系统，也让布氏鲸成为那里最常见的大型鲸类之一。

为携手研究保护布氏鲸这个近岸大型鲸类，在中泰两国有关海洋合作项目的推动下，广西科学院等中国科研机构与泰国海洋与海岸资源局建立了合作关系。

在联合调查过程中，中泰两国研究人员围绕布氏鲸调查技术、调查方法以及其他海洋哺乳动物的研究和数据处理方法，进行了交流与合作。经过联合的个体识别，明确了北部湾与泰国湾的布氏鲸不是同一个种群。

泰国海洋与海岸资源局渔业研究专家帕查拉朋说，泰中两国建立合作关系非常重要，双方的交流合作可以让共享的信息发挥更大作用。

为保护好涠洲岛及其周边海域，2018 年广西北海市实施《北海市涠洲岛生态环境保护条例》，条例明确禁止在涠洲岛使用一次性发泡餐盒、不可降解塑料袋和塑料膜等物品，规定涠洲岛及斜阳岛海岸线向外 6 千米海域为永久禁渔范围。

在泰国，研究人员除了研究珍稀海洋生物，也加大了对海洋垃圾处理的研究，旨在让泰国湾的海洋环境变得更好。帕查拉朋说，保护布氏鲸种群并不是单纯只保护这一物种，也是保护其他海洋资源的过程，布氏鲸种群生活的海洋生态环境和海岸环境是相辅相成的。

（二）鲸类动物基因探秘的新信息

1. 研究影响鲸鱼体型基因的新进展

发现一些特有基因使鲸鱼体型变得巨大。[24] 2023 年 1 月，巴西坎皮纳斯州立大学玛丽安娜·内里领导的一个研究团队，在《科学报告》杂志上发表的一篇海洋生物学论文称，他们开展的一项研究，揭示了让鲸鱼长到远远大于其祖先体型的原因，在于其进化过程中形成的一些特有基因。

研究人员介绍，鲸、海豚和鼠海豚（统称为鲸豚类），在大约 5000 万年前从小型陆地祖先演化而来，但其中有些物种如今已是地球上生存过的最大动物。然而，巨大体型会带来生物学上的不利因素，例如较低的生育率和癌症等疾病概率增加，并且人们此前还不清楚不同基因对驱动鲸类变巨大的作用。

该研究团队发现，鲸鱼拥有的 GHSR、IGFBP7、NCAPG 和 PLAG1 等 4 个基因，在促进鲸鱼形成巨大体型时发挥了突出的作用，而且，这些基因还减轻了癌症风险增加等潜在的副作用。

研究人员对 9 个候选基因进行了分子演化分析：5 个基因（GHSR、IGF2、IGFBP2、IGFBP7 和 EGF）来自生长激素/胰岛素样生长因子轴，4 个基因（NCAPG、LCORL、PLAG1 和 ZFAT）与牛和绵羊等蹄类动物体型变大有关，它们与鲸有较远的亲缘关系。他们在 19 个鲸物种中评估了这些基因，包括 7 个体长超过 10 米、被视作庞然巨物物种的抹香鲸、弓头鲸、灰鲸、座头鲸、北太平洋露脊鲸、长须鲸和蓝鲸。

研究人员发现，生长激素/胰岛素样生长因子轴上的 GHSR 和 IGFBP7 基因，以及 NCAPG、PLAG1 的演化为正选择。他们认为，这表明这 4 个基因可能参与了巨鲸的体型增大。此外，GHSR 控制细胞周期的多个方面，IGFBP7 在数类癌症中发挥抑制作用，它们的共同作用，可能抵消了鲸鱼大体型带来的一些生物学上的不利因素。

2. 通过基因研究鲸鱼演化的新进展

用基因测序揭示虎鲸社会结构演化的特征。[25] 2016 年 6 月，瑞典乌普萨拉大学生物学家安得烈·富特领导的一个研究团队，在《自然·通讯》杂志上发表论文称，他们以 50 头虎鲸为样本，通过基因测序研究，发现了它们在行为和社会结构演化上的特点。这种高度社会化的动物，总是先由一些少量的开拓性群体进入新环境，而后才会快速扩张。

虎鲸是一种大型齿鲸，身长为 8～10 米，重达 9 吨左右，性情凶猛，是企鹅、海豹等动物的天敌，有时甚至还会袭击其他鲸类和大白鲨。虎鲸有着稳定的家族、复杂的社会行为，以及捕猎技巧和声音交流，有人甚至据此认为，它们拥有自己的文化。分布上看，从赤道到极地水域，几乎所有海洋区域都能看到它们的身影，但北美洲海域最为多见。

在一些地方，虎鲸已经演化出了能适应特定饮食内容和狩猎策略的群体，这些群体被称为生态型。但一直以来并不清楚，遗传影响和生态学影响在产生这一结果的过程中，各占多大比例。

在这项新研究中，研究团队对北太平洋和南极地区 5 个不同生态型的 50 头虎鲸，进行了全基因组测序。研究人员认为，虎鲸群体是在过去 20 万年中辐射到了全球。他们还发现，在所有被研究的虎鲸中，虎鲸几乎都呈现出先分散，接着数量下降，而后数量扩张的趋势。基因组数据也证明了虎鲸社会结构和狩猎行为演化的这一特点。

研究人员称，该研究不但加深了人们对这种动物种群历史的了解，还为研究其他社会型动物的演化提供了参照。

3. 通过基因研究鲸鱼遗传的新进展

通过基因测序揭示抹香鲸遗传多样性低的原因。[26] 2018 年 5 月，一个由海洋生物学家组成的研究小组，在《分子生物学》杂志网络版上发表论文称，抹香鲸遗传多样性偏低，尽管与捕鲸业的发展有一定关系，但并不是主要的，通过基因分析表明，其根本原因在于目前世界上的抹香鲸都来自一个单一的种群。

抹香鲸是遗传学上的一个谜题。这种会深潜，以乌贼为食的庞然大物出现在各个海洋中。在那里，它们能同来自世界各地的伙伴交配。正因如此，它们本应拥有丰富的遗传多样性。然而，其遗传多样性实际上非常低。

为破解这个谜题，研究人员分析了，来自 175 个抹香鲸样本的线粒体基因组（仅通过母系继承的 DNA）。这些样本，从全球活着以及因搁浅死亡的鲸的活体组织切片收集而来。分析证实，目前抹香鲸的全球分布，源自从约 1 万年前开始的种群扩张。当时，冰封的世界导致大面积的冰，把抹香鲸从除了太平洋以外的全部海洋中赶走。于是，抹香鲸明显减少，变成一个数量约为 1 万头的较小种群。

现今估计约有 36 万头抹香鲸，研究人员发现它们均是这个单一种群的后代。抹香鲸随后多次占领大西洋。捕鲸业的发展造成了另一种损失，尽管整体影响范围仍不得而知。研究人员表示，它很可能将其中一些抹香鲸种群消耗殆尽。不过，研究发现，收集关于该种群整体恢复情况的信息非常困难。

考虑到目前的全球变暖趋势，抹香鲸的栖息地可能继续扩张。不过，研究人员提醒说，目前尚不清楚气候变化将如何影响抹香鲸的猎物。因此，对于大型鲸类的保护措施应当继续实施下去。

（三）鲸类动物神经探秘的新信息

1. 探索鲸鱼口腔神经的新发现

（1）发现鳁鲸口腔中的神经具有弹性。[27] 2015年5月4日，加拿大和美国科学家共同组成的一个研究小组，在《当代生物学》杂志上发表研究报告说，鲸是大海中的"大吃货"，其中鳁鲸的进食秘诀就是嘴能张得足够大。他们的研究发现，鳁鲸的嘴之所以能张得那么大，一个重要原因，是其口腔神经能像弹力绳一样伸缩。这是科学家首次发现，可拉伸的动物神经。

研究人员说，动物尤其是脊椎动物的神经通常不具有弹性，正因如此，神经拉伤成为人类很常见的一类神经损伤。他们在研究鲸的尸体时，无意间发现鳁鲸的口腔神经可轻松拉伸到其原有长度的两倍以上，而不会造成任何损伤。

世界上体型最大的动物蓝鲸，以及鳍鲸与座头鲸都属于鳁鲸，其成年体重平均达40~80吨。它们常常采用冲刺式方式捕食，即先在水下张开大嘴，冲刺前进，把大量水连同食物一起吞入口中，再把嘴巴合上收缩，通过鲸须板把水挤压出去。

在冲刺式捕食中，口腔会产生巨大的形态变化，因此要求颌关节、舌头结构等进化出适应性特征。最新研究表明，有弹性的口腔神经，便是鳁鲸的捕食适应性特征之一。

研究人员解释说，其他动物的神经表面，通常覆盖着一层薄薄的胶原蛋白，一拉就会出现损伤。但在鳁鲸口腔中，神经纤维平常被"折叠"起来，外面覆盖着厚厚一层弹性蛋白纤维。因此当鳁鲸嘴巴张大时，其口腔神经便可拉伸。接下来，他们将研究鳁鲸口腔神经，在进食过程中的"折叠"情况。

2. 探索鲸鱼神经伸缩无损原因的新进展

揭示须鲸神经的拉伸与回弹机制。[28] 2017年2月，有关媒体报道，当须鲸进食时，它们会张开嘴。须鲸能"一口气"吸入大量的水和猎物。在该过程中，贯穿鲸腹部的神经长度能加倍，然后回弹，而整个过程不会出现任何损坏。现在，加拿大不列颠哥伦比亚大学玛戈·利耶领导研究小组，发现了这种延伸背后的秘密。

利耶说："人们已经知晓神经的波状起伏，并且广泛认为当一根神经在被应用时出现的拉伸，只是内部被拉直而不是其长度变长，即使从外面看似乎整个被拉长了。但我们发现并非如此简单，至少对一些鲸类而言，当生理需求较大的神经长度改变时，波状起伏分为两个层次。"

利耶研究小组揭示，须鲸神经在两个长度范围起伏。大范围起伏允许神经随着身体运动延长，而小范围起伏则给神经额外的松弛，以便在"折叠"时不被损坏。

研究人员使用微型电子计算机 X 线断层扫描技术，研究了须鲸神经。他们扫描了 6 根完整的保存于福尔马林液中的神经，以及一根外层被移除的神经。每根神经都有一个外鞘将许多神经束捆绑在一起形成内核。研究结果显示，神经回弹时，主要的形状是正弦曲线，它能够在神经弯曲和回弹时减轻拉力。

之后，研究人员检验了内部神经结构，发现在神经核弯曲时，小规模波伏在外侧更弱，而在内侧更高。利耶说："这具有工程学意义，即一个棒子被拉伸时，外部材料被拉伸，而内部材料被挤压。"

虽然须鲸的神经被拉长，但波伏能帮助神经束适当松弛，因此不会出现损伤。利耶表示，下一步，他们将研究其他器官和组织中也需要被拉长的神经，以解答它们是否利用类似机制避免损伤。

（四）鲸类动物器官探秘的新信息

1. 探索鲸类动物牙齿的新发现

发现须鲸祖先或拥有牙齿。[29] 2017 年 5 月 11 日，比利时皇家自然科学院古生物学家奥利维尔·拉姆波特，与秘鲁同事马里奥·乌尔维纳等组成的研究小组，在《当代生物学》杂志上发表论文称，他们对 3640 万年前鲸类化石的分析表明，在牙齿退化前，须鲸很可能会潜到海底进行狩猎，并将猎物吸进它们的大嘴中。他们的研究还表明，须鲸可能在进化中失去了后肢，而这个后肢的尺寸比科学家之前预计的要大。

研究人员在秘鲁南部的皮斯科盆地挖掘出了这些化石，它属于目前已知的最古老鲸种群，其中包括蓝鲸、座头鲸、露脊鲸。这个始新世晚期动物体长约 3.75～4 米，比它现存的任何一种近亲都小，但最重要的不同点是颅骨。现代须鲸有一种被称为鲸须的角蛋白纤维，用来代替牙齿以便其诱捕和滤食虾类等微小海洋生物。而新化石研究表明，古老鲸类有牙齿，所以古生物学家把它叫作"有齿须鲸"。

拉姆波特说："这项发现，填补了该种群进化史的重要空白，并且为初期须鲸生态学研究提供了线索。"

研究人员表示，有齿须鲸的牙齿展示了一种特殊的耗损模式，这不同于龙王鲸等古代鲸类。事实上，多数史前龙王鲸都有与现代逆戟鲸相似的主动狩猎性，并且它们的大嘴非常适合攻击和啃咬，相比而言，有齿须鲸的嘴更适合吸食小型动物。研究人员据此得到结论，有齿须鲸很可能代表了一种凶猛的猎食者与温和的滤食者之间，即史前龙王鲸与现代须鲸之间的物种。

研究人员认为，有齿须鲸可能是为响应生态系统变化而开始吸食猎物。而化石盆骨则提供了另一个惊人发现：有齿须鲸具有存在关节且轻微退化的后肢。尽管这些后肢十分微小且已经开始退化，但它们暗示须鲸和现代有齿鲸可能分别丧失了这一特征。

2. 探索鲸类动物心脏的新发现

发现蓝鲸心脏已达生理学极限。[30] 2019年11月25日，美国斯坦福大学、加州大学圣迭戈分校等机构海洋生物学组成的一个研究团队，在美国《国家科学院学报》上发表论文称，他们有史以来第一次记录了蓝鲸的心率，发现蓝鲸的心率变化范围远超此前预期，其心脏已处于生理学极限。

蓝鲸是目前我们这个星球上最大的动物，它们在广阔的海洋中游弋，优雅而神秘。科学家们希望能更多地了解蓝鲸，以更好地保护这个珍稀物种。

该研究团队表示，虽然相关研究人员，早在10年前就给南极麦克默多湾的帝企鹅测量过心率，但给蓝鲸测心率还是第一次，而要找到一条大海中游弋的蓝鲸，将传感设备放在其庞大身躯的合适位置，并确保仪器正常工作记录数据，不是一件容易的事。这一次，由于努力加上运气，终于成功了！

数据显示，蓝鲸的心率变化幅度极大。当蓝鲸下潜到深海游弋时，它的心率极低，平均每分钟跳动4～8次，最低时每分钟只跳两次；其在海中觅食、冲刺和吞噬猎物时，心率会增加至最低值的 2.5 倍，然后又会缓慢下降；而一旦蓝鲸浮向水面，其心率会大幅增加，在海面呼吸时的最高心率可达每分钟 25～37 次。

这些数据，无论是最高心率还是最低心率，都远超科学家此前的预期。研究人员认为，蓝鲸的心脏已经处于极限状态，这也是为什么它没有进化得更大的原因之一，因为更庞大的身体需要的能量更多，将超过其心脏所能承受的极限。

研究人员目前正在想办法为传感设备增加更多功能，以更好地了解不同活动对蓝鲸心率的影响，并希望将研究范围扩展至鲸鱼家族的其他成员，如大鳍鲸、座头鲸和小须鲸。他们表示，相关研究加深了科学家对海洋生物学的理解，可能对蓝鲸等濒危物种的保护和管理产生重要影响。

（五）鲸类动物行为探秘的新信息

1. 探索鲸类动物唱歌行为的新发现

（1）发现鲸鱼也有"流行歌曲"。[31] 2011 年 4 月 14 日，英国广播公司报道，澳大利亚昆士兰大学埃伦·加兰博士率领的一个研究小组，在美国《当代生物学》杂志上发表研究报告说，他们发现，鲸鱼也有"流行曲"，某一族群鲸鱼所唱"歌曲"不到两年传唱至数千千米外。研究人员说，这一发现显示，动物具有能够长距离传播的"文化趋势"。

雄性座头鲸，在求偶季节会大声吟唱又长又复杂的"歌曲"。加兰说："一个族群鲸鱼中，所有雄性鲸鱼唱同一首歌，但歌曲不断变化。所以，我们希望研究一个海洋盆地内歌曲的动态变化。"

该研究小组主要分析南太平洋鲸鱼。10 多年来录制的 6 个族群座头鲸所唱歌曲。这些座头鲸合计 775 头，生活在太平洋海域。加兰说，每首歌曲由许多不同声音组成，包括低频呻吟、叹息、咆哮，然后是较高声的喊叫，以及各种升调和降调变奏曲。每首歌持续 10～20 分钟，雄性鲸鱼能连续唱 24 小时。

研究人员报告说，声音分析软件确认，澳大利亚东部海域一族群鲸鱼，最先唱的 4 首歌逐渐往东传播，不到两年，生活在 6000 千米外法属波利尼西亚海域的鲸鱼开始唱同一"版本"歌曲。

加兰说："澳大利亚东部族群是这一海域最大的鲸鱼族群，座头鲸数量超过 1 万头"，唱歌的鲸鱼相应较多，对歌曲是否流行有更大影响力。

研究人员认为，生活在南太平洋的鲸鱼，可能在一年一度洄游至南极洲聚食处时，听到这些歌曲，随后学会这些歌曲；或者少数鲸鱼从一个族群"移民"至另一族群，带去原来族群的歌曲。这个发现，令一些哺乳动物专家惊讶，因为这是首次在动物王国确认如此大规模"族群间文化交流"。

（2）发现座头鲸"唱歌"爱尝新。[32] 2018 年 11 月，澳大利亚一个由海洋生物学家组成的研究小组，在《英国皇家学会学报 b》杂志上发表论文称，像任何一种时尚，座头鲸"唱"一首歌不会太久。每隔几年，雄性座头鲸就会换一首全新的歌曲。现在，他们已经搞清楚了这些"文艺革新"是如何发生的。

在一个种群中，所有雄性座头鲸都唱着同样的歌，但它们似乎也能学到一些新的东西，就像人类一样。例如，澳大利亚东部种群的雄性座头鲸，每隔几年就会在共享的觅食地或迁徙过程中，从西澳大利亚种群那里挑选一首新歌。于是，在接下来的几年里，这些歌曲传遍了南太平洋的所有居民。

为了解鲸是如何学习这种新民谣的，研究小组连续 13 年分析了澳大利亚东部座头鲸群的歌曲。通过分析 95 位"歌手"的 412 首歌曲周期谱图，科学家对每首歌曲的复杂程度进行评分，并研究单个雄性"歌手"对歌曲的微妙修改。

随着歌曲的演化，复杂性增加了，研究小组在论文中报道了这一发现。但是在"歌曲革命"之后，歌谣变得更短，声音和主题也更少。

就此，研究人员得出结论，因为鲸一次只能学习一定量的新材料，所以这些新歌曲可能没有老歌那么复杂。这可能意味着，尽管座头鲸是大海当之无愧的吟唱者，但它们的学习技能是有限的。

2. 探索鲸类动物语言表达行为的新进展

（1）发现抹香鲸不同群体拥有不同的方言。[33] 2015 年 9 月 8 日，加拿大达尔豪斯大学生物学家马里西奥·康托领导的一个研究小组，在《自然·通讯》杂志上发表论文称，他们完成的一则动物学新研究显示，通过文化学习，抹香鲸的不同群体会发展出不同的方言。这项研究显示，人类可以形成不同文化，这在复杂的动物社会中也会出现。

与人类社会一样，抹香鲸生活在多层结构的群体当中。它们喜欢群居，以家庭为单位的个体，聚集在一起形成大家族，并以长期稳定的雌鲸群构成社会的核心单位。每个大家族，都可以通过它们声音中的"咔嗒"声模式的相似程度区分出来。但是对人类来说，一直都没有弄清楚在海洋当中，不同的抹香鲸群体之间并没有物理隔离，何以会出现不同的家族。

研究人员说，此次他们调查了加拉帕戈斯群岛附近生活的抹香鲸，并使用了这个鲸类群体，在18年中的社会互动和发声情况的数据记录，用以研究不同的发声群体是如何形成的。通过使用个体为本模型，研究人员模拟不同抹香鲸个体之间的互动。他们的调查结果显示，这些不同群体最有可能的出现方式，是因为抹香鲸会"学习"那些和它们行为类似同伴的发声方式。

在调查中，研究小组还发现了一些矛盾的现象：鲸类发声结构的基因遗传，或者是群体中随机固定下来的呼叫类型，无法解释研究人员在野外观察到的一些模式。这表示，不同群体中的信息流——以交流信号为例，可能是导致鲸类不同家族出现的原因，这也有助于保持这一种群家族内的凝聚力。

（2）人类和鲸鱼之间成功地进行首次"对话"。[34] 2023年12月17日，美国趣味科学网站报道，美国搜索地外文明研究所科学家，与加州大学戴维斯分校的布伦达·麦考文、阿拉斯加鲸鱼基金会的弗雷德·夏普等组成的一个研究团队，利用水下扬声器，与一头名叫吐温的座头鲸成功"交谈"，并记录了回拨给座头鲸的"联系电话"。研究人员表示，这种人类与座头鲸之间的"对话"，为人类未来与地外生命交流提供了宝贵经验。

参与这项研究的搜索地外文明研究所专家指出，《星际迷航》系列电影第四部《回家之旅》中，包含这样一个情节：一个外星探测器，发出的信息无意中破坏了人类的技术，只有当电影主角及其船员意识到它试图与地球上的鲸鱼沟通时，危机才得以解决。这反映出物种间的交流，对寻找地外生命具有重要意义。

夏普表示，座头鲸非常聪明，有复杂的社会系统，会制造工具捕鱼，并通过歌曲进行广泛的交流。与座头鲸合作，为科学家研究非人类物种的智能通信提供了独特机会。

在这项研究中，座头鲸吐温，通过匹配 20 分钟内每个回放呼叫信号之间的间隔变化，来回应研究人员的呼叫。当吐温听到水下扬声器播放的"联系电话"后，它会游近并绕着研究团队的船转一圈。研究人员表示，这种"交流"展示了一种复杂的理解和互动水平，反映了一种类似人类的对话风格。麦考文说，这是人类和座头鲸之间首次用座头鲸的"语言"进行此类交流。

据悉，研究团队正在进一步研究座头鲸通信系统，以更好地了解如何检测和解释来自外太空的信号。这些发现还可帮助开发出滤波器，接收到达地球的地外信号，并寻找地外生命。

(六) 鲸类动物疾病防治探秘的新信息

1. 探索防治鲸类动物疾病的新方法

用"鲸机"收集鲸鱼口气以评估其健康状况。[35] 2015 年 8 月，美国媒体报道，鲸鱼易感染呼吸道疾病，从而威胁已濒危的种群数量。可是，给鲸鱼做健康评估却不容易。为了测量一头鲸鱼的"口气"，即喷水孔中喷出的潮湿空气，所含的细菌和真菌，就必须足够靠近它以取得口气样本。

"鲸机"由此应运而生。这是一架由马萨诸塞州伍兹霍尔所，与美国与大气管理局，共同研制的小型遥控无人机。作为一架六桨直升机，它不仅能收集鲸鱼的口气样品，还能进行空中高清成像，对鲸鱼的整体健康情况和脂肪水平、皮肤伤口等具体情况进行评估。

在斯特尔维根海岸保护区，进行的一次测试飞行中，"鲸机"先是在 36 头鲸鱼头顶上方约 40 米处给它们拍摄全身相，然后低飞到距海平面仅数米处，掠过其喷出的水柱并收集口气样本。

最终共收集到 16 支样本。下一步，研究人员打算开始分析这些样本的微生物成分。他们还计划今年冬天从南极半岛收集同种的、但在较纯净环境下生活的鲸鱼的口气样品，并开展对比研究。

2. 探索鲸鱼保护听力功能的新发现

发现鲸和海豚能自动调整听力灵敏度。[36] 2017 年 12 月，美国夏威夷海洋生物学研究所海洋生物学家保罗·南丁格尔主持的一个研究团队，在

《整合动物学》杂志上发表论文称，他们研究发现，4 种鲸和海豚能很自然地通过大脑开关调整听力灵敏度来保护自己。这些动物或许就是依靠调整听力功能，来确保自己不受海军声呐或者石油钻探发出的刺耳声音的影响。

很多种鲸和海豚拥有超级敏感的听力，因为它们利用声音导航。这一过程被称为回声定位。它们会发出滴答声，并且听见 20 米外小至乒乓球的物体反射回来的声音。其中一些能听见 100 千赫的高音调频率，这比人类听力的上限高约 80 千赫。

但是，这种敏感的听力，也会使其特别容易受到海洋中巨大爆炸声的侵害。例如，美国海军利用水下声呐寻找敌方潜艇、水雷及判断水深。声呐脉冲可能非常吵，从而给一些海洋哺乳动物带来临时的听力丧失。而这可能导致它们在海滩上搁浅或者死亡。

不过，从 2008 年开始，该研究团队开始怀疑一些海洋动物能很自然地保护它们的听力。研究人员利用吸盘电极，研究了海洋哺乳动物在回声定位期间的大脑活动。他们发现，当伪虎鲸预感即将到来的声音可能很吵时，就会降低自己的听力灵敏度。而当训练师让伪虎鲸寻找一些远处的东西时，它则会提高自己的听力灵敏度。

除了进一步研究伪虎鲸，该研究团队还同来自俄罗斯和荷兰的科学家合作，在宽吻海豚和白鲸中寻找这种效应。研究人员让这些动物听了嘈杂到足以引发反应但又在导致临时听力丧失阈值之下的声音，并且测量了它们的大脑活动。当科学家在产生巨大的声响前播放警报信号时，每只经过培训的圈养动物都学会了将其听力灵敏度降低 10～20 分贝。

南丁格尔表示："这同人类戴泡沫耳塞相似。大脑中有这种开关实在是太棒了。"

3. 探索鲸鱼防治癌症功能的新进展

发现超强 DNA 修复机制是弓头鲸远离癌症的原因。[37] 2023 年 5 月 22 日，英国《新科学家》杂志网站报道，弓头鲸是世界上寿命最长的哺乳动物，很少受癌症的影响。美国罗切斯特大学一个研究小组发表研究报告称，他们发现，弓头鲸的细胞似乎能比人类或小鼠的细胞更快速有效地修复 DNA，这或许可以解释为什么它们能活到 200 岁以上，且癌症发病率较低。

在这项研究中，科学家探索了不同动物的皮肤细胞如何修复一种遗传损伤：DNA分子的两个链断裂，这种双链断裂会增加动物患癌的风险。

为此，研究人员使用一种酶，使人类、奶牛、小鼠和弓头鲸的细胞中出现双链断裂。他们还将一种基因插入细胞中，在修复受损的DNA后产生荧光绿色蛋白。结果表明，与人类、奶牛和小鼠细胞相比，弓头鲸细胞修复DNA断裂的数量是其他动物的2倍多。

更重要的是，在修复过程中，人类、奶牛和小鼠细胞通常会删除多个DNA字母，但大多数情况下，弓头鲸细胞准确地修复了DNA，或只引入一个DNA字母。添加或删除字母会改变DNA序列，使基因无法正常工作，这可能导致癌症。研究还发现，与人类、奶牛和小鼠细胞相比，弓头鲸细胞中CIRBP蛋白质的含量更高，该蛋白质能提高DNA修复效率。

研究人员指出，这项研究揭示了为什么弓头鲸能够抵抗癌症并长寿的重要机制，如果能以某种方式调节人类的CIRBP蛋白，有望大幅减少并修复人类DNA损伤。

二、探秘海豚与海象的新成果

（一）海豚生理特征与生活方式探秘的新信息

1. 探索海豚生理特征的新发现

（1）发现海豚有可识别的不同面部特征。[38] 2017年11月，由意大利海洋生物学家组成的研究团队，在《海洋哺乳动物科学》杂志上发表论文称，他们多年来一直研究特里亚斯特海岸的宽吻海豚，而刚刚获得的一项发现，可能改变海豚在科学研究中被识别的方式，即人类可以通过简单地看它们的脸，就能可靠地识别这些海洋哺乳动物，就像我们识别彼此一样。

这看上去可能不像是一个革命性的概念，但对研究海豚来说却十分重要。不过，这个想法从来没有被测试过，因为科学家几乎总是依靠海豚的鳍来区分这些动物。可是，这种方法操作难度较大，因为切痕和标记会随着时间改变，而且小海豚往往会有"非常干净"的鳍。

因此，意大利研究团队建立了一个海豚群。他们为20头海豚拍摄了面部照片，这些照片从左右两边分别拍摄，并把照片放在三个文件夹里：一个"参考文件夹"里面有20头海豚的左面图像，还有两个文件夹放着海豚左边或右边各 10 张图片。

然后，该研究团队邀请 20 名生物学家，其中 8 名没有研究海豚的经验，通过将一个较小的照片组和参考组的照片相匹配来识别海豚。研究结果明显高于预期，有 3 名海豚研究人员能够正确识别所有的海豚。

这种面部特征，至少可以辨认 8 年，科学家希望这种新方法，能使人们更容易追踪和研究缺乏背鳍的海洋哺乳动物。但是海豚自己呢？尽管它们主要依靠声音认识彼此，但也可能会从对方的脸颊上得到一些东西。

（2）发现宽吻海豚具有与灵长类动物相似的性格特征。[39] 2021 年 2 月，英国赫尔大学心理学家布莱克·莫顿及其同事组成的一个研究小组，在《比较心理学杂志》上发表论文称，他们对多个国家的 134 头宽吻海豚，进行了近 10 年的研究，结果发现，这种海洋哺乳动物展现出与灵长类动物相似的开放性、社交性等性格特征和好奇心。

众所周知，猴子和类人猿的性格特征与人相似。该研究小组拓宽这方面的研究思路，从 2012 年起，着重考察宽吻海豚是否具有与灵长类动物相似的性格特征。

研究人员介绍说，宽吻海豚与灵长类动物拥有共同祖先的最晚时间，是在 9500 万年前。尽管它们早已适应水中生活，但其若干行为和认知特征，类似于人类以外的灵长类动物。比如黑猩猩和宽吻海豚都生活在所谓的"裂变—融合"社会中。这意味着个体在群体中有着动态的关系，它们的个体每天在群体活动中多次"合并"或"分裂"。

莫顿说，研究小组在墨西哥、法国、美国、荷兰、瑞典、巴哈马等国研究了 134 头宽吻海豚，其中有 56 头雄性、78 头雌性。结果发现这些海豚在性格特征的开放性、社交性等方面与非人类的灵长类动物相似。

莫顿还表示，与许多灵长类动物一样，宽吻海豚的脑容量比维持其身体基本功能所需的脑容量大得多。他说："这种大脑物质的过剩成为其智力的来源，而智能物种往往充满好奇心"。

研究人员总结说，无论生活在哪个生态系统中，聪明和具备社交能力，都可能对某些性格特征的进化起到重要作用。进一步在性格特征方面研究海豚，不仅有助于更好地了解这一物种，还有助于了解灵长类动物甚至人类自身。

2. 探索海豚生活方式的新发现

发现海豚生活中能用呼喊彼此名字来进行沟通。[40] 2013 年 7 月，英国圣安德鲁斯大学海洋哺乳动物研究中心文森特·詹尼克博士等人组成的一个研究小组，发表研究成果称，他们已经发现，海洋哺乳动物海豚能使用一种独特的称呼来彼此确认身份。

该研究团队发现，当海豚听到它们自己的称呼被发出时，它们会做出反应。詹尼克说："海豚生活在这种三维的环境中，近海也没有任何的地标，而且它们需要群居生活。这些动物生存的环境使它们需要一种非常有效的联系方法。"

科学家一直都怀疑，海豚使用的独特叫声与人类使用名字非常相似。之前的研究发现，这些叫声使用得非常频繁，而且同一个群体中的海豚能够学会并模仿这种独特的声音。但这是第一次研究发现，这些动物对它们的"名字"做出反应。为了调查清楚，研究人员记录了一群野生宽吻海豚的生活，并捕获每只动物的标志性声音。

随后他们使用水下扬声器播放了这些叫声。詹尼克解释道："我们播放了海豚群体中的标志性叫声和其他的叫声，而且也播放了它们从未听到过的动物群体的独特叫声。"研究人员发现，海豚个体只对它们自己的称呼做出反应，并发出叫声进行回应。研究团队认为，海豚做出了人类一样的举止：当它们听到自己的名字时，它们会做出回应。

詹尼克说道："这种技能，或许是为了帮助这些动物在广阔的水下栖息地中能够待在一起。大多数时间，它们无法看到彼此，它们无法在水下闻味道，而且它们也不会在一个地点游荡，因此它们没有巢穴或者洞穴。"

研究人员认为，尽管其他的研究已经表明，一些鹦鹉可能使用叫声能识别群体中的其他成员，但这是第一次在动物中观察到这一现象。詹尼克指出，理解这种技能在不同动物群体中如何进化，能够让我们更多地了解人类之间的沟通如何形成。

（二）海豚照料与呼唤幼崽探秘的新信息

1. 探索海豚照料幼崽的新发现

发现宽吻海豚会花很长时间照料幼崽。[41] 2018 年 7 月 17 日，美国华盛顿特区乔治城大学博士生凯特琳·卡尼斯基等人组成的一个研究小组，在英国《皇家学会学报 B》杂志上发表论文称，宽吻海豚比大多数哺乳动物照料其幼崽的时间更长，有时对其最后幼崽的照顾甚至会超过 8 年。由于它们与那些会经历更年期的鲸类动物（包括鲸和海豚）关系密切，因此成为探索更年期起源的良好研究对象。

于是，该研究小组把目光转向这个独特的群体，并对生活在澳大利亚西部蒙基米娅海岸的 229 只雌性海豚及其 562 只幼崽，进行长达 34 年的观察。雌性宽吻海豚通常会在 11 岁时诞下第一只幼崽，然后以越来越长的间隔期生育，直到最后一次生育记录，通常是在 40 岁出头，这些海豚通常会活到 40 多岁。

研究发现，年长宽吻海豚所生的幼崽比年轻海豚所生的幼崽更容易死亡，它们在晚年生育的幼崽更有可能在 3 岁前死亡。而且随着雌性宽吻海豚年龄的增长，它们的生育间隔期也会增大，这种变化在黑猩猩、巴巴里猕猴和哈马德里亚狒狒中也有记录。

在这个研究案例中，为了确保其最后生育的幼崽生存下来，年长的雌性宽吻海豚会照顾它们更长时间，而且会更晚给它们断奶。海豚妈妈平均会在 4 岁时给其后代断奶，但晚育幼崽的海豚妈妈抚育后代的时间会比早育幼崽的妈妈长，平均会持续近 5 年。卡尼斯基说，有些海豚妈妈甚至喂养了 8 年多，这也许是对它们不能再生育幼崽的一种补偿方式。

在这篇论文中，研究人员报告称，年长母亲的更长时间关怀，以及衰老带来的生殖力下降，随着时间的推移可能会导致更年期的演化。因为晚出生的幼崽更容易死亡，最终，它会让海豚妈妈更加合理地把精力投入到已经存在的后代身上，而非继续生育。

卡尼斯基说："海豚妈妈会教授其幼崽在哪里觅食、如何狩猎，并保护它们免受捕食者的伤害。"他补充说，而不再擅长这些事情的年长海豚妈妈，可能会为了"防止风险"而照顾其幼崽更长时间，从而确保其生存的幼崽能够存活下来。

英国班戈大学进化生态学家安德鲁·富特对此表示赞同。他说："这项研究增加了人们对一些物种的理解，比如人类和虎鲸。雌性会停止繁殖，并把精力投向现有的后代。"这项新研究还首次表明，一些海洋哺乳动物幼崽的存活率随着母亲年龄的增长而降低，这在陆地哺乳动物中也很普遍。

2. 探索海豚呼唤幼崽的新发现

发现雌海豚似人类会用"婴儿语"呼唤幼崽。[42] 2023 年 6 月 26 日，美国伍兹霍尔海洋学研究所海洋生物学家莱拉·萨伊格，与丹麦奥胡斯大学行为生态学家弗朗茨·詹森等人组成的一个研究小组，在美国《国家科学院学报》上发表研究报告称，人类父母对婴儿或小孩子说话时，会不由自主地变换音调，形成特有的"婴儿语"来进行。他们研究发现，雌性宽吻海豚与人类相似，与幼崽说话时也会改变"语气"，用一种高音调的"婴儿语"与自己的幼崽沟通。

研究人员记录了佛罗里达州的 19 头海豚妈妈在有小海豚陪伴、独自游泳或与其他成年海豚一起游泳时发出的标志性哨声。海豚标志性哨声是一个独特且重要的信号，类似呼喊自己的名字。萨伊格说："海豚用这些哨声来保持彼此的联系，好比在告诉别人，'我在这里，我在这里'。"

该份研究报告称，当海豚妈妈把信号传给它们的幼崽时，它们的哨声音调会变高，音域也会比平时大。

人类、海豚或其他生物为什么会使用"婴儿语"的原因，目前还不得而知。但科学家们认为，它可以帮助后代学会发出新奇的声音。追溯到 20 世纪 80 年代的研究表明，人类婴儿可能会更注意音高范围更广的言语。雌性恒河猴可能会改变它们的叫声来吸引和保持后代的注意力。斑胸草雀提高并放慢声音来与雏鸟沟通，这或许会让它们更容易学习鸟鸣。

在对海豚的研究中，由于研究人员只关注了海豚的标志性叫声，所以他们不知道海豚是否也会像人类一样，使用婴儿语进行其他交流，或是婴儿语是否能帮助其后代学习"说话"。詹森表示："如果宽吻海豚也有类似的适应能力，那就说得通了。宽吻海豚是一种寿命长、声音高的物种，它们的小海豚必须学会发出多种声音来交流。"

研究人员表示，雌性海豚使用特定音高的另一个可能原因，是为了吸引幼崽的注意力。

（三）海象传染病防治研究的新信息
——经检测在海象身上发现甲流病毒[43]

2013 年 5 月 15 日，美国加州大学戴维斯分校的一个研究小组，在

《科学公共图书馆·综合卷》上报告说，他们在海象身上发现了甲型 H1N1 流感病毒，这对海洋哺乳动物来说，还是首次发现。

研究人员说，2009—2011 年间，他们采集了生活在美国海岸边 10 种不同海洋哺乳动物的鼻拭子标本。

经检测，研究人员在两头海象身上发现了甲流病毒，另在 28 头海象身上发现甲流病毒抗体，这说明或许有更多的海象接触到甲流病毒。两头被检测出甲流病毒的海象均没有表现出患病症状，这说明它们可能感染甲流病毒，但不会发病。

海象所染甲流病毒的来源还是个谜。研究人员表示，2010 年 2 月两头海象从陆地进入大海前，它们的甲流病毒检测还呈阴性，但当它们 5 月从海里返回时，检测结果却呈阳性。这些海象身上有标记，并被卫星跟踪，在海中不太可能与人直接接触。研究人员因此推测，海象接触到甲流病毒或许在上岸前。研究人员建议，与海洋哺乳动物接触的人员应佩戴防护装备，以免海象受病毒感染。

三、探秘海豹与海獭的新成果

（一）海豹生存及防病方式探秘的新信息

1. 探索象海豹识别竞争对手方式的新发现

发现象海豹会通过听"口音"来识别竞争对手。[44] 2017 年 7 月，法国里昂—圣艾蒂安大学的尼古拉斯·马修带领的研究小组，在《当代生物学》杂志上发表研究报告称，他们发现雄性北象海豹，能分析声音脉冲的时空和音调特性，以辨别对手的叫声。

研究人员表示，人们能够慢慢熟悉每天听到的慢声细语、高声尖叫或各种口音的发出者是谁。但这种能力似乎没有想象中的那样独特。针对雄性北象海豹研究的新发现，马修说："之前也有研究显示其他哺乳动物能探测节律，但这是自然界动物有声音节律记忆和感知，以识别种群中其他成员的首个例证。"

研究人员在美国加州年努埃沃州立公园，研究了一个象海豹群数年，他们已经能仅凭声音节律识别出许多个体。为了验证其他象海豹是否也能如此，研究人员基于种群中的雄性成员的社会行为，设计了一个实验。这些雄性海豹,在听到种群雄性领袖充满力量的叫声时会回避,但会忽视其他较弱的"外围雄性"的叫声。

研究人员用计算机将雄性领袖的声音进行了修改,使其节拍变慢或加快,或者改变音域范围。如果声音改动十分微弱没有掩盖其本来特征时,这些雄性海豹便纷纷逃走,但如果改动较大时,它们则原地不动。研究人员表示,这表明海豹对韵律和音调都十分敏感,以识别潜在对手。

马修说:"感知韵律的能力,在自然界可能十分普遍,但这对象海豹的生存极为重要。为了争夺雌性海豹,雄性海豹的争斗非常激烈,甚至会有伤亡。因此,准确识别对手声音很有必要。"

研究人员还指出,与单纯利用节拍辨别特殊叫声不同,象海豹甚至能十分出色地分析节奏。不同海豹的叫声包含单、双或短脉冲,就像人类音乐家能转音和颤音等。下一步,科学家计划弄清象海豹能否在更复杂的节奏上分清对手的叫声。

2. 探索海豹防止传染病方式的新发现

发现海豹能通过自觉保持社交距离来防止传染病。[45] 荷兰皇家海洋研究所的一个研究团队,在《皇家学会开放科学》杂志上发表研究成果称,为了减少传染病感染的机会,在疾病高发期,人们会自觉保持社交距离。研究人员专门对荷兰瓦登海海岸的海豹进行行为研究,发现其存在与人类类似的行为。

研究人员注意到,在瓦登海海岸,有两大类海豹经常在海岸附近活动,分别是港海豹和灰海豹。在对它们进行航空调查后发现,灰海豹喜欢聚集在离岸较远的地方,而港海豹更喜欢靠近水边。他们还发现,港海豹彼此之间的距离大约是灰海豹的两倍。

有意思的是,在过去 30 年中,港海豹经历过两次大规模疫病暴发,每次都导致种群数量大幅下降。这也意味着,港海豹很容易成为海豹疫病暴发的受害者。尽管灰海豹也同样容易发生此类感染,但所遭受的后果却没那么严重,它们通常还是能够在此类感染中幸存下来。

因此,研究团队认为,港海豹彼此间相距较远,是因为它们正在保持社交距离,目的是在疾病暴发期间减少感染的机会。

（二）海獭觅食方式与耐寒功能探秘的新信息

1. 探索海獭高效觅食方式的新发现

发现海獭依靠触觉进行快速捕猎。[46] 2018 年 9 月，有关媒体报道，美国加州大学圣克鲁斯分校生态学家萨拉·斯特罗贝尔主持的研究团队发表研究报告称，与其他海洋哺乳动物相比，海獭的身形更加娇小，这意味着，尽管它们长着毛皮，但往往会很快失去热量，因此需要通过快速捕猎获得能量来保暖。他们通过研究海獭的感官，以解开它们为何能够如此高效觅食的谜团。

斯特罗贝尔说："海獭每天需要吃掉相当于自己体重 25％的食物。吃得这么多，意味着海獭首先需要找到这些食物。这正是我们研究的切入点。"她接着说："海獭的视力并不好，因为水下很暗，螃蟹和蛤蜊往往会藏起来。而在嘈杂的水下环境中，海獭依靠听觉也变得困难。另外，海獭的嗅觉也不好，因为它们在水下时会屏住呼吸。"

剩下的就只有触觉。于是，该研究团队测量了海獭爪子和胡须的敏感度。他们把一只名叫"塞尔卡"海獭的眼睛蒙上，然后给它一块刻有细纹的塑料盘子。塞尔卡的任务是选择带有两毫米凹槽的盘子。它被训练将其与虾产生关联，而不是与带有其他不同大小凹槽的盘子相关联。

事实证明，塞尔卡能用爪子在水面上和水面下察觉到仅为 0.25 毫米的沟槽宽度差异，而用胡须则能察觉到半毫米的差异。斯特罗贝尔说："事实上，它能够把任务执行得又好又迅速，这表明海獭具有快速决策能力及快速感觉处理能力。想想它们的生活方式及寻找食物所需要的速度，这是非常合理的。"

需要说明的是，人类也能感受到这种差异，但需要用相当于海獭 30 倍的时间。不过，在人类进化过程中，触觉在狩猎中并没有视觉和听觉那么重要。

2. 探索海獭耐寒功能的新进展

揭开栖息于寒冷水域海獭的耐寒之谜。[47] 2021 年 7 月 8 日，美国得克萨斯农业与机械大学特拉弗·赖特等学者组成的一个研究团队，在《科学》杂志上发表论文称，海獭只有很薄一层皮下脂肪，却能像北极熊、鲸、海象等皮下脂肪厚实的"胖子"一样，长时间待在冰冷的海水中，这是什么原因呢？他们针对这个问题展开研究发现，海獭肌肉组织的独特能量转化功能，发挥着重要的御寒作用。这一御寒机制，或许可给人类燃烧体内多余脂肪带来启示。

研究团队发现，海獭的肌肉组织把新陈代谢产生的多数能量直接转化为热能，而非用于完成肌肉收缩等动作。令研究人员吃惊的是，无论是幼年还是成年，无论是野生还是圈养，海獭这种自身"发热"能力都很高，与运动程度基本无关。

赖特说，虽然海獭的致密防水皮毛可以阻止身体散失热量，但不足以帮助栖息在北太平洋寒冷水域的海獭御寒。不过，海獭善于通过"低效率地"利用能量来产生热量。把这些能量大量转化为热量，对于陆地哺乳动物而言是一种能量浪费，但对于需要在寒冷环境中维持体温恒定的动物而言是好事。

赖特表示，了解海獭的新陈代谢机制，或许有助于人类解决肥胖问题。他说："如果知道如何加快新陈代谢和能量消耗，理论上就可以促进人类新陈代谢，燃烧掉多余脂肪。"

第三节　海洋鱼类探秘研究的新进展

一、探秘海洋鱼类生理现象的新成果

（一）海洋鱼类蛋白与细胞探秘的新信息

1. 探索海洋鱼类蛋白的新发现

揭开南极鱼类抗冻糖蛋白的作用机制。[48] 2010 年 8 月 23 日，德国波鸿大学发表公报说，该校研究人员与美国同行合作，以南极鳕鱼血液中的抗冻糖蛋白为研究对象，揭开了南极鱼类蛋白的抗冻机制。这一成果，已发表在《美国化学学会期刊》上。

研究人员发现，这种蛋白可对水分子产生一种水合作用，能够阻止液体冰晶化，而且其作用在低温时比在室温时更加显著。这就是南极鱼类能够在 0℃ 以下的冰洋中自在游动的原因。研究人员观察了抗冻糖蛋白与水分子的运动现象。一般情况下，水分子会不规律地"跳动"且不稳定，但有抗冻糖蛋白存在时，水分子会较规律地"跳动"且稳定，就像由迪斯科变成了小步舞曲。

一般鱼类血液的凝点，在零下 0.9℃ 左右。而由于盐降低了海水的冰点，南极海水可低至零下 4℃。正是依靠抗冻糖蛋白的特殊作用，南极鱼类能在低温环境下照常游动。

2. 探索海洋鱼类细胞的新发现

发现深海鱼眼部拥有新型视细胞。[49] 2017 年 11 月，澳大利亚、沙特阿拉伯、挪威等国相关专家组成的一个研究团队，在《科学进展》杂志上发表论文称，他们最新发现，生活在深海的"暗光鱼"，眼部存在一种新型视细胞，可让这种鱼在昏暗条件下也拥有良好的视觉。研究人员认为，这将有助于人们进一步了解动物的视觉系统。

包括人类在内的大部分脊椎动物，眼部视网膜包含两类光感受器，分别是负责白天视觉的视锥细胞和负责夜间视觉的视杆细胞。生活在海平面以下 200 多米的深海鱼，通常只在黑暗中活动，所以许多种类逐渐失去了视锥细胞，仅保留了光敏度高的视杆细胞。

本次的研究对象"暗光鱼"，在黎明或黄昏时最为活跃，且活动区域靠近光线水平中等的水面。研究人员先前认为，这种深海鱼的视网膜上也只存在视杆细胞，但研究发现，事实并非如此，"暗光鱼"拥有一套独特的视觉系统。

在昏暗环境中，人类会同时使用两类光感受器，但效果并不理想。相比之下，"暗光鱼"结合二者特点，形成了一类更有效的光感受器。经显微镜观察后，研究人员将其命名为"杆状视锥细胞"。依靠这类独特的光感受器，"暗光鱼"的视觉，可以很好地适应昏暗的光线条件。

研究人员说，最新发现有助于人们理解不同动物如何看世界，还挑战了人们对脊椎动物视觉的已有认识，强调了更全面评估视觉系统的必要性。

（二）海洋鱼类体表特征探秘的新发现

1. 发现南极冰盖下存在身体半透明的鱼[50]

2015 年 2 月 2 日，新华社报道，南极大陆厚达数百米的冰盖下一片黑暗。但加拿大、美国等国的科考人员钻透南极惠兰斯湖上方的冰盖后，发现冰下湖水中生活着微生物、甲壳类动物和几种稀有鱼类，其中体型最大的一种鱼身体半透明，能清晰地看到其内脏。

大约 10 年前，研究人员还普遍认为鱼类等复杂生物，无法在南极洲的巨大冰盖下生存。因为虽然冰盖下有一定深度的海水，但水温在 0℃ 以下，复杂生物应该适应不了。

在靠近与太平洋相邻罗斯海的南极大陆沿岸地带，有个名叫"惠兰斯湖"的冰下湖泊。来自加拿大、美国等国的约 40 名科考人员，不久前用钻探机械穿透了惠兰斯湖上方厚约 740 米的冰盖，然后通过钻探孔将微型潜水机器人放入该湖。通过远程遥控，机器人在冰下湖水中拍摄照片和视频，再将画面传回冰面。

在分析这些科考资料时，科考人员发现惠兰斯湖中生活着数种鱼类，其体表呈黑色或橙色，还有一种鱼身体半透明，内脏清晰可辨。这几种鱼眼睛都很大，这可能是为了适应在黑暗中长期生活逐渐进化所致。

进一步研究显示，惠兰斯湖下方有地热，湖水温度能保持在零下 2℃ 左右。但即便如此，该湖中的鱼类也要为适应这种低温而努力。

德国生物学家哈内尔解释说，这些鱼能够顺利进化，与它们体内的抗冻糖蛋白主导的生命活动相关。抗冻糖蛋白能防止鱼类体液在 0℃ 以下的海水中冻结，某些鱼身体半透明可能是因为使血液呈红色的血红蛋白在进化中丧失所致。至于这种变化，是否有助生物适应寒冷黑暗的环境，还有待深入研究。

2. 发现海洋鱼类表面普遍存在荧光现象[51]

2014 年 1 月，纽约市美国自然历史博物馆鱼类馆长约翰·斯帕克斯主持的一个研究小组，在《科学公共图书馆·综合卷》上报告说，他们首次找到证据，表明海洋鱼类表面存在普遍的生物荧光现象。研究人员指出，那些人眼所及"灰头土脸"的鱼类，可能彼此看来却装饰着靓丽的绿色、红色和橙色。

研究人员说，超过 180 种鱼类（至少 50 个门类）能够吸收光线，并以一种不同的颜色将其再次发射出来。科学家在配有黄色滤光片照相机的帮助下，发现栖息在热带太平洋的一些鱼类，例如扁头鱼正在进行着这些令人拍手叫好的表演。斯帕克斯表示："它们就像正在进行着一场私人的灯光表演。"

研究小组在巴哈马群岛，及所罗门群岛附近的海域进行了采样，这些海域是分类学最为富集的区域。研究人员同时还调查了来自马达加斯加岛、亚马孙河及美国五大湖地区的淡水物种。

研究人员在软骨鱼类如鲨鱼和鳐鱼、硬骨鱼类如鳗鱼和扁头鱼中，发现了生物荧光现象。斯帕克斯指出，这种现象出现在 4 亿多年前分开并趋异进化的物种中，表明它是通过许多次独立进化而得到的。

研究人员说，鱼类表面的生物荧光现象，似乎是海洋生物中最普遍的。他们推测，这是因为海洋是一个相对稳定的环境，遍布着鲜蓝色的光线。随着海水越来越深，除了高能量的蓝色波长，可见光光谱中的大部分都被吸收了。淡水和深水生物荧光鱼尽管存在，但并不多见。事实上，最常见、最壮观和各种"珠光宝气"的鱼类，往往是珊瑚礁中伪装的鱼类。

其中许多鱼类，在眼中生有黄色滤光器，它能够识别作为一种物种间"隐藏信号"的生物荧光图案。例如，一些海洋鱼类会齐齐在满月下产卵，而月光下鲜艳的生物荧光有助于鱼类彼此识别。

（三）海洋鱼类繁殖方式探秘的新信息
——发现南极冰层下"潜伏"着世界最大鱼类繁殖地[52]

2022 年 1 月，德国阿尔弗雷德·韦格纳研究所深海生物学家奥坦·珀泽领导的"RV 极星号"团队，在《当代生物学》杂志上发表研究报告说，他们在南极考察中发现，世界上最大、最密集的鱼类繁殖地"潜伏"在威德尔海的冰层深处。南极半岛东部 240 平方千米范围内排列的冰鱼巢穴，令海洋生态学家大为震惊。

该研究团队由德国大型研究船"RV 极星号"成员组成。2021 年 2 月，这艘船在威德尔海破冰研究海洋生物。在把摄像机和其他仪器拖拽到 0.5 千米深的海底附近时，研究人员发现了数千个 0.75 米宽的巢穴，每个巢穴中都有一条成年冰鱼和多达 2100 个卵。珀泽说："这个景象令人震惊。"

声呐显示巢穴延伸数百米，高分辨率摄影设备拍摄了 12000 多条成年冰鱼的影像。这种鱼能长到 0.6 米左右，适应极端寒冷的环境。它们能产生类似防冻剂的化合物，得益于该地区富氧的水域，它们是唯一拥有无色、无血红蛋白血液的脊椎动物。

成年冰鱼用腹鳍刮去沙砾，筑起圆形巢穴。但在该航次之前，人们只观察到了数量很少、相距很远的巢穴。在随后的 3 次拖拽中，研究人员看到了 16160 个紧密排列的鱼穴，其中 76％由雄鱼守护。研究人员在报告上写道，假设船只横断面之间的区域有相似密度的巢穴，那么，估计约有 6000 万个巢穴，覆盖了大约 240 平方千米。由于数量庞大，冰鱼和它们的卵可能是当地生态系统中的关键角色。

珀泽说，成年冰鱼可能会利用洋流寻找产卵地，那里的水域富含其后代爱食用的浮游动物。此外，密集的巢穴可以帮助保护个体免受捕食者伤害。

研究人员说，这个庞大的冰鱼群体，为在威德尔海建立一个海洋保护区提供了新理由。他们把一些观测设备留在了冰鱼巢穴最密集的一个区域，以了解更多关于繁殖和筑巢行为的信息。他们在 2023 年回收这些设备。

二、探秘海洋硬骨鱼的新成果

（一）鲑形目鱼类探秘的新信息

1. 探索鲑鱼基因与鲑鱼洄游的新进展

（1）完成大西洋鲑鱼的基因组测序工作。[53] 2014 年 6 月，海洋生物学家斯坦因尔·贝格塞思领导的"大西洋鲑鱼基因组测序的国际合作组织"，在温哥华举行的鲑鱼综合生物学国际会议上宣布，他们已经对大西洋鲑鱼的基因组进行测序。研究人员表示，鲑鱼的参考基因组将有助于水产养殖，保护野生种群，并助力相关物种（如太平洋鲑鱼和虹鳟鱼）的研究。

贝格塞思表示："全基因组的知识，让我们能够看到基因如何相互作用，并了解控制一定性状（如疾病抗性）的确切基因。"

大西洋鲑鱼，主要分布在北大西洋海域，以及流入北大西洋的河流中。然而，在过去的几十年，由于过度捕捞和栖息地变化等因素，野生大西洋鲑鱼的数量显著下降。为了满足市场需求，欧洲北部及北美洲的一些国家，开始大量养殖大西洋鲑鱼。在加拿大，大西洋鲑鱼的养殖每年带来了超过 6 亿美元的收入。

通过大西洋鲑鱼基因组的测序，研究人员和业界合作伙伴，希望能够培育出更健康、生长更快的鱼类。

挪威鱼类养殖公司的养殖主管皮特·阿内森表示："鲑鱼的序列，将有助于开发更高效的选择性育种工具，这将让我们更好地选择出具有理想性状的亲鱼，用于鲑鱼的繁殖。"他补充说："对遗传物质的了解加深，让我们能够利用更多来自养殖鲑鱼的遗传变异。此外，这些序列为研究生物和生理过程开辟了新局面。"

（2）研究晚洄游鲑鱼存活策略的新发现。[54] 2021年10月，美国国家海洋和大气管理局弗洛拉·科多利亚尼主持的一个研究小组，在《自然·气候变化》杂志上发表论文称，他们研究发现，加州大鳞大马哈鱼采取罕见的晚洄游策略，与同类种群相比，更有可能在干旱和海洋热浪的年份中存活下来。他们的研究结果还显示，由于环境条件随气候变化不断改变，需要开展保育策略来维持种群多样性，并确保这种濒危物种的长期适应力。

研究人员指出，种群多样性是物种抵抗自然或人为干扰（包括气候变化带来的干扰）的一种重要方式。鲑鱼的幼鱼会在生命周期中从淡水千里洄游到咸水，而灵活的洄游时间对鲑鱼这种鱼类可能尤为重要。

该研究小组通过把春型大鳞大马哈鱼耳骨的锶同位素比值，作为地理位置标记，重建了2007—2018年洄游至加州中央山谷的123条成鱼的生活史。这些鱼在出生后的第一个冬季或春季，留在它们夏季出生的淡水溪流中，而不是洄游到海洋。他们的研究表明，这种晚洄游的策略，对于物种在干旱和海洋热浪年份中存活下来非常关键。

晚洄游需要适宜凉爽的河流，而这种河流预计将在今后几年里因气候变化而迅速减少，而且它们大部分又都位于鱼类无法穿越的水坝上方。有鉴于此，研究人员指出，应考虑栖息地连接来维持种群多样性，并认为这将对该物种的长期存续至关重要。

2. 探索三文鱼迁徙及其虫害防治的新进展

（1）发现染色体越短的三文鱼迁徙中生存概率越高。[55] 2017年7月，英国格拉斯哥大学达里尔·麦克伦南及其同事组成的一个研究团队，发表研究成果称，他们发现了一个不寻常的现象：拥有更短染色体终端的幼年大西洋三文鱼，通常被认为健康状况较弱，然而，它们在从故乡母亲河游到海洋，并再次游回来的史诗般的迁徙中，生存概率却更高。

位于染色体末端的染色体终端，发挥着类似"帽子"一样的作用，可在细胞分裂后保护 DNA。但每一次分裂都会让染色体终端变短，最终它变得极短使细胞不能再次分裂。对人类来说，变短的染色体终端，与成年人心血管疾病及癌症有关，被认为可以反映整体细胞衰老和健康状况。

正因为如此，该研究团队对这一结论感到困惑。2013 年春季，他们在苏格兰北部黑水河中，对迁徙到大海之前的 1800 多条幼年三文鱼，以及初次由河入海的小三文鱼，加了标签。研究人员还采集了每条小三文鱼的鱼鳍样本以测量其染色体终端。

在 2014 年和 2015 年秋季，麦克伦南期待这些三文鱼从海洋回归河流产卵，他们跟踪了加标签的鱼类，并再次采集了鱼鳍组织样本测量线粒体终端的长度。原来的三文鱼仅有 21 条仍然存活，且幸存者是那些开始迁徙时线粒体终端明显更短的。

麦克伦南说："当我们开始这项研究时，我们假设拥有更短染色体终端的幼年三文鱼寿命更短，但发现的结果与此相反。"

迁徙三文鱼的生活并不简单。尽管它们是世界上被研究最多的鱼类物种之一，但人们对海洋中的三文鱼发生了什么所知甚少。最终，海鸟和大型海洋鱼类的捕食，以及更高强度的捕鱼都意味着，只有很少的三文鱼能够返回到其淡水河流出生地。

麦克伦南对拥有更短染色体终端的三文鱼缘何能够游得更远，有自己的看法。他认为，三文鱼在准备迁徙及从淡水进入海洋环境时会产生生理变化，例如改变鳃以适应更高盐度的海水。他认为，那些需要为海洋生活准备更多能量的三文鱼，为此将会以维持其染色体的长度为代价。此外，与人类不同，鱼类能够修复其染色体终端。无论最终研究结果如何，麦克伦南认为，该研究表明人们需要更好地了解染色体终端在衰老和细胞健康中的角色。

（2）加大对三文鱼寄生虫海虱的研究。[56] 2012 年 8 月 6 日，有关媒体报道，挪威拥有丰富的渔业资源，三文鱼养殖业是国家最成功的产业之一，其大西洋三文鱼养殖场 2011 年的产量达 100 万吨，三文鱼和鳟鱼的出口量占到挪威全部海产品出口量的近 60%。

近些年来，挪威三文鱼养殖场出现大量的寄生虫海虱，并且对野生三文鱼物种构成了威胁。由于海虱的大量繁殖，2010 年的三文鱼产业不再保持 5％的年增长率。为此，挪威水产养殖业的研发经费近 60％，用于防治海虱的研究上，2010 年挪威渔业与沿海事务部的海虱防治研发经费增加了一倍，2011 年挪威研究理事会资助海虱的研究经费达到 1600 万克朗。

从 2011 年起至 2018 年，挪威食品研究基金会、挪威研究理事会、挪威创新署，以及地方财政将投入 5 亿克朗的专项资金，研究如何有效地防治海虱。该科研专项计划，要求建立一个新的研究机构，即"海虱研究中心"，同时为期 4 年的"海虱防治项目"，也获得了 1800 万克朗的资助。

为了避免海虱向野生三文鱼的扩散，挪威制定了严格的养殖法规，要求农场主限制三文鱼养殖数量，并建立了三文鱼养殖场专属区，一个在特伦德拉格，另一个在哈丹格。每年春季，养鱼农场主都被要求开展"去虱"运动，在养殖场中投放抗生素和疫苗，来抑制海虱的繁殖，以确保野生小三文鱼在迁徙途中的安全。

挪威政府于 2012 年 5 月 21～23 日，在卑尔根举行了第九届国际海虱会议，召集全世界该领域的专家学者通过科技的手段来解决这一难题，挪威的研究专家称这是一场无止境、耗资巨大的战斗。

以往对付海虱的主要方法，是在海水箱中投放去虱剂和一种名为巴浪鱼的方法，但是使用过多的去虱剂，使得海虱产生了耐药性。

目前，挪威的研究人员正在试图通过获取基因组信息，来找出这一顽固寄生虫的弱点，并且已经完成了 90％的基因组测序，这将对挪威的基础研究、医药工业及水产养殖业意义重大。此外，科研人员还认为，跨学科研究，如遗传学、生物学、疫苗的研究，以及喂养方式、海水温度、合适的养殖位置、养殖密度、鱼的大小和海虱传播速度等综合研究，有助于人们对海虱的防治。

3. 探索虹鳟鱼基因测序的新进展

绘制出虹鳟鱼的完整基因组。[57] 2014 年 4 月，法国国家农学研究中心、法国国家基因测序中心等多家机构组成的一个研究团队，在《自然·通讯》杂志上刊登研究报告称，他们完成了虹鳟鱼基因组的完整测序，并发现虹鳟鱼基因组较好地保留了 1 亿年前一次重要进化事件的遗迹，可以帮助了解脊椎动物的进化历程。

虹鳟鱼属鲑科，原产于北美洲太平洋沿岸。它肉质鲜美，在全世界被广泛养殖，同时也是被科学家研究最多的鱼类之一。这是科学界首次发布鲑科鱼类的完整基因组测序。

大约 1 亿年前，虹鳟鱼基因组经历了一次罕见的"全基因组倍增"，也就是整个基因组复制出一个副本的现象。全基因组倍增对生物进化有着深远影响，但大多数已知的这类事件非常古老，往往有 2 亿～3 亿年历史，留下的痕迹不明显。

虹鳟鱼的这次全基因组倍增发生得相对较晚，为深入研究这类现象提供了一个独特的机会。分析显示，经过 1 亿年的进化，虹鳟鱼基因组里的"原版"和"副本"仍非常相似。

研究人员说，这两部分不仅整体结构相似，还保存了许多基因，尤其是帮助调控基因表达的微 RNA 基因几乎全部保留了下来，与胚胎发育和神经突触发育有关的基因，也保持了原始或近乎原始的样子。

这一研究结果证明，脊椎动物在发生全基因组倍增后，其基因组进化是一个缓慢渐进的过程。这推翻了此前被广泛认同的一个假设：全基因组倍增会，引发基因组结构和基因构成的迅速进化。

（二）鳗鲡目鱼类探秘的新信息

1. 探索鹈鹕鳗捕猎行为的新进展

发现鹈鹕鳗脑袋充气只是为了捕获猎物。[58] 2018 年 10 月，有关媒体报道，一个海洋生物学家组成的研究小组，来到亚速尔群岛附近的大西洋海域，这里距葡萄牙海岸约 1500 千米，他们驾驶潜艇潜入 1000 米深的海底，首次用录像机对鹈鹕鳗进行直接拍摄，由此获得第一个鹈鹕鳗捕猎行为的录像，从而揭开鹈鹕鳗脑袋充气的秘密。

鹈鹕鳗是囊鳃鳗目的一种深海鱼类，其外形奇特，身体纤细，而头部像气球一样膨胀。由于它喜欢生活在热带和温带海面下 500 米到 3000 米之间，所以人类很少能看到或拍摄到这种鳗鱼。这使得研究人员很难找到了解其行为的线索，从而解释为什么它会进化出如此奇怪的头部。

现在，该研究小组发现，这种鱼不仅会使头部充气，形成一个用来捕食的小袋，还会积极捕猎和游向小鱼。先前的研究，曾假设鹈鹕鳗膨胀头部是为了引诱猎物，或制造一个大洞让食物掉入，但这些研究主要依赖于死鹈鹕鳗胃里的食物。而新的录像证据表明，鹈鹕鳗在寻找食物方面扮演着更为积极的角色：探索周围环境，跟踪猎物，并使头部充气，以最大限度地提高吞噬它们的可能性。

早些时候，另一组研究人员，在夏威夷海岸，用装在一艘无人潜艇上的摄像机，拍摄了一条鹈鹕鳗。但这段录像只显示了鹈鹕鳗头部的充气和放气，而没有捕猎行为。

研究人员希望，能记录更多鹈鹕鳗和其他未经研究的深海生物的影像，以便更好地了解它们怪异特征的进化史，以及它们是如何凭借这些不寻常的适应能力，在恶劣的深海环境中生存下来的。

2. 探索盲鳗防御方式的新进展

发现盲鳗运用快速喷出黏液的方式进行防御。[59] 2019 年 1 月，一个由多学科专家组成的研究小组，在《英国皇家学会界面》杂志上发表论文称，他们研究发现，当盲鳗遇到饥饿的鲨鱼时，就会喷出一团黏糊糊的东西。这个喷出物，会在十分之几秒的极短时间内，迅速膨胀成原有大小的 1 万倍，让鲨鱼感到窒息并将其赶走。现在，他们的新研究表明，盲鳗并不能把这种黏糊糊的防御方式完全归功于自己。在海水中的运动，可能是黏液能如此迅速扩散成一大坨的原因。

盲鳗黏液由微小的黏液囊和被称为"绞丝"的成束纤维，紧密缠绕而成。当一滴黏液落在水中后，里面的绞丝在不到半秒的时间内就会散开变成几厘米长的细丝。

研究人员从一条盲鳗身上取下一根细丝，并把一端拉过来，在显微镜下观察它如何散开。根据拉开细丝所需的力，他们计算出在不同的情况下细丝会以多快的速度散开。

研究人员表示，单是水体运动产生的拖拽力，就足以解释盲鳗快速的黏液防御能力。相关专家指出，了解盲鳗黏液如何迅速膨胀，可以帮助人们开发出新的材料和技术。

（三）月鱼目鱼类探秘的新信息

1. 搜寻鲱王皇带鱼的新进展

发现罕见的巨型鱼类鲱王皇带鱼。[60] 2010 年 5 月 11 日，《每日电讯报》报道，瑞典一家海洋馆研究人员当天宣布，他们在瑞典西海岸发现一条罕见的鲱王皇带鱼,这是瑞典 130 多年以来首次发现这种巨型鱼类。

这条鲱王皇带鱼约有 3.5 米长,身上有一条深深的伤口,独特而美丽的背鳍也不见了。目前,瑞典海洋馆已将这条鱼冷冻保存起来,并计划在举办海洋怪异生物展览上展出。

鲱王皇带鱼是世界上体型最大的多骨鱼,身长可达 12 米,也有人称曾见过身长超过 16 米的巨型皇带鱼,不过没有证实。它身体修长,从头部一直延伸到尾部有两排像船桨一样精美的鳍,生活在大约 1000 米以下的深海,十分罕见。

瑞典上一次发现鲱王皇带鱼是在 1879 年,人们对这种罕见的深海"怪兽",一直所知不多。不过,据说长久以来,令欧洲各地水手胆战心惊的恐怖"大海蛇"和"尼斯湖水怪",都是指鲱王皇带鱼。

2. 探索月鱼生物学特征的新发现

发现月鱼是第一种栖息于海洋深处的温血鱼。[61] 2015 年 5 月,美国加利福尼亚州圣地亚哥国家海洋与大气管理局,鱼类生理学家尼古拉斯·韦格纳,与其同事渔业生物学家玟·斯诺葛拉斯等人组成的研究小组,在《科学》杂志上发表研究成果称,他们发现了第一种能够保持整个身体温暖的鱼,就像哺乳动物和鸟类一样。月鱼栖息于海洋深处的冷水中,但它却能够从自身巨大的胸鳍中产生热量。由于体脂和鳃中血管的特殊构造,它能够保持自己的体温,这种适应能力使其在深海中拥有了生存优势。

研究人员推测,拥有一颗温暖的心脏和大脑,可能让这种鲜为人知的鱼类,成为一种凶猛的捕食者。

水会带走大多数生物体内的热量。所以鱼类通常要保持其游弋的水体的温度。反过来,这也限制了它们在冷水中的生物学功能,特别是心血管的耐力。这里也有部分例外:金枪鱼、旗鱼和一些鲨鱼,可以在捕猎时暂时提高身体肌肉的温度,但它们必须回到温暖的海域使体内温度回归正常。

月鱼看起来并不像一条凶猛的捕食者。这种大约 1 米长的桶状鱼类通过拍动胸鳍游动。月鱼在全球各大海洋均有分布,但科学家对于其生物学特征的了解非常有限。这种鱼类通常以乌贼和小型鱼类为食,成年体形有汽车轮胎那么大,一般在海面下 50～200 米,光线暗淡的冷水中活动,这里的海水温度大约为 10℃，甚至更低。

2012 年，作为一项定期考察的一部分，斯诺葛拉斯在加州海岸附近捕获了一些月鱼。他把月鱼鳃拿给了同事韦格纳。

在韦格纳对这些鳃进行研究之前，它们在一个装有防腐剂的 20 升塑料桶中，被存放了几个月。他回忆说："我注意到有一些特别的东西。"

鱼类通常只有几根大血管，用于在鳃中输送血液，而小血管则被用来在水中获得氧气。但月鱼却拥有一套复杂的微血管网络，在这一网络中，动脉与静脉紧密地排列在一起。

这种成对排列的动脉和静脉被称为细脉网，它们在其他物种中经常充当逆流换热器的角色。根据韦格纳等人的研究，月鱼采用类似汽车散热器的逆流热交换方式保持温血。它们胸鳍内的动脉血管（心脏流向全身）和静脉血管（全身流向心脏）堆叠在一起，因而可以交换热量，因划动胸鳍而获得热量的静脉血，会给在体表循环获得氧后变冷的动脉血加热。

月鱼是第一种在鳃的周围发现细脉网的鱼类。其鳃部的热交换器，被包裹在一层 1 厘米厚的脂肪层中，这种情况在鱼类中是罕见的。据推测，这层脂肪起到了保温的作用。

该研究小组决定测试月鱼在海中的体温。在把鱼放到甲板上后，研究人员发现其平均体温要比捕获它的水域，大约高了 5℃。

韦格纳说，生活在深海的鱼类通常行动迟缓，为保存热量采取伏击而非追捕的方式捕食，但月鱼是温血鱼，其代谢、移动和反应速度都很快，视力也更好，因而是非常高效的捕食者。

韦格纳在一份材料中说："我以前的印象是，这是一种行动迟缓的鱼，就像生活在冷水中的其他鱼类一样。但它能给身体加热，结果成了非常活跃的捕食者，可捕食很敏捷的猎物如鱿鱼，还能迁徙很远的距离。"

（四）海龙目鱼类探秘的新信息

1. 探索海马基因组演化的新进展

通过基因组测序揭示海马体型和特性演化。[62] 2016 年 12 月，由新加坡科技研究局的拜拉帕·文卡特什及其同事组成的一个研究小组，在《自然》杂志上发表有关海马基因组分析的论文，揭示了海马体型似马和雄性怀孕等独特特性的遗传基础。该研究重点突出了海马基因组的演化情况，表明海马的基因组演化速率高于海龙等它的近亲。

海马具有大量使之不同于其他鱼类和动物的醒目特征。例如，海马拥有长长的管状鼻子，嘴巴小，无牙齿，而且是雄性怀孕，胚胎在育儿囊中发育。该研究小组对虎尾海马的基因组进行测序并分析，以了解是哪些基因组成分导致其出现这些独特特征。

研究人员报告称，5 种与其他鱼类孵化胚胎相关的基因，在雄性海马育儿囊中高度表达，而且还观察到一些他们认为可能影响海马体型演化的调控基因的表达发生变化。此外，可能负责形成矿化牙齿的基因缺失，被认为导致形成了虎尾海马现有的口鼻形状，从而使其头部看起来像马。他们还发现海马谱系缺失 tbx4 基因（已知调控肢体发育的基因），可能是导致其丧失腹鳍的一个原因。

2. 探索鬼刀鱼放电功能的新进展

发现基因导致鬼刀鱼成为最快放电动物。[63] 2018 年 3 月 27 日，一个由生物学家组成的研究小组，在《公共科学图书馆·生物学》杂志上发表论文称，南美洲鬼刀鱼或许不是动物王国里最亮的那道闪光，但它肯定是最持久的闪光。这种鱼的尾部有一个特殊的器官，那里包含的一小群细胞，会以每秒近 2000 次的频率放电，成为动物王国里最快的放电者。

为了了解鬼刀鱼是如何做到这一点的，研究人员对比了鬼刀鱼、放电亲属物种玻璃刀鱼，以及不放电物种斑点叉尾鮰的编码电压门控钠离子通道的基因，这是一种对生成电信号至关重要的蛋白。研究人员表示，鬼刀鱼体内这个基因在约 1450 万年前被复制，然后在接下来的 200 多万年里获得若干突变，这使得该通道放电更加频繁，并使其由脊髓与肌肉细胞内的神经合成。鬼刀鱼用这些电光导航、探物和交流。

研究人员称，相关发现，可为研究癫痫的遗传基础，以及一些遗传性的肌肉疾病提供新线索，这些均与钠离子通道基因突变相关联。

（五）鲈形目与鲉形目鱼类探秘的新信息

1. 探索鲈形目拟单鳍鱼发光现象的新进展

发现拟单鳍鱼靠进食海萤"点亮"自己。[64] 2020 年 1 月，日本中部大学等机构组成的一个研究小组，在《科学进展》杂志上发表论文称，他们研究发现，海洋中一种身体会发光的拟单鳍鱼，自身并没有发光基因，而是通过进食发光浮游生物来获取能发光的蛋白质。这是研究人员首次发现这种"偷盗蛋白质"现象。

研究小组表示，他们分析了拟单鳍鱼这种会发光的海鱼，发现它发的光来自一种名为萤光素酶的蛋白质，而其自身没有合成这种蛋白质的基因。

分析显示，拟单鳍鱼体内萤光素酶，与发光浮游生物海萤体内萤光素酶一样，而海萤是拟单鳍鱼的食物。通常动物进食蛋白质后会将其消化，但这项研究显示，拟单鳍鱼进食海萤后并不消化萤光素酶，而是直接把萤光素酶吸收到特定器官的细胞内，从而"点亮"自己。

研究小组说，这是首次发现上述特殊现象，他们将此命名为"偷盗蛋白质"。今后，研究人员将进一步研究拟单鳍鱼"偷盗蛋白质"行为的进化过程、相关基因机制，以及这种现象在生物界中是否普遍存在。他们认为，探索相关机制并加以模仿利用，可能会产生对医学等领域有用的成果。

2. 探索鲈形目长棘毛唇隆头鱼皮肤的新发现

发现长棘毛唇隆头鱼能用皮肤探测周围环境。[65] 2023 年 8 月 22 日，美国北卡罗来纳大学威尔明顿分校生物学家洛里安·施韦克特及其同事组成的研究团队，在《自然·通讯》杂志上发表论文，报告了一种名为长棘毛唇隆头鱼的神奇动物，其皮肤也与眼睛一样，可以自行发现并监测周围环境，从而使肤色快速变化。这项研究，有助于进一步理解鱼类多种多样的行为和演化形式，以及自然界的特定动物如何调动身体快速适应环境。

施韦克特在佛罗里达群岛钓鱼时，曾目睹了一种不同寻常的生物事件。她把一条长棘毛唇隆头鱼钓起来，扔上了船，但等她随后要把鱼放进冷却器里时，却发现鱼的皮肤变成了与船甲板相同的颜色和图案。这种鱼本来就以其会变色的皮肤而闻名，可在几毫秒内从白色变成斑驳的红棕色，融入珊瑚或沙子中。然而令施韦克特无比惊讶的是，这条鱼当时已经死了，但却仍然可以继续"伪装"。这是不是意味着：这种鱼能不依靠眼睛和大脑，只用皮肤来探测光线？

此前研究表明，这种鱼会通过移动色素细胞内的色素，来暴露或覆盖其身体底部的白色组织，以此伪装或发送社交信号。但人们并不清楚它是怎么感知进而调控肤色变化的。

这一次,研究人员通过测量光对长棘毛唇隆头鱼不同部位的影响,用显微镜详细分析了该鱼的皮肤。他们在色素细胞下发现了名为 SWS1 的光受体,这些受体对穿透色素细胞表达颜色的光非常敏感,对珊瑚礁生境内光的波长尤其如此。换句话说,这些皮肤上的受体,能向鱼反馈它们身在哪里,以及该如何发生变化。

快速改变肤色的能力,在许多不同的动物中发生过多次演化,包括两栖动物、爬行动物和鱼。这种性状有助于适应环境温度变化、吸引配偶、提供伪装等。研究团队认为,此次发现的鱼类行为新特征,可能也存在于其他变色动物中。

3. 探索鲉形目狮子鱼遗传基础的新进展

首次揭示狮子鱼适应深渊极端环境的遗传变异。[66] 2019 年 4 月 15 日,中国科学院水生生物研究所何舜平研究员和西北工业大学王文教授、邱强教授为共同通讯作者的一个合作研究团队,在《自然·生态与进化》杂志网络版上发表论文称,他们对生活在马里亚纳海沟 7000 米以下的狮子鱼开展了多方面的深入研究,在分类学上厘清了其系统地位,首次在形态上发现了适应深渊的变化,在多组学大数据分析的基础上揭示了狮子鱼深渊适应的遗传基础。

深海作为地球表面最后未被人类大规模进入或认知的空间,约占地球表面积的 65%,蕴藏着人类社会未来发展所需的各种战略资源和能源。深海环境具有高压、温差巨大、终年无光、化学环境独特等特殊极端条件,是常规生命形式的禁区,探索难度极大。6000 米以下的深海被称作海斗深渊,尽管环境如此恶劣,6000 米以下依然发现了不少海洋生物。

据介绍,此次研究涉及的深海狮子鱼样本,于 2016 年年底和 2017 年年初由我国深渊科学考察船"探索"一号通过"天涯"号和"海角"号深渊着陆器获得。研究团队解析了超深渊狮子鱼的基因组,并揭示了其对超深渊极端环境的适应机制。

研究发现,由于没有阳光的照射,超深渊狮子鱼通体透明;为适应高压环境,其骨骼变得非常薄且具有弯曲能力,头骨不完全,肌肉组织也具有很强的柔韧性;基因组中与色素、视觉相关的基因发生了大量丢失，其中一个与骨骼钙化的关键基因也发生了假基因化；在细胞和蛋白层面，多个与细胞膜稳定和蛋白结构稳定的基因发生了特异突变，这些遗传变异可能共同造成了这一物种的奇特表型和对超深渊极端环境的适应能力。

（六）腔棘目与鮟鱇目鱼类探秘的新信息

1. 探索腔棘鱼生理功能的新进展

通过 3D 模型确认活着的腔棘鱼存在没用的肺。[67] 2015 年 9 月 15 日，巴西里约热内卢大学普鲁裸·布里托率领的研究团队，在《自然·通讯》杂志上发表论文称，他们确认了活着的腔棘鱼当中有肺的存在，并证实肺已经不再具有任何实际功能，但是它能帮助人们了解到，这种著名的活化石鱼类，4.1 亿年前的古老祖先们是如何生存的。

在全球活化石物种的榜单上，腔棘鱼一直位列榜首。它是一种大型的肉鳍鱼，是现今还存活的最古老鱼类。但很长一段时间，它都被认为在约 6000 万年前即已灭绝，直到 1938 年，人们才在南非的海边发现了还存活的一个物种：西印度洋矛尾鱼，从此它们获得了"活化石"的称号。与已经变成化石的物种相比，矛尾鱼缺少一个典型的"钙化肺"，钙化肺被认为是一种对于浅水的适应特征，而且科学家一直不清楚的一点是：那些已经变成化石的物种，在当下腔棘鱼的身体结构中是否还有少许残余。

此次，该研究团队使用 X 射线断层扫描成像方法，成功完成了活腔棘鱼种西印度洋矛尾鱼五个发育阶段肺的 3D 模型重建。研究人员证实，虽然这个物种在早期胚胎中具有一个发育良好、有可能发挥功能的肺，但这个肺在后来的胚胎阶段、亚成体阶段和成体阶段的生长，很大程度地减缓了，最终变得没有功能，从而退化了。

研究人员还报告称，在成年矛尾鱼退化的肺周围，散布着小而柔软的"盘"型结构，并且表示它们与腔棘鱼化石的钙化肺比较类似。研究人员认为，虽然这些结构在如今用鳃呼吸的腔棘鱼中已不再使用，但对已变成化石的那些物种来说，这些"盘"在调控肺活量中曾起过一定作用，而当后来的物种适应了深水环境后，这些"盘"的作用便最终消失了。

2. 探索鮟鱇目躄鱼伪装术的新进展

发现躄鱼能通过变色与漂白珊瑚融为一体。[68] 2016 年 10 月，国际自然保护联盟科学家加布里埃尔·格里姆斯迪奇等人组成的一个研究团队，在《珊瑚礁》杂志上发表论文称，适应环境非常重要，这似乎正是躄鱼采取的方式。他们的研究表明，躄鱼会变成白色，以便同它们寄居的漂白珊瑚融为一体。

大斑躄鱼是“久坐不动”的海底居住者，并且能在几周内改变自己的颜色，从而天衣无缝地融入周围的环境。它们的伪装术，使其能对毫无戒心的猎物发起突然攻击。研究人员介绍说，自从马尔代夫温暖的海水中充满了色彩鲜艳的珊瑚，生活在那里的大斑躄鱼，便开始同这些橙色或粉红色的色调相匹配。不过，日益上升的海洋温度，导致这些曾经五彩斑斓的珊瑚被普遍漂白。

2016 年 5 月，该研究团队在北阿里环礁潜水时，拍摄到一条不同寻常的白色躄鱼，栖息在被漂白的珊瑚中。其凸出的黑疣，则模仿了生长在珊瑚骨骼死去部分的褐色海藻。

研究人员推测，躄鱼极少改变位置，因此这条看上去很可怕的大斑躄鱼，可能在同一地点待了好长一段时间。当海水温度在 4 月底或 5 月初变得异常高，并且珊瑚因此被漂白时，它可能也变成了白色。

格里姆斯迪奇介绍说：“这太吸引人了，因为我们从未看到，一条躄鱼因珊瑚漂白事件而改变颜色。”研究人员表示，这或许证实了，大斑躄鱼将如何对日益频繁的珊瑚漂白事件做出反应。他们很想看到，如果珊瑚死掉，并且因长满了海藻而变成棕色时，躄鱼是否会再次改变颜色。

三、探秘海洋软骨鱼的新成果

（一）蝠鲼栖息地探秘的新信息

——首次发现蝠鲼在大海中的“育幼院”[69]

2018 年 6 月，以美国加利福尼亚大学圣迭戈分校约舒亚·斯图尔特为主的一个研究小组，在《海洋生物学》杂志上发表研究报告称，他们经过长达两年的观察，首次在位于得克萨斯州墨西哥湾附近海域，发现了一处未成年蝠鲼的栖息地。

蝠鲼主要栖居在热带和亚热带海域，以浮游生物及小型鱼类为食，由于聚集场所通常远离沿海，因此难以观察，特别是未成年蝠鲼更难得一见。2016年，斯图尔特在距离得克萨斯州南部海岸约160千米的花园堤岸保护区内，意外发现了几条幼年蝠鲼。

斯图尔特与美国国家海洋和大气管理局的研究人员合作，查看该地区过去25年的潜水日志和照片等资料，并比对已知的鲨鱼及鳐鱼栖息地情况，最终确认这片海洋保护区内95％的蝠鲼都是婴幼儿或青少年。

研究发现，与附近的加勒比海和墨西哥湾其他地区相比，花园堤岸保护区内的珊瑚礁生态系统更健康，且浮游生物更多样化。幼年蝠鲼在较深较冷的水域中捕食后，喜欢栖息于浅海暗礁中以恢复体温，这些珊瑚礁可以保护它们免遭鲨鱼侵害。

（二）鲨鱼基因组测序研究的新信息

1. 发现姥鲨基因有助于理解早期脊椎动物进化[70]

2014年1月15日，《中国科学报》报道，新加坡科学、技术和研究机构的比较基因组学专家，比拉帕·文卡塔斯主持的一个研究小组，发表研究成果称，在过去的4.2亿年里，姥鲨几乎没有什么变化，这就使其DNA序列，在与其他脊椎动物物种进行比较时，更有价值。

这种有着大吻状突起、外形古怪的鱼类，是最原始的颌类脊椎动物。研究人员，已经对其基因组进行测序。姥鲨的DNA序列，有助于解释为什么鲨鱼具有一副软骨骨架，以及人类和其他脊椎动物，是如何进化获得免疫力的。

姥鲨是软骨鱼类早期进化分支的一部分，该分支与鲨鱼、鳐都有关系。姥鲨通常出现在澳大利亚南部和新西兰的深海海域，它们使用自己独特的吻状突起，寻找埋在沙子里的贝类。姥鲨并不攻击人类，它们会摆动背鳍上长达7厘米的骨状突出物，抵御掠食者的骚扰。

科学家指出，姥鲨作为第一个被测序的软骨鱼类，其基因组的规模仅为人类的约1/3。文卡塔斯说："我们已经有鸟类、哺乳动物等许多动物的基因组，但是还没有鲨鱼的基因组。"

虽然科学家知道基因参与骨骼形成，但却不清楚鲨鱼是否失去了形成骨骼的能力，还是本来就没有这种能力。毕竟，鲨鱼在它们的牙齿和鳍刺中也都用到了骨骼。

基因组序列显示，一种缺失的基因组，参与了调节软骨变成骨骼的过程。这种基因复制事件，引发了动物向有骨骼脊椎动物的转型。实际上，当研究人员淘汰了斑马鱼身上的这些基因后，发现它的骨骼形成能力显著降低了。

姥鲨基因组也有助于回答，它在获取免疫力的进化过程中的一些重要问题，这是疫苗接种的基础，也将为人类和其他脊椎动物在抵抗新的病原体方面创造可能。姥鲨能够杀死 T 细胞，该细胞直接破坏被病毒感染的身体细胞，然而它们又缺乏 T 细胞的助手，该助手有利于调节整个免疫系统对感染的反应。新的基因序列数据表明，后天免疫的进化是由两个步骤完成的，而不是之前人们所认为的一个步骤。

2. 通过基因组测序揭秘鲨鱼的视觉和嗅觉[71]

2018 年 10 月，日本理化学研究所生命机能科学研究中心的一个研究团队，在《自然·生态与演化》杂志网络版上发表论文称，他们通过基因组测序，发现鲸鲨和虎纹猫鲨的视觉系统对蓝光敏感，而与嗅觉相关的基因较少。研究人员同时还鉴定出鲨鱼和哺乳动物之间共同的调节基因和生殖基因。

包括鲨鱼在内的软骨鱼，是由软骨而不是硬骨构成骨骼的鱼类。它们在大约 4.5 亿年前与其他颌类脊椎动物分化开来，具有独特的生殖和感官性状。然而，软骨鱼的基因组资源较为匮乏，妨碍了人们对其独特生活方式的理解。

此次，该研究团队对点纹斑竹鲨和虎纹猫鲨的基因组和转录组进行了测序，改进了现存最大鱼类鲸鲨的基因组组装。通过比较鲨鱼基因组与其他脊椎动物的基因组，研究人员发现软骨鱼的演化速度比硬骨鱼慢。他们发现在其研究的三种鲨鱼中，其中鲸鲨和虎纹猫鲨两种鲨鱼的光敏视蛋白基因较少，缺乏短波长和绿/蓝敏感视蛋白。

研究人员认为，鲸鲨和虎纹猫鲨的视蛋白基因数量有限，是对只有蓝光可达的深水生活环境的适应。此外，他们研究的三种鲨鱼中只有三个嗅觉受体家族基因，这表明它们依赖于非常规的分子机制来嗅闻味道。

研究团队还在鲨鱼中鉴定出与哺乳动物相似的激素和受体基因，这些激素和受体基因与食欲、消化、生育和睡眠有关，表明这些分子机制可追溯到现存颌类脊椎动物最后的共同祖先之前。

（三）鲨鱼摄食行为探秘的新信息

1. 探索窄头双髻鲨摄食行为的新进展

首次确认窄头双髻鲨属于杂食性动物。[72] 2018 年 9 月，美国加利福尼亚大学欧文分校与佛罗里达国际大学联合组成的一个研究团队，在英国《皇家学会生物学分会学报》上发表论文称，长期以来，人们都认为鲨鱼是纯粹的食肉动物。但他们最新发现事实并非如此，有一种窄头双髻鲨不仅吃肉，也以海草为食。这是世界上第一种获得确认的杂食性鲨鱼。

窄头双髻鲨是一种常见的小型鲨鱼，广泛分布于东太平洋、西大西洋及墨西哥湾的浅海水域，主要捕食螃蟹、虾、贝类及小鱼。此前有研究显示窄头双髻鲨会摄入海草，但大部分人认为，这是鲨鱼在捕猎隐藏于海草中的虾蟹时偶然误食的，并不会从中吸取营养。

该研究团队采用人工干预方式喂养 5 条窄头双髻鲨，饲料中 90％是添加了碳同位素 C13 的海草，其余 10％为鱿鱼，连续喂食 3 周。试验结果显示，所有鲨鱼体重均有所增加。在窄头双髻鲨的血液和肝脏组织中，研究人员发现了大量的碳同位素标记，说明海草被充分消化吸收，而不是像废物一样被直接排出体外。

纯粹的食肉动物，通常没有消化植物的身体机制。研究人员发现，窄头双髻鲨的牙齿并不适合咀嚼海草，但它们胃里的强酸有助于削弱植物细胞，然后在酶的作用下可有效分解植物纤维素，这也是首次在鲨鱼肠道内发现专门消化植物的酶。

研究显示，窄头双髻鲨食用的全部海草中，至少有一半被肠道完全消化吸收。这一消化效率与完全食草的绿海龟基本相同。由此可以确认窄头双髻鲨为杂食性，海草可占其日常饮食的 60％左右。

2. 探索小虎鲨摄食行为的新发现

发现小虎鲨常以候鸟为食。[73] 2019 年 5 月 21 日，一个由动物生态学家组成的研究小组，在《生态学》杂志上发表论文称，他们研究显示，幼年虎鲨经常以季节性飞鸟为食，吃掉落入大海的鸟，无论是死是活。

这项研究可以追溯到 2010 年，当时研究人员在北美墨西哥湾捕获的一条幼年虎鲨，吐出了一团羽毛。研究小组认为这些羽毛可能来自海鸟，但恰恰相反，这些羽毛来自一只鸣禽。

研究人员为了弄清这种现象是否普遍，他们从 2010 年到 2018 年对幼年虎鲨的胃内容物进行调查。他们检查了 105 条幼年虎鲨，其中 41 条的胃里有鸟类的羽毛。研究人员说，经过鸟类学家识别和 DNA 分析，在 41 条幼年虎鲨的食道中发现了鹪鹩、麻雀，甚至鸽子等共 11 种鸟类，没有一种是海鸟。

研究人员认为，暴风雨把疲惫不堪的候鸟吹到海里，它们无法再次起飞并被淹死，进而成为幼年虎鲨的食物。

（四）鲨鱼生理特性与活动习惯探秘的新信息

1. 探索鲨鱼放电生理特性的新进展

运用神经科学揭秘鲨鱼和鳐鱼的放电原理。[74] 2018 年 6 月，美国加州大学旧金山分校生物学家戴维·朱里尤斯及其同事组成的一个研究团队，在《自然》杂志上发表论文称，他们揭秘了负责鲨鱼和鳐鱼电信号检测细胞的独特生理特性。这些研究结果，表明了感官系统是如何通过独特的分子和生物物理修饰，从而适应动物的生活方式或生态位的。

长久以来，人们都知道，有一些特定鱼类，如鲨鱼、鳐鱼和魟鱼等，拥有专门的电感应器官，能发电还能感受到电场。它们属于古代软骨脊椎动物，其电感应器官能够检测微弱的电场，并将这些信息传递给中枢神经系统。鲨鱼和鳐鱼都使用类似的低阈值电压门控钙离子通道，加上不同的专门调节的钾离子通道来调控这种活动，借此来检测电信号。两者的区别是，鲨鱼使用这种能力来捕食，而鳐鱼则用它来相互沟通。

但是，人们并不清楚这种电信号是如何进行细胞检测的，换句话说，这些生物电细胞的精细工作机理依然是个谜。

鉴于此，该研究团队选择网纹猫鲨与猬白鳐为实验对象，尝试阐明这一功能的分子基础。他们的分析表明，网纹猫鲨的电感应细胞表达特化的电压门控钾离子通道，这些通道会发出大规模重复性的膜电涌，以响应小而短暂的电刺激。而猬白鳐则使用钙激活钾离子通道产生小而可调的膜电压振荡，引起刺激依赖性囊泡释放。

这项研究，促进人们理解分子如何参与生物电感应这个旷日已久的问题，或有助于填补遗传学和生理学之间的空白。研究人员认为，这些独立的分子适应，或可促进鲨鱼利用类似开关的阈值电感应探测器进行捕食，而使鳐鱼具备了电通信这种精密的功能。

2. 探索鲨鱼活动习惯的新进展

利用皮肤斑块追踪鲸鲨的迁移活动足迹。[75] 2018 年 8 月 9 日，一个由海洋生物专家组成的研究团队，在《海洋生态学进展系列报告》中发表的论文表明，世界上最大的鱼类鲸鲨就像是一个居家型的"宅男"，很少在远离自己最喜欢食物的地方徘徊。而这一发现，对保护濒危鲸鲨的努力有着重大影响，在过去的 30 年里，它们的数量减少了一半。

这些庞然大物，通常会缓慢地在全世界的海洋中穿行，它们以浮游生物为食。鲸鲨能够长到 20 米长，体重达 40 吨。先前的研究表明，这种鲨鱼 1 年可游 1 万多千米，并且能下潜到海面下 2000 米的深度。而基因研究表明，鲸鲨可以被划分为不同的区域种群。

研究人员指出，这些鲸鲨种群似乎比之前认识到的更加独特。为了追踪鲸鲨移动的距离，科学家们筛选了，近 4200 张在西印度洋和波斯湾 3 个海域拍摄的，约 1200 条鲸鲨的照片。每条鲨鱼都有独特的标记，从而可以让研究人员识别出不同的个体，这样他们就能够摸清这些鲸鲨是否在这 3 个区域之间迁移。

研究人员还测量了，生活在这 3 个海域鲸鲨一小块皮肤上氮和氧的同位素情况。这两种同位素，在每个海域都拥有各自的特征比例，而这也反映在生活在那里的植物和动物身上。因此，研究人员注意到，这些皮肤斑块本质上变成了一本"生物护照"，它们记录着鲸鲨迁移的足迹。

研究人员发现，这两组信息结合在一起显示出，鲸鲨其中许多是年轻的雄性鲨鱼，并没有走得很远：大多数鲸鲨都是在离它们觅食地只有几百千米的海域里游泳。只有两条鲸鲨，从莫桑比克海岸的一个海域，游到坦桑尼亚海岸的另一个海域，完成了约 2000 千米的旅程。

研究人员在论文中写道，这些研究结果强调了保护特定鲨鱼种群的必要性，并且不要假设来自健康群体的鲨鱼会重新填充失去的种群。他们还说，鲨鱼保护可能会带来经济上的好处，因为在许多沿海地区，看到鲸鲨已成为一种巨大的旅游资源。

（五）鲨鱼寻找伴侣及繁殖后代探秘的新信息

1. 探索绒毛鲨寻找伴侣方式的新发现

发现绒毛鲨利用生物荧光寻找伴侣。[76] 2015 年 6 月，英国广播公司网站报道，绒毛鲨一般总是非常低调，它们在岩石海底的裂隙间穿行以躲避捕食者。这类鲨鱼通常生活在水深超过 500 米的水域，因此可以非常轻易地融入海水的一片漆黑之中，潜水者们罕有机会能够一睹其真容。

据报道，有个研究团队却发现了它们中的一类，即东太平洋绒毛鲨，其皮肤下的特殊荧光蛋白质，使其能够在蓝光作用下发出一种明亮的绿色荧光。蓝光是太阳光在水体中传播时被吸收最少的光线，因此可以抵达最大的深度。这种现象，属于生物荧光的一类，人们认为这种荧光应该是作为不同鲨鱼个体之间进行相互交流的手段。

该研究团队首先发现了 180 多种鱼类身上存在的生物荧光现象，并据此提出一项理论，认为动物们可能是借助这种功能实现伪装及寻找伴侣。

2. 探索鲨鱼繁殖后代的新进展

（1）首次发现可能更具威胁性的杂交繁殖鲨鱼。[77] 新浪科技报道，2012 年 1 月 3 日，澳大利亚昆士兰大学杰西·摩根博士、詹姆斯·库克大学渔业研究中心的科林·辛芬多弗等海洋生物学家组成的研究小组，在澳大利亚昆士兰州到新南威尔士州间 200 千米的海面上，发现世界上首批杂交繁殖的混血鲨鱼，他们指出，这一发现可能对全世界来说都具有重要意义。

这些异常凶猛的食肉动物，是普通的黑鳍鲨和澳大利亚黑鳍鲨的混血后代。科学家表示，这两个物种间的杂交繁殖，会让后代适应温暖水域，另外它可能使混血鲨鱼变得更加强壮和更具威胁性。

报道称，科学家共发现了 57 头混血黑鳍鲨。摩根说，这种杂交繁殖，对鲨鱼来说非同寻常，鲨鱼交配通常会尽量避免串种。

辛芬多弗表示，如果这种杂交物种证实它们比其他两个纯种都强大，最后它们会取而代之。他说："我们现在还不知道这个猜想是否属实，但可以肯定的是它们存活下来，也开始慢慢繁殖，并有多样化杂交后代。当然，它们看上去都十分健康。研究结果表明，我们还有很多问题没有解决，对这些重要的海洋食肉动物还要进行更多的研究。"

研究人员指出，杂交繁殖可能使这些鲨鱼逐渐适应环境变化，目前，体型较小的黑鳍鲨常在澳大利亚北部的热带水域活动，而较大的黑鳍鲨则更喜欢在澳大利亚东南海岸线一带的亚热带地区生活。

（2）宣布成功繁殖两条沙虎鲨幼鲨。[78] 2022年7月5日，科威特科学中心董事会前成员、生物学家萨利姆·阿布兰尼领导的研究团队，当天举行新闻发布会，宣布成功繁殖了两条沙虎鲨幼鲨。

研究人员在哈瓦利省举行的发布会上表示，尽管存在种种困难，科学中心还是确保了水族馆内两条沙虎鲨幼鲨的成功出生和存活。过去22年来，科学中心为沙虎鲨持续提供了一个适宜的水族馆环境，使它们能够在没有任何人为干扰的情况下自然繁殖。

阿布兰尼说："我们面临的最大挑战是保护出生后的幼鲨，因为幼鲨需要特别的护理才能生存。幼鲨在这里的成功存活是一个罕见的、成功的模式。"

研究表明，水族馆内的环境，包括拥挤程度、饮食和水温等因素，都有可能使雌性沙虎鲨妊娠失败。雌性沙虎鲨的妊娠期一般会超过8个月。

沙虎鲨是一种分布于全球多地的大型鲨鱼，身长可达3.25米。近几十年来，在人为捕捞等压力下，每窝只产两只幼崽的沙虎鲨种群数量急剧减少。该物种目前在世界自然保护联盟濒危物种红色名录上被列为"极危"物种。

第四节 海洋软体动物探秘研究的新进展

一、探秘头足类动物的新成果

（一）头足类动物数量变化探秘的新信息
——研究显示全球头足类动物数量显著增加[79]

2016年5月23日，澳大利亚阿德莱德大学海洋生物学家佐伊·杜布莉黛领导的一个研究小组，在《当代生物学》杂志上发表论文称，头足类动物以成长迅速、寿命短暂且生理敏感著称，比许多其他海洋物种的适应速度都快，因此海洋环境变化反而可能对它们有利。

研究显示，过去 60 年里，世界各地的头足类动物数量都显著增加，而且三大头足类动物章鱼、鱿鱼和乌贼的数量，均保持着一致的长期增长态势。

该研究小组调查了 1953—2013 年间 35 种头足类动物的数量。研究显示，从新英格兰到日本，头足类动物总量，由 20 世纪 50 年代便开始增长，并且其数量并不局限于栖息在公海中的物种，如美洲大赤鱿。一些生活在岸边的物种，例如曼氏无针乌贼也出现了数量的稳步上升。

那么为什么头足类动物会蓬勃发展呢？与啮齿类动物一样，头足类动物对周围环境的变化具有高度适应性，研究人员指出，这是因为大多数物种的寿命只有一到两年，并且在繁殖后便会死亡。这使得它们能够对干扰迅速做出响应。

想要追溯头足类动物数量增加的任何一个因素都是非常困难的，因此这 60 年的时间尺度被指向了人类的影响——自然界的海洋周期太短了，因此不可能对此负责。然而人类可以通过许多途径改变这一平衡。

捕鱼是一个潜在的罪魁祸首：通过捕捞以头足类动物为食物或与其竞争食物的鱼类，人类制造了一个食物链上的缺口，而头足类动物恰好填补了这个缺口。而气候变化则可能是另一个因素：升高的温度能够加速头足类动物本已很快的生长速度，使得它们更快繁殖，从而加速了种群的扩张。但杜布莉黛表示："在进行更多的研究之前，这些对于是什么导致头足类动物数量增长来说都是推测。"佩克认为，更快的生长速度，同时意味着头足类动物将吃得更多：它们已经是贪婪的捕食者，其中一些物种每天进食的数量，已达到成年个体体重的 30%。

研究人员表示，头足类动物数量增长会带来什么影响，目前还不是很清楚。一方面，它们是猎食者，可能对许多具有商业价值的鱼类与无脊椎动物造成不利影响；另一方面，许多以它们为食物的海洋动物可能从中受益，头足类动物也是一种重要的渔业资源。

（二）乌贼与鱿鱼探秘的新信息

1. 探索乌贼食性与防御的新进展

（1）发现深海乌贼存在同类相食现象。[80] 2016 年 8 月，国外媒体报道，德国基尔亥姆霍兹海洋研究中心亨克坚·霍温及其同事组成的一个研究团队，发表研究成果称，他们通过遥控潜艇拍摄了两种深海乌贼物种吞食同类的场景，终于发现包括大王乌贼在内的若干种乌贼之间会吞食同类。

一直以来，人们主要通过胃里的食物判断深海乌贼存在相互吞食现象，但并不清楚这是属于正常行为，还是它们被捕捉到网里后才发生的行为。霍温说："动物被捕捉到网中后压力会增大，它们可能会开始发生所谓的'网内捕食'效应，即吞食掉附近的任何食物。"

为了摸清真相，该研究团队在美国加州海岸附近蒙特利湾的一个水下峡谷中，派出一条遥控潜水艇，用来观察两种黵乌贼属，它们生活在从潜水层到水下 2000 米的水体中。

遥控潜艇经常会看到两种物种自相残杀，吞食同类，其中黵乌贼属的爪甲乌贼尤其如此。霍温说："有 40％的该类动物被发现以同类为食。这一比例相当高，非常令人震惊。"

霍温表示，这些乌贼生长速度非常快，只繁育一次后代，需要大量食物推动新陈代谢。当其他食物较少时，以同类为食就成为一种获取食物的好方法。这还有其他的益处，比如清除掉食物竞争者。

美国南佛罗里达大学圣彼得斯堡校区的布拉德·赛贝尔说："清楚地了解同类相食现象非常重要。它们这种行为，或者维持在比较普遍的水平，否则很难通过潜艇看到这些现象。"

（2）发现乌贼能通过变动电信号加强伪装防御。[81] 2015 年 12 月 1 日，一个由海洋生物学家组成的研究小组，在《皇家学会学报 B》上发表研究报告称，科学家早就知道，乌贼和它们的一些同族在受到捕食者威胁时会停止呼吸。不过，他们推断，呆立在原地不动，仅能辅助其产生视觉上的伪装效果。而事实证明，这还有另一个目的。他们这项研究显示，流经乌贼腮部的水缺失会减少附近的电活动，从而使捕食鲨鱼以为这种生物并不存在。

在实验室中，研究人员测量了了，乌贼在水槽底部停歇时产生的电信号。随后，他们测量了，因一段捕食者迫在眉睫的视频而受到惊吓的乌贼产生的电信号。当这些处于恐慌中的生物呆立在原地，并用触手掩盖住通往腮部的腔体时，附近水中的电压下降了约 80％。

随后，对两种鲨鱼进行的实验室测试显示，这种策略完美地发挥了作用。当研究人员产生电压以模仿一只停歇乌贼的出现时，鲨鱼能探测到20厘米外的电子设备，并且有62％的可能性朝它发起攻击。不过，当他们模拟一只屏住呼吸的乌贼出现时，两条鲨鱼在更加靠近设备的5厘米的地方才注意到它。即便这样，它们也只有30％的可能性向它发起攻击。

另外，当研究人员模拟一只逃离的乌贼时，鲨鱼在94％的时候探测到该设备，并且是在38厘米以外的地方，从而使这一策略成为最坏的选择。

研究人员认为，掩盖住长有腮部的腔体，或许同样能以另外一种方式帮助静止的乌贼：它可能制止了进出这一凹口的水流，从而减小了提示捕食者有乌贼存在的微小压力波。

2. 寻找深海鱿鱼的新进展

首次发现罕见的深海大鳍鱿鱼。[82] 2020年11月12日，澳大利亚联邦科学与工业研究组织当天发布公报说，该组织海洋科学家德博拉·奥斯特哈格等人组成的一个研究小组，在澳大利亚南部海湾拍摄到5条大鳍鱿鱼的罕见镜头，这是首次在这一海域发现这种软体动物。

根据这一公报，在这家研究组织安排的深海科考中，研究人员运用摄像装置在大澳大利亚湾一个海域水深2000～3000米处拍摄到这些鱿鱼。相关论文已发表在美国期刊《科学公共图书馆·综合》上。

奥斯特哈格介绍道，大鳍鱿鱼属于巨鳍鱿科，是一种深海鱿鱼，它们的鳍尺寸较大，其腕足和触须的末端伸出很长的细丝。他说："目击到大鳍鱿鱼非常难得。这在澳大利亚海域是第一个记录，而在世界范围也只有十几次确认目击到了它们。"

在这项深海科考中，研究人员使用并行激光测量仪测量了一条大鳍鱿鱼，发现其躯体长度超过1.8米，而其腕足和触须末端伸出的细丝超过躯体长度的11倍。他们还发现大鳍鱿鱼的腕足及其细丝之间有特殊的缠绕现象，这种情景此前从未观察到。

二、探秘贝类动物的新成果

（一）牡蛎与文蛤探秘的新信息

1. 探索牡蛎外壳与牡蛎育种的新进展

（1）揭示牡蛎外壳透明而坚固的秘密。[83] 2014年4月，一个以材料学家为主的研究小组，在《自然·材料》杂志上网络版上发表研究成果称，他们在利用电子显微镜观察牡蛎外壳的晶体结构后，终于发现了它呈现透明而坚固状态的秘密。

研究人员说，牡蛎的外壳非常透明且坚固，在印度和菲律宾的一些城市，它被用来当作玻璃的替代品。但是，牡蛎外壳99％的组成物质都是方解石，这是一种只含有很少有机材料的易碎物质。他们想要弄清，牡蛎只有手指甲厚的外壳，为何能够在抵御多重撞击时还能保持透明，令人造材料望尘莫及。

当研究人员用金刚石猛钻牡蛎的外壳时，它能抵抗方解石承受力10倍的压力，且依然完好无损。他们利用电子显微镜观察，终于发现了其中的秘密。当承受压力时，牡蛎外壳的晶体结构也会相对扭曲，使得原子重组生成新的边界，避免发生任何形式的破裂。

这一过程被称为塑变双晶，牡蛎能够将垂直压力水平驱散开，使得自己的壳可以承受多次重击。此外，方解石层与层之间还存在有机物质，避免在水平驱散压力时发生开裂。研究人员认为，该研究成果，能够为新一代挡风玻璃提供坚固透明的材料，甚至能够为军人提供"透明装甲"。

（2）创制出全新的牡蛎四倍体种质资源。[84] 2023年12月，中国科学院南海海洋研究所研究员喻子牛领导的研究团队，在《水产养殖》杂志上发表研究成果称，他们在贝类种质创新上取得重要突破，创制出全新的正反交牡蛎异源四倍体。

牡蛎是我国产量最大的海水养殖贝类，2022年达619.5万吨，占我国海水养殖总产量的25.4％，是保障蓝色粮食安全的重要经济类群之一。目前，全国牡蛎主要养殖苗种为三倍体，其养殖量接近总产量的一半。而四倍体，是生产三倍体牡蛎苗种的核心种质资源。此前该研究团队已经培育出香港牡蛎、福建牡蛎、长牡蛎三个主要经济种的四倍体，并构建了相应的核心群体。

然而，对于四倍体牡蛎的遗传改良研究，尚未见到有关报道。本次研究，在先前构建的二倍体牡蛎远缘杂交育种技术体系基础上，实施了四倍体长牡蛎与四倍体福建牡蛎的双列杂交，获得了正反交的异源四倍体种质资源，并评估了其优良种质性能。

这项研究结果表明以下三点：一是正反交的异源四倍体具有一定程度的生长、存活优势；二是正反交异源四倍体的性腺发育正常，完全能够产生功能性配子；三是杂交加强了四倍体牡蛎的生活力及倍性稳定性，为持续育种和创制新型三倍体牡蛎良种提供宝贵的种质资源。

2. 探索文蛤特异性免疫系统的新进展

发现文蛤能分泌内源性红霉素助力构筑免疫屏障。[85] 2022 年 11 月 29 日，中国科学院海洋所刘保忠研究员与美国卡内基科学研究所玛格丽特·麦克福尔-恩盖尔教授主持的一个国际研究团队，在美国《国家科学院学报》网络版上发表论文称，他们首次发现埋栖贝类文蛤能在体内特定细胞中合成、储存、分泌内源性的红霉素，打破了只有放线菌能合成红霉素的已有认知，基于此发现提出了埋栖贝类适应环境与抵御微生物侵染的新策略。

自然界中一个经常被问到的问题是，无脊椎动物，尤其是生活在充斥丰富微生物的浅海滩涂等栖息地的物种，在没有特异性免疫系统的状况下，如何应对一个病原体密集的环境并正常生存？除了已知的先天免疫体系外，他们是否进化出其他的防御机制？研究团队以埋栖贝类文蛤为对象，通过系统研究发现并给出了这一问题的新答案：即化学防御如红霉素合成结合黏液屏障，与贝类细胞和体液免疫组成的先天免疫系统一起，构成了其应对特定环境的免疫"盔甲"。

红霉素是一种高效的抗菌化合物，此前一直认为只能由细菌产生。研究人员在文蛤外套膜转录组分析中，惊奇地发现了红霉素合成过程的关键基因：红霉内酯合酶基因。

研究人员首先通过色谱与质谱联用的方法，确定红霉素存在于文蛤外套膜组织中，然后利用透射电镜、免疫组化等手段，进一步定位并表征了外套膜中产生和储存红霉素的具体结构为一种黏液样细胞，且红霉素可以随黏液分泌到体外，抑菌试验结果证实了黏液具抗菌活性，而敲除红霉内酯合酶基因则影响体内红霉素合成。

遗传分析表明，红霉内酯合酶基因在文蛤家系亲本和子代的基因型分离比，符合孟德尔分离定律，支持了红霉素合成基因的动物源性。系统进化分析和基因组区域的共线性分析，也提示该基因起源于动物谱系。

另外，在文蛤属近缘物种的相同细胞中也检测到了红霉素合成，提示产生抗生素的能力可能更广泛地存在于海洋无脊椎动物中，提供了动物与细菌次级代谢产物趋同进化的实例。该发现为理解无脊椎动物的环境适应和免疫防御机制提供了新的视角，也为经济贝类的健康养殖和抗性育种提供了新思路。

（二）利用海蛞蝓研究记忆的新信息

1. 通过海蛞蝓探索记忆形成的新进展

利用海蛞蝓揭示记忆形成过程的神经元分子活动。[86] 2012 年 10 月，美国纽约大学文理学院院长、神经科学中心教授托马斯·卡鲁领导，加利福尼亚大学欧文分校神经学家参与的一个研究小组，在美国《国家科学院学报》上发表论文称，他们利用加利福尼亚海蛞蝓，对形成短期、中期和长期记忆过程中，神经元分子活动的时间顺序和空间位置进行了区分。这一成果，为记忆形成的分子活动提供了最新解释，也为开发相关疾病的干预疗法带来更好的对策。

托马斯·卡鲁指出，记忆形成不是简单地把分子活动打开或关闭，而是由分子间相互作用和运动的复杂的时空关系所产生。本次研究的发现，为"记忆是怎样产生的"这一问题提供了更深入的理解。

此前，神经科学家已经从多个方面揭示了与记忆形成有关的分子信号，但对记忆形成过程中分子的空间关系、分子活动的时间顺序还知之甚少。在早些的研究中，已经发现有两种分子 MAPK 和 PKA 与多种记忆形式及突触形状改变有关，也就是说与神经元相互作用后脑中发生的改变有关，但还不清楚它们是在何时、何处，以及怎样发生这些作用的。

为解决这一问题，该研究小组利用加利福尼亚海蛞蝓的神经元做实验。海蛞蝓是螺类的一种，属于浅海生活的贝类，是软体动物家族中的一个特殊成员，其贝壳已经退化为内壳。背面有透明的薄薄的壳皮，壳皮一般呈白色，有珍珠光泽。海蛞蝓是一种良好的神经生物模型，它们的神经元比高等生物，如脊椎动物，要大 10～50 倍，而且其神经网络相对较小。这些特性，让科学家很容易检查记忆形成过程中的分子信号。此外，它们的记忆编码机制，在进化过程中高度保守，几乎没什么改变，也和哺乳动物的记忆编码机制很相似，这些都使它们成为研究人类记忆过程的最佳模型。

本项研究，集中在 MAPK 和 PKA 这两种分子上。研究人员对海蛞蝓进行了感受增强训练，对它们的尾部施加温和电击，诱导它们形成更强的条件反射行为，即温和地激活其尾部神经结构，然后对 MAPK 和 PKA 的分子活性进行检查。

他们发现，MAPK 和 PKA 的活动，在空间和时间上协调配合，尤其在形成几个小时的中期记忆和几天的长期记忆过程中，MAPK 和 PKA 的活性都被激发，MAPK 刺激了 PKA 的活动；而在不到 30 分钟的短期记忆中，只有 PKA 的活性被激发，MAPK 并未参与。

2. 探索海蛞蝓之间转移记忆的新进展

借助核糖核酸在海蛞蝓之间成功转移记忆。[87] 2018 年 5 月 14 日，以美国加州大学洛杉矶分校神经生物学教授大卫·格兰兹曼为主的一个研究小组，在《神经科学杂志》上发表研究报告称，他们利用核糖核酸，成功把一只海蛞蝓的记忆，转移到另一只海蛞蝓身上。研究人员称，这一新研究将有助于开发恢复人类记忆的新疗法。

海蛞蝓的中枢神经系统有大约 2 万个神经元，虽然远无法与人类的 1000 亿个神经元相提并论，但其细胞和分子运行过程与人类神经元非常相似，因此被认为是研究人类大脑和记忆的极佳模型。

在这项研究中，研究人员通过对海蛞蝓进行轻微电击，来增强其防御性收缩反射，即一种用来保护自己免受潜在伤害的收缩反应。经受电击"训练"后，海蛞蝓会在受到触碰时长时间收缩起来，持续时间会长达 50 秒，而正常海蛞蝓的收缩反应持续时间只有 1 秒钟。

随后，研究人员分别从"受训"海蛞蝓和正常海蛞蝓的神经系统中提取核糖核酸，将其分别注射到未曾受过任何电击的海蛞蝓体内。他们发现，注射了"受训"海蛞蝓核糖核酸的海蛞蝓在被碰触时，会表现出长达 40 秒的防御性收缩反应，而那些注射未受电击海蛞蝓核糖核酸的海蛞蝓则没有这样的表现。这表明，通过核糖核酸注射，"受训"海蛞蝓的电击记忆转移给了新受体。

研究人员指出，他们的研究，对开发恢复人类记忆的新疗法具有重要价值。格兰兹曼称，在不久的将来，科学家们或许能利用核糖核酸来改善阿尔茨海默病或创伤后应激障碍的影响，恢复这些患者休眠的记忆。

第五节　海洋刺胞动物探秘研究的新进展

一、探秘珊瑚及珊瑚礁的新成果

（一）珊瑚发光功能探秘的新信息

1. 探索深海珊瑚发光原因的新进展

破解深海珊瑚发出奇异光芒的原因。[88] 2017 年 7 月，英国南安普敦大学尤克·维登曼领导的研究团队，在英国《皇家学会学报 B》发表论文称，他们已经找到了深海珊瑚发出奇异光芒的原因：这是帮助与其共生的藻类进行光合作用。

科学家早就知道，在浅水中，珊瑚会发出绿光，而这是通过把荧光蛋白质作为一种"防晒霜"所形成的。这些蛋白质能够吸收有害的紫外线并重新释放出绿光，同时保护与它们共生的藻类，而这些藻类通过光合作用提供了珊瑚生长所需的大部分能量。

2015 年，该研究团队发现，栖息在海洋深处的珊瑚也会发出荧光，这一次是一些鲜艳的黄色、橙色和红色光线的集合。其中一些生物生活在水下 165 米的深处，只有很少的阳光能够照射到这里，并且大部分光线位于光谱的蓝色区域。因此，研究人员怀疑这些珊瑚发光可能另有原因。

现在，维登曼认为，他的团队已经找到了答案：深海珊瑚利用一种荧光蛋白，最大限度地制造少量光线，以供栖息在这里的藻类进行光合作用。换句话说，深海珊瑚和它们的浅海亲戚出于相反的原因而发出了荧光。

研究表明，蓝光对于光合作用更有用，但红光更能穿透到珊瑚的组织中。因此，珊瑚使用一种红色的荧光蛋白，把蓝光转换成橘红色光的波长。这就意味着，此类光线能够接触到更多的生物体共生藻类，从而帮助珊瑚通过光合作用生成尽可能多的养分以供生存。

维登曼指出："为了对自身至关重要的光合作用伙伴的利益，珊瑚需要特殊的功能来调节这些低光照度的生活。这一发现，显示了珊瑚和它们的海藻伴侣之间的共生关系，是多么的复杂。"

当前，由于海水温度上升引发的一系列白化事件，研究人员非常担心全球珊瑚的命运。一些海洋科学家认为，压力下的浅水珊瑚可以适应并在更深的水域中寻求庇护。

然而维登曼认为，这项研究表明，浅水珊瑚表达的蛋白质色素与其深水亲戚所表达的蛋白质在生物化学和光学上是不同的。他说："浅水珊瑚当中没有多少有能力逃到更深的水域。我们需要确保浅水里的珊瑚能够适合那里的环境。"

研究表明，当温度较高的海水导致珊瑚礁排出名为虫黄藻的共生藻类时，白化现象便发生了。而虫黄藻能够利用光合作用产生自己及其寄主所需的养分。失去彩色藻类的珊瑚逐渐变为白色，也就是人们所说的白化。一旦海水的温度在几天或几周内下降，这些共生藻类还会回来。然而如果白化现象持续下去，等待珊瑚礁的便只有死亡。

2. 探索珊瑚水中发光目的的新进展

研究表明珊瑚发光是为了引诱猎物。[89] 2022 年 7 月，以色列特拉维夫大学等机构相关专家组成的一个研究小组，在《自然·通讯》杂志上发表论文称，他们通过实验研究表明，珊瑚在海水中发光是为了引诱猎物。

第一阶段实验，研究小组在实验室中选用甲壳类动物卤虫，测试荧光对浮游生物的潜在吸引力。卤虫生活于高盐的盐田和咸水湖，是一种重要的饵料生物和良好的实验动物材料。

研究人员发现，让卤虫在绿色或橙色荧光靶标与清晰的对照靶标间进行选择时，它们表现出对荧光靶标的明显偏好。在所有实验中，荧光信号对甲壳类动物呈现出极大吸引力。

然而与甲壳类动物不同的是，不被认为是珊瑚猎物的鱼并未表现出类似选择趋势，而是总体上避开了荧光目标，特别是橙色荧光目标。

第二阶段实验，研究小组在深约 40 米的海域进行，那里是珊瑚的自然栖息地。目标是考察在自然水流和光照条件下，荧光对各类浮游生物的吸引力。研究发现，绿色和橙色荧光诱捕器吸引的浮游生物，是透明诱捕器的两倍。

研究的最后一个阶段，研究小组在以色列红海海滨城市埃拉特附近 45

米深海域，对珊瑚的捕食率进行检测，发现显示绿色荧光珊瑚的捕食率，比显示黄色荧光珊瑚高出25％。

研究人员说，许多珊瑚呈现出荧光颜色的图案，出它们的嘴或触手尖端，这说明珊瑚发光就像其他生物发光一样，是用来吸引猎物的一种机制。他们表示，尽管现有的关于浮游生物对荧光信号的视觉感知知识存在一定空白，但这一研究，为荧光在珊瑚中的诱捕作用，提供了实验证据。

（二）珊瑚病害防治研究的新信息

1. 探索珊瑚免疫能力的新发现

首次发现珊瑚和星海葵体内存在活免疫细胞。[90] 2021年8月17日，物理学家组织网报道，美国迈阿密大学罗森斯蒂尔海洋与大气科学学院与以色列本·古里安大学联合组成的一个研究小组，在《免疫学前沿》杂志上发表论文称，他们首次在鹿角杯形珊瑚和星海葵体内发现了免疫细胞，这些细胞能帮助它们对付感染。这一发现，有助于更好地理解珊瑚和其他珊瑚礁动物如何保护自己免受外来入侵者的侵害。

为了发现这些特殊的免疫细胞，研究人员在实验室让鹿角杯形珊瑚和星海葵体接触细菌、真菌抗原等外来颗粒，然后他们使用荧光激活细胞分选方法来区分不同的细胞群。

结果发现，被称为吞噬细胞的特殊细胞吞噬了外来颗粒，而这些细胞内充满的液体小结构就是吞噬体。此外，免疫细胞约占细胞总数的3％，这些物种至少拥有两个免疫细胞群，执行特定的消化功能。动物的免疫系统提供一种重要的保护性防御反应，以识别和破坏其组织中的异物。

研究人员说："这些发现很重要，因为它们表明珊瑚具有抵抗感染的细胞，并且它们拥有以前未知的细胞类型。我们需要在气候变化危机大幅减少全球珊瑚礁生物量和多样性的情况下，更好地了解珊瑚细胞如何发挥特殊功能，以及是如何抵御感染的。这项发现也有助于我们开发评估珊瑚健康的诊断工具。"

2. 调查珊瑚患病现象的新发现

发现加勒比地区珊瑚因致命疾病暴发面临灭绝风险。[91] 2022年6月10日，墨西哥国立自治大学生物学家阿尔瓦雷斯·菲利普主持的一个研究小组，在《通讯·生物学》杂志上发表的论文称，他们研究调查了450公里的珊瑚礁发现,石质珊瑚组织脱落病暴发,导致墨西哥加勒比海地区某些珊瑚物种死亡率高达94%。这项发现表明,有必要进行人工干预,防止某些珊瑚物种在该地区灭绝。

该论文介绍,石质珊瑚组织脱落病2014年于美国佛罗里达首次得到报告,此后在加勒比海蔓延开来。过去的研究发现,这种疾病几周内就会杀死感染珊瑚,但在本项研究之前,地区影响和种群下降程度尚不明确。

该研究小组在石质珊瑚组织脱落病尚未到达墨西哥加勒比海地区的2016—2017年,调查了35处地点,并在该疾病已蔓延至此的2018年7月至2020年1月,调查了101个地区。

他们发现,在墨西哥加勒比海地区疾病暴发后调查的29095个珊瑚群体中,有17%已经死亡,另有10%染病。在调查的48个物种里,其中21个染病后死亡率从低于10%到高达94%不等。造礁的脑珊瑚、苔珊瑚和绳纹珊瑚类群物种受害最严重,其中脑珊瑚物种和柱珊瑚种群损失超过80%。这些数字表明,该地区有些物种正面临灭绝风险,研究者认为,造礁物种的损失,会危害珊瑚礁应对环境变化的能力。

除了种群损失,研究人员还观察到珊瑚群体产生碳酸钙的能力下降了30%,这是产生珊瑚礁复杂三维结构所需的材料。他们提出,这可能会导致珊瑚礁骨架破坏速度高于生产速度。

论文作者总结说,石质珊瑚组织脱落病,可能会成为加勒比海有记录以来最致命的破坏。他们强调,可能需要进行人为干预,如拯救脆弱物种群体、保护其遗传物质和实施恢复工作等,来促进珊瑚礁修复,预防区域范围内某些物种灭绝。

3. 研究珊瑚生物灾害防治的新进展

通过基因分析助力防治危害珊瑚的棘冠海星。[92] 2017年4月6日,澳大利亚布里斯班昆士兰大学生物学家伯纳德·德格南主持的一个研究小组,在《自然》杂志网络版上发表论文称,他们通过分析最新测序的棘冠海星基因组及其分泌的蛋白质,重点揭示了可能是棘冠海星赖以相互交流的因子。该研究成果,或有助于制定新型策略,帮助防治这种多产的珊瑚捕食者。

棘冠海星在印度洋—太平洋区域泛滥成灾,导致珊瑚覆盖面和生物多样性受损。澳大利亚研究小组，对两种分别来自澳大利亚大堡礁和日本冲绳的棘冠海星，进行基因组测序。他们还研究了棘冠海星分泌至海水中的一种蛋白质。研究人员重点强调了大量信号转导因子和水解酶，其中包括一套已扩充并快速演变的海星特异性室管膜蛋白相关蛋白质，这可能是未来生物防治策略的重点。

这种基于基因组的方法，有望广泛应用于海洋环境中，用以鉴定靶向并影响海洋有害物种行为、发育与生理的因子。这些数据也将有助于研究棘冠海星灾害暴发的起因，为在区域尺度上管理这种危害珊瑚的动物做出贡献。

（三）搜寻珊瑚礁种类的新发现
——在塔希提岛附近发现一处巨大珊瑚礁[93]

中国新闻网报道，2022 年 1 月 20 日，联合国教科文组织表示，该组织支持的一个研究团队，在南太平洋塔希提岛附近海域，搜寻到一处巨大的珊瑚礁，它被认为是全球最大的珊瑚礁之一。

联合国教科文组织总干事阿祖莱说，迄今为止，人类对深海的了解尚不及月球表面。我们仅完成了 20% 海床的地图绘制。在塔希提岛的这一非凡发现，展示了科学家们的杰出工作。在教科文组织的支持下，他们进一步加深了人类对海底世界的了解。

据介绍，该珊瑚礁位于海面以下 30～65 米深处，长约 3000 米，是有记录以来发现的最大的健康珊瑚礁之一。巨大的玫瑰状珊瑚直径可达 2 米。该玫瑰形珊瑚的完好保存状态和覆盖区域之广，使其成为一项非常有价值的发现。

此次发现的不寻常之处在于，到目前为止世界上绝大多数已知的珊瑚礁，都位于海面至 25 米深处。因此，这一发现表明，在我们所知甚少的超过 30 米深海域的海洋"暮光区"中，还有更多大型珊瑚礁存在。

这次考察，是教科文组织全球海洋测绘工作的一部分。珊瑚礁是其他生物的重要食物来源，因此定位它们有助于开展更多与生物多样性相关的研究。珊瑚礁生物对医学研究有重要意义，珊瑚礁还可以防止海岸侵蚀，乃至减轻海啸影响。

到目前为止，很少有科学家能够发现、调查和研究位于海面 30 米以下的珊瑚礁，但现在的技术能够支撑在这一深度进行更长时间的潜水。该研究团队共潜水约 200 小时研究这一珊瑚礁。他们计划未来数月继续潜水，以围绕这里的珊瑚礁开展更多研究。

二、探秘海葵生理及行为的新成果

（一）海葵生理功能探秘的新发现
——发现海葵毒液会随环境而变化[94]

2018 年 3 月，以色列希伯来大学网站报道，该校耶胡·莫兰博士牵头的研究团队发表成果称，他们研究发现，有毒动物海葵在一生中会多次调整其毒液的成分，以适应不断变化的生存环境。

莫兰表示，科学界长期以来都认为，动物毒液不会随着时间的推移而发生变化，但是他们对海葵的跟踪研究发现，随着生存条件的变化，海葵会多次对毒液成分做出调整。

该研究团队发现，海葵在幼虫阶段会产生独特的强效毒液，导致食肉动物一旦将它们吞下就会立刻吐出来。在海葵长大而能捕食小鱼小虾后，它们就会根据新的生活方式产生不同种类的毒素。在海葵的一生中，随着它们的饮食改变，或者从一个水域迁移到另一个水域，它们都会根据新的需求和环境来调整自己的毒液。

研究人员说，通过对海葵从出生到死亡的跟踪研究，他们发现动物的"毒素库"比以前想象的要丰富得多，它们的毒液既能应对来自捕食者的威胁，也能适应不断变化的水生环境。

莫兰认为，这些发现有重要意义。一是动物毒液常被用于开发药物，但这项研究表明，对于有着复杂生命周期的动物，研究人员尚未完全清楚它们的毒液成分。目前对成年海葵的毒液研究较多，但对其幼虫毒液中的独特化合物所知较少，这些化合物有可能带来新药物。二是海葵、海蜇和珊瑚等动物在海洋环境中发挥着重要作用，更好地了解它们分泌的毒液，也有助于增强对海洋生态的理解。

（二）海葵行为方式探秘的新发现

——发现海葵与向日葵一样会追随太阳运动[95]

2023年11月15日，《新科学家》杂志网站报道，英国普利茅斯海洋生物协会一个研究团队的研究显示，沟迎风海葵可能是已知的第一种"向日性"动物。它们的触角指向太阳，像植物一样追随太阳的运动。

研究人员表示，沟迎风海葵的身体组织中有共生藻类，这些藻类利用光合作用为动物"伴侣"提供食物。他们注意到，海洋生物协会研究所水族馆里的沟迎风海葵，会把触角指向从附近窗户射进来的太阳光。当窗帘关上时，海葵的触角迅速陷入混乱。窗帘一打开，这些触角在几分钟内又开始追随太阳。在实验室环境下，研究人员使用缓慢移动的光源开展实验，海葵的行为也如出一辙。

对海葵开展的进一步实验表明，就像追踪太阳的植物一样，海葵的运动主要受太阳光中蓝光波长的影响。当研究小组漂白海葵，去除它们的藻类"伴侣"时，"向日"行为完全消失了。藻类在光合作用过程中会产生活性超高的氧基化学物质，这些化合物会在海葵组织内积累，这可能是阳光触发动物触角移动的一种方式。

研究人员指出，其他海葵、水母等动物也表现出趋光性。它们会将移动身体靠近光源，但沟迎风海葵是已知第一个表现出固定追踪太阳行为的动物。在狭窄的岩石池栖息地，海葵很难移动自己去获得更多阳光照射，因此它们将触角伸向太阳。植物由于缺乏移动能力，也表现出类似的行为。

不过，沟迎风海葵可能不是唯一一种具有这种能力的动物，"向日性"很可能在光共生生物的生活方式中具有普遍性。日后，在其他海葵物种身上进一步开展类似的实验，有望揭示更多的"向日"行为。

三、探秘水母生命与生理的新成果

（一）水母生命及基因探秘的新信息

1. 探索水母生命循环的新进展

揭开地球上唯一永生动物水母的神秘面纱。[96] 2018年8月，有关媒体报道，不死水母的故事起始于 1988 年。那一年，意大利海洋生物学专业学生克里斯蒂安·萨默，在意大利西北部靠近热那亚的浅水区，收集到一只微小的钟形水母体，它长着少量纤细的触须，粉红色的性腺呈吊灯形。在一个周五，他把这只水母放在一碗海水中，却忘了在周六把它放回到冰箱去。当他在下周一回到实验室时，发现水母体不见了。但它没有完全凭空消失，那只碗中留下了一只水螅体。

这一反常现象，让研究人员感到困惑。科学家认为，他们早已熟知水母的生命周期：受精卵长成毛茸茸的胶囊状幼虫，幼虫变形为水螅体，随后长成能够游动的水母体。水母体产生卵子和精子，完成繁衍后代的使命，直至最后走向死亡。但是，一个周末的时间显然不够碗中的水母体完成繁殖、长成幼虫、变形为水螅体的过程。这些转变需要花上数周的时间。那么，那个周末发生的转变，就只剩下一种惊悚的可能性：就像电影《返老还童》中的本杰明·巴顿一样，水母一定逆转了年龄，从生命循环中成熟的水母体逆转变回水螅体。

通常情况下，水母由受精卵发育而来，长成幼虫，之后变形为水螅体，最后成为能够自由游泳的水母体。不过，灯塔水母并不严格地受生命循环限制，成熟的水母体也可以变回水螅体。

人们在几个世纪前已经知道，水母的生命循环并非一成不变。一些水母会跳过水螅体阶段，直接从幼虫（也叫浮浪幼虫）成长为水母体。也有很多水母一直从未经历水母体阶段，一直以水螅体生活。水螅体可以由其他水螅体变化而来。水母体也可以从其他水母体的下腹部生出来。除去水母生命循环中的可塑性，科学家相信存在着一个极限，一旦水母体到达了繁殖的年龄，这些不同寻常的变态行为再也不会出现。我们一直相信，一旦动物成熟至能够产生卵子和精子，之后唯一的选项就是繁殖和死亡。这种观念，一直延续到那只在一个周末让自己恢复年轻的水母出现。

意大利萨伦托大学的斯蒂法诺·皮莱诺在他位于莱切的实验室附近，发现了这类不死的水母：灯塔水母。在实验室，皮莱诺和合作者观察了水母从水螅体到水母体，以及水母体到水螅体的来回转变，其间没有经过从繁殖到死亡的生命过程。

在它们发育成熟成为自由移动的水母体之前，典型的水母幼虫会变成锚状的水螅体。但是一些水母会跳过一些阶段，或者就一直保持在水螅体阶段。

皮莱诺说："这就相当于一只蝴蝶重新变成毛毛虫，简直难以置信。这一定需要真正的变态，而且是相反的变态过程。"

皮莱诺也一直强调，通过感染、被捕食等情形，灯塔水母也会经历死亡。他说："如果它们确实是不死的，那么我们不难想象，海洋中会飘满灯塔水母，但我们并没有看到那样的景象。"但至少在理论上，水母可以永远沿着生命的循环向前，或是向后。在日本，一位科学家在他的实验室里把一只灯塔水母保存了几十年。

最近，我们了解到拥有这种永不衰老倾向的，可能不止这类小型水母。灯塔水母是非常小的物种。多数的水母体都在野外被吃掉了，它们的永生也没有太大用处。

2. 探索水母生命循环的新进展

发现水母可阻止和逆转衰老的基因。[97] 2022 年 8 月 29 日，《新科学家》网站报道，西班牙奥维耶多大学生物学家玛丽亚·托纳及其同事组成的一个研究小组，通过比较两种相似水母的 DNA，发现了可阻止和逆转永生水母衰老的基因。研究人员称，这一基因可能与人类衰老有关，最新研究有望为再生医学，以及治疗癌症、神经变性、衰老和与衰老相关的疾病提供新线索。

水母的一生可这样概述：漂浮的幼虫附着在海底并发育成芽状息肉，这些水底生物不断自我克隆，最后发育成能自由游动的伞形水母。对大多数水母来说，这一旅程的终点是死亡。

但灯塔水母（也叫不朽水母或永生水母）可逆转这一旅程。当遇到困难，比如身处恶劣的环境中或受伤后，它们的身体会融化成无定形的包囊，重新附着到海底，并退化成息肉。他们可无限地重启循环，以避免死亡。

为找出永生水母延缓衰老的秘诀，该研究小组对其基因组进行测序，并与相关但不会永生的深红水母进行比较。

他们发现，永生水母体内拥有两倍多的与 DNA 修复和保护相关的基因拷贝。这些基因复制品可产生更多的保护性和恢复性蛋白。此外，永生水母还拥有独特的突变，可抑制细胞分裂，防止作为染色体保护帽的端粒退化。

此外，为确定永生水母是如何逆转为息肉的，研究人员研究了在这种反向变形过程中哪些基因是活跃的。他们发现，永生水母会使发育基因沉默，使细胞恢复到原始状态，并激活其他基因，使新生细胞在新水母萌芽后重新分化。研究人员说，这些基因变化共同保护永生水母免受时间的侵蚀。

研究人员指出，深红水母也能恢复活力，只是不如永生水母那样普遍。比较这两者之间的差异，可能有助于揭示水母永生程度的差异，但无法揭示永生本身。新发现的基因，可能也与人类衰老有关。

（二）水母生理机制与行为特色探秘的新信息

1. 探索水母断腕疗伤机制的新发现

发现水母断腕采用"均衡化"自我疗伤方式。[98] 2015 年 6 月 15 日，美国帕萨迪纳市加州理工学院生物学家李·戈恩托罗领导，他的学生生物学博士迈克尔·艾布拉姆斯等人参与的一个研究小组，在美国《国家科学院学报》上发表论文称，水母断腕后不是重新长出新触手，而是通过重新排列触手以恢复身体的均衡性，来实现自我疗伤。

2013 年春，艾布拉姆斯弄断了一个小水母的两个触手，因为他发现了一些此前从未见过的现象。"他开始喊……'你绝对没见过这个，快过来看看'。"其导师戈恩托罗回忆说。

该研究小组猜想，可能艾布拉姆斯的海月水母会重新长出新触手，因为很多其他海洋无脊椎动物，包括海月水母自身在螅形体阶段时，都通过这种方式再生。

然而，这个海月水母并没有重新长出两只触手，而是重新排列了剩余的 6 个触手，直到它们均匀地分布在身体周围。海月水母剩余触手上生长的肌肉不断推扯着，直到它们重新均衡分布，触手的均衡分布对于海月水母的活动十分关键。

为此，研究人员在偶然间发现了一种全新的科学现象，他们把此称作"均衡化"。水母经常会受伤，如有时捕获猎物的攻击没有成功，均衡化是水母自我疗伤的一种重要方法。

　　缅因大学没有参与此项研究的海洋学家萨拉·琳赛说："这是一项惊人的发现，是非常难得的观察性研究成果。"

　　戈恩托罗研究小组险些错过这个发现。他们一开始计划研究灯塔水母的肢体重构方式。在等待研究样本到来期间，他们打算先用普遍存在的海月水母做一些试验。

　　艾布拉姆斯说，观察到海月水母的触手调整现象后，他反复试验了几次，因为他以为可能发生了错误。随后，他确定了海月水母确实在重新调整触手，以恢复身体的均衡性，这一过程大致要花费 12 小时至 4 天。

　　为了调节这种现象背后的机制，研究人员把注意力转向水母的肌肉系统。如果给海月水母注射肌肉松弛剂，它们就很难完成触手均衡化过程。然而，当研究小组增加了小水母体内的肌肉脉冲时，这一过程明显比通常情况下加快了速度。

　　戈恩托罗补充说，了解这种现象，可以为科学家研究再生药物提供新思路。她说："我们希望它可以激发新的生物材料技术：不是通过替换丢失的部分，而是通过恢复相关功能。"

2. 探索水母联想学习机制的新发现

　　发现没有中央大脑的水母也能通过联想学习。[99] 2023 年 9 月 22 日，丹麦哥本哈根大学安德斯·加姆主持，德国基尔大学简·比尔尼奇为第一作者的研究小组，在《当代生物学》杂志上发表论文称，他们研究发现，水母虽然没有中央大脑，但也能像人类、小鼠和苍蝇一样从过去的经验中学习技能。

　　研究小组训练了加勒比箱水母，发现它能学会躲避障碍物。这项研究，挑战了此前认为的高级学习需要中央大脑的观点，并揭示了学习和记忆的进化根源。

　　比指甲还小的加勒比箱水母看似简单，但它们有着复杂的视觉系统，钟状的身体上嵌着 24 只眼睛。这种动物生活在红树林沼泽中，利用优良的视力在浑浊的水中穿行，并能在水下错综复杂的树根周围灵活转弯，诱捕猎物。研究人员发现，水母可以通过联想学习获得避开障碍物的能力，这是一个有机体在感觉刺激和行为之间形成心理联系的过程。

研究小组在一个圆形水箱上装饰了灰色和白色条纹，以模拟水母的自然栖息环境，灰色条纹模仿远处可能出现的红树林根系。他们观察了水箱里的水母7.5分钟。起初，水母会游向这些看似遥远的条纹，并经常撞到它们。但在实验结束时，水母与箱壁的平均距离增加了约50%，成功避免碰撞的次数增加了4倍。研究结果表明，水母可以通过视觉和机械刺激从经验中学习。

然后，研究人员试图通过分离水母的视觉中心，来确定水母联想学习的潜在过程。水母每个感觉中心都有6只眼睛，并产生控制水母运动的信号，当水母为避免碰到障碍物转向时，信号频率会出现峰值。

研究小组还分析了灰色条纹移动向静止的水母感觉棍，以模仿动物接近物体的过程。感觉棍对条纹没有反应，这表明感觉棍认为这些条纹是遥远的。然而，在研究人员用微弱的电刺激训练感觉棍后，当条纹靠近时，它开始产生躲避障碍物的信号。这些电刺激模拟了水母碰撞障碍物的机械刺激。这些结果进一步表明，水母的联想学习需要结合视觉和机械刺激，而感觉棍是学习中心。

接下来，研究小组计划深入研究水母神经系统细胞的相互作用，以梳理记忆的形成。他们还计划进一步了解水母的机械传感器如何工作，以描绘出这种动物联想学习的完整画面。

3. 探索水母移动行为特色的新发现

发现水母依靠触手创造的压力实现灵活穿梭。[100] 2014年2月，一个由海洋生物学家组成的研究小组，在《自然·通讯》杂志上发表文章说，人类制造的任何东西，都无法像水母一样有效地穿梭于水中。他们发现，水母的每个触手都能创造出压力系统：从水母钟形身体前部旋转的低压涡旋，会遇上形成于其身后的高压膨胀。这种压力梯度拉动着水母轻松地在水中穿梭。

该研究小组用了两年时间，对水母的推进力进行专门研究，终于揭示了让这种半透明动物有效运动的一个重要结构特点：柔韧。研究人员还通过制造机器水母，验证了这一理论，结果柔韧模型把僵硬模型甩在了身后。但是，水母是唯一发现柔韧魔法的动物吗？

一项新研究，调查了59种动物具有推进力的四肢，从虎鲸的鳍到飞蛾和蝙蝠的翅膀，再到海蛞蝓的翼状脚。柔韧性不仅无处不在，并且经过了精妙的调整。无论动物生活在空气中还是水中，无论它是利用皮肤、羽毛还是胶状襟翼推动自己前进，四肢拥有推进力的所有动物，似乎有相同的柔韧设计约束：在稳定动作中，结构长度的约 1/3 弯曲，弯曲角范围从 15 度到 40 度。

研究人员指出，上述描述的这种精密的"生物形态空间"，并不是共享基因的结果。相同的解决方案被重复了无数次。而鳍和翅膀的精细调整经过了良好设计，并在进化过程中被再三发现。不夸张地说，僵硬是一种拖累。

第六节　其他海洋生物探秘研究的新进展

一、探秘海鸟与海龟的新成果

（一）海鸟行为探秘的新信息

1. 探索尖尾滨鹬繁殖行为的新发现

发现尖尾滨鹬雄鸟飞越千山万水到北冰洋沿岸繁殖。[101] 2017 年 1 月，德国马克斯·普朗克鸟类研究所一个研究小组，在《自然》杂志上发表论文称，他们研究发现，在一个繁殖季中，雄性美洲尖尾滨鹬会不辞辛劳地一次又一次穿梭于相隔数百千米的繁殖地，不惜牺牲睡眠时间以尽可能多地交配。这一发现，突显了一种人们前所未知的候鸟行为，对性选择和物种形成理论都有影响。

美洲尖尾滨鹬是一种体型比鸽子还小的鸟类，属于一雄多雌制的物种，它们在南半球越冬，但在北冰洋沿岸繁殖。美洲尖尾滨鹬的繁殖范围很广，从俄罗斯北极地区西部一直到西伯利亚、阿拉斯加和加拿大的北极地区。

此次，德国研究人员追踪了美洲尖尾滨鹬雄鸟，发现它们会在一个繁殖季中造访最多 24 个可能的繁殖地，沿途平均飞越 3000 千米，为此雄鸟必须减少睡眠时间，而其中一只雄性甚至飞出了 13000 千米的距离。

这些结果表明，雄鸟从越冬区出发时并没有一个确定的繁殖目的地，而是以当地的交配机会为依据四处活动。这使得它们能在同一个繁殖季中，在多个繁殖地繁殖后代。这一物种雄鸟要赢得雌鸟芳心，必须经过激烈竞争。因此，它们为了在繁殖地之间长距离飞越，只能睡得更少，同时它们如果足够强壮，能与遇见的所有雌性随机交配，则在性选择中会更受偏好。反之，如果没有这种现象，或许会导致该物种适应当地变化的可能性更低，演化为不同亚种的可能性也会因此有所下降。

2. 探索企鹅鸣叫与捕食行为的新进展

（1）研究企鹅的鸣叫行为及其功能。[102] 2017 年 8 月，韩国极地研究所生物学家李元英及其同事组成的一个研究小组，在《科学报告》上刊登的一篇论文，描述了巴布亚企鹅在海洋的鸣叫行为及这些叫声的功能。这种行为被动物摄像机记录下来。

巴布亚企鹅生活在次南极岛屿和南极洲地区，习惯群体捕猎，主要以磷虾和鱼类为食。然而，研究人员很难接近企鹅的外海觅食地，因此对觅食时企鹅叫声的研究一直被搁置。

该研究小组用动物摄像机，拍摄到南极乔治王岛的巴布亚企鹅，在2014—2015 年、2015—2016 年两个繁殖季节的觅食行为。研究人员搜集了 10 只企鹅的 598 次近海呼叫，并分析了这些叫声的声学特征和行为情境。

结果发现，在近一半的叫声中，这些企鹅在听到近海呼叫的 1 分钟内立即聚集成群。企鹅在发出近海呼叫前后，没有表现出潜水觅食比例或猎物捕获率上的差异。这或许表明，叫声与集体联系有关，而不是为了寻找食物。

研究人员观察到，在发出近海呼叫后，企鹅每次潜水的深度更浅、距离更短，而且它们游到一个新的地点而非在老地方逗留。研究人员猜想，企鹅在觅食过程中用声音交流，可能是为了召集群体。李元英提出，要更好地理解这些企鹅的水中生活，必须做更深入的研究。

（2）发现非洲企鹅会通过组团来捕鱼。[103] 2017 年 10 月，有关媒体报道，南非纳尔逊曼德拉大学阿利斯泰·麦金尼斯和同事组成的一个研究小组发表研究成果称，他们发现，同类非洲企鹅会一起捕鱼，通过这样做，它们能够在消耗更少能量的同时，捕获更多的猎物。

非洲企鹅会成群结队地觅食，但没有人见过它们在水下捕食。为了了解它们如何在自己的栖息地捕猎鱼类，如沙丁鱼群和凤尾鱼群，该研究小组在 12 只非洲企鹅身上安装了摄像机。

在大多数潜水情况下，企鹅都在追逐一条鱼，但有时它们会结队从而获得更大的回报。研究人员发现，企鹅成群地将鱼群驱赶到水面，让它们聚集成一个"诱饵球"。任何试图逃跑的鱼都会从这个群体中脱离出来，使它们成为容易被捕捉的猎物。企鹅背部的羽毛是黑色的，胸前则是白色的，这可能很难让鱼看到它们从下方接近。

研究人员用捕获的鱼的数量除以觅食时间，计算了企鹅的捕食效率。他们发现，当企鹅结群捕猎鱼群时，它们的效率是自己单独攻击时的 2.7 倍。以群体方式觅食，在很多方面都是有益的。在最简单的层面，像剑鱼这样用喙捕鱼的动物能够捕食更多的鱼。在更复杂的层面上，类似海豚一样的动物可以交流并协调它们的活动。

麦金尼斯说，企鹅并未像海豚那样合作，但它们的结队可能比剑鱼更先进。在水面上，它们会与其他企鹅进行交流，并同步潜水。

日本国家极地研究中心渡边由纪说："这项研究提供了企鹅积极地与其他个体互动，以提高捕猎效率的首个证据。"他表示，其他企鹅可能也会这么做，但需要进一步研究。

非洲企鹅是一种濒临灭绝的物种。自 20 世纪 70 年代以来，其野外数量已下降逾 60%。过度捕捞其猎物被认为是一个影响因素。

（二）海龟行为探秘的新信息

1. 探索海龟体貌特征的新发现

在南太平洋海域见到能发出荧光的海龟。[104] 2015 年 10 月，英国《每日邮报》报道，美国纽约城市大学家大卫·格鲁伯，在夜潜的时候，发现了一只能够发出生物荧光的玳瑁。据悉，这是在南太平洋，发现的世界上第一种"荧光"爬行动物。

格鲁伯表示，这是一只出现在南太平洋所罗门群岛附近海域的玳瑁，它展现出生物荧光的能力。他说，当时他正试图拍摄生物荧光鲨鱼和珊瑚礁的影像。他形容这只濒危海龟，看起来像"一艘很大的太空船滑行进入了视野"。

在"国家地理"拍摄的视频片段中，这只玳瑁发出绿色和红色的荧光，其中红色可能源自玳瑁背壳上的藻类。科学家正在研究这只玳瑁，为何具有如此非同寻常的能力。东太平洋玳瑁组织的主管亚历山大·高斯说："（生物荧光）通常用于寻找和吸引猎物，或者进行防御，也可能是某种交流的方式。"

他补充道，由于玳瑁数量非常稀少，因而很难对它们这一现象进行研究。在全世界范围内，玳瑁的数量在近几十年里下降了将近90%。生物荧光是生物体吸收光线，然后转变为其他颜色的光线散发出来的现象。这种现象，并不等同于"生物发光"，

"生物发光"常见于藻类和水母，动物体本身就是光源。在生物荧光中，动物皮肤中的特殊荧光分子会受到高能光如蓝光的刺激，在失去一部分能量之后，光线以较低能量的波长发出，比如绿光。这种奇特的荧光只有在外来光源的照射下，才能被人类的肉眼看到。

2. 探索海龟疾病性质的新发现

发现海龟肿瘤类似人类癌症。[105] 2018年6月，美国佛罗里达大学大卫·达菲及同事组成的一个研究小组，在《通讯·生物学》杂志上发表论文称，他们研究发现，海龟肿瘤和人类癌症拥有类似的遗传脆弱性，这意味着人类癌症疗法或可用于治疗海龟肿瘤。

海龟种群目前面临灭绝威胁，其患有的纤维性乳突瘤症，是一种具有潜在致命性的恶性肿瘤，这削弱了人类对海龟保育措施的效果。人为造成的栖息地恶化等问题，促使这种肿瘤病毒和其他新出现的传染病，在野生生物中传播扩散。对于该病毒与海龟宿主之间的关系，包括哪些基因负责驱动肿瘤发展，人们基本上一无所知。

该研究小组应用目前用于人类癌症的精准医学技术，研究了负责海龟纤维性乳突瘤症肿瘤生长的分子信号传导事件。他们考察了肿瘤发展期间的基因表达变化，发现肿瘤受宿主基因的表达变化驱动，而不受病毒基因影响。

有鉴于此，研究人员认为，这些驱动基因或可用作人类抗肿瘤疗法治疗海龟的靶标。以上发现也展示了精准医学方法用于处理罕见、研究不足的野生生物疾病的潜力。

二、探秘甲壳类动物的新成果

（一）甲壳类十足目动物探秘的新信息

1. 探索十足目青蟹繁育的新进展

"中国青蟹之乡"实现规模化苗种繁育。[106] 2023 年 3 月 23 日，中国新闻网报道，青蟹肉质细嫩、味道鲜美、营养丰富，是浙江人餐桌上最受欢迎的海鲜之一。连日来，在台州三门青蟹研究院繁育基地，300 余只种蟹进入抱卵关键期，即将实现大规模同步抱卵。

宁波大学海洋学院吴清洋博士在接受采访时说："我们已初步建立高质量抱卵蟹规模化培育技术体系，抱卵率达 70%，这批三门原产地种蟹 4 月可进入幼苗培育期，5 月将迎来大量优质苗种上市。"

据了解，作为浙江省海水养殖第一大县，三门县青蟹养殖面积达 15 万亩，被誉为"中国青蟹之乡"。然而，优质苗种稀缺，一直是制约三门青蟹养殖产业健康可持续发展的难题。三门县水产技术推广站站长陈丽芝介绍说，三门青蟹养殖大多依靠浙江省外野生苗，野生苗受自然因素影响较大，品质和产量都不稳定，还存在非繁殖季无苗可养的问题。

为进一步提升青蟹养殖效益，2022 年，三门县联合吴清洋团队，在三门青蟹研究院繁育基地探索保种促熟技术进行人工育苗，经过试验，成活率、品质等已达到规模化繁育要求。走进该繁育基地，一个个蟹苗培育池排列有序，绵密的小气泡咕咕作响。池底，一只只种蟹爬行自如，富有生命力。

吴清洋说，通过水质调控、生物饵料搭配与优化以及盐度和光照程序化调控等技术，种蟹抱卵率提高至 70%，抱卵时间从原先的 1 个月缩短到 10～20 天。他接着说，人工苗与野生苗相比有很多优点。人工苗可比野生苗至少提前 1 个月出苗，且抱卵率、成活率均高于野生苗。同时，人工苗 3 个月左右可繁育一茬，除冬季外都能养殖，三门青蟹的产量和品质都能得到较大提升。

2. 探索十足目对虾与枪虾的新进展

（1）成功破译南美白对虾基因组。[107] 2019 年 1 月 24 日，中国科学院海洋研究所相建海研究员和李富花研究员等专家组成的研究团队，在《自然·通讯》网络版上发表论文称，他们历时 10 年，成功破译凡纳滨对虾，即南美白对虾的基因组，并获得高质量的对虾基因组参考图谱。

相建海介绍，对虾基因组是世界上公认的高复杂基因组，研究团队尝试了从一代到三代的各种基因组测序平台及各种组装软件，最终完成了凡纳滨对虾的全基因组测序和组装，并获得了高质量的对虾基因组参考图谱。

通过分析发现，凡纳滨对虾共有约 24 亿个碱基对。以 1～6 碱基为单位多次重复的简单串联序列占对虾基因组的 23.93% 以上，是目前已测基因组物种中含量最高的，这也是对虾基因组高复杂性的根本原因。

此外，研究人员在对虾基因组上发现了两大结构特征：大量的物种特异性基因和大量的串联重复基因，这可能与对虾科的特异性进化有密切联系。

李富花表示，对虾基因组的破译，为甲壳动物底栖适应和蜕皮等研究，提供了重要理论基础和数据支撑，同时也为对虾基因组育种和分子改良工作提供了重要基础平台。

据了解，凡纳滨对虾作为四大养殖虾类之首，其全球年产量达 416 万吨，具有非常重要的经济价值。我国的凡纳滨对虾产量占全球的 1/4 以上。由于种质资源匮乏，我国每年需从国外引进大量凡纳滨对虾苗种。

李富花说："凡纳滨对虾基因组的破译，将有力促进我国对虾分子育种和全基因组育种的发展，产生我国自主培育的凡纳滨对虾品种，推动我国水产养殖种业发展。"

（2）发现枪虾闭合螯能够产生冲击波。[108] 2018 年 1 月，一个由生物学家组成的研究小组，在《当代生物学》杂志上发表论文称，几十种不到 10 厘米长的枪虾，看上去可能并不像是可怕的对手。然而，他们研究却发现，枪虾的螯闭合得非常迅速而有力，以至于其产生的声音比枪声还响，同时在水中创造的冲击波会把鱼类、蠕虫和其他猎物震晕。

不过，虾的螯从简单地夹住东西，到超级快速地抓住猎物，这一进化步骤对科学家来说一直是个谜。如今，该研究小组详细分析了 114 种虾的螯构造，包括约十几种已知的枪虾。结果，他们发现了两种迄今为止不为科学界所知的新螯关节。

第一种是简单的滑动关节。一种微小的脊帮助螯保持打开状态,直到足够的压力将其突然关闭,这种结构在一些小折刀中很常见。这使螯闭合的速度,比正常情况要快许多。

第二种是被称为斜拉滑动关节的修正版,即脊帮助枪虾把螯完全打开。这使得枪虾在螯部肌肉中累积令人难以置信的张力。随后,二次肌肉运动将张力释放,致使枪虾以极快的速度把螯闭合,并且产生冲击波。

(二) 甲壳类磷虾目与口足目动物探秘的新信息

1. 探索磷虾目南极磷虾的新进展

完成南大洋宇航员海磷虾的调查。[109] 2020 年 1 月 7 日,新华社报道,中国第 36 次南极考察队当天凌晨顺利完成宇航员海海域第 29 次磷虾拖网作业。这也是宇航员海科考的最后一次磷虾拖网采样作业。

搭乘"雪龙"2 号极地科考破冰船的科考队员,2019 年 12 月 10 日在宇航员海进行首次磷虾拖网取样,获取本次科考的第一批南极磷虾样品,同时开展了相应的磷虾基础生物学测量。此后科考队员又陆续进行了 28 次取样,在宇航员海海域共获得磷虾样品约 25 公斤。

通过 29 次磷虾拖网作业,科考队员在调查海域发现了南极大磷虾产卵群体和未成体样品,对宇航员海磷虾的种群分布情况有了基本认知。后续将结合科研鱼探仪的声学数据,对调查海域的磷虾生物量作进一步评估,并从生物学角度对其年龄结构等展开进一步研究。

磷虾是南大洋食物链上的重要一环,南极的鲸、海豹,以及企鹅等鸟类均以磷虾为主要食物。航行在南大洋上,不时能看到海鸟在水面捕食,鲸在水中追逐,这表明可能有磷虾群存在。

据介绍,本次宇航员海生态系统调查,包括海洋浮游生物、游泳生物、底栖生物、鸟类和哺乳动物等各个类群,磷虾是重要一环。本次磷虾调查顺利实施,为系统掌握宇航员海的生物群落特征、提升对南极海洋生态系统的认知奠定了良好基础。

2. 探索口足目虾蛄的新进展

发现虾蛄具有特殊的视觉系统。[110] 2014 年 1 月 24 日,生物学家汉氖·寿恩及其同事组成的一个研究小组,在《科学》杂志上发表文章,解答为什么虾蛄的眼睛有 12 种不同类型的光感受器,而只需要 4~7 种光感受器就能够编码阳光下的每一种颜色。他们这项研究，揭示出一个先前尚未记录过的独特的颜色视觉系统，表明虾蛄正是依赖于这种视觉系统实现颜色识别的。

该研究小组把食物奖励与各种颜色进行相关搭配并发现，尽管虾蛄有着数目令人费解的光感受器，但该生物不能轻易地区分某些较相似的颜色。为了说明这种情况，研究人员提出，虾蛄通过用它们的 12 种光感受器，每一种光感受器设定有一种不同的敏感度来扫描物体，可避免复杂的神经处理需要。

研究人员说，人的眼睛，有可向脑部发送信号以进行比较的 3 种类型的光感受器。虾蛄与此不同，它的眼睛可产生一种几乎立刻识别作为一种颜色的模式。因此，虾蛄会失去某些在颜色间进行区分的能力。例如，这些甲壳动物可能无法区分浅橙色和暗黄色。但虾蛄无须在它们的脑中比较可见光谱的波长，而能快速地识别基本的颜色。

据研究人员披露，这种妙招可能会节省虾蛄一些精力，并赋予它在其栖息的一个极端富有争斗性及色彩丰富的珊瑚礁世界中占有优势。

（三）甲壳类等足目动物探秘的新信息

1. 探索等足目海洋蛀木水虱的新进展

揭示海洋蛀木水虱体内能分解木头酶的结构功能。[111] 2013 年 7 月，英国约克大学新型农产品研究中心克拉克·麦森教授领导，朴次茅斯大学的结构生物学家约翰·麦克吉汗博士，以及美国国家可再生能源实验室科学家参加的一个研究小组，在美国《国家科学院学报》上发表研究论文称，他们使用先进的生物化学分析方法和 X 射线成像技术，找出海洋蛀木水虱体内能分解木头的酶，并揭示出它的结构和功能。研究人员表示，这一研究成果，将帮助人们在工业规模上再现这种酶的效能，以更好地把废纸、旧木材和稻草等废物，变成液体生物燃料。

为了用木材和稻草等制造液体燃料，人们必须首先把组成其主体的多糖分解成单糖，再将单糖发酵。这一过程很困难，因此，用此方法制造生物燃料的成本非常高。为了找出更高效而廉价的方法，科学家把目光投向了能分解木材的微生物，希望能研究出类似的生产工艺。

蛀木水虱是海洋中的一种小型甲壳动物，会蛀蚀木船底部、浮木、码头木质建筑的水下部分等。研究人员在蛀木水虱体内，找到一种可以把纤维素变成葡萄糖的酶，它拥有很多非比寻常的特性。他们也借用最新成像技术，厘清了这种酶的工作原理。

麦森表示："酶的功能由其三维形状所决定，但它们如此小，以至于无法用高倍显微镜观察它。因此，我们制造出了这些酶的晶体，其内，数百万个副本朝同一方向排列。"

麦克吉汗表示："随后，我们用英国钻石光源同步加速器朝这种酶的晶体，发射一束密集的 X 射线，产生了一系列能被转化成 3D 模型的图像，得到的数据，让我们可以看到酶中每个原子的位置。美国国家可再生能源实验室的科学家接着使用超级计算机，模拟出酶的活动，最终，所有结果向我们展示了纤维素链如何被消化成葡萄糖。"

研究结果，将有助于科学家们设计出更强大的酶，用于工业生产。尽管此前，科学家们已在木质降解真菌体内发现了同样的纤维素化合物，但这种酶对化学环境的耐受力更强，且能在比海水咸 7 倍的环境下工作。这意味着，它能在工业环境下持续工作更长时间。除了尽力从蛀木水虱中提取这种酶之外，研究人员也将其遗传图谱转移给了一种工业微生物，使其能大批量地制造这种酶，他们希望借此削减将木质材料变成生物燃料的成本。

英国生物技术与生物科学研究理事会，首席执行官道格拉斯·凯尔表示："最新研究既可以让我们有效地利用这种酶把废物变成生物燃料，也能避免与人争地，真是一举两得。"

2. 探索等足目深海水虱的新进展

破译首个深海甲壳动物深海水虱的基因组。[112] 2022 年 6 月，中国科学院海洋所李富花研究员与李新正研究员共同负责的研究团队，在《BMC 生物学》杂志上发表论文称，他们破译了国际上首个深海动物深海水虱的基因组，并揭示了深海水虱体型巨大化和深海寡营养环境适应的独特分子遗传机制。

据悉，此研究是继深海软体动物和深海管虫等深海物种之后，首次报道深海甲壳动物基因组，为揭示甲壳动物独特的深海环境适应性进化和遗传机制提供了重要分子证据。

据了解，等足类是甲壳动物中少有的既包含水生、半陆生和完全陆生物种，也包含深海和浅海物种的类群。不同生态位的类群在体型上存在巨大差异，其中，深海等足类呈现出体型巨大化现象。

理论上讲，深海环境极其恶劣，其寡营养环境不利于巨型生物的生存，因其需要更多的绝对能量。深海水虱是深海巨型等足类的代表性物种，它们因保持世界上最长的绝食时间纪录（5年以上）而广受关注。深海水虱基因组的破译，为揭示巨型甲壳动物适应深海寡营养环境的独特分子机制提供了重要信息。

（四）甲壳类端足目与颚足纲动物探秘的新信息

1. 探索端足目海洋动物的新发现

发现端足目海洋动物能利用纳米技术进行伪装。[113] 2016年11月，美国杜克大学劳拉·巴格主持，他的同事和史密森学会专家参与的研究小组，在《当代生物学》杂志上发表论文称，他们发现，栖息在中层水域的甲壳类端足目动物，其腿部和躯干上有抗反射涂层，可以抑制光线反射，从而避免由于光线反射进入饥饿灯笼鱼的视线范围。

许多生活在阳光无法企及的深海中的生物，进化出透明的身体，这样一来，仰视的捕食者不容易发现它们。但它们仍无法避开具有生物发光"探照灯"的捕食者。例如，灯笼鱼身体上长有微型发光器官，发生化学反应时可以制造光线，从而形成生物发光。

奇怪的是，这些抗反射涂层似乎是细菌组成的。该研究小组利用电子显微镜进行观察，发现这些端足目动物的身体上覆盖着一层均匀球体涂层，这些微型球体直径小于光波长。巴格指出，微型球体涂层可以减少光线反射，其原理类似于录音棚墙壁上的蓬松毡毯，能够有效削弱回声。

探测不同端足目动物，发现这些微型球体直径在50～300纳米之间，但研究人员发现直径110纳米的微型球体抑制光线反射的效果最佳，能抑制光线反射250倍。研究小组认为，这种球体是活体细菌，因为它们有时与生物薄膜连接在一起。

2. 探索甲壳类颚足纲动物的新发现

首次发现甲壳类颚足纲深海动物新物种。[114] 2015年11月，中国科学院海洋研究所副研究员沙忠利带领的研究团队，在《动物分类学》杂志上发表论文称，他们在深海甲壳动物多样性研究上取得重要进展，从冲绳海槽水深 1200 多米的热液区发现了甲壳动物蔓足类新物种。这一重大发现，在我国尚属首次，填补了生物进化的甲壳类动物研究空白，也是"科学"号科考船在深海探索中的重要发现。

据悉，该研究团队在中国科学院海洋先导专项冲绳热液航次采集的大型生物标本中，发现了形态特征特别的铠茗荷标本，其柄部没有鳞片，头部具有附板，与铠茗荷目中现有 5 科的特征存在明显差异，为有柄类向无柄类演化的中间类群。

研究团队据此建立了一个新科：原深茗荷科，一个新属：原深茗荷属，一个新种：原深茗荷。据悉，铠茗荷目属于甲壳动物亚门颚足纲蔓足亚纲围胸总目，全世界已报道有 5 科 45 属 300 余种。

深海物种多样性是国际研究的热点，但由于深海样品采集困难，多样性研究进展缓慢。在中国科学院海洋先导专项及国家基金委面上项目基金等资助下，沙忠利研究团队自 2014 年以来，陆续在一些分类学杂志上发表了 8 篇关于深海甲壳动物多样性的文章，已发现深海蔓足类、等足类和十足类等甲壳动物 1 个新科、2 个新属、8 个新种。

三、探秘棘皮动物的新成果

（一）海参种类及防御行为探秘的新信息

1. 探索海参种类的新进展

在卡罗琳海山采集到巨型海参等生物样品。[115] 2017 年 8 月 15 日，新华社报道，我国科考船"科学"号当天继续在西太平洋卡罗琳海山开展科学考察，其搭载的"发现"号遥控无人潜水器当天下潜深度约 1000 米，随后从卡罗琳海山的东麓开始往上爬。经过 8 个多小时的作业，它采集到 30 多只海参、海葵、珊瑚、蛇尾、海绵等生物样品，以及沉积物样品和水样等。

据科考队员介绍，卡罗琳海山的东麓非常陡峭，有些坡度达到了 70 度至 80 度。"发现"号探测区域基本被岩石覆盖，有少量生物生活在这一区域。

"发现"号采样篮内有一只黑色巨型海参特别显眼，它直径约 10 厘米、长约 60 厘米。科考队员说,这只海参是在水下 100 多米的地方采集到的,这里水温较高,营养盐丰富,环境非常适宜海参生长。

"发现"号还在陡峭的山壁上采集到 4 只海葵。其中 3 只海葵非常相似,都是黄色的身体,上面有红色的斑点,另一只较大的海葵则是红色的身体。科考队员希望从中可以发现新的海葵种类。海葵是一种长在水中的食肉动物,构造非常简单,身体上没有中枢信息处理部分,也就是说,它连最低级的大脑基础也不具备。

2. 探索海参防御行为的新进展

破解海参特有的敌害防御机制。[116] 2023 年 4 月,中国科学院南海海洋研究所胡超群研究员领导的一个研究团队,在美国《国家科学院学报》上发表论文称,他们在海参敌害防御机制研究方面取得了突破性进展,成功破解了海参"吐丝"之谜。

这项研究,揭示了玉足海参居维氏器防御敌害的物质基础、感知过程与喷射机制。"吐丝"是许多热带海参遭到敌害威胁时,从肛门处喷出丝状小管并黏附缠绕捕食者的一种防御机制。海参喷出的小管被称为"居维氏器",最早由法国古生物学家乔治·居维叶在 1831 年首次描述并以其名字命名。然而,190 多年以来,居维氏器的成分及其黏性产生的机制,一直是未解之谜。

该研究团队以一种居维氏器发达的玉足海参为研究对象,它们广泛分布于印度—西太平洋热带海域。研究人员发现,玉足海参的居维氏器在黏附和缠绕敌害时,其外层间皮层和中层结缔组织层,分别提供黏性和韧性的作用。

通过染色体级的高精度基因组测序,发现居维氏器外层的黏性蛋白具有长串联重复序列,与蜘蛛和家蚕的丝蛋白类似。该类蛋白的结构为交叉-β 结构,与人类阿尔茨海默病、帕金森病等疾病的致病性淀粉样蛋白相似。

研究结果表明,玉足海参利用瞬时受体电位通道,感受捕食者施加的机械压力,并通过释放乙酰胆碱信号刺激居维氏器排出。在进化过程中,玉足海参基因组的 3 号和 12 号染色体集中形成了多个新基因,这些新基因使得居维氏器能够接收乙酰胆碱信号,并生成淀粉样黏性蛋白。这项发现阐释了海参"吐丝"的御敌行为机制,在研发提高人工增养殖海参适应能力的技术方面具有重大潜在应用价值，也为新型仿生水下黏合材料的研发提供新思路。

（二）海星身体结构及移动行为探秘的新信息

1. 探索海星身体结构的新发现

发现海星的整个身体就是其头部。[117] 2023 年 11 月 1 日，美国斯坦福大学领导组建的一个联合研究团队，在《自然》杂志上发表论文称，他们研究表明，海星和其他棘皮动物的身体，其实是它们的头部。这一发现，揭示了一个长期以来的谜团：这些生物是如何进化出独特的星形身体的。

包括海星、海胆和沙钱等在内的棘皮动物，具有独特的"五重对称"身体结构，也就是其身体部位排列成五个相等的部分。这与它们的双侧对称祖先非常不同，它们的祖先是左侧和右侧彼此镜像对称，就像人类和许多其他动物一样。

在这项研究中，科学家把海星的分子标记，与其他后口动物进行比较。后口动物是一个更广泛的动物群体，包括棘皮动物和双侧对称动物，它们其实拥有共同的祖先。

一组研究人员使用各种高科技分子和基因组技术，来了解海星发育和生长过程中不同基因的表达位置，并使用微型 CT 扫描到了以前未知的细节。

另一组研究人员则利用"RNA 断层扫描"和"原位杂交"技术，创建海星基因表达的三维图谱，绘制出控制外胚层（包括神经系统和皮肤）发育的基因表达图谱，这可揭示后口动物体内从前到后的图案。

研究团队发现，这种图案与海星臂的中线到横向轴相关。海星臂的中线代表前部，最外侧的横向部分更像后部。在后口动物中，有一组独特的基因在躯干的外胚层中表达；但在海星中，许多基因在外胚层中根本不表达。

研究人员解释说，把海星的基因表达与脊椎动物等其他动物进行比较时，意外地发现海星身体结构的一个关键部分缺失了。在海星的身体中，通常与动物躯干相关的基因不在外胚层中表达，因此它的整个身体结构看起来，大致相当于其他动物的头部。

这表明，海星和其他棘皮动物通过"抛弃"其双侧对称祖先的躯干部分，进化出"五重对称"结构，这也让它们的移动和进食方式，都与双侧对称的动物不同。

2. 探索海星移动行为的新发现

发现海星靠弹跳加速前行速度。[118] 2019 年 1 月 8 日，有关媒体报道，在美国佛罗里达州举行的综合与比较生物学会年会上，有个研究小组报告称，他们研究发现，与人类靠拔腿狂奔来加快速度不同，海星靠的是弹跳。

有的研究人员曾认为，海星这种海洋无脊椎动物，只是沿着岩石和海底爬行。但如今，该研究小组发现，至少 5 种海星在受到惊吓或者饥饿时会弹跳起来，且这一行为广泛存在。

研究表明，海星依靠许多从身体下面伸出来的微小液压"脚"行动，但从来不会非常迅速地移动，其弹跳行为类似于一个行动缓慢的人全速冲刺。通常，流体会随机填充和清空海星的脚，以便使其向前滑动。

海星弹跳时，所有的脚会同步进行，每次有 1/3 的脚填满流体，剩下的则向前挥动。被研究的首只海星，称作馒头海星，其行动有些迟缓。它的脚在两次弹跳之间几乎完全是空的，导致跌落下来，但因此获得更多能量来弹跳。而另一只称作砂海星的，脚更加僵硬，每次恢复得更快且弹跳更迅速。砂海星比馒头海星的速度快 5 倍。

即便砂海星无法足够迅速地弹跳从而远离饥饿的鱼，但它仍可能摆脱捕食的蜗牛或者同类相食的海星，抑或追上行动缓慢的蛤蚌美餐一顿。

（三）海蛇尾种类及观察行为探秘的新信息

1. 探索海蛇尾种类的新进展

发现多个深海蛇尾新物种及新记录种。[119] 2022 年 7 月，有关媒体报道，中国科学院深海科学与工程研究所张海滨研究员负责的研究团队，在南海及西北太平洋海域发现多个深海蛇尾新物种及新记录种，相关三篇研究论文，分别发表在《动物检索》《欧洲分类学杂志》等刊物上。

蛇尾是棘皮动物中种类最多的类群，约有 2100 个已知种，在全世界海洋中广泛分布，多栖息于海底，也有些种类附着在珊瑚、海绵上，是海洋底栖生物的主要类群之一。相比于浅海，由于受到深海采样与观测技术的限制，人们对深海物种的认识仍十分有限，这影响了对深海生物多样性水平的评估。

研究人员对 2016—2021 年通过"深海勇士"号载人深潜器，在南海、西北太平洋等海域采集的深海蛇尾样品，进行了形态学和分子系统学研究，鉴定出4个目、7个科、15个属的共36种深海蛇尾。其中包括7个新物种，研究人员分别对其进行了描述和命名（两个新物种以"深海勇士"号命名），有15个物种在南海或西北太平洋海域属于首次被发现（新记录种），为进一步理解南海和西北太平洋的深海蛇尾生物多样性提供了重要数据。

此外，研究人员还对棘蛇尾和蔓蛇尾等几个主要蛇尾类群的分类学形态特征，进行了比较分析，为这些类群中深海蛇尾的分类和形态鉴定工作提供了科学依据。

2. 探索海蛇尾观察行为的新发现

发现无眼海蛇尾靠感光细胞观察周围环境。[120] 2018年1月，英国牛津大学神经生物学家萨姆纳·鲁尼主持的一个研究团队，在英国《皇家学会学报B》上发表的论文显示，海星的近亲海蛇尾能审视海底，这靠的是散布在皮肤上的感光细胞，而非利用像眼睛一样的结构。这项研究成果，颠覆了长期存在的关于海蛇尾如何看见周围环境的假设。

尽管海蛇尾没有大脑，但这种居住在礁石上的动物，拥有5个连接到中央圆盘的腕，能探测到光线并且远离它。裹在一层薄薄皮肤中的海蛇尾骨架，被覆盖在串珠状晶体结构中。科学家曾认为，这种晶体结构作为一个大的复眼共同发挥作用。通过把光线聚焦到被认为在这些"微透镜"下面运行的神经束上，这种排列使海蛇尾得以形成图像。

不过，当该研究团队更加仔细地研究了海蛇尾的骨骼后，他们意识到微小的晶体结构可能同视觉并无关联。美国洛杉矶自然历史博物馆动物学家戈登·亨德尔表示："这项最新研究，提供了同此前解释相矛盾的强有力的证据。"亨德尔是最早提出海蛇尾拥有复眼这一观点的科学家之一。

此前研究证实，海蛇尾能对视觉线索做出反应。鲁尼表示："它们不仅会远离光线，还会辨认出约14厘米外的黑暗阴影，并且非常迅速地向那里移动。"

当该研究团队仔细查看海蛇尾的身体时，他们发现神经束在晶体结构的中间而非底下运行。这同此前的预期相反。鲁尼介绍说，考虑到晶体结构的位置，海蛇尾不可能像此前认为的那样，将光线聚焦到神经束上。

更重要的是，研究人员在覆盖海蛇尾腕骨架的皮肤中发现了大量挤满感光分子的细胞，但在类似骨骼的晶体结构底部并未发现此类细胞。鲁尼表示，由于这些感光细胞可同神经束近距离接触，因此它们可能负责探测视觉线索，并且沿着这些神经发送信号。

不过，耶鲁大学进化生物学家伊丽莎白·克拉克表示，至于这些神经到底如何做出反应，目前仍不明确，一个更重要的问题是海蛇尾能否分辨形状。鲁尼介绍说，正在开展的试验表明，与拥有眼睛的动物类似，它们能分辨形状。

四、探秘环节动物与扁盘动物的新成果

（一）环节动物寿命探秘的新发现

——发现深海管状蠕虫可能是地球最长寿动物[121]

2017 年 7 月，美国天普大学海洋生物学家组成的一个研究小组，在德国《自然科学》杂志上发表论文称，他们发现，一种生活在墨西哥湾深海的管状蠕虫能够活到 300 岁，如果环境中有稳定的营养供应，寿命可能更长。这使它可能成为地球上最长寿的动物物种。

管状蠕虫与其他已知的长寿动物如鲸、龟、象相比，可能不那么有趣。它们附着在海底礁石或沙地上，看上去像一堆由光滑管状枝条组成的植物。圆柱形管子是它们给自己制造的永久居所，身体潜藏在其中。

对管状蠕虫来说，深海环境比较安全，很少有天敌捕食它们。此前研究已发现，墨西哥湾 300 米至 950 米深处的一种管状蠕虫最长可活 250 年。

该研究小组用类似方法，分析了生活在 1000 米至 3000 米深处的另一种管状蠕虫，发现它们比浅海域的同类生长更慢、寿命更长，一条 50 厘米长的个体就有大约 202 岁。对个体和种群的分析都显示，这种管状蠕虫较大个体的年龄超过 250 岁，有些超过 300 岁。

（二）扁盘动物进食行为探秘的新发现

——发现海洋丝盘虫靠"聚餐"来进食[122]

2019 年 3 月，一个生物学家组成的研究小组，在《生态学与进化前沿》上发表论文称，丝盘虫是最简单的多细胞动物，没有肌肉、神经组织

和消化系统。为了进食，这些蠕动的细胞束会释放出酶，消化漂浮在水中的藻类，然后它们通过透明的身体吸收"消化好"的藻类。他们研究发现，当丝盘虫进食时，它们会以105个个体为一组，形成"移动前锋"，共同吞噬沿途的藻类。

尽管生活在全球的海洋中，但人们对这些扁平而只有沙粒大小的动物行为知之甚少。为了了解更多，研究人员建立了一个模拟丝盘虫栖息地的水族馆，里面有从它们在红海的家运来的岩石和藻类。丝盘虫被释放到水族箱后，研究人员记录下了它们一星期的活动。

当这种形似变形虫的生物开始大量食用藻类时，它们以不同大小的群体聚集在一起。身体之间紧密的连接帮助其在猎物身上形成袋状结构，在那里它们的消化酶聚集在一起。研究人员指出，它们还会边走边吃，步调一致地沿着玻璃墙移动，共同吃掉沿途的藻类。

研究人员说，与单独进食相比，集体聚餐可能会帮助丝盘虫更快消化食物。但他们指出，群居性饮食并不一定意味着这些生物都是合作关系，因为吃白食的丝盘虫也可以加入群体，它们在不提供自身消化酶的情况下吸收营养。尽管如此，这些简单的生物体一起进食的发现表明，即使是最早的动物也可能有社会性倾向。

五、探秘海洋植物种类与作用的新成果

（一）海洋植物种类及基因研究的新信息

1. 探索海洋植物种类的新发现

发现迄今已知最大单株植物的海草。[123] 2022年6月，西澳大利亚大学海洋研究所进化生物学家伊丽莎白·辛克莱博士及其同事组成的一个研究团队，在《英国皇家学会学报B》上发表论文称，他们在西澳海岸，发现了地球上目前已知最大的植物：波西多尼亚海草。这棵单株植物绵延180千米，覆盖约200平方千米的面积，或已超过4500岁高龄。

辛克莱解释道，为了解鲨鱼湾海草的遗传多样性，研究团队从鲨鱼湾多变的环境中采集了海草芽，并使用18000个遗传标记生成了"指纹"，结果发现该地区所有的波西多尼亚海草在遗传学上是一样的。这株绵延了180千米的植物也因此成为地球上迄今已知最大的植物。而且，他们保守

估计，该植物至少有 4500 年的历史。

研究表明，这棵海草，似乎从单株幼苗时，就在漫长的岁月中不断"克隆"自身。如果其不受干扰，可继续无限度地"克隆"。事实上，这种海草是无性植物，它是如何存活和繁衍这么长时间的，令人费解。

此外，这些海草的生存环境变化很大。即使在今天，其栖息地的平均气温介于 17～30℃ 之间；盐度为正常海水的 1～2 倍；光线亮度从黑暗到极亮。这样的条件通常会给植物带来很大生存压力，但该植物似乎仍在继续生长。

研究人员认为，它的基因非常适合当地多变的环境，而且其各部分之间也存在细微的基因差异，这有助于它适应当地条件。除了巨大的体型之外，这种海草植物另一个独特之处在于，其染色体数量是其海洋"近亲"的两倍。

研究人员目前正在鲨鱼湾进行一系列实验，以了解这种植物如何在多变的条件下生存和繁衍。

2. 探索海洋植物基因的新进展

绘制出鳗草的全基因组序列。[124] 2016 年 2 月 18 日，《自然》杂志封面上刊登了一幅受损海草草场边缘照片，显示了暴露的根茎和根，它们的作用是固碳和稳定底土，并为地球上生产力最高、生物多样性最大的生态系统之一提供基本支持。

报道称，这张照片，是在芬兰西南"群岛海"的科拉维奇附近拍摄的。鳗草属于鳗草科植物，分布于北半球温带的浅水海域如海湾、潟湖和河流入海口。生活在越过低潮线的浅水水下。每株鳗草都有根、茎、叶，这和一般海草不同，更像陆上的草类。但它与其他海草一样，在生态上相当重要，其所在的沿海生境也属于世界上最为濒危的生态系统。

芬兰学者珍妮·奥尔森及其同事组成的一个研究小组，报告了鳗草的全基因组序列。他们的分析有助于认识与"回到大海"逆向演化轨迹相关的演化变化，后者发生在被子植物的这个分支，其中包括全部气孔基因的丢失和硫酸化的细胞壁多糖的存在，它们与巨藻的相似度大于与植物的相似度。

（二）海洋植物作用研究的新信息

——发现水草可使海中有害细菌大量减少[125]

2017 年 2 月，一个由海洋生物学家组成的研究团队，在《科学》杂志上发表研究报告称，他们研究发现，广泛分布于全世界沿海地区的水下"草原"，能过滤掉大量对人类有害的海中细菌。

为了弄清海草从其周围的环境中阻断细菌的有效性，该研究团队来到印尼西海岸一个群岛中的 4 个岛屿上。研究人员在这些岛屿上，发现一种叫肠球菌的共有肠道细菌，比美国环境保护署提出的岛屿近岸水域建议暴露水平高 10 倍。

但在海床长满稠密海草的水域，肠球菌的水平则仅为 1/3。研究人员还发现，随着深度增加，在海草草甸附近，危害人类和水生生物的数十种细菌性病原体数量减半。

另外，珊瑚似乎也能从海草中受益。在调查了 8000 多个礁珊瑚后，研究人员发现，在有海草草甸的水域中，数种致死性珊瑚疾病流行性减少了 50％。但科学家尚不能完全确定海草是如何有效战胜疾病的，但一个可能性是它们将富营养沉淀物聚集在海底，从而有效阻断了有害微生物摄取营养。

第四章　研究海洋资源开发利用的新信息

海洋蕴藏着可供利用的丰富资源，其中主要有海洋生物、海底矿产和海水等物质资源，海洋能和风能等能量资源，还有一望无际的海洋空间资源。当今，陆上生产的粮食、肉类等食物，石油、煤炭、稀有金属等矿产，与快速增长的消费需求相比，供给不足的矛盾日益明显。在此条件下，开发海洋资源越来越受到世界各国的重视。近年，国内外在海水资源开发领域的研究主要集中于：探索海水淡化的新技术、新材料和新设备，实施降低海水淡化成本的新举措；制成用海水发电的新灯具，研究从海水中提取金属材料锂和铀，开发海水制氢的新方法。在海洋生物资源开发领域的研究主要集中于：通过探索头足类动物开发超材料、柔性显示器和仿生机器人，通过探索贝类动物开发纳米复合材料、人工珍珠母、水下快速胶黏剂和医用生物材料。利用虾蟹壳生产富含蛋白质的动物饲料，研制医药产品、生活用品和工业材料。从水蚤身上获得高强度发光突变蛋白，用鱼黏液等制成纯天然防晒霜。利用水母荧光蛋白开发出新型激光，从海绵中获得可杀死癌细胞的化合物。另外，利用海洋植物制取芳香化合物、医药凝胶和发光材料，利用微生物制造氢气和捕光设备。在海洋矿产资源开发领域的研究主要集中于：开展石油和天然气资源勘查作业，研制石油和天然气开采设备。开展海底固体矿产资源勘查作业，实施海底矿产采集及专用设备试验。获得深海原位固体可燃冰样品，成功开展可燃冰资源试采作业。在海洋能与海洋空间资源开发领域的研究主要集中于：研制波浪能发电装置，利用波浪能淡化海水，探索收集波浪能的新方法；研制利用深海洋流能发电的控制平台，建设海上风电项目。利用海洋空间实施太空研究项目，建设能源设施、通信设施，拓展农业和旅游场地。

第一节 海水资源开发利用的新进展

一、推进海水淡化工程的新成果

(一) 探索海水淡化技术的新信息

1. 研究工业冷却海水回收淡化的新方法

开发出把发电厂冷却海水转化为干净淡水的新技术。[1] 2018 年 6 月，美国麻省理工学院博士后马希尔·达马克率领的研究小组，在《科学进展》杂志上发表论文称，他们开发出一种可高效、廉价回收发电厂冷却海水的新技术，有望缓解城市水资源紧缺，并大规模应用于海水淡化。

该研究小组表示，这项新技术可收集发电厂用于冷却的大量海水，将其转化为安全、洁净的饮用水。研究人员发现，用塑料或金属网捕获海雾中的水分，气流会绕过障碍，因此捕获率只有 1%～3%。如果通过带电粒子束让雾气带上电荷，水滴带电后易被电网吸附，就能大幅提高收集效率。

研究人员说，发电厂冷却塔的水汽浓度高，捕获效果比自然雾更好，且过程中可把咸水及污水通过蒸馏转化为干净的淡水。这一技术成本不高，耗能也不多。

目前，美国沿海地区不少发电厂使用海水进行冷却。发电过程中大量海水被蒸发浪费掉了。新技术，有望成为一种廉价的海水淡化方法。

研究人员预计，新技术装置的安装成本，仅为新建海水淡化厂的 1/3，运营成本只有海水淡化厂的 1/50。目前，研究人员正对这项技术的安全性进行测试。

2. 研究低能耗海水淡化的新方法

用石墨烯膜开发出低能耗可持续的海水淡化技术。[2] 2022 年 2 月，哈尔滨工业大学环境学院马军院士项目组与阿卜杜拉国王科技大学赖志平教授项目组联合组成的研究团队，在《先进材料》杂志上发表研究成果称，他们在膜法水处理技术研究领域取得重大突破，已设计合成超高通量多孔石墨烯膜，并利用低品质热源实现了高效可持续的海水淡化。

— 241 —

全球日益严重的水资源短缺和当前海水淡化技术的高碳足迹，促使人们寻求一种低能耗可持续的解决方案。膜蒸馏利用热量驱动水蒸气通过膜，获得高品质清洁水，是一项具有重大应用前景的海水淡化技术，同时也是诸多零排放工艺中的关键核心技术。但蒸馏膜通量低是限制该技术广泛应用的主要瓶颈。

鉴于此，该研究团队提出一种制备超高通量纳米多孔石墨烯膜的新工艺，这个过程无需二次打孔和转移。所得石墨烯膜为水蒸气提供了极短且快速的传输路径，比迄今为止报道的蒸馏膜通量高一个数量级、脱盐率大于99.8%，在海水淡化中显示出巨大的应用潜力和优势。

（二）探索海水淡化和净化材料的新信息

1. 开发用于海水淡化的石墨烯材料

（1）发现氧化石墨烯薄膜有淡化海水的离子筛选效应。[3] 2014年3月，中国科学技术大学吴恒安教授与英国曼彻斯特大学安德烈·海姆教授联合建立的研究小组，在《科学》杂志上发表研究成果称，他们发现氧化石墨烯薄膜具有精密快速筛选离子的性能，可用于制作海水淡化与净化设备。

据介绍，石墨烯表面本来是排斥水的，但浸入水中后，石墨烯薄膜里的毛细通道却允许水快速渗透。此次，研究人员发现，水环境中的氧化石墨烯薄膜与水相互作用后，形成约0.9纳米宽的毛细通道，允许直径小于0.9纳米的离子或分子快速通过，而直径大于0.9纳米的离子被完全阻隔。该筛选效应不仅对离子尺寸要求非常精准，而且要比传统的浓度扩散快上千倍。

研究小组用理论分析和分子模拟方法，研究了石墨烯纳米通道快速过滤离子的机理。计算机模拟研究表明，石墨烯与离子之间的相互作用使离子在纳米通道中聚集，从而促进了离子的快速扩散。这一发现为实验结果给出了合理的解释，也被称为"离子海绵效应"。

相关专家表示，如果通过机械手段进一步压缩薄膜中的毛细通道尺寸，将能高效率地过滤海水中的盐分。这意味着制造一个在几分钟内即可将一杯海水淡化成饮用水的过滤装置，已不再是科幻小说场景。

（2）研制出可更好地淡化海水的石墨烯氧化物薄膜。[4] 2017年4月3

日，英国曼彻斯特大学教授拉胡尔·奈尔等组成的一个研究团队，在《自然·纳米技术》杂志上发表研究报告称，他们开发出的一种新型石墨烯氧化物薄膜，能更高效地过滤海水中的盐，未来在海水淡化产业中有非常好的应用前景。

氧化石墨烯薄膜在气体分离和水处理方面，已经展示了很大的应用潜力。但现有的这类薄膜，还无法适应海水淡化工艺的要求。该研究团队此前的研究就发现，如果把这类薄膜浸泡在水中，它会轻微膨胀，微小的盐离子会随着水流渗透薄膜，无法完成对盐的过滤。

为解决这个问题，研究人员利用环氧树脂涂层在薄膜两边形成"阻隔墙"，有效控制薄膜在水中的膨胀程度。这一方法能够更精确地控制薄膜上微空隙的大小，不让它因薄膜膨胀而变得过大，从而实现对细小盐离子的过滤。由于微空隙大小可控，也能更精确地调整盐的过滤程度。

奈尔说，这种新方法，能够有效提升海水淡化技术的效率，未来如果技术发展成熟，就可以大规模生产能过滤不同大小离子的氧化石墨烯薄膜。

2. 研究用于海水淡化的含氟纳米结构材料

发现含氟纳米结构材料可高速低耗淡化海水。[5] 2022 年 5 月 12 日，日本东京大学化学与生物技术系副教授伊藤洋敏及其同事组成的研究团队，在《科学》杂志上发表的论文称，他们首次使用基于氟的纳米结构材料成功过滤了水中的盐。与目前热能法和反渗透膜法等主要的海水淡化方法相比，氟离子纳米通道的工作速度更快，需要的压力和能量更少，是更有效的过滤器。

用含有聚四氟乙烯涂层的锅做饭，煮熟的饭就不会粘在锅上。这是因为聚四氟乙烯的关键成分是氟，是一种天然憎水或疏水的轻质元素。聚四氟乙烯也可用于管道内衬以改善水流。

该研究团队试图探索由氟制成的管道或通道如何在一个纳米尺度上运行，以测试其在选择性过滤不同化合物方面的效果，特别是水和盐。

研究人员通过化学合成纳米氟环来创建测试滤膜，这些纳米氟环堆叠并嵌入其他不渗透的脂质层中，类似于构成细胞壁的有机分子。他们创造了几个宽度大约为 1～2 纳米的氟环测试样本，而人类的头发几乎有 10 万纳米宽。为了测试膜的有效性，研究团队测量了测试膜两侧的氯离子的存在。

伊藤洋敏说："测试中较小的通道完全拒绝了盐分子的传入，而较大的通道相对于其他海水淡化技术，甚至尖端碳纳米管过滤器也有所改进。真正让我惊讶的是，这个过程发生得非常快，比典型的工业设备快几千倍，比基于碳纳米管的实验性海水淡化设备快约 2400 倍。"

氟是电负性的，它排斥负离子，如盐中的氯。这带来的好处是分解了本质上松散结合的水分子基团（水簇），因此它们可更快地通过通道。研究人员指出，这种氟基水淡化膜更有效、更快、操作需要的能量更少，而且非常易于使用。他们未来希望通过改进合成材料的方式，提高膜的寿命并降低运行成本。

3. 研究用蛋清作为海水净化的材料

把蛋清变为一种可过滤净化海水的新材料。[6] 2022 年 11 月，美国普林斯顿大学创新学院副院长克雷格·阿诺德领导的研究团队，以塞赫穆斯·奥兹登为第一作者，在《今日材料》杂志上发表论文称，他们发现了一种方法，可以把蛋清变为一种新材料，以较低成本去除海水中的盐和微塑料，而且其效率非常高。

在这项研究中，研究人员用蛋清制造了一种气凝胶，这种轻质多孔材料可用于多个领域，包括水过滤、储能、隔音和隔热。阿诺德指出："是蛋清中的蛋白质催生了我们需要的结构。"

蛋清是一种几乎纯粹由蛋白质组成的复杂系统，将其在无氧环境中冷冻干燥并加热至 900℃ 时，会形成碳纤维和石墨烯薄片相互连接的结构。阿诺德团队制成的新型气凝胶，就是由横跨碳纤维网络的石墨烯薄片形成的。他们提供的数据表明，所得材料可分别以 98% 和 99% 的效率去除海水中的盐和微塑料。

奥兹登说："虽然在最初的测试中，我们使用的是普通商店购买的蛋清，但其他类似的商业蛋白也产生了相同的结果。"阿诺德接着说："因为其他蛋白质也起作用，而这种材料可以相对便宜地大量生产，因此不会影响食物供应。我们计划改进制造工艺，使得到的新结构可应用于大规模水净化过程。"

奥兹登指出："活性炭是用于净化水的最便宜的材料之一，我们将结果与活性炭进行了比较，结果要好得多。而且，这种材料在过滤过程中只需要重力，并且不会浪费水。此外，我们也在探索与能量储存和绝缘相关的其他用途。"

（三）探索海水淡化的其他新信息

1. 开发海水淡化设备的新进展

研制出能用于海水淡化的太阳能泡沫蒸馏器。[7] 2016 年 8 月 23 日，美国麻省理工学院机械工程师陈刚率领的一个研究团队，在《自然·能源》杂志上发表研究报告称，他们研制出一种用泡沫包装和其他简单材料构成的廉价太阳能蒸馏器，可有效净化污水，也可用于海水淡化。

两年前，陈刚团队研制出一种由漂浮在炭泡沫上的石墨层构成的高效太阳能吸收器。由于上下两层是通透的，因此下面的水可以通过毛细作用到达石墨层，从而被阳光加热。这套装置能够工作，但大部分的能量都在阳光下辐射掉了。如果要想使水沸腾，蒸馏器需要安装附加装置以集中 10 倍的周围光线，从而克服红外损失。

研究人员想要去掉这些附加装置。在当前的试验中，他们利用薄薄一层商业太阳能热水器中使用的蓝色金属和陶瓷复合材料，取代了石墨太阳能吸收器。这种材料，可以有选择地吸收来自太阳的可见光和紫外线，但它不会以红外线的方式辐射热量。在这层材料与泡沫之间，研究人员放置了一块薄片铜，这是一种极好的热导体。他们最终像之前一样，在这个三明治般的东西上打满了孔。

然而，依然有一个难题没有得到解决。复合材料吸收的大部分能量被对流一扫而空，热量都损失在蒸馏器表面上方的空气中。而最终，陈刚的16 岁的女儿，当时正在为参加一个科学展览试验而设计廉价温室，她想出了问题的解决办法。她发现，一个顶层的泡沫包装能够充当极佳的绝缘体。

陈刚和他的学生乔治·尼，最终把他们的太阳能蒸馏器用泡沫包装包裹起来。研究人员报告说，这套装置能够使水沸腾并且蒸馏水，而没有使用额外的太阳能集光器。陈刚估计，在未来的某一天，他们将能够利用这项技术制造出大面积的太阳能蒸馏器，而其成本仅为常规技术的1/20。

该装置若要用于海水淡化或其他饮用水的应用程序，则需要在顶部安装另一个塑料或玻璃层以收集水蒸气。陈刚说，这可以通过捕获更多的热量以及促进蒸发而提高系统的效率。

2. 降低海水淡化成本的新举措

采取多管齐下办法努力降低海水淡化成本。[8] 2019年2月19日，《中国科学报》报道，以色列是一个水资源十分缺乏的国家，但临海的地理环境为发展海水淡化产业提供了良好条件。目前，以色列有5家规模较大的海水淡化厂，年产淡水总量约占全国可饮用水供应量的70%。多举措有效控制海水淡化生产成本，是以色列得以解决淡水资源严重短缺问题的重要原因。

海水淡化厂的生产成本主要由两部分组成。一是电力成本，即海水淡化过程中所需要的能源。海水淡化需要高压处理，属于高耗能产业，所以电力成本构成了工厂的重要运营成本。二是融资成本，主要是指固定资产的投资，利率、消费价格指数、汇率、设备折旧、土地价格等也是影响融资成本的因素。

希伯来大学环境经济和管理系教授伊多·卡恩说，据测算，目前以色列海水淡化工厂的生产成本基本保持在每立方米0.5～0.55美元。电力成本通常约占总成本的一半。

因此，有效控制电力成本，是以色列海水淡化总体生产成本较低的重要原因。例如，以色列IDE技术公司是全球领先的水处理技术企业，它建设运营的阿什凯隆、哈代拉和索雷科3家海水淡化工厂，日产淡水量分别为39.6万立方米、52.5万立方米和62.4万立方米。其中阿什凯隆和索雷科两家海水淡化厂都有自己独立的发电厂，可以实现电力自给，同时实现电水联产，多余电量还可卖给国家电力公司。同时，海水淡化厂充分利用峰谷电价差，通过"削峰填谷"，降低电力成本。

同时，不断研发创新、投入使用新的技术，也是控制成本的重要因素。目前以色列主要采用反向渗透膜技术淡化海水，通过将海水加压，经细密的分子薄膜过滤，将盐类和其他杂质去掉。IDE公司全球销售总监罗尼·克莱恩表示，公司一直致力于降本增效的技术研发和创新，尽量优化每个环节的设备和降低每个环节的成本。比如，索雷科厂运用了突破性的

16 英寸膜垂直排列技术，便于减少占地面积和用膜量，扩大产水量，从而降低生产成本。哈代拉厂采用的非化学预先处理技术，不仅减少了对环境的影响，还可使每立方米淡水生产成本减少 0.05 美元。

另外，通过自行设计和全球采购控制生产成本，通过提高自动化程度而降低劳动力成本，通过建设产能较大的海水淡化厂来获取规模经济收益等措施，都有利于降低海水淡化的成本。

二、研究海水资源综合利用的新成果

（一）利用海水发电研究的新信息

1. 研制出用海水发电的新灯具

发明靠盐水或海水发电的新型灯具"盐水灯"。[9] 2015 年 8 月，菲律宾可持续替代照明公司官网报道，该公司总裁兼德拉萨大学教员爱莎领导的一个创新团队，开发出既环保又安全的新型"盐水灯"，仅靠两匙盐和一杯水就能照明。这种照明方式可以替代煤油灯、蜡烛和蓄电池等照明来源，为偏远无电区，特别是在海岛生活的人们带来福音。

据报道，这种灯仅需一杯水和两大匙盐，一天可点亮 8 小时，其阳极寿命至少可维持半年。此外，该灯还配置 USB 接头，使用者在移动设备没电的紧急情况下，可利用这种灯的电力为移动设备充电。

爱莎介绍说，这种靠盐水发电的新型灯具，以贾法尼电池的科学原理作为制取电池的科学基础。它采取把电解质改为盐溶液的方法，不仅制成了无毒溶液，还避免了因蜡烛翻倒或者灯打翻而引起的火灾悲剧事件。

这种"盐水灯"，除了能让缺乏电力来源的偏远地区多一种照明来源外，居住在邻近海岸地区的人们，也能利用海水来供给照明。因为对于他们而言，盐的成本根本不是问题，而海水的盐度恰好可以点亮这种灯。因此，住在海边的人们，可以用储藏在瓶子里的海水，作为灯的电源。

目前，该公司还没有对外公布这种灯的价格，仍在做相关的成本分析。不过，已在其官网上开放预购。该公司表示，目前首要的任务，是先与目标社区及非政府组织或基金会合作，最先让缺乏电力照明的偏远地区获得最安全、便利的基本照明工具。

这种灯十分适用于菲律宾 7000 多个岛屿，以及大部分不通电的海岛。

该公司称其工作不仅是在做一个产品，还是一次切实而环保的社会行动。

2. 探索提高海水发电效率的新方法

用光催化法大幅提高海水发电效率。[10] 2016 年 5 月，日本大阪大学材料与生命科学系福住俊一领导的研究小组，在《自然·通讯》杂志上发表论文称，传统海水发电一般是利用潮汐、波浪或海水温差。然而，他们开发出一种新的光催化方法，能利用阳光把海水变成过氧化氢，然后用在燃料电池中产生电流，总体光电转换效率达到 0.28%，与生物质能源柳枝稷发电相当。

研究人员在论文中指出，太阳能昼夜波动很大，为了在夜间利用太阳能，需要将其转化为化学能存储起来。水中过氧化氢是一种很有前景的太阳能燃料，可用在燃料电池中产生电流，副产品只有氧气和水。

在这项研究中，该研究小组开发了一种能产生过氧化氢的新型光电化学电池，它用三氧化钨作为光催化剂，受到阳光照射时能吸收光子能量并发生化学反应，最终产生过氧化氢。

经 24 小时光照后，电池中海水过氧化氢的浓度可达 48 毫摩尔/升，远超以往在纯水中获得的浓度 2 毫摩尔/升，足以支撑过氧化氢燃料电池的运作。浓度提高的主要原因是海水中氯离子提高了光催化剂的活性。

据测试，该系统总体光电转换效率达到 0.28%，通过光催化反应从海水中产生过氧化氢的效率为 0.55%，燃料电池效率为 50%。研究人员指出，这种形式发电的总效率虽不逊于其他光电能源，如柳枝稷（0.2%），但仍远低于传统的太阳能电池。希望今后能找到更好的光电化学电池材料，进一步提高效率，降低成本。

福住俊一认为，海水是地球上可生产过氧化氢的最丰富的资源。目前大部分燃料电池都是用液体过氧化氢，而不是氢气，因为液体过氧化氢更容易以高密度形式存储，也更安全。他说："将来我们打算开发能大规模、低成本利用海水生产过氧化氢的新方法，以替代现有高成本生产方式。"

（二）从海水中提取锂研究的新信息

1. 探索从海水中提取锂的新设备

开发出可从海水中高效提取锂的新装置。[11] 2014 年 2 月，日本原子能研究开发机构的一个研究小组对媒体宣布，他们开发出一种从海水中高效提取锂的新装置，这可能会帮助缺乏锂资源的日本，今后以较低成本从海水中获得锂。

锂是一种稀有金属，作为锂电池的原料，在个人电脑和电动汽车等领域得到广泛应用，日本所需的锂完全依赖进口。全球陆地蕴藏的锂有限，据推测只有约 1400 万吨，不过海水中却有丰富的锂，据估计达到 2300 亿吨，但是由于浓度很低，很难提取出来。已有国家通过蒸发含有锂的盐湖水来提取锂。

该研究小组制成从海水中提取锂的新装置。它是一个每边长约 7 厘米的立方体，内部被只能通过锂离子的特殊膜分为两部分，一部分用来放海水，另一部分则加入了盐酸。在两个部分分别安装上电极，用导线连接后，当导线中有电流通过时，海水中的锂就会透过膜，移动到另一边有盐酸的部分。锂溶解在盐酸中后，再加入碳酸钠就很容易沉淀，因此最后的分离较容易。

据介绍，利用这种装置进行实验时，30 天后能从约 25 升海水中提取约 1.8 毫克锂，提取率达到 50％以上。研究人员认为，利用这种装置，今后将有望以很低的成本获得海水中丰富的锂。

2. 探索从海水中提取铀的新技术

探索出海水取铀能力大幅提升的电化学方法。[12] 2017 年 2 月 22 日，美国斯坦福大学料科学与工程学院教授崔屹、博士后刘翀组成的研究团队，在《自然·能源》杂志上发表研究成果称，他们近日开发出一种基于半波整流交流电的电化学方法，可从海水中高效提取铀，较之传统的物理化学吸附法，提取能力提升了 8 倍，速度则提升了 3 倍。

据悉，海水中铀的蕴藏量约 45 亿吨，是陆地上已探明铀矿储量的 2000 倍，如果能将海水中的铀全部提取并用于核电站，发电量将足够全世界用上一万年。

崔屹说，目前海水提铀普遍采用的是物理化学吸附法。由于吸附材料的表面积有限，而海水中铀浓度偏低，且盐度很高，用于吸附铀离子的材料吸附能力很快就会饱和，无法有效地提取足够的铀，提铀成本也比陆地铀矿提炼成本高很多。

刘翀介绍，该研究团队开发的这种基于半波整流交流电的电化学方法，将对铀有着很强选择性和吸附性的偕胺肟材料负载到导电基底上，导电后，电场使铀离子迁移到电极并诱导铀化合物的电沉积，形成电中性铀化合物。和传统方法不同，电沉积不受限于吸附表面积的大小，因此铀提取容量可以大幅提升。而交替变化的脉冲电压防止了其他阳离子阻碍活性位点，并避免了水裂解的发生。

崔屹表示，由于该方法提取铀的容量超大，理论上提取能力非常强。随着未来提取过程中耗电量的减少，其成本有望低于现有海水提铀技术，与陆地铀矿提取成本持平，甚至更低。

（三）研究海水制氢的新信息

1. 探索从海水中获取氢能的新设备

研制出可"汲取"海水中氢能的机器水母。[13] 2012年4月，美国弗吉尼亚理工大学塔德斯领导的一个研究小组，在《智能材料和结构》杂志上发表论文称，他们研发出一种新型的机器水母，不仅具备理想的水下搜索和抢险救援的本领，而且可从海水中不断"汲取"氢能作为补给，至少从理论上说总能保持精力充沛。

研究人员说，德国费斯托工程公司曾研制出一种小型仿生机器水母，可利用圆顶结构内的11个红外发光二极管实现彼此间的通讯，但那还只是一件小小的电子艺术品，不能在人类生产生活中执行特殊任务。

塔德斯说，这种机器水母由一套智能材料制成，其中包括碳纳米管，在一定的刺激下，会改变形状或大小。将它放置在一个水箱里，其表面材料会在水中发生化学供电反应，使其能够模仿水母的自然运动。这是首次成功使用外部氢气，给水下机器人提供动力燃料源。

水母是一种理想的无脊椎动物，依靠肌肉纤维控制内腔的收缩和扩张来吸入和喷出水流，由此产生推力使水母沿身体轴向方向运动。

研究人员在碳纳米管外，包裹了一种可"记住"原来形状的智能材料记忆合金，并让水中氧和氢在最外层黑色铂金涂层产生热化学反应。这些反应释放的热量，传递到机器水母的人工肌肉，使其转变成不同的形状。这意味着机器水母可以从外部自然环境中补给绿色的可再生能源，而不需要一个外部电源或不断更换电池。同时，汲取氢动力的机器水母可以被压在水箱下运行。

塔德斯说："目前的设计，允许机器水母的钟摆部分，弯曲八个片段，每个都由燃料驱动的记忆合金模块操作，如果所有的钟段被启动，便足以使其将自己在水中托起。我们正在研究把燃料传递到每个部分的新方式，以让机器水母可向不同的方向移动。"

2. 探索海水制氢的新技术

（1）设计出解决海水制氢难题的耐腐蚀新方法。[14] 2019 年 3 月，美国斯坦福大学化学教授戴宏杰主持，米歇尔·肯尼等专家参加的一个研究团队，在美国《国家科学院学报》上撰文指出，他们设计了一种利用太阳能、电极和海水制造氢燃料的新方法，它能有效防止氯化物腐蚀阳极，解决了海水制氢的一大难题。

戴宏杰说，氢是一种极富吸引力的燃料，氢燃烧只生成水，不释放二氧化碳，因此有望缓解日益恶化的气候变化问题。

现有水解制氢方法依赖高度纯净的水，因为海水中带负电荷的氯化物会腐蚀阳极，缩短设备的使用寿命。而高纯净水是一种宝贵的资源，且生产成本高。

该研究团队发现，如果在阳极涂上富含负电荷的涂层，涂层会排斥氯化物并减缓下层金属的腐蚀速度。在这种新方法中，他们把镍铁氢氧化物层叠在硫化镍上，硫化镍包裹有镍泡沫芯。镍泡沫充当导体，输送电流；而镍铁氢氧化物引发电解，将水分离成氧气和氢气。在电解过程中，硫化镍演化成带负电的涂层，而这一涂层会排斥氯化物，防止其与核心金属接触，减慢腐蚀速度。

肯尼表示，如果没有带负电的涂层，阳极只能在海水中工作约 12 小时；但在涂层保护下，它可工作 1000 小时以上。

此外，以前分解海水制造氢燃料必须在低电流下运行，因为在电流较高时，会发生腐蚀现象，但新模型能在 10 倍电力下运行，这有助于它更快速地从海水中产生氢气。

团队成员还设计出一台太阳能演示器，由于没有被盐腐蚀的风险，新装置分解海水制氢可与现有纯水制氢技术相媲美。戴宏杰表示，新方法将为氢燃料的广泛使用打开方便之门。而且，由于该过程还产生氧气，潜水员或潜艇可将该装置带入海下制造氧气。

（2）开发出无需脱盐的海水制氢新方法。[15] 2023 年 2 月，有关媒体报道，澳大利亚皇家墨尔本理工大学一个研究团队发表论文称，他们开发出一种新方法，可直接把海水分解成氢气和氧气，而无需脱盐。这种从海水中直接制取氢气的方法简单、可扩展，且比目前市场上的任何"绿氢"生产技术都更具成本效益，它朝真正可行的绿氢工业迈出了关键一步。

为制造绿氢，科学家一般会使用电解槽向水中输送电流，将其分解为氢和氧，电解槽目前会用到昂贵的催化剂，消耗大量能源和水。另外，还会产生有毒物质氯。

为获得更具成本效益的绿氢，该研究团队开发出一种专门用于海水的特殊催化剂：多孔 N-NiMo3P。这种新型催化剂使用时所需能量很少，且可在室温下使用。虽然此前已有科学家开发出用于海水裂解制氢的其他催化剂，但它们很复杂，难以规模化生产。此次，该研究团队通过一种简单的方法，改变了催化剂的内部化学性质，使它们相对容易大规模生产。

研究人员表示，这项技术有望大幅降低电解槽的成本，且制造出的"绿氢"能满足澳大利亚政府的"绿氢"生产目标，即每公斤 2 美元，从而使其比化石燃料制氢更具竞争力。他们已为相关技术申请了专利，计划首先开发出一个电解槽原型，结合一系列催化剂来生产大量氢气。

（3）开发海水无淡化原位直接电解制氢技术。[16] 2023 年 6 月 2 日，央视新闻报道，经中国工程院专家组现场考察后确认，全球首次海上风电无淡化海水原位直接电解制氢技术海上中试，在福建兴化湾海上风电场获得成功。

此次海上中试，于 5 月中下旬在福建兴化湾海上风电场开展，使用的全球首套漂浮式海上制氢平台"东福一号"，集原位制氢、智慧能源转换管理、安全检测控制、装卸升降等系统于一体，在经受了 8 级大风、1 米高海浪以及暴雨等海洋环境的考验后，连续稳定运行了超过 240 小时。

海洋是地球上最大的氢矿，向大海要水是未来氢能发展的重要方向。然而海水成分复杂，含有众多不同的化学元素及大量微生物和悬浮颗粒，带来腐蚀性和毒性强、催化剂失活、电解效率低等诸多技术挑战。对此，如果以海水为原料间接制氢，则由于严重依赖大规模淡化设备，工艺流程复杂且占用土地资源，又会推高制氢成本与工程建设难度。实际上，用海水直接电解制氢，其他研究团队已进行过大量探索，但近半个世纪以来，在彻底避免海水复杂组分影响电解制氢方面没有突破性的进展。

中国工程院院士谢和平表示，海水无淡化原位直接电解制氢技术，在原理上跳出了传统化学的范畴，通过蒸汽压差的物理力学驱动，来全部隔开海水中的90多种复杂元素及微生物对电解水制氢的影响，打破世界上原本需要依靠纯水制氢的传统模式。通过取之不尽的海水资源直接制氢，并结合海上风力发电技术，未来将会改变全球的能源开发路径。

第二节　海洋生物资源开发利用的新进展

一、开发利用软体动物资源的新成果

（一）研究头足类动物开发产品的新信息

1. 研究乌贼进行产品开发的新进展

（1）发现乌贼蛋白质可制造自修复衣服。[17] 2019年3月，美国宾夕法尼亚州立大学生物化学家麦立科·德米里尔领导的研究团队，在《化学前沿》杂志发表论文称，他们研究发现，乌贼环齿中一种蛋白质可转变成纤维和薄膜，用于制造结实、灵活、可生物降解的塑料。

乌贼依靠触须末端一组结实的锯齿状吸盘抓住猎物，它们被称为乌贼环齿。普通乌贼只含有约100毫克乌贼环齿蛋白质，但该研究团队通过基因改造大肠杆菌生长出乌贼环齿蛋白质。这意味着更多蛋白质可被生产出来。

研究人员表示，普通的衣服纤维倘若用乌贼环齿蛋白质包裹，就可以制成非常耐穿的织物。同时，如果这种织物受到损伤，仅靠一点点热量和压力，它们便可自我修复。

这种蛋白质的有用性，来自其不同寻常的分子结构。蛋白质的组成部分，像油和水一样相互作用，并在纳米尺度上分离。这产生了紧紧缠在一起的螺旋线、扁平的片材和无序的缠结。这些形状，反过来又赋予该材料宏观层面上的特有属性。

（2）模仿乌贼开发善于变色的超材料。[18] 2014年9月，美国莱斯大学纳米光子学实验室主管内奥米·哈拉斯牵头，斯蒂芬·林克和嘉娜·奥尔森等专家参加的研究小组，在近期美国《国家科学院学报》网络版上发表研究成果称，他们模仿乌贼制造超材料，迈出了关键的一步。这种被形容为"乌贼皮"的超材料，可以感知到周边环境颜色，并自动改变自身颜色与周边环境融为一体，实现人们期待已久的完美光学伪装。

乌贼是自然界中的伪装大师，它们的皮肤的强大变色能力令人匪夷所思，能瞬间改变自己的颜色，完美融入周边的环境。现在，这一令人拍案叫绝的技术，或许很快就将为人所用了。

研究人员表示，他们的成果，是一项全新的彩色显示技术。他们使用了通常应用于顶级液晶电视和显示器的铝纳米粒子，可以显示出生动的红、蓝、绿三色，初步解决了"乌贼皮"显示颜色的难关。

这项突破性发现，来自莱斯大学自 2010 年起启动的系列研究中的最新成果。该系列研究，旨在制作出能模仿头足类动物（以乌贼、章鱼、鱿鱼为代表）变色能力的超材料。

哈拉斯表示，研究小组的目标就是模仿这些神奇的动物皮肤，以同样的方式将分布式光传感和处理能力完美结合，并实现于超材料当中。为成功制造出"乌贼皮"，工程师们面临着两大挑战：一是要创造出一种能像乌贼皮肤一样感知到周围环境光线颜色的材料，二是要设计出一种能够对感知做出反应并显示生动伪装纹饰的系统。

林克和奥尔森展示了该材料的工作原理。材料上布满了 5 平方微米大小的像素点，小于商用液晶屏像素近 40 倍。奥尔森通过电子束沉积技术，使一个个铝纳米棒阵列排列于每个像素点中，每个像素点中包含有数百个纳米铝棒，铝纳米棒长约 100 纳米，宽约 40 纳米。他们通过改变纳米棒的长度和间距，使像素点显示出明亮艳丽的红、蓝、绿色调。其色彩质量远远高于普通的铝纳米颗粒像素，效果甚至能与高清液晶屏相媲美。

林克表示，他们通过对纳米棒进行有序排列这一关键手段，成功解决了现有铝纳米棒技术曾存在的色彩不够艳丽和易褪色问题，使像素点显示的颜色更加生动、艳丽，具有广阔的运用空间。

这项技术未来有望广泛应用于液晶显示器领域，代替易褪色和漂白的常用显示器着色剂。研究人员希望能进一步完善这项显示技术，与现有的多项相关技术相整合，制造出一种能够识别和显示全色彩的全新材料，最终在大面积的聚合物表面，真正呈现出"乌贼皮"的效果。

2. 研究章鱼进行产品开发的新进展

（1）受章鱼启发研制出柔性显示器材料。[19] 2014 年 9 月，美国麻省理工学院电子专家赵选贺领导的研究团队，在《自然·通讯》期刊上发表研究报告称，他们新近开发出一种控制柔性显示器上图案显示的新方法，这一材料科学的新成果，是受到头足类动物皮肤的启发而产生的。

柔性显示器也被叫作"电子纸"，其由柔软材料制成，是一种功耗低、直接可视、可变形可弯曲的显示装置。而海洋里的头足类动物，比如章鱼和乌贼，它们的皮肤有一种含有色素的细胞，被称为色素细胞。这类动物，能通过伸缩肌肉，控制这些色素细胞上逃逸光量的多少，从而改变皮肤的颜色，这让它们能迅速切换不同的图案。

该研究团队，此次在聚合物表面上重复了这个效应。实验中，他们利用电场控制了聚合物的张力，嵌入聚合物上的染料会对张力做出反应，显示出预先定好的图案。研究人员同时展示出，类似这样产生的图案，例如字符和图片，都能被反复显示和擦除。研究人员表示，这种新型柔性显示屏，未来有可能成为替代传统平面屏幕的一种方式。

（2）模仿章鱼制成能在水下超快速游动的机器人。[20] 2015 年 2 月，英国南安普敦大学海洋研究所加布里·埃尔博士，与美国麻省理工学院等机构的同行组成的一个研究团队，在《生物灵感和仿生学》杂志上发表论文称，他们开发出一种像章鱼一样的机器人，可以在水中收缩从而以超快速度推进和加速，成为前所未见的人造水下航行器。

最快的水生动物外形光滑而细长，这有助于它们轻易地在水中通行，而头足类动物，如章鱼，能够用水填充自己的身体，然后迅速将水压榨出，以这种方式获得动力快速逃逸。

该研究团队受此启发，制造出一个像章鱼一样的可变形机器人，骨架是 3D 打印的，除了一个薄弹性外壳外，没有移动部件及能源装置。这个自推进机器人长 30 厘米，尽管一开始是非流线型，充水后快速缩小，通过底部发射出水为其提供显著的推进和加速动力。它工作起来像吹足气的气球，撒了气之后满屋子飞。而里面用 3D 打印的聚碳酸酯骨架可保持气球紧致，最终的形状会呈流线型，鳍片设在后面以保持其直线前进。

这种机器人能够在不到一秒钟内把身体长度加长 10 倍。在最近的实验室测试中，它加速载荷 1 千克，不到一秒钟时速达 6 英里。相当于一辆迷你库柏车在水下携带额外重量 350 千克（使车的总重量达到 1000 千克），由静止加速到每小时 60 英里。

这种表现在之前的人造水下航行器中是前所未有的。埃尔说："人造水下航行器的设计要尽可能精简，但除了使用大量推进剂的鱼雷例外，之前这些运载工具没有一个能达到这种程度，尽管在机械方面设计得很复杂。"他接着说："刚体物体总是把能量损失到周围的水中，但迅速收缩形式的机器人实际上是使用水来助力推进，以超快速度逃离，形成了 53% 的能源效率，这要比突然弹动的鱼游得快。"

研究人员表示，若把该机器人造得更大些，可以提高它的快速启动性能，将其应用发展为人工水下运载车辆，可以匹配相应的速度、机动性和生物灵感的效率。并且，这项研究给其他工程领域也带来一定启示，如设计减少阻力的飞机机翼，还有利于推进生物系统不同形状变化方面的研究。

（3）模仿章鱼吸盘研发出水中可拆卸材料。[21] 2017 年 6 月 15 日，韩国成均馆大学的一个由材料学专家组成的研究团队，在《自然》杂志上发表论文称，章鱼吸盘是仿生科学家关注并进行研究的代表性领域，他们近日已找到章鱼吸盘独特的突起原理，并在世界上最先开发出模仿章鱼吸盘，在水中或潮湿的环境中不用黏合剂即可拆卸的补丁材料。

目前，用化合物制作的黏着材料存在一些问题，如若黏着表面湿润，黏着力就会消失，或者会留下黏糊的污染物等。

该研究团队关注章鱼吸盘内部的立体突起结构，首次对章鱼吸盘的黏着原理进行了研究。他们发现，章鱼吸盘内部有一种球状突起，因此具有较强的黏合力。章鱼吸盘肌肉收缩时，将表面的水分排出，剩余的水分则被推到球状突起和吸盘内部表面之间的空隙，由此制造出真空状态。

此外，研究人员还在工学上对此进行设计和模仿，开发出黏着补丁。这种黏着补丁，在湿润的表面，以及在水中，或人有褶皱的皮肤等各种环境中，都可反复拆卸一万次以上，而且不会留下污染物。

研究团队表示，最近医疗和半导体材料市场正在互相融合，对清洁黏着材料的需求正在逐渐增大。期待应用章鱼吸盘原理的补丁元件能在医疗用补丁、诊断治疗用可穿戴设备或器官组织缝合等领域，提供一种全新的原创技术。

（二）研究贝类动物开发产品的新信息

1. 研究珍珠贝进行产品开发的新进展

（1）根据珍珠母特性研制出纳米复合材料。[22] 2010 年 1 月，有关媒体报道，德国斯图加特大学和马普金属研究所共同组成的一个研究小组，根据珍珠母特性，利用二氧化钛和一种有机聚合物，开发出了具有珍珠母特性的纳米复合材料，预计这种材料将在生产和消费品领域"大展拳脚"。

珍珠母材料非常坚硬，特性稳定，每层厚度只有几个纳米。贻贝、蜗牛等许多水中软体动物都有一个珍珠母材料形成的坚硬外壳，这种外壳能起到预防天敌的作用，也被人类用于加工成工艺品或装饰家具。

珍珠母的珍珠层中 95% 为碳酸钙成分，在电子显微镜下看到的是层层叠叠的文石薄板。软体动物分泌的蛋白质像胶水一样涂在壳体表面并具有很强的韧性，这样可以防止表面裂纹扩散。

该研究小组研究了珍珠母的特性和形成机理，选择了坚硬的二氧化钛陶瓷材料与软性的有机聚合物进行复合，这两种材料都有广泛的应用性，而且非常容易加工。研究人员利用化学溶液沉积的方法，把这两种材料一层一层交替涂在硅基底上。在试验中，研究人员把二氧化钛每层厚度控制在 100 纳米以内，有机聚合物薄膜厚度控制在 5~20 纳米，由此形成了类似珍珠层蛋白质相同的尺寸。

开发出的新二氧化钛纳米材料，具有类似天然珍珠母材料的特性，可用作产品表面的防刮涂层，也可用于医疗人体植入物的表面涂料。但是，这种人工复合材料还没有完全达到天然珍珠母的性能，德国研究人员还将进一步改进材料的加工工艺，未来将完全可以达到天然珍珠母的特性。

（2）用仿生方法成功合成人工珍珠母。[23] 2016 年 8 月 18 日，中国科学技术大学俞书宏教授领导的研究小组，在《科学》杂志网络版上发表论文称，贝壳珍珠母是当今世界仿生材料设计研究中的热点，近日他们参照软体动物合成天然珍珠母的策略，利用完全仿生的方法制备出组分、结构和性能均与天然类似的人工珍珠母。

俞书宏说:"从具体合成的材料看,我们实现了合成与天然珍珠母高度类似的人工珍珠母的梦想。从长远看,这项研究为今后研制具有优异功能的仿生结构材料提供了一种全新的思路和普遍适用的方法。"

自然界中,生命体系通常利用能大量获取的原料不断优化其微观结构,来提升其体内硬质复合材料的力学性能。而材料仿生设计研究,便是通过学习这种独特的微观结构,并结合人工合成的物质,来获得性能远远超越常规材料的新型材料。

当前仿生结构材料研究的热点包括贝壳、骨骼和牙齿等。其中,珍珠母是贝壳中的内层材料,与珍珠具有相似的组成和结构,通常含有95%以上的碳酸钙以及不到5%的几丁质和蚕丝蛋白等有机物。微观尺度上,它具有砌墙式的砖泥结构,其中"砖"是碳酸钙薄片,"泥"是几丁质等有机物。

该研究小组的方法参照了软体动物合成天然珍珠母的砌墙式策略,首先运用优化的冷冻组装法,构筑具有多层介观尺度结构的几丁质框架,然后通过矿化溶液在框架内的循环流动,使得碳酸钙在该框架的每一层上矿化生长,最后通过浸渍蚕丝蛋白溶胶和热压的方法即可得到仿珍珠母材料。

这种仿珍珠母材料具有与天然珍珠母高度相似的化学组分和跨越多个尺度的有序结构,其密度更低,但力学性能相当,具有优越的抗断裂性能。

研究人员认为,这种全新的介观尺度"组装与矿化"相结合的合成策略,适用于其他多种材料体系。这个方法易于调控材料的微、纳多级结构,原理简单,成本较低,有望用于设计和构筑各种具有优越力学性能的新型多级结构材料。

2. 研究贻贝进行产品开发的新进展

(1) 仿贻贝等海洋生物制成水下快速胶黏剂。[24] 2016年3月,美国加州大学圣芭芭拉分校赫伯威特教授领导的研究团队,在《自然·材料》杂志上发表论文称,他们从贻贝、沙塔蠕虫等海洋生物分泌的胶黏蛋白中获得灵感,发明了一种可在水下进行快速黏结的新型胶水。

传统胶水在水中的胶黏性能差。譬如，透明胶带遇水后就失去黏性。研究人员发现，贻贝、沙塔蠕虫等可产出能在水中发挥黏结作用的蛋白质胶水，他们研究了该胶黏蛋白的结构，并成功制备出了可在水中发挥快速黏附作用的超强胶水。

该团队主要成员赵强博士介绍道，该胶水对贻贝、沙塔蠕虫胶水的化学分子结构和海绵状多孔物理结构，进行了全方位仿生，无需外压和对被黏物进行表面处理，仅通过溶解与注射的简单工序就可直接在水中使用。同时，其产生黏结作用的时间极短，仅需约 20 秒水下固化后，就可牢固地在玻璃、金属、塑料、木材、生物体等 20 余种材料表面进行黏结。

据悉，这款仿贻贝等海洋生物制成的胶水，在水下修复、精细焊接、生物手术、牙科医药材料等领域，有重要的应用前景。

（2）利用贻贝黏附蛋白制成医用生物材料。[25] 2019 年 11 月 21 日，德国生物经济网站报道，柏林工业大学一个由生物技术专家组成的研究团队，通过编码大肠杆菌成功获取足量的贻贝黏附蛋白，进而制成贝类超级生物胶，可作为处理伤口和骨折愈合的医用材料。

研究人员发现，贝类动物无论是在海底，还是在石头、金属或塑料等任何环境或材料表面，都能牢固附着。其中的奥秘，是它们的足部能分泌一种具有极强黏附性的蛋白。黏合能力强，且具有生物相容性的黏合剂，非常适用于外科手术和再生医学，可快速处理复杂的骨折，而不必使用钉子或板材。此外，还可用这种生物胶封闭皮肤伤口和其他组织损伤。

很久以来，材料和医学产品研究领域的科研人员都在关注相关研究，但获取大量贝类黏附蛋白有两大难题：一是成本高昂，无论是直接从海洋动物中提取还是化学合成；二是难操作，搅拌过程中该类蛋白即开始黏着。

该研究团队开发出一种生物技术工艺，通过重新编码大肠杆菌，使其生成一种被称为"L-DOPA"的氨基酸，在该氨基酸结构上加入保护基团邻硝基苯（oNB），所合成的新物质如同光反应保护开关，贝类蛋白的黏合性只有在紫外线的照射下才被激活。这不仅可使大肠杆菌生产足量的贻贝黏附蛋白，还可避免其自身黏着。

该项目在可行性研究阶段，得到德国联邦教研部 120 万欧元的资助。

目前研究团队正在与企业合作，将通过优化工艺和临床试验，先在动物医院试用，再逐步将产品推向医用市场。

（3）利用贻贝黏附蛋白实现无疤痕皮肤移植。[26] 2022年6月，韩国浦项科技大学一个由生物化学专家组成的研究团队，在《化学工程杂志》上发表论文称，他们开发出一种基于贻贝黏附蛋白的生物黏合剂，这种生物黏合剂能够快速愈合伤口并减少疤痕。使用这种黏合剂的皮肤移植可有效地使皮肤恢复活力，而无需使用缝合线。

接受皮肤移植的患者，最大的担忧是术后疤痕和移植皮肤的再生。缝合后疤痕的深度取决于进行皮肤移植的医务人员的技能，而且缝合部位的伤口愈合需要一个多月的时间。

贻贝亦称海虹，是一种人们熟悉的海产。贻贝自身的固定力非常强，其固着在浮筒或船底上面时，甚至可能造成浮筒下沉。此前就有研究显示，贻贝的黏附力有助于优化人工黏合剂本身的结构和效力，而且不需要改变黏接区域的面积。

该研究团队通过在贻贝黏附蛋白凝聚层中，引入尿囊素和表皮生长因子来开发生物黏合剂。应用这种生物黏合剂后，两种药物会根据伤口愈合过程的阶段依次释放，并使皮肤再生。

研究结果表明，与当前皮肤移植中使用的缝合线相比，伤口区域的恢复效率更高。特别是移植区域的毛囊损失很小，而胶原蛋白和主要皮肤因子水平得到有效恢复。同时，这种生物黏合剂与缝合线不同，它在伤口区域留下的疤痕很小，并且对人体无害。

研究人员解释说，新开发的生物黏合剂中使用了贻贝黏附蛋白，能最大限度地减少疤痕并促进皮肤再生，这项新成果将有效地应用于需要组织再生的各种受影响区域的移植。

3. 研究芋螺进行产品开发的新进展

发现一种芋螺毒素有助于研发心脏病新药。[27] 2019年10月，由以色列魏茨曼科学研究所等机构的学者组成的一个研究团队，在美国《国家科学院学报》上发表论文称，海洋中的芋螺可利用毒液杀死鱼类和其他猎物，他们的研究却发现，一种芋螺毒素有助于研发治疗心脏病的新药物。

很多有毒生物都能分泌毒液，其中毒素生效的机制经常是"堵塞"目标身体细胞中的钾通道，从而导致目标瘫痪甚至死亡。钾通道是细胞中的一种结构，它允许钾离子进出细胞，以此调节细胞的许多生理功能。

该研究团队发现一种芋螺毒素有独特的生效机制，它并不会堵塞钾通道，而是让在钾通道边缘流动的水分子增加，导致钾通道坍塌，从而也起到阻止钾离子进出细胞的效果。

据介绍，堵塞细胞的钾通道虽然有害，但有时也能用来治病，现在一些心脏病药物就是基于这个原理。不过，堵塞钾通道的药物常会带来一些副作用。

研究人员表示，如果能够根据上述芋螺毒素的生效机制，设计出通过影响钾通道周边而发挥作用的小分子药物，有可能通过另一种机制达到同样的治疗效果，同时避免相关副作用。

4. 开发利用船虫资源的新进展

用人工方法把船虫培育成营养丰富的海鲜。[28] 2023 年 11 月 20 日，英国剑桥大学动物学家戴维·威勒博士、普利茅斯大学海洋生物学家鲁本·希普韦等人组成的研究团队，在《可持续农业》杂志上发表论文说，船虫是世界上生长最快的双壳类动物，它们通过挖掘废弃木材并将其转化为高营养的蛋白质，在短短 6 个月内就可长到 30 厘米。他们开发了一种可完全控制的全封闭人工水产养殖系统，能把船虫培育成营养丰富的海鲜，并将其命名为裸蛤。

裸蛤没有壳，但被归类为双壳类贝类，与牡蛎和贻贝有亲缘关系。由于裸蛤不会将能量投入壳的生长中，因此它们的生长速度比贻贝和牡蛎快得多。研究人员发现，裸蛤中维生素 B12 的含量高于大多数其他双壳类动物，几乎是蓝贻贝含量的两倍。通过在系统中添加基于藻类的饲料，裸蛤可增加 Ω-3 不饱和脂肪酸。养殖系统的模块化设计还意味着，它可在远离大海的城市环境中使用。

威勒表示，裸蛤尝起来像牡蛎，营养丰富，而且生产过程对环境的影响非常小。此次，他们使用原本会被填埋或回收的木材来养殖它们，以生产富含蛋白质和维生素 B12 等营养素的食物。希普韦表示，人们迫切需要替代食物来源，既能提供肉类和鱼类富含的微量营养素的成分，又不会增加环境成本，这种全新的人工水产养殖系统提供了可持续的解决方案。

研究团队目前正在其系统中试验不同类型的废木材和藻类饲料，以优化裸蛤的生长、口味和营养成分，并与商业企业合作扩大规模，以实现商业化养殖。

二、开发利用甲壳动物资源的新成果

（一）虾蟹壳资源开发利用的新信息

1. 审视虾蟹壳资源获得的新认识

认为虾蟹壳具有巨大的可再生资源价值。[29] 2015 年 8 月，一个由多学科专家组成的研究小组，在《自然》杂志上撰文指出，科学家应当找出可持续的方式，提炼海产甲壳类动物的壳，而且政府和企业应当投资这种丰富且便宜的可再生资源。

全世界每年能产生 600 万～800 万吨废弃的蟹、虾和龙虾壳，其中仅东南亚就占 150 万吨。尽管一条金枪鱼有 75% 的重量能够食用，但一只螃蟹的肉只占 40%。

这些壳包含着有用的化学物质：蛋白质、碳酸钙、氮和壳质（一种类似纤维素的聚合物）。而这些壳对化学工业的潜在价值时常被忽视。

甲壳动物的壳中含有 20%～40% 的蛋白质、20%～50% 的碳酸钙和 15%～40% 的壳质。

蛋白质是优良的动物饲料。例如，对虾壳包含所有的必需氨基酸，而且营养价值能与大豆饭相媲美。目前，这些蛋白质无法被利用，原因是加工过程对其产生了破坏。但随着畜牧业的迅速发展，来自东南亚的甲壳纲动物壳可以转化为富含蛋白质的动物饲料。据世界银行预计，其年度市场价值超过 1 亿美元。

碳酸钙被广泛应用于制药、农业、建筑和造纸行业。目前，它主要来源于大理石和石灰石等地质来源。虽然这些来源极其丰富，但可能包含难以去除的重金属。而这些贝壳中的碳酸钙能让人体更好地吸收，比如作为药剂成分。也许，源自食物的药片比岩石制作的药片更容易让人接受。

壳质是一种线型聚合物，也是地球上第二丰富的自然生物高聚物（第一是纤维素）。它存在于真菌、浮游生物、昆虫和甲壳类动物的外骨骼中，每年生物体能产生约 1000 亿吨壳质。目前，这种聚合物及其水溶性衍生物

（壳聚糖）仅被用于极少的工业化学领域，比如化妆品、纺织、水处理和生物医药。因此，研究人员表示，其潜在利用价值是巨大的。

2. 利用虾蟹壳研制医药产品的新进展

从虾蟹壳提取壳聚糖制成防食物中毒的药品。[30] 2017 年 3 月，由美国、沙特阿拉伯及泰国等国的有关专家组成的一个国际研究小组，在《食品微生物学》杂志上发表论文称，产气荚膜梭菌食物中毒是美国第二大常见的细菌性食源性疾病，每年影响上百万人。他们研究发现，从虾蟹壳中提取的壳聚糖，其天然碳水化合物有望成为治疗产气荚膜梭菌食物中毒的有效药品。

产气荚膜梭菌存在于土壤、腐烂的植物及脊椎动物的肠道内。没有充分烹煮或保存不当的肉类可能导致产气荚膜梭菌繁殖，人吃了这些肉类会中毒，出现腹痛、腹泻等症状。

该研究小组说，他们分别观察了实验室培养基中的产气荚膜梭菌和 37℃ 环境下放置几小时、受到产气荚膜梭菌污染的熟鸡肉，记录产气荚膜梭菌在两种环境中的生命周期。

结果发现，产气荚膜梭菌能产生一种顽固的、处于代谢休眠状态的孢子，许多食物加工方法都无法将其杀灭。但从虾蟹壳中提取的壳聚糖，不但能阻止产气荚膜梭菌在熟鸡肉中扩散，还能抑制孢子的萌发和生长。

3. 利用蟹壳研制生活用品的新进展

利用蟹壳和树木提取物制成食品保鲜膜。[31] 2018 年 7 月 23 日，美国佐治亚理工学院化学家组成的一个研究小组，在美国化学协会期刊《ACS 可持续化学与工程》上发表论文称，他们利用从蟹壳和树木中所提取材料制成一种新型环保薄膜，能够更有效地隔绝氧气，有望成为目前广泛使用的食品保鲜塑料的替代品。

研究人员从蟹壳和树木中所提取的材料，分别是甲壳素和纤维素。他们把甲壳素纳米纤维悬浮液和纤维素纳米晶体悬浮液，交替喷涂在作为衬底的聚乳酸薄膜上，干燥后即形成一种由甲壳素纳米纤维层和纤维素纳米晶体层复合而成的新型薄膜。这种薄膜不仅柔韧、透明，还可降解，十分环保。

得益于其中的晶体结构，新型薄膜可以有效地阻止氧气分子穿透，成为一种具有高气密性的屏障材料。与目前常用于食品包装、以石油为原料的聚乙烯对苯二甲酸酯（PET）相比，新型薄膜的氧气渗透率降低了67%。对于食品保鲜包装来说，有效防止氧气渗透十分重要。理论上，包装材料的透气性越差，就越容易保持食物新鲜，因此，这种气密性极佳的新型薄膜，是一种很好的食品保鲜包装材料。

研究人员指出，源于植物的纤维素是地球上最常见的天然生物聚合物，而甲壳素则仅次于纤维素，是全球储量第二的生物聚合物，广泛存在于甲壳类动物外壳、昆虫甲壳和真菌的胞壁中，因此，新型薄膜的原材料来源不是问题。但想要替代目前广泛使用的保鲜塑料，仍有许多工作要做。一方面，甲壳素工业化生产工艺尚不成熟，需要改进；另一方面，要降低薄膜生产成本，使之具有竞争力，大规模工业化制造工艺的开发也必不可少。

4. 利用蟹壳研制工业材料的新进展

（1）用蟹壳制成可作光学显示器的塑料。[32] 2011 年 11 月 21 日，日本京都大学的一个研究小组公布，在《软物质》网络版上发表研究成果称，他们利用蟹壳和虾壳成功制成柔软透明的塑料。新材料有望用于研制下一代有机发光显示器。

研究小组首先利用螃蟹壳极细的纳米尺寸纤维结构特点。他们使用制剂去除蟹壳的碳酸钙和蛋白质，把粉末状的蟹壳加水混合，过滤后做成厚度为 100～200 微米的白纸状薄膜，然后在薄膜上浸透透明丙烯酸树脂。这样树脂被增强，白色薄膜变为透明。

由于蟹壳的纤维，比人工纳米纤维还要细致，而且粗细均匀，因此提高了薄膜的透明度。将其用于有机发光显示器，以及太阳能电池基板，尚需要进行改良，以减少热膨胀导致的透明度损失。薄膜经过改良后，可以和现在使用的玻璃同等程度地抑制热膨胀。在虾壳试验中也得到了相同的结果。

（2）用蟹壳制造新的电池阳极材料。[33] 2023 年 3 月，我国山东第一医科大学与日本九州工业大学联合组成的一个国际研究小组，在美国化学会《欧米茄》杂志上发表论文认为，食用螃蟹后不要简单地将其硬壳扔掉，可用它们制成"蟹碳"。研究人员说，"蟹碳"是一种具有广泛用途的多孔碳材料，他们已用它制成钠离子电池的阳极，这将是锂电子化学的一个极具竞争力的对手。

近年来，锂离子电池在大多数日常电子设备中无处不在，为手机、汽车甚至牙刷提供动力。但由于世界上锂金属的数量有限，一些研究人员把注意力转向了它的"化学表亲"。

此前，研究人员提炼蟹壳中的甲壳素，制成一种可生物降解的锌离子电池。但蟹壳本身也可直接转化为硬碳，人们正在探索把这种硬碳制成钠离子电池阳极。

虽然钠离子在化学上类似于锂，但钠离子更大，与锂离子电池的阳极不兼容。该研究小组在过渡金属二硫化物中，选择硫化锡和硫化铁两种物质，与蟹壳制成的硬碳结合起来，制成可行的钠离子电池阳极。

研究人员先把蟹壳加热到540℃以上制成"蟹碳"，再将"蟹碳"加入硫化锡或硫化铁的溶液中，然后使其干燥以形成阳极。"蟹碳"的多孔纤维结构提供了较大的表面积，增强了材料的导电性和高效传输离子的能力。

研究小组发现，在模型电池中进行测试时，"蟹碳"与过渡金属二硫化物制成的复合材料，都具有良好的容量，可持续循环至少200次。

（二）小型甲壳动物水蚤开发利用的新信息
——由研究开发水蚤获得高强度发光突变蛋白[34]

2012年6月，俄罗斯媒体报道，为了观察细胞内部的现象，科学家常需使用荧光蛋白。俄罗斯科学院西伯利亚分院生物物理研究所一个研究小组，在研究细胞内部活动变化的过程中，通过对海洋小型甲壳动物水蚤荧光蛋白基因编码的重组、蛋白质改性，以及对分子发光强度的研究，首次获得了发光强度超过自然水蚤蛋白5倍的突变发光蛋白。

在某些情况下，使用荧光蛋白长时间监测细胞内部的变化过程非常困难，特别是如果使用萤火虫科的荧光蛋白，荧光反应只能发生在特定的条件下，需要氧气、三磷酸腺苷和镁离子的共同作用，而保持这些成分在细胞内的有效含量比较困难，使得荧光分析不能维持较长时间。而海洋小型甲壳动物水蚤荧光蛋白的荧光反应则简单得多，仅需钙离子和氧气的共同作用。

研究人员通过对一种细长长腹水蚤的发光蛋白基因进行克隆，借助于基因操作，替换蛋白质中的正常氨基酸，获得突变蛋白质，再把这种蛋白质的核苷酸编码，插入质粒的环状 DNA 中，并使其在宿主细胞（大肠杆菌）中复制，通过宿主细胞得到荧光蛋白。

研究人员在研究过程中首次发现，水蚤荧光蛋白的发光现象位于荧光蛋白质 N 端部分，并不影响氨基酸的活性。如果切断 N 端部分（蛋白质分子一端的氨基酸），就会增强荧光反应的强度，并使其发光强度达到以前的 5 倍，此外，该水蚤荧光蛋白的远端氨基酸非常接近于哺乳动物。

三、开发鱼类及其他海洋动物资源的新成果

（一）鱼类资源开发利用的新信息

1. 利用鱼类资源研制护肤品的新进展

用鱼黏液等制成纯天然防晒霜。[35] 2015 年 8 月，有关媒体报道，瑞典斯德哥尔摩阿尔巴诺瓦大学生物研究中心专家文森特·布隆领导的一个研究团队，用鱼类黏液、虾壳和海藻中的化学物质制成一种材料，它或许很快将成为那些寻找纯天然防晒霜的人们的选择。

一些花大量时间待在太阳底下的细菌、鱼类和海藻，进化出能吸收阳光中损害 DNA 的紫外线的"遮阳板"。这些化学物质被称为类菌胞素氨基酸，目前已被变成像防晒霜一样，可用到皮肤上，以及诸如户外家具等面临紫外线损伤危险的物体上的材料。除了可能成为比传统防晒霜更加有效的紫外线吸收者，这种天然替代品还是可生物降解的，并且其中一些成分能从食物残渣中回收。

该研究团队把这些类菌胞素氨基酸，同一种在虾和其他甲壳类动物的壳中发现的、被称为壳聚糖的化学物质发生反应。不同于氨基酸，壳聚糖是一种可溶解的聚合物，很容易被应用到皮肤上，并且已被开发成一种治疗痤疮的药物。

在进一步的测试中，研究人员发现，在高达 80℃ 的温度下，其能在 12 个小时后依旧保持紫外线吸收能力。在老鼠皮肤细胞上开展的初步研究显示，这种防晒霜是无毒的，但在进行人体试验前还需要更多的研究。

2. 利用鱼类资源研制医药产品的新进展

把海水罗非鱼皮用作治疗烧伤的材料。[36] 2017 年 3 月，有关媒体报道，在巴西东北部的历史文化名城福塔雷萨，烧伤患者看起来就像是从海里爬出来的。他们的身上覆盖着鱼皮，尤其是杀过菌的罗非鱼皮。

这里的医生，在尝试用这种普遍存在的鱼类皮肤，治疗二级或三级烧伤。这一创新，来源于实际需求。

长期以来，动物皮肤在发达国家被用于治疗烧伤，但巴西缺乏在美国等国家可广泛获得的人皮肤、猪皮肤和人工皮肤。率先用罗非鱼皮开展临床治疗的烧伤专家、整形外科医生埃德马尔·马西埃尔说，巴西皮肤库的这 3 种功能性皮肤，仅可满足该国 1% 的需求。

因此，巴西医疗机构通常用纱布和银磺胺嘧啶霜包扎创口。美国加州大学圣迭戈分校区域烧伤中心代理主任珍妮·李说：“这是一种烧伤膏，其中含有银，可以防止烧伤感染。但它却不能清创或是帮助创口愈合。”这种药膏包扎必须每天更换，这是个非常疼痛的过程。在福塔雷萨若泽·弗罗塔研究所的一个烧伤病区，当病人伤口被拆开清洗时，往往会疼痛到身体扭曲痉挛。

为此，海水罗非鱼派上用场了。这是一种在巴西广泛养殖的鱼类，它们的皮肤此前一直被认为是无用之物。然而，与纱布绷带不同，消毒后的罗非鱼皮可以持续存在，并保留下来。

这项研究的第一步，是分析鱼的皮肤。马西埃尔说：“非常惊奇的是，我们在其中发现大量胶原蛋白Ⅰ和Ⅲ，它们对于结痂非常重要。罗非鱼皮中含有大量胶原蛋白，甚至超过人类和其他动物的皮肤。我们发现的另一个优点是张力，罗非鱼皮的抵抗力远高于人皮肤，而且湿度也更大。”

对于浅层二级烧伤的患者，医生需要应用鱼类皮肤，并将它留在那里，直到患者皮肤自然结痂。对于深层二级烧伤患者，罗非鱼皮绷带在治疗期间需要更换数次，但其频次远低于涂抹药膏的纱布。马西埃尔说，罗非鱼疗法还会缩短愈合时间，减少治疗过程中的疼痛。

3. 完善海水鱼产品管理制度的新进展

（1）开发出鉴别海水鱼产品原产地的新型基因标签。[37] 2012 年 6 月，欧盟第七研发框架计划资助支持的，由欧盟联合研究中心牵头的欧盟多个成员国研究人员参与的一个研发团队,在《自然·通讯》网络版上发表论文称,他们开发出的海水鱼产品新型基因标签技术,在司法鉴定认可中,获得了93%～100%的高准确率。

随着生活水平的日益提升,欧洲消费者对海水鱼产品的放心程度日趋降低。既然面临放心不下但又必须消费的两难境地,鱼产品的原产地,理所当然地愈来愈得到消费者的重视。为此,欧盟海水鱼产品的可追溯标签机制应运而生。

然而,自欧盟海水鱼产品标签制度实施以来,欧洲市场上销售的海水鱼产品至少有30%仍然来自非法捕捞,而这些产品往往有意错贴标签。

其他错贴标签的舞弊行为还包括:假冒标签,非法销售来路不明的鱼产品;故意将鱼产品错贴标签为得到认证的可持续渔场的捕捞产品,以获取额外收益;过度捕捞渔场的产品错贴标签为其他渔场的产品,以躲避行政处罚;部分合法捕捞的鱼产品种类错贴标签为更高销售价格的鱼产品种类,获取冒名顶替的不当收益;等等。而且,欧洲海上鱼产品市场的混乱状况还有继续恶化的趋势,其治理整顿已提上议事日程。

该研究团队利用基于分子生物技术的新知识,开发出单核苷酸多态性这一特殊的海水鱼产品原产地新型基因标签,可以简便准确地鉴别海上鱼产品的种类及原产地。例如,这项新技术能准确地区分出大西洋东北部渔场或北海渔场捕获的鲱鱼,以及来自爱尔兰海或比利时沿海的鳕鱼等。

(2) 研制可监测海水鱼产品中诱发癌症物质的传感器。[38] 2019年4月,俄罗斯托木斯克理工大学自然资源工程学院化学工程所教授米哈伊尔·加夫里连科及其同事,与托木斯克国立大学的相关专家共同组成的一个研究小组,在《食品化学》杂志上发表研究成果称,他们开发出一种简易的光学传感器,可直接确定海水鱼产品体内有害物质孔雀石绿的含量。该方法简单、方便,而且廉价。

孔雀石绿广泛应用在工业捕捞中,目的是预防和治疗鱼类、虾类、软体动物的真菌、寄生和细菌感染。但这些物质在海水鱼产品体内累积太多后,作为食品消费的海鲜就变得危险了,因为孔雀石绿可致癌。为此,该研究小组开发出一种便宜的光学传感器,根据颜色来确定海水鱼产品内的孔雀石绿的含量。

加夫里连科说，这种一次性廉价传感器适合日常生活使用，也适合专业快速监测海水鱼产品有毒物质的含量。有关研究人员指出，该方法与实验室中通常使用的标准分析方法不同，效果很好，成本又低。

（二）其他海洋动物资源开发利用的新信息

1. 研究刺胞动物开发的新产品

利用水母荧光蛋白开发出新型激光。[39] 2016 年 8 月，英国苏格兰圣安德鲁大学物理与天文学院教授马尔特·盖瑟及其同事，与德国相关专家组成的一个研究团队，在《科学·进展》杂志上发表论文称，他们首次把水母体内的荧光蛋白基因插入大肠杆菌基因组，利用转基因大肠杆菌产出了增强型绿色荧光蛋白，并用来产生激光。研究人员指出，这一突破代表着极化激元激光领域的重大进步，其效率和光密度都比普通激光高得多，有望为研究量子物理学和光学计算开辟新途径。

传统的极化激元激光器用无机半导体做增益介质，必须制冷到极低温度；而有机发光二极管显示器中的有机电子材料能在室温下工作，但需要有皮秒（万亿分之一秒）光脉冲来供能。研究团队开发的新激光器也能在室温下工作，但只需纳秒（10 亿分之一秒）脉冲。

极化激元激光来自一种量子凝聚现象：激光增益介质中的原子或分子反复吸收发出光子，产生一种叫作极化激元的准粒子，在一定条件下变成一种联合量子态，从而发出激光。理论上极化激元激光需要的能量更少。

研究人员把转基因大肠杆菌产生的增强型绿色荧光蛋白，填充在许多光微腔里，作为一种"光泵"，能以纳秒速度发出闪光，使整个系统达到产生激光所需的能量。"光泵"能在达到激发阈值后，给设备注入更多能量以产生传统激光。盖瑟说，皮秒脉冲的能量更合适，但制造起来要比纳秒脉冲难 1000 倍，他们的做法简化了很多制造工序。

盖瑟还指出，新方法的一个关键优点是，蛋白质分子的发光部分被一种纳米大小的圆柱形外壳保护着，让它们彼此间不会互相干扰，分子结构很适合在高亮度下工作，更容易发出激光。但目前的激发阈值还太高，今后经过改进，最终可让极化激元激光器的激发阈值比传统激光器低得多，这样效率会更高，发光更致密。

2. 研究多孔动物开发的新产品

从海绵中获得可杀死癌细胞的化合物。[40] 2019 年 11 月，俄罗斯卫星网报道，俄罗斯远东联邦大学发布消息称，该大学自然科学学院有机化学教研室副教授日德科夫主持的一个研究小组，从海绵色素中获得新的化合物，它会导致某些种类的癌细胞死亡。

该研究小组在海绵衍生物基础上，研制出五元杂环季铵盐类化合物衍生物色素的新合成方法。研究人员凭此首次获得了足够数量的化合物用于研究。

发布的消息指出，研究人员在这项研究中首次获得的溴化网状蛋白，选择性地作用于对多种抗生素具有抗性的铜绿假单细胞菌。该化合物还可导致皮肤癌（黑色素瘤）、直肠癌和前列腺癌细胞的死亡。研究人员说，该物质或可用于恶性肿瘤的选择性治疗，并且不会对机体健康细胞有不良影响。

日德科夫总结时表示，至于说研制新药物还为时尚早。基于所获得的结果，研究人员计划合成一系列新的五元杂环季铵盐类化合物衍生物，并对实验鼠进行测试。

3. 研究棘皮动物开发的新产品

实现结构独特的环状海星皂甙全合成。[41] 2022 年 4 月，中国科学院上海有机化学研究所生命有机化学国家重点实验室俞飚院士率领的研究团队，以海星环状甾体糖苷化合物的全合成为主题，在《应用化学国际版》杂志上发表研究成果。至此，他们已完成目前已知的主要结构类型海洋动物来源皂甙的化学合成，包括海星型皂甙、多羟基海星皂甙、环状海星皂甙和海参型皂甙的首次合成。

海星是一类行动缓慢的低等海洋动物，生活在从浅海到深海的广袤海域。在漫长的进化过程中，海星产生出独特的次级代谢产物，用以对抗捕食者和微生物的威胁。该产物主要是结构多样的甾体皂甙，表现出许多生理活性，如抗菌、抗炎、抗肿瘤等。

迄今为止，已有超过 500 个海星皂甙分子被分离鉴定出来，其中绝大部分可以归于海星皂甙和多羟基海星皂甙两大类。环状海星皂甙是第三类海星皂甙，目前仅有 9 个成员被鉴定出来，自 1981 年首次被确定结构以来尚无全合成报道。

环状海星皂甙具有独特的 16 元大环结构。该大环结构由刚性的甾体骨架和拥挤的三糖链通过糖苷键和醚键构成，在化学合成上没有先例可循，是全合成的关键难点。受角甲基 1，3-直立相互作用影响，甾环上 C6β-OH 的醚化反应十分困难，对糖单元 C6 位亲电试剂来说，挑战更加严峻。此外，甾体骨架 C6 位连接三糖链的烯丙醚结构对酸不稳定，容易消除生成共轭二烯类副产物，这要求糖苷化方法的选择须慎重。因此，环状海星皂甙的合成可有效推动相关的生物活性研究，并对其他环状糖缀合物的研究意义重大。

俞飚研究团队对环状海星皂甙的全合成开展十余年的持续研究，先后探索了多种合成策略，包括甾环 C6β-OH 的直接烷基化和大环前体的亲电环化等，皆无功而返。最近，研究人员提出一种创新性的合成思路，实现了环状海星皂甙全合成。

合成亮点包括：①通过温和高效的一价金催化糖苷化反应构建了具有挑战的张力大环结构；②采用从头合成，现场构建了醚键连接的糖单元；③将烯基糖作为吡喃糖前体，已增加环化反应中受体活性。由于合成路线中采用了从头合成和半合成糖基单元，该路线可以用于发散性合成不同糖基的同系物。这样，三种含量较高的环状海星皂甙被合成。

四、开发植物与微生物资源的新成果

（一）藻类植物资源开发利用的新信息

1. 利用藻类基因研究开发产品的新进展

（1）通过褐藻基因研究发现酚类芳香化合物的合成机制。[42] 2013 年 9 月，法国巴黎六大海洋植物与生物分子实验室，与布雷斯特海洋环境科学实验室合作组成的一个研究小组，在《植物细胞》的网站上发表研究成果称，他们通过研究，发现了利用酶合成鼠尾藻多酚的新机制及其关键步骤。这项工作，大大简化了商业制备鼠尾藻多酚的生产过程。

鼠尾藻多酚是海洋褐藻所特有的一种酚类芳香化合物，它具有天然抗氧化功能，可用于生产各类化妆品，并能够预防和治疗癌症、心血管疾病、神经退行性疾病及消除炎症。

　　一直以来，人们都未能探明鼠尾藻多酚的生物合成途径，从褐藻中提取这类天然化合物的工业过程，也十分复杂。研究人员在罗斯科夫生物研究站对褐藻进行基因组破译工作，并在长囊水母的研究过程中，识别出其与陆生植物合成酚类化合物同源的有关基因。

　　在此基础上，研究人员又进一步确定了直接参与合成鼠尾藻多酚的褐藻基因。而后，通过把这些基因引入细菌，制得了大量可合成酚类化合物的蛋白质酶。他们转向后基因组学，即侧重蛋白质的功能研究，对其中的Ⅲ型聚酮合酶（PKS Ⅲ）进行观察，最终发现了其合成酚类化合物的机制。

　　除了揭示合成机制外，这一研究还发现，褐藻酚类化合物有适应盐胁迫的生物学功能。这些对生物合成的新认识，也有助于人们探索植物调节新陈代谢的生物信号机制。

　　（2）通过海洋微藻基因改造让其油脂产量翻番。[43] 2017 年 6 月 18 日，美国加利福尼亚州的合成基因组公司研究人员艾瑞克·穆勒宁及其同事组成的研究团队，在《自然·生物技术》网络版发表论文称，他们使用多种先进的基因工具，进行基因改造后的水藻品系，油脂产量可达其野生亲本的两倍，且能达到与野生亲本类似的生长速度。这项新成果，标志着用微藻制造生物燃料的可能性越来越大了。

　　自 20 世纪 70 年代末以来，人们一直在积极研究使用光养微藻所产生的油脂来制造生物柴油，以补充基于石油的运输燃料。光养微藻是一种借助光、水和二氧化碳生长时可产生油脂的微生物。研究人员已经发现，海洋富油微拟球藻具有作为生物柴油原料进行开发的潜力，其产油量可达实验室品系的 6 倍。不过，经过了数十年研究，提升微拟球藻的产油效率却总是会导致其生长受损，因此该属物种的商业潜力仍未得到充分发挥。

　　此次，该研究团队使用包括 CRISPR-Cas9 基因编辑技术在内的多种改造工具，来识别 ZnCys 因子，正是这种因子负责调控海洋富油微拟球藻的油脂累积。改造 ZnCys 因子后，研究人员发现，微藻的产油效率翻了一番：最高可达每天每米 5 克，且生长速度未受影响。

　　有效利用基因工程或遗传操作手段改造微藻，提高产量，对实现商业化生产非常重要。研究人员表示，提高微藻油脂产量的同时保持其生长能力不变，意味着人们在微藻光养产油过程上又前进了一步，而这最终将减少依靠陆地植物产糖来制造生物柴油。

2. 利用藻类植物开发医药产品的新进展

（1）开发出可助软骨修复的海藻凝胶。[44] 2014 年 5 月，澳大利亚伍伦贡大学发布消息称，该校智能聚合体研究所主任戈登·华莱士教授主持的一个研究小组，成功利用海藻凝胶搭建支架，实现了人膝盖软骨再生。这一成果，可望有助于开发新疗法，修复严重受损的骨组织、肌肉和神经。

据悉，研究人员借助 3D 打印技术，用海藻凝胶制作支架，尔后在这种支架上注射干细胞，并让两者顺利融合，最终使这些干细胞定向分化成人膝盖软骨。

华莱士说，海藻没有血管组织，其细胞通过一种凝胶状物质聚合在一起，这种海藻凝胶刚好充当干细胞的结构支架，保持再生组织的稳定性和完整性。

华莱士表示，尽管上述实验仍处于初级阶段，但研究小组相信，开展这项研究具有巨大潜力，将为治疗关节炎、神经系统疾病和修复严重受损的器官提供新思路。

（2）发现褐藻成分能抑制溃疡性结肠炎。[45] 2014 年 12 月，日本东京工科大学佐藤拓已教授领导的研究小组，在《科学公共图书馆·综合卷》杂志上发表论文称，他们在利用溃疡性结肠炎模型鼠进行研究时发现，让实验鼠口服波状网翼藻所含的藻醇，实验鼠大肠中的溃疡明显得到抑制。此外，藻醇在试管内也明显抑制了炎症反应。

研究人员说，溃疡性结肠炎是形成溃疡的大肠炎症，病因不十分明确，治疗非常棘手。他们在研究中发现一种叫作波状网翼藻的褐藻，所含的藻醇能抑制溃疡性结肠炎。褐藻是一种褐色的海生多细胞藻类，包括海带和裙带菜。波状网翼藻多分布在日本和中国台湾等北太平洋地区。

研究小组进一步分析发现，藻醇能对一种转录因子 Nrf2 的活化发挥作用，缓解炎症反应，从而抑制大肠溃疡发生。溃疡性结肠炎，一般认为与压力及免疫异常有关，会反复出现持续的腹泻及便血，也可能因此引发全身性疾病。目前只能利用美沙拉嗪、类固醇等治疗，如果没有效果则只能切除大肠。

研究人员认为，新发现将扩大褐藻类的利用范围。他们准备与制药公司和食品公司合作，将藻醇应用于药品和健康食品，开发溃疡性结肠炎新疗法。

3. 利用藻类植物开发生活用品的新进展

开发马尾藻替代塑料来做餐具。[46] 2023 年 1 月，中国科学技术大学俞书宏院士领导的研究团队，在《先进材料》杂志上发表论文称，他们研发了一种由食品级马尾藻纤维素纳米纤维制成的、具有优异力学性能和热学性能的高性能结构材料，为进一步代替塑料找到了一条新的路径。

该研究团队长期致力于仿生结构材料的研究，把仿生结构设计理念运用于高性能生物基结构材料的研制。他们凭借前期的成果积累，进一步向着仿生功能材料更深的领域进行探索。

研究人员在温和的反应条件下，开发了高效、低能耗的方法，从马尾藻工业废弃物中，提取出一种食品级的马尾藻纤维素纳米纤维。它经钙离子交联后，形成纳米纤维水凝胶。他们通过自上而下的方法，把这种水凝胶制成马尾藻纤维素基结构材料。

这种新型结构材料，具有高强度和高热稳定性特色。它与大多数商用塑料相比，具有更高的硬度，还可以通过破坏和重组可逆的纳米纤维间氢键相互作用网络来耗散能量，进而实现强度、模量、韧性和热稳定性的平衡。同时，它还具有良好的可加工性能及食品安全性，可加工成不同形状的餐具。此外，它通过聚乳酸和姜黄素进行改性，则可以获得更好的防水性能和抗菌性能。

研究人员表示，用这种结构材料制作的餐具，整体性能优于目前的商用塑料、木基和聚乳酸基餐具，在该领域显示出替代这些产品的潜力。

4. 利用藻类植物研制发光材料的新进展

用海藻制成柔软耐用的发光材料。[47] 2023 年 10 月，美国加州大学圣迭戈分校的一个研究小组，在《科学进展》杂志上发表论文称，他们用藻类开发出一种柔软且耐用的材料，它能通过机械应力的作用来发光，而不需要电子设备，也不需要外部电源。研究人员说，这项工作的灵感，来自海滩赤潮事件期间观察到的生物发光波。

研究小组用甲藻和一种称为藻酸盐的海藻聚合物，来制作该生物发光材料。他们先把两种原料混合在一起，然后使用 3D 打印机对其进行处理，以创建各种形状，例如网格、螺旋、蜘蛛网、球、块和金字塔状结构。最后一步是对 3D 打印结构进行固化。

制成的材料一旦受到压缩、拉伸或扭曲等机械应力的作用，其中的甲藻就会以发光来做出反应。这种反应模仿了海洋中发生的情况，即甲藻产生闪光作为捕食者防御策略的一部分。在测试中，当研究人员按压这些材料并在其表面描绘图案时，它们就会发光。甚至也称得上足够敏感，连滚动的泡沫球那么轻的重量，都可触发其发光。

研究人员发现，施加的应力越大，发光就越亮。他们由此开发出一种数学模型，根据所施加机械应力的大小来预测发光强度。他们还在材料上涂上特殊保护层，使材料可在海水中储存长达 5 个月，而不会失去其形状或生物发光特性。

这项研究展示了一种简单的方法，把生物体与非生物成分结合起来，制造出能自我维持并对机械刺激敏感的新型材料。研究人员设想，他们研制的新材料，可用作机械传感器来测量压力、应变或应力。其潜在的实际应用，还包括使用光信号进行治疗或控制药物释放的柔性机器人等生物医学设备。

（二）微生物资源开发利用的新信息

1. 利用微生物制造氢气研究的新进展

开发深海海底细菌制造氢气的新技术。[48] 2012 年 6 月 20 日，韩国国土海洋部表示，韩国海洋研究院首次开发出海洋生物氢气技术，即利用生活在太平洋深海海底的微生物"超嗜热古细菌"，把一氧化碳转换为氢气。

该研究院负责人表示："韩国国内炼铁厂每年能排放出 300 万吨一氧化碳，利用这一技术既能减少一氧化碳排放量，又能生产新再生能源氢气。这项技术的效率，最高可以达到目前采用的厌氧细菌的 15 倍。"

韩国海洋研究院称，开发出利用深海微生物把一氧化碳转换为氢气的技术，在世界上属于首次。如果能够保证达到量产技术并实现商用化，预计每年可以生产 1 万吨氢气。这些氢气，可供 5 万辆氢燃料汽车运行一年。

2. 研究微生物开发捕光设备的新进展

模拟海底绿色硫细菌研制捕光设备。[49] 2012 年 8 月，美国麻省理工学院电子研究实验室多瑟·艾斯勒领导的一个研究小组，在《自然·化学》杂志上发表研究成果称，他们模拟海底绿色硫细菌的捕光方法，制造出一个人造捕光系统。绿色硫细菌生活在海底，此处几乎没有光，但它却能设法捕获到达海底深处光的98％为己所用。研究人员表示，更好地理解这个基本的捕光过程，有助于找到全新的捕获太阳能的方法。

艾斯勒研究小组研制出的人造系统，是一个由染料分子组成的自组装系统，该染料分子能形成完全一样的双壁纳米管。这些纳米管的宽度仅为10纳米，但长度为宽度的数万倍，而且，其大小、形状和功能同绿色硫细菌用来从深处收集光线的接收器一样。

艾斯勒表示，这种纳米管很难有实际用途，主要是供科学家们进行试验，以研究基本的捕光原理，为捕光设备寻找到最合适的材料，从而设计出新的捕光系统。她说："如何有效地捕获太阳光，是自然界最大的秘密之一。我们研制出的这套人造系统，或许有望破解这个问题。"

艾斯勒解释道，与其他内部每个结构都会有些许差异的自组装系统不同，该双壁纳米管的形状和大小完全一致。这一特性使得该系统成为一个完美的模型，研究人员能研究其整体的性能，而不需要研究每个纳米管对光如何反应。

该研究小组希望通过实验，解开一个基本的问题：这两个同轴的双壁纳米管圆柱体，是作为一整套捕光系统来工作，还是每个圆柱体各行其是。为此，他们通过让外层壁分子氧化，从而让其中的一个圆柱体失去活性。艾斯勒说："管状结构毫发未损，但外壁不再有光反应，只有内壁仍有光反应。"随后，通过比较两个圆柱体一起工作时，与仅仅一个圆柱体工作时的光反应情况，研究人员能确定两个圆柱体之间的相互作用。艾斯勒说："两个圆柱体可以看成两个独立的系统。"

艾斯勒表示，更深入地了解这种人造结构，将有助于研究人员研制出更高效的捕光设备。她说："数百万年的演化，才让微生物的捕光系统达到最佳状态，理解它们的基本工作原理，将有助于我们制造出更好的人造捕光系统。我们的目的，并不在于提高现有太阳能电池的效率，我们想师法自然以便制造出全新的捕光设备。"

3. 利用微生物制造塑料的新进展

通过吃海藻微生物制造出可降解塑料。[50] 2018年12月，以色列特拉维夫大学波特环境与地球科学学院亚历山大·戈尔博格博士、化学学院米歇尔·哥津教授等人组成的一个学科交叉研究团队，在《生物资源技术》杂志上发表的论文，描述了一种不需土地和淡水的生物塑料聚合物生产过程，这种塑料来源于以海藻为食的微生物，塑料废弃物毒性为零，能以有机废物形式回收利用。

据联合国统计，塑料占海洋所有污染物的90%，却几乎没有特别有效的环保替代品。

戈尔博格认为，塑料数百年才能腐烂。塑料也是由石油产品生产的副产品，生产过程会释放化学污染物。他说："生物降解塑料是解决方案之一，它不使用石油，还能迅速降解。但是，生物塑料也有环境价格，培育相关的植物或细菌需要肥沃的土壤和淡水，但包括以色列在内的许多国家都没有这类条件。"

该研究团队利用以海藻为食的微生物，生产一种叫作聚羟基链烷酸酯的生物塑料聚合物。这种海藻是能在海中种植的多细胞海藻，而一种能在非常咸的水中生长的微生物，可以吃掉多细胞海藻，并产生可用于制造生物塑料的聚合物。

研究人员表示，这种新工艺将为淡水短缺的国家如以色列、中国和印度，从生产石油衍生塑料向生产生物降解塑料转型提供相应技术。现在，他们正在开展基础研究，以找到最适合生产具有不同性质生物塑料聚合物的最佳微生物和藻类。

第三节　海洋矿产资源开发利用的新进展

一、勘探开发石油和天然气资源的新成果

（一）石油和天然气资源勘查作业的新信息

1. 我国在南海发现首个自营深水高产大气田[51]

2014年9月15日，新华社报道，中国海洋石油有限公司（以下简称中海油）当天宣布，"海洋石油981"钻井平台在南海北部琼东南盆地深水区的陵水17-2构造测试获得高产油气流，日产天然气56.5百万立方英尺，

即 9400 桶油当量。这是我国海域自营深水勘探的首个重大油气发现，标志着我国已基本掌握自主勘探开发深水油气资源的全套能力。

据介绍，我国南海油气资源极其丰富，但 70% 蕴藏于深海，勘探难度极大：在深水区，水体环境、海底稳定性和沉积地层岩石强度与浅水区差异明显；受海床不稳定、坡度大、岩石强度低、温度低等条件影响，技术难度和投入呈几何倍数增长。尤其是南海西部深水海域，地处欧亚、太平洋和印澳三大板块交汇处，经历了极其复杂的地质作用和演化过程。

20 世纪 90 年代，中海油曾与外方在南海进行合作勘探，外方作业者认为这里存在烃源岩埋深过大、储层不够发育、高温高压等诸多难题而退出；其后中海油迎难而上，设立深水课题组展开技术攻关，相关研究成果成功应用于陵水 17-2 勘探实践，明确了深水区资源潜力巨大、大规模优质储集体发育、大型勘探目标成群成带，具有良好的油气勘探前景，首选中央峡谷陵水 17-2 进行钻探，2013 年部署陵水 17-2-1 等探井。

陵水 17-2 构造距海南岛约 150 千米，平均作业水深 1500 米。陵水 17-2-1 井由"海洋石油 981"承钻，2014 年 1 月开钻，2 月完钻。不仅钻探获得良好油气显示，而且作业效率、建井周期、钻井费用等多项钻井指标均创国内最佳，凸显了"海洋石油 981"的深水作业能力和深水团队良好的作业管控能力。

特别值得一提的是，中海油自主研发的深水测试地面流程模块化设备的首次成功应用，在提高作业时效和降低测试成本的同时，推进深水测试常规化，达到了国际领先水平。

2. 我国在南海深水自营气田探明储量超千亿立方米[52]

2015 年 2 月 7 日，央视新闻联播报道，中海油今天宣布，我国首个深水自营气田——陵水 17-2 气田，天然气探明储量规模超过千亿立方米，为大型气田。与此同时，在南海开发油气田所面临的高温、高压和深水这三大世界级难题也被攻克。

位于南海西北部的莺琼盆地是典型的高温高压盆地，盆地 3000 米中深层，天然气资源丰富，之前中国没有在海上成功开发高温高压天然气的经验。

为攻克高温高压气田的开发难题，研究人员创新了高温高压天然气成藏理论，在高温高压地层压力预监测，钻前预测和钻后评价等核心技术上获得了突破。

3. 我国南海测试成功首口超深水油气探井[53]

2015年12月2日，新华社报道，中海油总公司当日宣布，由海洋石油981承钻的我国首口超深水油气井陵水18-1-1井成功实施测试作业，这表明我国已具备海上超深水井钻井和测试全套能力。

中海油总公司董事长杨华说，陵水18-1-1井的测试成功，是继2014年相继发现陵水17-2、陵水25-1自营深水气田后，我国在深水勘探领域的又一重大技术突破，开启了我国海洋石油工业勘探的超深水时代。

陵水18-1-1井是位于我国南海琼东南盆地的一口预探井，实际作业水深1688.7米，实际完钻井深2927米，属于超深水井范畴。

世界对深水的概念随着深水勘探技术的发展不断演化。目前从水面到海床垂直距离达到500米以上的可称为深水，1500米水深以上为超深水。深水特别是超深水海域已成为近年来全球油气勘探开发的重要接替区域。

这次测试作业是中海油首次挑战超深水测试。中海油南海西部石油管理局副总工程师李中说，相比常规深水井测试，超深水井测试难度更大。主要体现在三方面：一是海面以下500米至海底，温度处于2~5℃之间，油气组分在低温条件下极易形成水合物，造成测试管柱和水下井控系统瘫痪，安全风险大；二是这口探井储层浅，地层疏松，极易出砂，在油气放喷过程中，流砂会像砂轮机一样对整个流程进行冲蚀，易导致油气泄漏，严重时甚至会引发火灾爆炸；三是超深水海洋环境复杂，存在内波流等各种突发海况，容易导致平台失位，造成作业中断、设备损坏。

针对水合物问题，研究人员研发了超深水条件下水合物全防水基测试液，从根本上防止测试中水合物的生成。为解决超深水井疏松储层带来的出砂风险，研究人员应用精密筛管与地面旋流出砂器相互配合的防砂控砂措施，并辅以地面流程防砂实时在线监测系统，减少出砂带来的危害，取全取准了地质资料。此外，还制定了测试期间的应急解脱决策系统及节点管控预案，保障超深水测试作业安全顺利进行。

4. 我国勘探发现首个深水深层大气田[54]

2022年10月20日，《科技日报》报道，中海油宣布在海南岛东南部海域琼东南盆地再获勘探重大突破，发现了我国首个深水深层大气田宝岛 21-1，探明地质储量超过 500 亿立方米，实现松南—宝岛凹陷半个多世纪来的最大突破，是加快深海深地探测取得的有力进展。

在海洋油气勘探领域，一般把井深超过 3500 米的井定义为深层井。此次发现的宝岛 21-1 气田位于海南岛东南部海域深水区，完钻井深超过 5000 米，距离"深海"一号超深水大气田约 150 千米，海洋地质条件极端复杂。

据介绍，20 世纪 80 年代对外合作以来，中海油不惧复杂的地质条件，四探"宝岛"，但始终未能找到规模发现。进入新时代以来，中海油利用新的勘探技术，向更深层进发，五探"宝岛"，终于发现了一批新的有利构造。通过目标优选，中海油研究人员发现，宝岛 21-1 具有大型三角洲发育的构造背景，最有可能是一个大中型气田。部署的第一口预探井就钻遇气层 113 米，创下深水区单井气层最厚的纪录。经测试，日产天然气 58.7 万立方米。评审批复天然气探明地质储量超 500 亿立方米，凝析油探明地质储量超 300 万立方米。

中海油海南分公司总地质师吴克强表示："随着地层的加深，地震等基础资料品质就变差，储层预测、含气性分析、构造落实的难度成倍加大，钻井难度也大幅提高。宝岛 21-1 的成功发现，不仅证实了宝岛凹陷的勘探潜力，也表明我们在深水深层勘探技术上取得了重要突破，对类似层系的勘探具有重要的指导意义。"

（二）研制石油和天然气开采设备的新信息

1. 建设石油生产平台的新进展

（1）"兴旺"号钻井平台在南海成功开钻。[55] 有关媒体报道，2015 年 7 月 2 日 11 时，随着钻头探入 1289 米水深的海底地层，中海油服"兴旺"号在南海荔湾 3-2 气田成功开钻。中海油服"兴旺"号是中集来福士十年来向中海油服交付的第四座深水半潜式钻井平台，从签约到交付历时 35 个月。

中海油服"兴旺"号最大工作水深 1500 米，最大钻井深度 7600 米，额定居住人员 130 人，可变甲板载荷 5000 吨，配备了世界最先进的钻井系统和 DP3 动力定位系统，设计环境温度为零下 20℃，入级挪威船级社和中国船级社双船级，满足海工行业最严格的挪威石油工业技术法规要求，具备极地海域作业能力，满足全球 90％海域油气钻探需求。该平台是中海油服、中集来福士和挪威船级社、中国船级社倾心打造的"精品工程"。挪威船级社现场经理孙光评价："这座平台完全可以代表国内目前半潜式平台建造的最高水准，甚至也可以说达到了世界一流的水平。"

从 2005 年中集来福士承建深水半潜式钻井平台"中海油服先锋"号至今，公司已经连续为中海油服建造交付了四座深水半潜式钻井平台。多年深水平台项目的经验积累，特别是这四座挪威北海标准平台项目的持续历练拉动，中集来福士在深水半潜式平台上的研发设计、建造工艺和试航调试能力得到了系统提升，项目管理持续改善，专业团队迅速成长，以两万吨"泰山吊"进行上下船体大合拢的深水平台批量化设计建造模式稳步走向成熟。

中海油服"兴旺"号 2014 年 11 月 19 日交付以来，中集来福士与中海油服组织了 80 多人的团队，进行水下机器人、燃烧臂和泥浆录井系统等 25 项南海作业前准备，以及第三方作业设备的安装调试。在这支联合团队的努力下，平台离港前近乎完美地实现了钻井作业所要求的状态。平台完全依靠自身动力自航奔赴南海，各项性能表现良好。此次南海首次开钻，"兴旺"号就直接挑战难度系数更高的油气层钻井及测试作业。

在中海油服"兴旺"号南海开钻之际，媒体获悉其姐妹平台"先锋"号、"进取"号、"创新"号已先后七次荣获挪威国家石油"最佳平台"称号。人们翘首期待中海油服"兴旺"号在南海钻井作业取得佳绩。

（2）"深海"一号能源站顺利抵达目标海域。[56] 2021 年 2 月 6 日，中国新闻网报道，中海油当天对外宣布，"深海"一号能源站历时 18 天，航行 1600 海里，顺利抵达海南岛东南陵水海域，落位陵水 17-2 大气田，开启海上系泊、安装和生产调试工作。"深海"一号是由我国自主研发建造的全球首座十万吨级深水半潜式生产储油平台，它标志着我国首个 1500 米自营深水大气田向正式投产又迈出了关键一步。

"深海"一号能源站于 2021 年 1 月 14 日建造交付，1 月 19 日在 3 艘大马力拖轮共同牵引下，从山东烟台出发，先后穿越渤海、黄海、东海和台湾海峡，最终抵达陵水海域预定位置。5.3 万吨的深海半潜油气生产装备实施超长距离拖航在国内尚属首次，面临海况复杂多变、拖航运动幅值较大、多艘拖轮并行碰撞风险等诸多挑战。

据了解，为保障拖航安全，中海油成立了由国内资深专家组成的专业拖航团队，建立海陆联动的应急保障体系，反复研究论证拖航方案，逐一识别、消除潜在风险，提前对恶劣天气、拖缆断裂、船舶失控等 19 种可能会发生的极端情况进行应急演练，并针对每一种可能出现的突发状况制定相应的应急预案。

在拖航途中，受海洋横涌影响，能源站上部横向摇动最大达到 8 米。同时，受冷空气影响，海上风力一度达到 9 级，面对极端挑战，拖航团队全员 24 小时待命，通过调节平台吃水深度保持平台的平稳航行状态，并根据现场实际情况动态控制航速、拖缆长度和拖缆张力等有效手段，科学应对各种突发情况，在全员共同努力下，顺利完成拖航作业。

（3）亚洲第一深水导管架平台"海基"一号投产。[57] 2022 年 10 月 3 日，央视新闻客户端报道，中海油自主设计建造的亚洲第一深水导管架平台"海基"一号当日投产，标志着我国成功实施深水超大型导管架平台油气开发新模式。

导管架平台是全球应用最广泛的海洋油气生产设施，通常用于浅水海域的油气资源开发，此前我国海上 300 多座导管架平台的作业水深均不超过 200 米。"海基"一号位于珠江口盆地海域，总高度达 340.5 米，总重量超 4 万吨，两项数据均刷新了我国海上单体石油生产平台纪录。

中海油深圳分公司陆丰油田总经理吴意明介绍道："海基"一号按照百年一遇的恶劣海况设计，项目团队攻克了南海超强内波流、海底巨型沙波沙脊、超大型结构物精准下水就位等一系列世界性难题，创新应用多项首创技术，实现了从设计建造到运行和维护管理的全方位提升。

"海基"一号本次同时投产 5 口生产井，初期日产量约 2700 吨。依托"海基"一号，将同时开发陆丰 15-1 和陆丰 22-1 两个油田，共 14 口生产井、3 口注水井，全部投产后高峰日产原油达 5000 吨，将为粤港澳大湾区经济社会发展注入新的动力。

中海油深圳分公司副总经理邓常红表示，"海基"一号是我国首次尝试 300 米级深水导管架平台多油田经济高效联合开发模式，与以往类似深水油气田常用的水下生产系统开发模式相比，具有开发投资低、生产成本低、国产化率高的显著优势。它的成功应用为经济有效地开发我国中深水海域的油气资源开拓了一条新路。

2. 研制油气水下生产系统的新进展

（1）研发水下油气开采系统的核心控制装备。[58] 2021 年 8 月 18 日，《中国科学报》报道，哈尔滨工程大学机电学院王立权教授领导的研究团队研发的水下油气开采核心控制装备，近日完成交付，将应用于渤海油气田开发项目。该装备是国内首台套应用于渤海油气田开发的国产水下控制系统，各项指标达到国际同等水平，并通过挪威船级社认证。这标志着我国高端海洋油气关键装备国产化取得重要突破，开辟了浅水油田作业新模式。

水下控制系统的相关技术和装备，仅被欧美少数几家公司垄断。因水下作业对设备安全性和可靠性标准要求极高，一旦发生泄漏问题，将对海洋生态造成严重损害。面对这项高风险和高技术研究，国内高校和研究单位极少涉及。甚至国内外业界也有人认为，这么高端的设备中国短时间造不出来。

王立权研究团队潜心钻研，在渤海浅水油田开发项目中，用三年时间，攻克了水下控制系统的核心技术和装备制造技术——水下控制模块。作为水下控制系统的"大脑"，水下控制模块是一个机、电、液、光一体化的设备，从设备细节到整体系统都要经受高温、高压、高强度冲击振动的考验，需解决多学科难题。

除解决水下控制模块的技术难题，渤海生态和地质环境复杂，同样为项目研发带来诸多挑战。为了防范海生物对设备的影响，研究团队专门研究了渤海环境海生物的生长规律，并有针对性地通过材料、涂层和防护结构防止海生物对设备的影响。渤海环境泥沙含量大、海水浑浊，能见度低，给潜水员水下操作带来很大困难，研究人员与一线潜水员沟通，从设备操作标识、操作灵活性等方面优化了操作接口。渤海环境温差大，对系统的硅油补偿提出了更高的要求，研究团队通过选择特种硅油，扩大补偿囊体积和减少补偿空间等方法解决了温差大造成的补偿难题。

据悉，该研究团队突破水下高压集成式液压阀板、水下多路液压电气回路自动精准对接、锁紧解锁、SCM 安装及回收、双 SEM 冗余控制、水下供电单元电力智能监控和主控站多路数据处理等多项核心技术，成功研制了具有自主知识产权的水下控制模块、主控站、电力单元和安装回收装备。

（2）首套自主研发深水油气水下生产系统投入使用。[59] 2022年9月14日，《科技日报》报道，随着南海莺歌海东方1-1气田东南区乐东块开发项目当天投入生产，我国自主研发的首套深水水下生产系统正式投入使用。该系统主要包括2套水下生产设施、2条油气混输海管和2条复合脐带缆，计划投产4口开发井，高峰日产天然气超120万立方米。这标志着我国深水油气开发关键技术装备研制取得重大突破，对打造自主可控的海洋油气装备体系、保障国家能源安全具有重要意义。

深水水下生产系统是开发海洋油气资源的重要技术装备，由水下井口、水下采油树、水下控制系统、水下多功能管汇等多种复杂水下结构物组成，在低温高压的深海环境中搭建起能够有序传输传送海底油气物流、液压和电气控制信号、水下生产设施状态信息的多向通道。

中海油海南分公司总工程师刘书杰介绍说："深水水下生产系统是挺进深海油气开发综合实力的集中体现，整套系统目前运行状态良好，水下气井产量达到设计目标。"中海油立足国内相关产业实际，依托国家科技专项，牵头与16家国内企业及高校开展装备研发制造技术攻关，将海南东方气田群待开发边际气藏作为应用目标，推动国产深水水下生产系统成功研发。

此前，我国水下生产系统依赖进口，设备应用面临采办周期长、采购价格高、维修保养难等问题，制约着深海油气资源开发。国产深水水下生产系统的成功研制和应用，可以使很多原本不具备经济效益的深水边际油气藏得到有效开发。

中海油首席科学家、项目经理谢玉洪院士表示，水下生产系统要在超过500米水深的海底稳定生产超过20年，对装备的设计能力和建造工艺要求极高。研发团队经过长期技术攻关，成功掌握了水下生产系统的总体设计、核心零部件国产化制造、装配工艺及海上安装等多项核心技术，该项成果对带动海洋油气装备相关产业发展具有积极意义。

3. 研制海洋油气地震勘探装备的新进展

（1）我国首次试验成功新型海上石油地震勘探采集装备。[60] 2017年

10 月 29 日，新华社报道，中国科学技术大学安琪教授、曹平副教授负责的研究小组，近期在我国海上石油地震勘探系统成套装备产业化研制过程中取得突破性进展。他们研制的新型海上石油地震勘探数据采集装备，在渤海旅大工区试验线成功并完成首次海上试验，为推进我国自主物探装备产业化进程打下坚实基础。

10 月 4 日凌晨，"东方明珠"号物探船在渤海旅大工区开始作业试验，它装有我国自主研制的新型海上石油地震勘探数据采集装备。这艘物探船针对电缆沉放深度、数据记录长度、采样率等不同组合方式，仅用 2 天时间就顺利完成了新采集装备的海试。项目组与采集作业公司克服重重困难，成功采集约 160 千米地震数据，完成海试大纲要求。

目前，我国海上石油地震勘探设备全部依赖进口，严重制约了海上物探作业方法的发展，削弱了国际市场竞争力。为改变现状，中科大物理学院与中海油田服务股份公司合作攻关，本次海上试验达到了预期目的，为进一步改进与完善，顺利推进物探成套装备系列化、产业化夯实了基础。

（2）完成调试海洋油气地震勘探震源控制系统。[61] 2022 年 7 月 13 日，央视新闻客户端报道，近日，由我国研发的海上地震勘探震源控制系统："海源"气枪震源控制系统，在天津滨海新区中海油服产业园完成最终调试工作，即将投入生产示范应用并列装深水物探船，这标志着我国海洋油气地震勘探拖缆成套装备又一核心关键技术取得重大突破。

在海洋油气地震勘探中，最常见的方法是使用空气枪作为人工震源，利用瞬间释放的高压空气，形成人工地震波，可以穿透海底几千米的地层，再通过接收和分析不同地层的反射波，反推出地层的分布规律，从而推断出海底油气资源的分布。作为控制人工震源激发的控制系统，直接关系着海洋气枪震源激发的同步性和稳定性，是影响地震资料信噪比和分辨率的重要因素，对于提高地震资料质量具有重要作用，是海上油气勘探作业的核心部分。

"海源"气枪震源控制系统，不但能够实现高精度的气枪震源同步控制，为高质量的地震勘探作业提供高度稳定的震源信号，还可以完成多种延迟气枪震源控制方式，为海上地震勘探作业中更高难度的随机震源和立体震源提供更简易的实现方式，从而为多船、宽频等海上油气勘探新方法、新技术提供有效的震源保障，为提升我国海洋油气勘探技术核心竞争力贡献价值。

二、勘查试采海底固体矿产资源的新成果

（一）开展海底固体矿产资源勘查作业的新信息

1. 首次完成硫化物勘探区中的深钻调查[62]

有关媒体报道，2014年3月21日，中国大洋科考日前按计划完成西南印度洋中脊多金属硫化物勘探区中深钻调查任务。

据介绍，本次大洋科考从3月15日至17日，共进行了3次钻探作业，作业区分别位于碳酸盐试验区、非活动硫化物区及我国活动热液区附近的"死亡烟囱区"。科考队员使用深海底地质钻探取芯的专用设备——"进取者"深孔钻机，每天作业十几个小时，历时三天三夜，最终成功取得硫化物、碳酸盐和下覆基岩。

据了解，"进取者"深孔钻机，主要包括通信控制系统、水下钻机本体、配套钻杆钻具等部分，作业水深可达4000米，适用于海底硬岩，钻进深度可达20米，最大取芯直径为50毫米。

本次大洋科考首席科学家陶春辉表示，这是我国首次使用中深钻在硫化物区钻探作业，并成功取得硫化物、碳酸盐和下覆基岩，对研究硫化物分布及其与围岩的关系、碳酸盐成因等具有重要意义。同时，这也是我国首次取得硫化物合同区地表下的样品，可为将来的海底硫化物勘探做技术储备。

2. 用高科技装备完成采薇海山矿产资源探查作业[63]

2016年5月30日，有关媒体报道，"海马"号在大洋第36航次应用中，通过高清视频观察、机械手作业和各种搭载传感器测量，圆满完成了在采薇海山区复杂陡坡的地形环境中的6个站位富钴结壳资源探查作业任务，拍摄和记录了近百分钟海底高清视频，利用机械手抓取了数十公斤结壳样品和钙质沉积物样品，获取了全程物理海洋测量数据和海底原位水样，首次对自主研制的小型钻机和切割机进行了实际应用试验，达到了预期的科学目标。

海山结壳区的作业实践，考验了"海马"号，在复杂而危险的海山陡

坡环境中的操控性能和作业的能力。"海马"号及其技术团队经受住了考验，在充满障碍物的海底艰难地选择着陆作业点，规避了各种危险因素，出色地完成了作业任务。

"海马"号在采薇海山的成功作业，是我国自 1997 年起，在开展了近 20 年海山区结壳资源调查工作中的一个质的飞跃。它从科研成果到实用化深海调查装备的快速转化，是我国高科技研发成果在地质勘探领域投入实际应用的成功范例，它以国产化装备完善了探查天然气水合物资源的深海技术装备体系，填补了我国深海探查作业手段的一项空白。

3. 在太平洋富钴结壳区完成多次深潜与采样作业[64]

2018 年 4 月 15 日，新华社报道，我国"科学"号科考船上的"发现"号深海机器人，多次深潜探访西太平洋麦哲伦海山区并采样。这里正是全球著名的富钴结壳区。

水下显示，距海面约 2000 米的深海中，海山大多被一层黑色的"结壳"紧紧包裹，"结壳"上时常可见各类海洋生物附着；山坳峡谷里，散落着大大小小的黑色圆石头；山顶平台等地，则覆盖了一层厚厚的白色有孔虫砂等。

考察队员介绍，富钴结壳是生长在海底岩石或岩屑表面的皮壳状铁锰氧化物和氢氧化物，因富含钴而得名。除钴之外，结壳中还含有钛、镍、铂、锰、铊、钨、铋、钼及稀土等多种金属元素，是一种重要的矿藏资源。

富钴结壳据其形态可分为结壳、结壳状结核和结核三大类。其中，结壳是主要类型；结壳状结核是结壳和结核的过渡型；结核以球状、瘤状光滑型结核为主。此次"发现"号从麦哲伦海山区采集的样品三种类型都有。

研究发现，海山的存在为海底富钴结壳成矿，提供了一个长期稳定的"容矿空间"，富钴结壳一般形成于最低含氧层以下、碳酸盐补偿深度以上、水深在 1000～3000 米的平顶海山。

在营养贫乏的大洋水体环境中，高耸于洋底的海山系统能为中、浅层海水环境提供相对丰富的矿物质，为海洋生物大量繁殖提供必要的营养物质，并通过生物富集和分解，成为富钴结壳的直接物质来源。同时，海山区发生的涡旋和上升流等，将富氧、富铁的深层和底层海水提升到最低含氧带，成矿金属离子在此被氧化，发生胶体凝聚沉淀，历经长期地质过程后，就会形成富钴结壳。

西太平洋是全球海山分布密度最大的海区，太平洋海区也是全球富钴结壳资源最富集的洋区。其中，麦哲伦海山区是海山富钴结壳资源调查和研究最为关注的地区，中俄日韩四国均在此有海底合同区。中国合同区在附近的采薇海山和维嘉海山，面积约3000平方千米。

新调查显示，多金属结核区具有十分丰富的底栖生物多样性，且大多数巨型动物的多样性与多金属结核本身呈现关联性，在锰结核丰度较高的地区动物较多。

"科学"号麦哲伦海山科考航次首席科学家徐奎栋表示，海山矿产资源丰富，生态系统却十分脆弱。未来的海底矿产资源开发可能会对海底环境和生物产生巨大甚至毁灭性影响，对矿区生态环境进行本底资料调查和评估是资源开发的必要条件。他介绍说："我们此次调查的目的，就是为获得这个矿产资源丰富的海山区的环境本底数据以及生物和岩石样品，为未来建立一个国际合作的深海保护区开展前期科学研究。"

（二）开展海底矿产采集及专用设备试验的新信息

1. 进行海底矿产采集试验的新进展

使用机器人在深海海底开展采矿和运送试验。[65] 2013年8月1日，韩国媒体报道，韩国海洋水产部和韩国海洋科学技术院当天表示，韩国成功使用机器人在深海海底进行采矿试验，同时提出加强矿石运送研究。

此次采矿和运送试验，是在韩国庆尚北道浦项东南方向130千米处进行的，试验用机器人在水深1370米的海底挖到了海底锰结核模型。采矿机器人由韩国自主技术开发，名为"密尼禄"。机器人长6米、宽5米、高4米，重28吨，配有移动用履带、浮力系统、采矿以及储藏系统，在没有母船指示下可以自行在海底寻找锰结核。

韩国政府的最终目标，是在夏威夷东南方2000千米，太平洋海域水深5000米的海底，开采锰结核。据测算，仅此海域就有5.6亿吨锰结核。韩国政府认为，如果成功进行开采的话，每年将有17亿美元的进口替代效果。韩国海洋水产部海洋政策室长文海南表示，按目前趋势看，2023年相关技术的商用化就可以完成。

韩国政府 1994 年在联合国将此海域申请为勘探矿区，2002 年又在国际海底管理局获得了 7.5 万平方千米的专属勘探权。由于该专属勘探权截至 2015 年，韩国政府计划在此之前确保开采技术，并向国际海底管理局申请延长勘探权。在本次成功进行机器人采矿试验后，韩国方面将主要研究如何用泵将挖出的锰结核输送到母船，因为只有开采和运送同时成功，该项技术才具有真正的经济价值。

2. 进行海底采矿设备试验的新进展

500 米级海底集矿车完成首次海试。[66] 2018 年 9 月 26 日，科学网报道，我国 500 米级海底多金属结核集矿车首次试验，当天通过专家验收，这标志着我国深海采矿系统研发，由陆上试验全面转入海上试验。

据了解，"面向海试的多金属结核集矿系统研制与集成浅海试验"和"多金属结核集矿系统 500 米海上试验"两个课题，由自然资源部所属中国大洋协会立项，中国五矿长沙矿冶研究院牵头，联合中南大学、湘潭大学、浙江大学等单位共同完成。

课题研究的"鲲龙 500"海底集矿车拥有自主知识产权，突破了海底稀软底质行驶、海底矿物水力式采集、海底综合导航定位等多项关键技术，能够完成海底规划路径行驶和海底地形自适应矿石采集等任务。

本次海上试验历时 49 天，分别搭载"长和海洋"号和"张睿"号试验船。按照由浅入深的原则，"鲲龙 500"海底集矿车共下水 11 次，最大作业水深 514 米，多金属结核采集能力每小时 10 吨，单次行驶最长距离 2881 米，水下定位精度达 0.72 米，实现了自主行驶模式下按预定路径进行海底采集作业的能力。

（三）勘查海底固体矿产资源的新发现

1. 在大洋海盆发现大面积富稀土沉积物

（1）我国在中印度洋海盆首次发现大面积富稀土沉积物。[67] 新华社报道，2015 年 6 月 18 日，我国远洋科考功勋船"大洋"一号当天圆满完成中国大洋第 34 航次返回青岛，共历时 215 天，航程 28125 海里。本航次中，我国科学家在中印度洋海盆首次发现大面积富稀土沉积物，并初步推断划出了两个富稀土沉积区域。

中国大洋第34航次第五航段首席科学家石学法说，科考队员对中印度洋海盆大约85万平方千米范围内的海底，进行了地质取样和同步连续浅地层和多波束测量。科考队利用船载分析仪器对沉积物样品进行了现场测试分析，在15站样品中检测出较高的稀土元素含量，达到成矿条件。

同时，科考队员根据现场元素测试数据并结合浅地层和多波束测量资料，在中印度洋海盆初步推断划出了两个富稀土沉积区域，为下一步在印度洋开展稀土资源调查评价和环境演化研究奠定了基础。

稀土元素广泛应用于工业生产各个领域。但从全球范围来看，陆地稀土储量正急剧萎缩，急需寻找新型稀土资源。而很多深海沉积物中稀土含量较高，深海海底可能成为稀土资源的潜在产区。

中国大洋第34航次总首席科学家陶春辉介绍，这个航次分为5个航段，其中前4个航段在西南印度洋中国多金属硫化物勘探合同区开展多金属硫化物资源勘探，兼顾环境基线和生物多样性等调查；第5航段在中印度洋海盆首次开展了深海稀土资源，兼顾沉积环境和生物多样性调查。

这个航次，是我国2011年与国际海底管理局签订《西南印度洋硫化物资源勘探合同》之后开展的第二个大洋航次。科考队员在合同区26个区块内开展了4000米间距的综合热液异常探测测线调查，圈定了多处矿化异常区。对龙旂、断桥等典型热液区的分布范围和构造特征取得了新认识。

陶春辉介绍，这个航次实践了海底多金属硫化物资源的工程化勘探。开展了近底磁力等勘探方法探索，形成了一套海底矿化异常区圈定的探测方法。

由我国自主研发的"进取者"号中深孔岩心取样钻机、电法探测仪等硫化物勘探关键设备在这个航次中取得应用突破，获得了断桥热液区岩心序列样品，显示了这个海区具有较好成矿条件。这两套装备的应用，为深海多金属硫化物勘探技术的突破积累了经验。

此外，科考队员系统获得了多金属硫化物合同区部分区块的地质、地球物理、水文、环境等方面数据和样品，包括海底照片、摄像、水文、水体异常、沉积物和岩石等。

（2）我国首次在东南太平洋海盆发现大面积富稀土沉积物。[68] 2018年3月31日，新华社报道，我国科考队员近日在东南太平洋海域首次发现大面积富稀土沉积物。这一发现，刷新了我国和国际上深海稀土资源调查研究的新纪录。科考队已在东南太平洋深海盆地内初步划分出了富稀土沉积区。

科考队员是在中国大洋 46 航次第四航段科考作业中获此发现的。本航段，我国科学家首次在东南太平洋进行了海洋综合科学考察。

据介绍，本航段对东南太平洋约 260 万平方千米范围内的深海盆地进行了海洋地质调查和环境综合考察，采集了丰富的沉积物样品、海水样品，以及浅地层剖面、多波束地形、水文气象和生物化学资料。

科考队员利用相关仪器对所获沉积物样品进行现场测试。结果显示，该区域多站深海黏土中稀土元素含量较高，达到"成矿"条件，表明在东南太平洋海盆局部区域内沉积物具有非常高的稀土成矿潜力。

根据对沉积物现场元素测试数据、浅地层和多波束测量资料的综合分析，科考队在东南太平洋深海盆地内初步划分出了面积约 150 万平方千米的富稀土沉积区。这是国际上首次在东南太平洋海域发现大范围富稀土沉积物，为在该区域深入开展深海稀土资源调查和相关环境研究奠定了基础。

2. 在南海发现多金属结核区

在南海北部发现主要成分为锰和铁的多金属结核区。[69] 2017 年 5 月 5 日，新华社报道，"蛟龙"号载人潜水器当天开展 1000 米级多金属结核采集试验区选址调查时，在南海北部的浦元海山发现了多金属结核区。

"蛟龙"号对浦元海山顶部结核分布情况进行了近底观察和探寻，初步了解了此海山结核的分布范围和丰度，为海山结核区环境基线研究、结核采矿试验环境评价奠定了基础。

多金属结核主要成分为锰和铁，有核心并有不断向外生长的纹层，因而也称"锰结核"，后来人们从中分析出铜、钴、镍、铅、锌、铝和稀土元素等数十种金属成分，因此称为"多金属结核"。

本次"蛟龙"号沿着浦元海山作业区一条测线进行了近底观察和取样，完成了环境参数测量，采集了近底海水、沉积物、结核结壳和生物等样品，拍摄了大量海底高清视频照片资料。它还带回了珍贵的生物样品：生活在靠近山顶岩石上的一只海百合和一枝红珊瑚；一枝长在结核上的珊瑚，以及长在珊瑚上与之共生的蛇尾。

（四）分析海底铁锰矿产资源的新发现

——发现铁锰结壳或是太平洋溶解铁主要来源[70]

2015 年 3 月 5 日，有关媒体报道，美国伍兹霍尔海洋研究所发表研究成果称，他们通过铁锰结壳分析表明，深海可能是太平洋溶解铁的主要来源。这一发现，对于了解海洋混合作用能否满足表层生物对铁的需求至关重要。

海洋中其他方面的营养物质都很丰富，但是往往缺乏铁，而铁恰恰是海洋生命存在的关键因素。铁对浮游植物的生长非常重要，是形成海洋食物链以及发挥生物泵作用的关键元素。浮游植物吸收二氧化碳，死亡或被捕食后将碳汇到深海，不再重新进入大气，这对气候变化也非常重要。

然而，科学家需要弄清楚海洋中的铁是来源于哪里，才能真正了解铁在海洋循环中的作用。科学家认为，来自海水中的溶解铁，主要有 3 个来源：大气尘降、陆源输入以及深海热液。海底热液处的铁易溶于低氧区域，但一般认为溶解的铁会停留在当地区域，很难对海洋中的溶解铁做出贡献。但该研究所的这项研究表明，海洋表面的铁来源于热液喷口和万米深处的海底沉积物，这表明深海的溶解铁可以被长距离输送。

研究人员分析了海洋沉积物中的铁锰结壳，样品取自太平洋中部的海底热液口。铁锰结壳在海底缓慢的生长期中同位素有一个长期的变化，可以利用质谱分析仪分析。科学家通过分析铁的稳定天然同位素 Fe56 和 Fe54，可以判断铁的来源，因为铁锰结壳中铁同位素的比例，与大气粉尘和陆源输入的铁大不相同，而且可以根据比例推断铁源的流动过程。

三、勘查试采可燃冰资源的新成果

（一）可燃冰资源勘探分析的新信息

1. 可燃冰资源勘探取样的新收获

全球首次获得深海原位固体可燃冰样品。[71] 《中国科学报》报道，2023 年 9 月 29 日，谢和平院士领衔，成员来自深圳大学、四川大学与金石钻探（唐山）有限公司的研究团队，用自主研制的全球首套深海可燃冰保压保温取样及存储装备，搭载"奋斗者"号万米载人深潜器完成海试任务。

本次海试，实现了深海原位压力温度的固体可燃冰样本主动保压保温获取，实现全球零的突破，有望破解可燃冰资源原位勘探开发难题，同时也为深海原位保压保温科研与工程提供了全新的仪器装备。

该装备采用深部原位自触发保压和主动与被动联合保温等技术手段，保持样本在取心、转移的全过程中温度压力与深海原位一致，设计保压能力 40 兆帕、保温范围 0～20℃。9 月 29 日，依托海南省深海技术创新中心"深海深渊科考与装备海试共享航次"，经过 8 小时的深潜作业，研究人员在 1385 米深海，成功获得保持 14.5 兆帕原位压力、3℃原位温度的深海可燃冰样品，攻克了深海可燃冰保压取样的技术难题。

2. 可燃冰资源演化模型分析的新进展

首次通过原位实验证实可燃冰可到达海表。[72] 2023 年 11 月，中国科学院海洋研究所张鑫领导的研究团队，在《地球化学观点快报》上以封面文章的形式发表成果称，他们基于自主研制的深海原位拉曼光谱探测系统，构建了可燃冰上升时随水深变化的演化模型，并通过深海原位实验，首次证实了可燃冰可携带冷泉气体到达海表。

海洋中的可燃冰储量丰富，但可燃冰不稳定，海平面变化、海底地震、滑坡、开采不当等，都有可能造成其失稳分解。科学家们曾猜测，在漫长的地质历史时期中，经常发生的大规模环境变化，很可能与海底大量可燃冰分解有关。因为可燃冰分解会释放出甲烷气体，而甲烷气体具有较强的温室效应。

近几十年来，人们对可燃冰的性质、稳定性等做过各种实验、预测与评估。但截至目前，可燃冰发生失稳后，在海洋中经历的上升过程仍属于未知范围，其携带冷泉中的甲烷气体在海水中能够到达的深度也仍然不清楚。

针对这一问题，该研究团队使用"科学"号科考船及"发现"号水下缆控潜水器，利用活跃的冷泉喷口进行可燃冰上升分解原位实验，并通过拉曼光谱探测系统实时监测可燃冰上升过程中的相态变化。研究结果发现，水合物在海水中上升会经历三个阶段：第一阶段是形貌没有变化，但存在气体逸出过程的亚稳态阶段；第二阶段，外围水合物分解与内部水合物生长共存；第三阶段，内部水合物完全分解。

研究人员综合研判认为，水合物膜的形成能够大大增加甲烷气体的生存能力，可携带甲烷气体到达较浅的深度甚至是大气，这可能是冷泉气体影响浅层水体或者大气环境的一种重要运输方式。这项研究细化了水合物分解过程与海水深度之间的关系，加深了对气体水合物分解演化机制的理解，为可燃冰上升分解过程提供了新的见解。

3. 可燃冰资源勘探方法研究的新进展

研发出可燃冰资源勘探的新方法。[73] 2020 年 1 月，俄罗斯科学院西伯利亚分院网站报道，该分院石油天然气地质物理所一个研究小组，在《西伯利亚科学》杂志上发表成果称，他们开发出一种新型地热探针，并研发出洋底沉积层热性能研究新技术，可用于勘探洋底以及永冻层中的可燃冰。

据悉，该研究小组开发出新型算法，完善了地热探针的结构，由此研发出可燃冰勘探的新方法。与传统测量方法相比，它可测量沉积层的所有热性能指标，由此直接确定是否蕴藏可燃冰。天然可燃冰，是洋底沉积层中由水和天然气在一定条件下所形成的固态晶体化合物，含有高浓度天然气，大多数可燃冰蕴藏在浅海的沉积层中，少量可在极地附近的永冻层中勘探到。根据评估，在近几十年内可燃冰将成为能够开采利用的能源资源。

研究人员表示，现在可以采用专门的地热探针，进行洋底可燃冰的勘探作业。此类仪器的关键部件，是可依靠自身重量扎入沉积层的 3 米钻杆，以及带有加热器和特种传感器的测温管，测温管用于测量沉积层的温度梯度，根据温度梯度和导热性确定沉积层中的热流，以此来推测是否蕴藏可燃冰。他们研发的这种勘探新方法，为可燃冰的勘探开发提供更加准确的地质信息依据。

（二）可燃冰资源试采作业的新信息

1. 我国首次海域可燃冰试采作业取得多项重大突破[74]

2017 年 7 月 29 日，《人民日报》报道，由原国土资源部中国地质调查局组织实施的南海神狐海域可燃冰试采工程，已全面完成海上作业，这标志着我国首次海域可燃冰试采圆满结束。

我国海域可燃冰首次试采，取得了持续产气时间最长、产气总量最大、气流稳定、环境安全等多项重大突破性成果，创造了产气时长和总量的世界纪录。截至 7 月 9 日 14 时 52 分，我国可燃冰试开采连续试气点火 60 天，累计产气 30.9 万立方米，平均日产 5151 立方米，甲烷含量最高达 99.5%。获取科学试验数据 647 万组，为后续的科学研究积累了大量的翔实可靠的数据资料。

7 月 9 日～7 月 18 日，按照施工方案进行试采井的封井作业。7 月 18 日后，转入监测井作业，探测地层物性变化，确定水合物分解区域，了解储层改变的情况及水合物分解波及的地层空间范围。监测结果显示周围地层无明显变化，海水及周边大气等甲烷浓度无异常，环境无污染，未发生地质灾害。

执行本次试采技术服务的钻井平台"蓝鲸"Ⅰ号，是目前全球作业水深、钻井深度最深的半潜式钻井平台，适用于全球深海作业。中国南海神狐海域可燃冰试采是"蓝鲸"Ⅰ号执行的首项工作任务。2017 年 3 月 6 日，"蓝鲸"Ⅰ号从烟台启航，经过 8 天的航行于 3 月 14 日顺利到达位于珠海市东南 320 千米的中国南海神狐海域可燃冰试采区。截至 7 月 29 日返航，共在这一区域实施作业达 137 天。

通过近 4 个月的试验探索和科学研究，取得了一些新的成果和认识。一是防砂技术先进，方法可靠，持续有效发挥作用，保障产气通道状态良好。二是在举升方式等多方面实现创新，提高产量效果显著。三是调控产能平稳有效，气流稳定，持续时间已达到生产性试开采要求，为产业化发展奠定了坚实的基础。四是海水及周边大气等甲烷浓度无异常，环境无污染。五是井壁和地层稳定，未发生地质灾害，实现了安全可持续生产。六是试采理论、技术、工程和装备领跑优势不断扩大。

2. 我国可燃冰试采创产气总量和日均产气量世界纪录[75]

2020 年 3 月 27 日，《光明日报》报道，由自然资源部中国地质调查局组织实施的我国海域可燃冰（可燃冰）第二轮试采，日前取得成功并超额完成目标任务。在水深 1225 米的南海神狐海域试采创造了两项世界纪录，实现了从"探索性试采"向"试验性试采"的重大跨越，我国也成为全球首个采用水平井钻采技术试采海域可燃冰的国家。

此前，自然资源部会同财政部、国家发展改革委、科技部，联合广东省人民政府、中国石油天然气集团，加快推进了南海神狐海域可燃冰勘查开采先导试验区建设。中国地质调查局联合国内外70余家单位近千名业务骨干集中攻关，于2019年10月正式启动第二轮试采海上作业。试采团队克服了无先例可循、恶劣海况、新冠疫情等困难，于2020年2月17日试采点火成功，持续至3月18日完成预定目标任务。

据悉，本轮试采攻克了深海浅软地层水平井钻采核心关键技术，1个月产气总量86.14万立方米、日均产气量2.87万立方米，是第一轮60天产气总量的2.8倍，创造了"产气总量与日均产气量"两项世界纪录。这为生产性试采、商业开采奠定了坚实的技术基础。

有关专家介绍，实现可燃冰产业化，大致可分为理论研究与模拟试验、探索性试采、试验性试采、生产性试采、商业开采5个阶段。第二轮试采，成功实现从探索性试采向试验性试采的阶段性跨越，迈出了可燃冰产业化进程中极其关键的一步。

与此同时，研究团队自主研发了一套技术装备体系，实现了可燃冰勘查开采产业化的关键性突破。这套装备体系含有六大类32项关键技术，其中6项技术领先优势明显。在12项核心技术中，控制井口稳定的装置吸力锚打破了国外垄断。这些技术装备在海洋资源开发、涉海工程等领域具有广阔应用前景，将带动形成新的深海技术装备产业链，增强我国深海进入、深海探测和深海开发的能力。此外，本轮试采还自主创新形成了环境风险防控技术体系，构建了大气、水体、海底、井下的四位一体环境监测体系，进一步证实了可燃冰绿色开发的可行性。目前第二轮试采仍在进行中，科技人员将围绕加快推进可燃冰勘查开采产业化和实施生产性试采进行必要的试验工作。

第四节　海洋能与海洋空间资源开发利用的新进展

一、开发利用海洋能的新成果

（一）海洋波浪能开发利用的新信息

1. 研制波浪能发电装置的新进展

（1）突破波浪能发电装置的关键技术。[76] 2017年7月10日，新华社报道，中国电子科技集团 38 所王振收负责的研究小组最新研制的波浪发电装置，近日正式通过国家海洋局验收。该装置成功突破波浪能液压转换与控制装置模块及千伏级动力逆变器关键技术，实现波浪稳定发电，且在小于 0.5 米浪高的波况下仍能频繁蓄能。这一关键技术的突破，为我国波浪发电工程化应用奠定了基础。

我国拥有绵长的海岸线，汹涌起伏的海浪蕴藏着无尽的能量。为利用好这一天然能源，该研究小组在海南岛进行海浪发电试验，历经 3 年技术攻坚，项目组通过不断优化和改进装置模型，采用智能侦调综合控制技术，提升了波能装置的转换效率，增强了吸能效果；首创的宽幅逆变稳定技术，实现了海洋能千伏级逆变系统的高效转换。近 3 个月的海上试验表明，该发电装置浮体摆动正常、吸波稳定，飞轮蓄能均匀而连续，发电性能良好。

王振收介绍，他们研制的岸崖浮摆式浪能发电装置，由浮子、摆杆、压载框、液压系统、飞轮系统、逆变器、控制及监控系统等组成，其浮子既可以像船舶一样漂浮，也可以在台风来临时收拢到岸边。目前，这款波浪发电装置前期装机 5 千瓦，采用浮体重构模块化设计理念，后续可以扩大波浪能发电系统装机容量，通过并网可以提供标准电力供给。

（2）稳步推进波浪能发电装置开发。[77] 2018 年 6 月 23 日，有关媒体报道，据不完全统计，我国目前开发的波浪能装置约 40 个，装机容量范围在 10～300 千瓦之间。鹰式波浪能发电装置"万山"号是其中的卓越代表，该装置由中国科学院广州能源所研制，针对中国海洋能资源特点进行设计制造，前期装机容量为 120 千瓦，后续扩大到 200 千瓦。该装置整体长 36 米、宽 24 米、高 16 米，在海上既可以像船舶一样漂浮，也可以下潜至设定深度成为波浪能发电设备。

2015 年 7 月，"万山"号建造完成并顺利转场。4 个月之后，"万山"号在珠海市万山岛海域投放。海试期间，其主体浮态正常，吸波浮体姿态稳定、回应敏捷，能量转换系统投入工作，它在小于 0.5 米浪高的波况下也能频繁蓄能和发电。

特别值得一提的是，"万山"号在海试期间成功抵御热带气旋的袭击，在风暴与大浪的环境下持续稳定发电，验证了其优秀的波浪能俘获能力、转换效率、稳定性和可靠性。其多项关键性指标，已接近国际上较为成熟的波浪能技术。

（3）我国首台500千瓦波浪能发电装置"舟山"号交付。[78] 2020年7月1日，新华社报道，自然资源部支持的"南海兆瓦级波浪能示范工程建设"项目，首台500千瓦鹰式波浪能发电装置"舟山"号，日前正式交付中国科学院广州能源所。

"舟山"号由中国科学院广州能源所研发设计，招商局重工（深圳）有限公司建造，是我国目前单台装机功率最大的波浪能发电装置。6月30日，招商局重工（深圳）有限公司副总经理熊登攀与中国科学院广州能源所海洋能研究室主任盛松伟签订交付确认书。

据介绍，为解决海洋开发供电难题，培育海洋战略性新兴产业，自然资源部设立海洋可再生能源项目"南海兆瓦级波浪能示范工程建设"，在珠海市大万山岛开展兆瓦级波浪能示范场的建设。本次交付的500千瓦波浪能发电装置是该波浪能场的首台进场装置，拥有中、美、英、澳四国发明专利，设计图纸获法国船级社认证。

中国科学院广州能源所相关负责人表示，后续将联合中国南方电网有限责任公司、招商局工业集团有限公司等相关单位，开展波浪能发电技术的工程化、实用化和规模化研发工作，积累波浪能装备并网运行与维持经验。

（4）开展波浪能发电装置"长山"号测试与评价。[79] 2021年7月23日，《中国自然资源报》报道，近期，国家海洋技术中心在广东省珠海市万山岛海域，对我国自主研发的波浪能发电装置"长山"号，开展了功率特性和电能质量特性现场测试与分析评价工作。

"长山"号波浪能发电装置研发，得到自然资源部海洋可再生能源专项资金"南海兆瓦级波浪能示范工程建设"项目支持，由中国科学院广州能源所设计，长40米、宽40米、高19.6米，波浪能总装机500千瓦。

据悉，国家海洋技术中心近年来开展了"万山"号、"澎湖"号等波浪能发电装置的现场测试工作，积累了丰富的海洋能发电装置现场测试与分析评价工作经验。近期，国家海洋技术中心对"长山"号开展了为期34天的现场测试与分析评价工作，获取了500万余组电力数据和4000余组波浪数据，为相关管理部门和研发单位提供了技术支撑。

2. 利用波浪能淡化海水研究的新进展

开发用海浪能低成本淡化海水的新技术。[80] 2013 年 2 月，有关媒体报道，芬兰阿尔托大学研究人员研发出一种新型海水淡化系统，该系统直接利用海浪能，实现了使用新能源低成本淡化海水的目标。

据介绍，该系统主要包括一个海浪能量转换器和一个反渗透设备。其工作原理是：安装在海水中的能量转换器对海水加压，使海水通过管道输送到陆地上的反渗透设备中，反渗透作用将盐分从海水中去除，再进一步做出后续处理，则能确保生产的淡水适于饮用。

阿尔托大学的可行性研究结果表明，该套系统的最大淡水日产量约为3700 立方米，每立方米淡水生产成本可低至 0.60 欧元，成本与目前利用其他能源的海水淡化方法几乎持平。研究人员认为，他们的新技术有助于缓解饮用水缺乏，还为利用清洁能源开辟了新途径。

3. 探索波浪能收集方法研究的新进展

发现收集利用波浪能的新途径。[81] 2020 年 9 月，浙江大学海洋学院海洋电子与智能系统研究所纳米能源研究团队，在《先进能源材料》杂志上发表论文称，他们利用生活中常见的气球，制作成可用于收集波浪能的多倍频高性能摩擦纳米发电机。

波浪能的研究是海洋能源开发利用的热点。然而，传统的基于电磁发电技术的波浪能发电装置，在低频低振幅的海浪作用情况下，很难有效地发挥发电的作用。值得一提的是，摩擦电纳米发电机（TENG）作为新一代的能源器件，能够有效地将低频和低振幅的机械能转化为电能，为从海浪能中获取能量提供了一种新的实用途径。

该研究团队制备了一种基于水气球（WB-TENG）的多倍频高性能摩擦纳米发电机，能够实现三种工作模式：完全接触—分离模式、局部接触—分离模式、往复接触—分离模式，可以收集任意方向的机械能，这极大地推动了摩擦电纳米发电机在海洋能收集方面的应用。

根据实验测试，在相同的条件下，水气球在一个工作周期内的总转移电荷，是传统的基于双板结构的摩擦电纳米发电机的 28 倍，表明这种基于水气球的结构设计会大幅提升能量转化效率。

除此之外，由于水气球在不增加任何支撑结构的情况下也能达到自支撑的效果，使得水气球在轻微振动下仍能产生电学输出。根据水气球可拉伸性，在气球与尼龙薄膜的不断碰撞摩擦过程中，气球表面会不断地积累电荷直到达到饱和，这能带来超高的输出性能。

研究认为，水气球除了作为发电器件，还可以作为传感器件反映波浪的振动情况，对于海洋能收集和海洋环境下分布式传感网络的构建有着积极意义。

（二）洋流能与海风能开发利用的新信息

1. 利用洋流能发电研究的新进展

研制利用深海洋流能发电的控制平台。[82] 2011 年 10 月，国外媒体报道，在提到可再生能源时，人们首先想到的往往是太阳能和风能。实际上，地球上还存在其他很多可再生能源。如今，意大利设计师利用深海洋流这种天然的能源，制作出可再生能源电力。

一直以来，科学家并未对洋流能进行深入研究，以致无法让其发挥全部潜力。深海洋流是一种天然能源，随着相关技术的进步，我们已经可以利用这种能源。意大利设计师马尔科·帕卢希认为，他已经找到充分利用这些强大天然潮流能的方式。

帕卢希实施的项目计划，将可持续能源发电机安装在海床上，通过漂浮控制平台，利用强大的海洋潮流这种永久性能源，产生清洁的可再生电能。据帕卢希估计，每台发电机可产生 1000 千瓦电量。永远流动的潮流能可提供大量能量，大幅降低全球对化石燃料的依赖。可惜的是，人类在利用潮流能发电方面，并没有引起足够的重视。

帕卢希说，海底发电机和漂浮控制平台，能够帮助这个世界，进一步摆脱对非可再生能源石油和煤炭的依赖。根据他的设想，漂浮平台将安装触摸屏控制面板，不仅可以提供大量清洁可再生能源，同时也能够过滤海水并除去盐分。

2. 利用海风能发电研究的新进展

建设引领"地中海"的首个海上风电项目。[83] 2019 年 2 月，有关媒体报道，意大利正在普利亚大区塔兰托省地中海的贝雷奥里海域，建设一座 30 兆瓦的固定式基础海上风电场，将于 2020 年并网发电，成为地中海首个并网风电场。

报道称，其刚刚完成了融资活动，安永会计师事务所协助银行完成这笔融资。该风电场将成为意大利第一座建设和投产的海上风电场，它也将获得地中海第一座商业化规模海上风场的殊荣，成为南欧海上风电项目发展的里程碑。

该风电场原计划 2018 年就开始安装风机，由于种种原因被耽搁，但新计划是 2019 年年底开工建设，项目设计方茂特·麦克唐纳公司预计，项目 2020 年投入运营。它采用固定式基础，项目水深 4～18 米。

这个项目的开发商为热内夏公司，它属于意大利大型基础设施建设公司 ToTo 集团负责可再生能源业务的子公司。2018 年，热内夏公司从比利时贝尔能源集团可再生能源公司手中，买下了该海上风电项目。

在 2016 年意大利举行的可再生能源竞标中，该项目取得了为期 25 年的固定上网电价。以目前欧洲海上风电市场行情来看，这是个令任何一个欧洲开发商都垂涎三尺的高补贴电价。如果风机质量可靠、风场运营期间不出大的意外，预计会给开发商带来可观的收入。

二、开发利用海洋空间资源的新成果

（一）利用海洋空间实施太空研究项目的新信息

1. 利用海洋空间建立火箭发射平台

拟在海上建造发射超重型火箭的"浮动太空港"平台。[84] 2020 年 6 月 15 日，英国《每日电讯报》在线版报道，美国太空探索技术公司计划开始建造"浮动太空港"，可为其超重型运载火箭提供发射场进行发射和回收，未来不但支持向月球、火星发射火箭，还可展开超声速全球"点对点"旅行。

马斯克表示，美国太空探索技术公司之前已展示即将推出的超重型火箭助推器概念，并与其星舰飞船配套使用，未来可以支持星舰向月球和火星的发射，更可以进行超声速地球旅行，而这将使人类长途飞行的时间缩短至几个小时。

鉴于这个高达 120 米的火箭是个"巨无霸"，它的海上平台也将是巨型的。预计"浮动太空港"最少有 300 米长、100 米宽，重量在数万吨甚至数十万吨，其面积比著名的"猎鹰九"号海上无人回收平台大10多倍。与此同时，星舰的海上回收平台还将配备150米高的庞大发射服务塔，几乎相当于建造一幢摩天大楼。

星舰飞船和超级重型火箭的主要开发目的，是帮助美国太空探索技术公司和马斯克实现将人类运送到火星的目标，进而对包括月球在内的星际目的地殖民，从而"使人类成为星际物种"。《每日电讯报》登载的文章表示，尽管这些目标对大多数人来说似乎是遥不可及的，但这家美国公司使用完全可重复使用的航天器，大大降低了发射成本，因此，这一成果将更有意义。

这一海上发射平台同时也可以支持地球上"点对点"超声速旅行，即地球内的洲际发射。这并不是马斯克刚萌生的念头，早在2017年的一次声明中他就有这样的表示：星舰的运输可以在不到一个小时的时间内，从地球上任何城市到达另一个城市。

《每日电讯报》登载的文章表示，这一概念仅包含渲染图，目前仍不知道该计划是如何进行的，以及从何处发射。

2. 利用海洋空间建立探索极端宇宙的望远镜台址

验证中国首个深海高能天体中微子望远镜选址的可行性。[85] 2021年9月17日，中国新闻网报道，上海交通大学当天宣布，该校领衔的"海铃计划"探路者项目团队，本月已完成各项预定海试任务并安全返回。经初步分析，验证了预选海域作为中微子望远镜候选台址的可行性。本次科考也为"海铃计划"的后续推进奠定了坚实的基础。

"海铃计划"由上海交通大学李政道研究所牵头开展，项目组组长为中国科学院院士景益鹏，首席科学家为徐东莲，旨在探索建设中国首个3000米以下深海海域的高能中微子望远镜项目，通过捕捉高能天体中微子来探索极端宇宙，构建中国完备的多信使天文网，将是一个能引领粒子物理、天体物理、地球物理、海洋地理、海洋生物等前沿交叉研究的大科学装置，并具备孕育多项原创科学发现的重大潜力。

本航次由徐东莲担任首席科学家，海洋工程学者田新亮担任领队，共有来自上海交通大学、北京大学、清华大学、中国科学技术大学、自然资源部第二海洋研究所等机构的30余位研究人员与技术人员共同参与。

自 2018 年 11 月以来，经过缜密论证及相关仪器、装备的研制，作为"海铃计划"前期预研论证项目，"海铃探路者"海试团队近日成功在预定海域布放数套自研的实验仪器，不仅原位采集到 3500 米海深的超过 1TB 的珍贵数据，还针对全水深海水相关性质进行扫描、检测。

此外，团队还成功布放了一套可长期监测海底流场、生物活动、沉积物及检验望远镜元器件的潜标，为后续望远镜阵列的设计和长期运行及维护提供依据。

（二）利用海洋空间建设能源设施的新信息

1. 利用海洋空间建造海上浮动核电站

世界首座海上浮动核电站投入商业运营。[86] 新华社报道，2020 年 5 月 22 日，俄罗斯国家原子能公司发表声明说，由俄罗斯建造的世界首座浮动核电站"罗蒙诺索夫院士"号浮动核电站，当天在俄远东地区楚科奇自治区佩韦克市投入商业运营。

俄罗斯国家原子能公司旗下核电公司总经理安德烈·彼得罗夫在声明中表示，"罗蒙诺索夫院士"号浮动核电站建设项目宣布竣工，该核电站是俄罗斯第 11 座核电站，也是"世界最北的核电站"。

据报道，该浮动核电站 2019 年 12 月完成向楚科奇自治区一独立电网的首次供电。

这座浮动核电站，由一艘长 144 米、宽 30 米的驳船，以及驳船上搭载的两座 35 兆瓦核反应堆组成。其主要功能，是为俄罗斯极其偏远地区的工厂、城市，以及海上天然气、石油钻井平台等提供电能。

2. 利用海洋空间建造海上液化天然气接收站

世界最大海上液化天然气接收站试运行。[87] 2023 年 5 月 14 日，央视新闻报道，中海油当天发布消息称，世界最大海上液化天然气接收站，成功实现首船卸料和管线通气，进入试运行阶段，项目建成后将大幅提高香港清洁能源发电比例，对优化粤港澳大湾区能源结构具有重要意义。

香港液化天然气项目，是近年来香港特别行政区规模最大的海上能源基础设施建设项目，主要包括一座液化天然气接收站、一座双泊位海上码头和两条海底管道。作为全球首个海上离岸式全钢结构双泊位接收站，可供两艘全球最大的浮式储存再气化装置或液化天然气运输船同时停泊作业。液化天然气运至码头后，可以通过海底管道输送至香港两座大型发电厂，为其提供稳定、清洁的发电燃料。

报道称，码头设计使用年限为50年，为常规海上液化天然气接收站的2倍以上，并能经受每年490万次、每次最大2400吨的船舶靠泊撞击力。

项目自2020年开工建设以来，成功穿越龙鼓航道、港珠澳大桥及船舶密集区等复杂海域，完成28个单体总重3.5万吨结构物的建造安装，以及63千米海底管道的铺设，其中最大挖沟深度达8米，是常规海管挖沟深度的4倍，为我国超深挖沟作业积累了宝贵经验。

海洋石油工程股份有限公司董事长王章领说，目前我们已形成从液化到气化、从陆地到海上的全产业链液化天然气工程建设能力，并在液化天然气大型模块、超大型储罐和接收站等工程领域走在了国际前列。下一步，我们将继续加强清洁能源领域的核心技术攻关。

（三）利用海洋空间建设通信设施的新信息
——利用海洋空间建设通信设施的数据中心[88]

全球第一个商用海底数据中心首舱下水。2023年3月31日，中国新闻网报道，全球第一个商用海底数据中心首舱当天在海南陵水下水。

这是海南海底数据中心示范项目的首舱。该海底数据中心设在陵水黎族自治县英州镇清水湾。数据中心由岸站、水下中继站、水下数据终端和海缆组成。其中，数据中心的核心装备海底数据舱呈圆柱形罐体状，罐体直径3.6米，舱内是恒湿、恒压和无氧的安全密闭环境，重量达1300吨。

研究人员表示，海底数据中心具有省电、省水、省地、高安全、高算力、低延迟的综合优势。海南海底数据中心，填补了中国在海洋工程与数据中心新基建融合发展领域的空白，整体技术水平与产业化能力处于国际前列。

研究人员介绍，海南电信积极投入海南海底数据中心项目建设，并在海底数据舱部署天翼云海南海底媒体存储节点、CDN节点及海南省国资云节点，为海南省各行各业打造数字化转型支撑底座。下一步，海南电信将启动ALC国际海缆和国际海缆登陆站的建设，海缆主干道连接中国香港和新加坡，海缆总长度超5000千米，助力陵水打造区域数据汇聚流转枢纽。

（四）利用海洋空间拓展农业和旅游场地的新信息

1. 利用海洋空间拓展农作物培育场地

尝试利用海底空间建立适合农作物生长的农场。[89] 2015 年 7 月，有关媒体报道，意大利萨沃纳的诺丽海湾有个叫尼莫花园的农场，正尝试革新农业生产，试图利用海底空间培育农作物。在他们的海底农场，有 5 个透明"农作物豆荚"被固定在海底，在里面可以培育草莓、罗勒、豆子、大蒜和生菜。

海底农场项目的科学家说："'农作物豆荚'内壁的冷凝水，可以为植物提供水分。此外，'豆荚'的温度基本保持稳定，这都为植物创造了理想的生长条件。"

这些"农作物豆荚"大小不同，可以在水下 5.5～11 米浮动。科学家在"农作物豆荚"中安装了远程摄像头，很容易监控里面的所有植物。他们还安装了传感器面板，它可以获取"农作物豆荚"内的实时数据。更有意思的是，任何人都可以通过互联网实时观看"农作物豆荚"。

该项目的一位发言人说："项目的主要目标，是在很难进行传统农业种植的地区，创造一种新的农作物生产方法，即使这些地区缺乏淡水、土壤贫瘠、温度变化极端。"

2. 利用海洋空间拓展旅游观光场地

发现可把沿海垃圾场变身为旅游景区。[90] 2017 年 2 月，有关媒体报道，在东部太平洋沿岸、临近港口城市符拉迪沃斯托克的乌苏里湾海滩，覆盖着厚厚的一层玻璃"鹅卵石"，这些玻璃五颜六色，在阳光的照耀下熠熠发光，像是给沙滩盖上了一层闪亮的烛台。

为何海滩上会有这么多玻璃覆盖？原来，在苏联时期，这里曾经是一处存放旧酒瓶和瓷器的垃圾场。当年，人们将旧啤酒瓶、伏特加酒瓶等废品一车一车地拉来，存放于此。被尖锐的玻璃碎片堆满的沙滩成了无人敢涉足的危险之地。可是，让人们没想到的是，多年后，经过太平洋沿岸的海浪夜以继日地冲刷，这些玻璃碎片逐渐被打磨得圆润、光滑，如鹅卵石一般。这片海滩也成为俄罗斯著名的"万花筒"海滩。人类的污染行为被大自然神奇地改造为独特的美景，不得不让人感叹。

　　如今，俄罗斯远东地区的官方部门已经发表声明，将这里正式命名为"玻璃海滩"，并将其定为特别保护地区，保护范围还包括海滩附近的一些悬崖峭壁。

　　对于当地人来说，"玻璃海滩"一年四季都有着独特的好风光。五彩斑斓的玻璃"鹅卵石"，夏季映衬在由于火山作用造成的黑色沙滩上，冬季则在皑皑白雪的映衬下更为闪亮。这里铺满宝石般的美景吸引着各地的游客付费游览。尤其是到了夏季，来游泳和晒日光浴的人们充满了整个海滩。

第五章　研究海洋环境保护的新信息

　　海洋环境由地球上远洋与近海成片连接的所有水域、点缀其间的海岛，以及滨海区和海岸带共同组成。用海水深度和地形作为标志，可把海洋环境细分为滨海区、浅海区、半深海区和深海区四种类型。海洋可以通过自身具有的扩散稀释、氧化还原和降解吸收能力，净化进入的污染物。但如果人类排放到海洋的污染物超过其净化能力，就会造成某些海域的环境污染。海洋环境污染会破坏生态平衡，不仅危及海洋生物，而且对人类健康也会造成严重影响。21世纪以来，人们日益重视保护海洋环境。近几年，国内外在海洋环境污染防治领域的研究主要集中于：探索清除、吸收与储存海洋中的二氧化碳，监测海洋温室气体变化；调研海洋塑料污染现象，研究塑料污染对海洋微生物、鱼类和海鸟等产生的影响，探索防治海洋塑料污染的具体措施；分析海洋油轮溢油事故，调查全球海洋浮油来源，开发深海漏油快速测定方法，研制清除海洋石油污染的新材料和新技术；探索海洋汞污染带来的危害，揭示导致海洋汞含量增加的主要来源，培育可清除海洋汞污染的转基因细菌；研究海洋核污染和有机物污染的危害及其防治。在海洋生态环境保护领域的研究主要集中于：调研海洋微生物、植物和动物生态状况以及深海生态环境，探索海洋病毒、浮游生物和鱼类的多样性，构建海洋生物多样性图谱；研究海洋酸化对鱼类、刺胞动物、棘皮动物、贝类动物和植物的影响，探索原油泄漏和固体垃圾对金枪鱼、海蛇和珊瑚的影响，探索人造光、人为噪声和过度捕捞等人为干扰造成的生态影响；研究海洋物种退化和外来物种入侵造成的生态影响。与此同时，推进海洋环境监测工作，加强和完善海底科学观测网，建立海洋环境卫星监测网，开发海洋生物研究专项监测系统。保护修复以红树林为代表的滨海湿地生态系统，拟建设全球首个国际红树林中心。以珊瑚幼虫繁殖为重点保护修复大堡礁，运用人工智能帮助判断珊瑚礁健康程度，通过模拟海洋环境为珊瑚寻找适宜的栖息地。

第一节　海洋环境污染防治研究的新进展

一、防治海洋温室效应加重研究的新成果

(一) 清除海水中二氧化碳研究的新信息

1. 开发清除海水中二氧化碳的新设备

研制出能迅速清除海水中二氧化碳的微型马达。[1] 2015 年 9 月，由美国加州大学圣迭哥分校纳米工程教授兼主席约瑟夫·王领导，博士后伟伦达·辛格、研究生凯文·考夫曼等为主要成员的一个研究小组，在《应用化学》杂志上发表论文称，他们设计出一种酶功能化的微型马达，能在海水中自动行驶，迅速清除二氧化碳并将其转化成有用的碳酸钙，将来有望用于清除海洋中的二氧化碳污染，遏制海洋酸化。

据报道，该研究小组设计的微马达比头发丝还细小，本质上是个 6 微米长的管子，外表面是一层含有酶碳酸酐酶的聚合物，能加快二氧化碳和水的反应速度，形成碳酸氢盐，在水中加入氯化钙，能帮助把碳酸氢盐转化成碳酸钙。

研究人员实验展示了微马达从饱和溶液中迅速除去二氧化碳的能力。在 5 分钟内，从离子水溶液中清除 90％的二氧化碳。微马达对海水溶液也同样有效，在同样时间内能清除 88％的二氧化碳。研究人员解释说，微马达能在溶液中迅速而持续地运动，清除二氧化碳的效率极高。因为微马达的自动运动会引发溶液有效混合，使二氧化碳转化得更快。

为了在水中给微马达供应燃料，他们添加了过氧化氢和微马达的铂金内表面反应，产生氧气泡流，推进微马达四处运动。即使水溶液中所含的过氧化氢只有 2％～4％，微马达的速度也能超过 100 微米/秒。

但燃料供应有个缺点，过氧化氢是一种额外的添加剂，铂金材料也很昂贵。他们下一步的计划是，造出一种能靠水来推进的碳捕获微马达。

考夫曼说："将来，我们有可能把这些微马达作为水处理系统的一部分，就像一种水脱碳装置。如果微马达能用环境要素做燃料，将更容易升

级，更环保也更便宜。"

二氧化碳是环境中的主要温室气体，这一概念论证研究，对缓解二氧化碳增加意义重大。辛格说："用这些微电机来抵抗海洋酸化和全球变暖，其结果可能令人兴奋。"

2. 探索清除海水中二氧化碳的新技术

找到高效低价的海水中清除二氧化碳新方法。[2] 2023 年 3 月 1 日，美国《赛特科技日报》报道，麻省理工学院化学工程系教授艾伦·哈顿与机械工程系教授克里帕·瓦拉纳西等人组成的一个研究团队，在《能源与环境科学》杂志上发表论文称，他们找到了从海洋中清除温室气体的新方法，这可能是一个真正高效低价的碳清除手段，它通过由无膜电化学电池组成的可逆流程来清除海水中的二氧化碳，比现有从空气中清除温室气体更有效。

哈顿表示，昂贵的薄膜和驱动电极反应的化学品，大幅增加了碳清除流程的费用和复杂性。所以，他们提出一个由无膜电化学电池组成的可逆流程：首先酸化水，把溶解的无机碳酸氢盐转化为二氧化碳分子，在真空环境下将之作为气体收集。然后，水被输送到具有反向电压的电池，以恢复质子，并将酸性水转化为碱性，最后将水放回海中，再开始循环这一流程。当一组电池电极的质子被耗尽时，另一组电池电极会在碱化过程中被再生，这样两个电池的作用就会定期地进行交换。

瓦拉纳西说，二氧化碳堆积造成的海洋酸化会威胁到珊瑚礁和贝类的生存。这种清除二氧化碳和向海洋中重新注入碱性水的方法，可以从局部地区开始，逐渐扭转这种情形。同时，碱性水排放需要通过分散的出口，或者在离岸较远的地方进行，以避免集中排放而导致碱度飙升，破坏生态系统。

该团队初步的设想是把该流程与海水淡化厂的工作相结合，以减少处理海水的成本，或者在水产养殖场等容易产生酸性水的地方进行。研究人员补充说，它也可以由船舶在行驶过程中完成，以减少海上交通运输的碳排放，把船舶变成"海洋净化器"。

（二）研究海洋吸收与储存二氧化碳的新信息

1. 探索海洋吸收二氧化碳的新进展

（1）发现南大洋二氧化碳吸收能力强于预期。[3] 2015 年 9 月 11 日，瑞士苏黎世联邦理工学院环境物理学家尼古拉斯·格鲁伯，与挪威卑尔根大学生物地球化学家克里斯托夫·海因策等人组成的研究小组，在《科学》杂志上发表研究成果称，随着温室气体浓度上升，环绕南极洲的广阔海洋，在某一时刻将不可避免地从大气中吸收更多的二氧化碳。这项新成果，把数百万个分散的实地观测结果整合在一起，从而能够更清楚地了解作为全球变暖最重要缓冲区的南大洋的活动变化。

研究人员表示，如今发现南大洋每年从大气中吸收大量二氧化碳，人们终于扭转了之前对于其年度温室气体摄入量下降的担忧。

根据这项研究，2011年，海洋吸收了44亿吨二氧化碳。这一数值，比当年人类活动释放的二氧化碳多10%，同时也大约是其10年前吸收的二氧化碳数量的两倍。发现海洋吸收二氧化碳的能力增强，标志着几年前发表的一项研究结果的彻底转变。该研究指出，在20世纪八九十年代，海洋吸收二氧化碳的能力已经下降，并预测这种趋势将持续下去。

格鲁伯研究小组重建了1982—2011年的海洋历史，从而清楚地表明，海洋从21世纪初期便增强了其碳吸收能力。这项研究同时证实，之前报告的20世纪八九十年代的海洋碳吸收能力下降。在当时，风的模式推动南大洋表面的海水向北移动，导致来自海底的海水出现上涌现象。由于这些海水中已经富集了大量的二氧化碳，因此海洋吸收更多温室气体的能力瞬时大打折扣。

海因策表示，最新的研究让他兴奋不已，因为它使得研究人员能够准确监控南大洋的变化。他说，以往的气候模型，假设海洋吸收二氧化碳能力的变化小于陆地吸收二氧化碳能力的变化。但是，新研究表明，这一假设可能是站不住脚的。了解了这一点，将有助于研究人员更准确地预测风、海洋与大气将如何响应不断增长的二氧化碳排放，以及由此带来的气候变化的影响。

格鲁伯强调，海洋增加的二氧化碳吸收能力，可能还缘于海水正在变得越来越酸，这可能会干扰某些海洋生物基于碳酸钙的外壳的形成。并且他指出，气候学家不能指望南大洋永远保持一个强大的碳汇。他说："目前，南大洋吸收二氧化碳的势头非常强劲，这很好。但我不认为我们能够自然而然地假设这种趋势将一直持续下去。"

（2）揭开海洋藻类高效吸收二氧化碳的奥秘。[4] 2022 年 1 月 23 日，《日本经济新闻》报道，京都大学山野隆志副教授带领的研究团队发现，与吸收二氧化碳息息相关的"LCIB"蛋白质，能够根据水中二氧化碳浓度的不同，在叶绿体内的不同部位发挥作用，以便高效吸收二氧化碳。专家认为，该特性或许能够运用在其他农作物的品种改良之中。

该研究团队从事的课题研究是，生存在水中的藻类为何能在二氧化碳低浓度环境中维持光合作用，由此发现了其中的部分奥秘。研究人员使用衣藻属（一种单细胞绿藻）来仔细观察"LCIB"蛋白质，在不同的二氧化碳浓度环境中所展现出的反应，得到了不同的观测结果。当水中二氧化碳浓度较低时，"LCIB"蛋白质就集聚在能够促进吸收二氧化碳的酶附近，去捕捉那些没能被酶吸收的二氧化碳。而在水中二氧化碳浓度较高时，"LCIB"蛋白质就扩散到叶绿体中，从细胞的外部吸收二氧化碳。山野隆志说："蛋白质的序列信息不变，但其作用方式发生了变化。"

众所周知，植物能够吸收太阳光进行光合作用，把水和二氧化碳转换为糖类。二氧化碳的浓度越高，光合作用的速率也会随之提升。既往研究已经探明了藻类在低浓度的二氧化碳环境中，通过"LCIB"蛋白质的活动就能够高效吸收二氧化碳，但此前科学家们并不了解其具体是在何种环境和条件下产生了什么作用。

研究团队认为，藻类高效吸收二氧化碳的原理也能灵活运用在其他植物上，例如通过修改水稻和小麦的基因提高其光合作用能力，就有可能提高相关作物的产量。今后随着研究的加深，或能探明藻类光合作用特性的形成机制。

2. 探索海洋储存二氧化碳的新进展

（1）发现浮游生物在二氧化碳储存方面有着重要作用。[5] 2015 年 9 月，英国斯凯莱德大学数学与统计学系教授迈克尔·希思，与丹麦科技大学和哥本哈根大学等有关专家组成的一个国际研究团队，在美国《国家科学院学报》上发表论文称，他们研究发现，不到米粒大小的微小浮游动物可将大量二氧化碳储存至深海，可能在调节气候变化中起到巨大作用。

桡足类浮游动物群夏末时，在海洋表层海水中构建富含碳的脂质作为营养储备。然后，它们将在深海一英里处利用这些营养储备度过冬眠期，不与大气接触。这意味着当冬眠的浮游动物群使用其脂肪储备时，所释放的二氧化碳不会回到大气层中去，而是储存在海底深处，在那里可以保存几千年。该研究团队把这个过程称为"桡足类脂质泵"。

研究人员表示，一种桡足类动物，如飞马哲水蚤，每年可从大气中携带 100 万～300 万吨二氧化碳进入北大西洋深处。

希思指出："人们早已知道这些桡足类动物的深度越冬习性，但这是首次得知它们在碳储存方面会起到作用。"

希思还说："二氧化碳在气候变化中的作用和减少其排放行动的迫切需求，越来越被人们理解。该研究结果尤其突出了脂质泵的作用，而这并没有被联合国全球政府间气候变化委员会现有的气候模型所考虑。未来我们要在其他海洋里看看是否有同样的事情发生，以及如何将其列入该委员会的新模型中。这些桡足类动物的迁移不能给碳排放问题提供一个解决方案，但我们的研究结果能在一定程度上更好理解地球如何应对不断提高的二氧化碳水平。"

（2）发现海草可能相当于一个巨型的全球碳储存库。[6] 2022 年 5 月，美国加利福尼亚大学默赛德分校麦吉·索金牵头的一个研究小组，在《自然·生态与演化》发表论文称，他们发现海草场底部蔗糖积累浓度，约比此前海洋记录高出 80 倍。这项研究表明，海草可能相当于一个巨大的全球碳储存库，预计是由于分解碳的微生物活动受到了抑制。

该论文指出，海草场是重要的海洋栖息地，因为它们既为海洋生物多样性提供庇护所和食物，还可能在植物组织中以同等面积下陆地雨林的 35 倍存储碳，海草还会从根部以单糖和其他化合物形式分泌碳，但是海洋微生物在这一碳源的消耗和循环过程中所起的作用，尚未得到深入了解。

研究小组对地中海 3 个不同的大洋海草场，以及加勒比海和波罗的海其他海草场底部沉积物内水样（又称孔隙水）的化学成分进行分析，他们在海草根部附近发现了出乎意料的高浓度蔗糖：在全球范围内，海草沉积物上部 30 厘米层储备了相当于 0.67～1.34 太克的蔗糖。

研究人员还通过分析海草场下方沉积物中生活的微生物发现，虽然恢复的微生物基因组中 80% 含有分解蔗糖的基因，但这些基因仅在 64% 的基因组中表达。他们预测，低氧环境结合植物酚类物质（显著抑制微生物活性），或可解释蔗糖的积聚。

论文作者总结认为，海草下方蔗糖的积聚，可作为有价值的有机碳存储方式，其他海洋和水生植物中也可能发现这种相关方式。

3. 探索海洋收储二氧化碳功能的影响因素

发现海平面上升将削弱泥炭地的碳吸收与储存功能。[7] 2016 年 7 月，英国埃克塞特大学埃加莱戈斯·萨拉博士等组成的一个研究小组，在《科学报告》期刊上发表研究成果说，他们通过取样分析发现，气候变化导致的海平面上升，会大大削弱全球泥炭地吸收和储存二氧化碳的碳汇功能。

泥炭是沼泽形成过程中的产物，主要来源是泥炭苔或泥炭藓。但除此以外，死去的沼泽植物及动物和昆虫的尸体等有机物质，都有可能成为泥炭的来源。这些生物死亡后沉积在沼泽底部，由于潮湿、偏酸性的环境而无法完全腐败分解，经过漫长的时间最终形成所谓泥炭层。泥炭属于不可再生资源，开采泥炭对环境破坏较大。

受雨水滋润的泥炭地能吸收大气中的二氧化碳，并将其固定在植被和土壤中，形成重要的"碳库"，从而减少大气中的二氧化碳浓度，减缓全球气候变暖。这种碳汇能力，对全球环境有极其重要的影响。

该研究小组对苏格兰西北部的一处泥炭地，进行了取样分析。这类泥炭地的碳汇能力，主要受其中特有的植被群及湿度环境影响。研究发现，如果泥炭地中的盐分含量达到一定水平，植被群从大气中吸收和储存碳的能力就会显著下降，而苏格兰的泥炭地很多就在海岸附近，一旦海平面上升导致海水倒灌入这些泥炭地，会提高其盐分含量，最终影响泥炭地的总体碳汇能力。

据研究人员介绍，除了苏格兰，全球泥炭地中还有许多分布在爱尔兰、挪威及加拿大纽芬兰等海岸地区，因此海平面上升对它们的潜在影响非常大。

萨拉说，泥炭地在全球的碳汇过程中扮演重要角色，气候变化带来的海平面上升，对包括部分泥炭地在内的全球许多地区产生严重影响，希望这项研究成果能够让人们认识到这方面的威胁，未来加强相关研究。

（三）监测海洋温室气体变化的新信息

1. 监测海洋甲烷变化的新进展

预测北极冻土带和海底甲烷对大气的释放量。[8] 2012 年 3 月，俄罗斯媒体报道，科学研究证实，全球变暖导致北极冻土带和海底释放巨量甲烷，而这些甲烷反过来可能加剧全球气候变暖。

为了获得地球蕴藏的甲烷水合物储量等相关数据，俄罗斯科学院大气物理研究所的科学家，使用不同的气候模型，对海底水温的变化情况、甲烷储量以及释放量进行计算预测。

结果显示，甲烷气体释放区域基本集中在北半球的高纬度地区，释放主要来自北极海底大陆架和正在逐渐解冻的冻土地带，在未来到 2100 年之前，每年释放到大气中的甲烷约为 5 亿吨。

甲烷是可燃冰的主要成分，也是主要的温室气体之一。地球上的可燃冰储量巨大，且大部分集中在北极大陆架下距海底 200～1500 米的沉积层，越深其稳定性越高。全球气候变暖和地震等因素，导致沉睡的可燃冰苏醒过来悄然进入大气层。在这种情况下，准确地计算出这颗嘀嗒作响的"定时炸弹"的威力，成为全人类一个迫切的命题，毕竟地球是人类赖以生存的唯一家园。

2. 监测海洋二氧化碳变化的新进展

首次实现定量测量全球海洋二氧化碳循环。[9] 2021 年 8 月，美国蒙特雷湾水族馆研究所高级科学家肯·约翰逊与玛丽安娜·彼芙研究员主持的一个研究团队，在《自然·地球科学》杂志上发表论文称，就像陆地上的植物一样，海洋中微小的浮游生物通过光合作用消耗二氧化碳，并将其转化为有机物和氧气，这种生物转化被称为"海洋初级生产力"。他们通过机器人浮标舰队，首次对这种海洋初级生产力实现的二氧化碳循环，进行了全球范围的定量测量。

通过将二氧化碳转化为有机物，浮游植物不仅支撑着海洋食物网，它们还是海洋生物碳泵的第一步。这些机器人收集的数据将使科学家能够更准确地估计碳是如何从大气流向海洋的，并为全球碳循环提供新线索。研究人员表示，浮游植物生产力的变化会产生深远的影响，比如影响海洋储存碳的能力，改变海洋食物网。

　　由于资源和人力的限制，在全球范围内进行直接观测以获得具有季节性和年度分辨率的数据，十分困难且成本高昂。相反，卫星遥感或计算机生成的环流模型能提供所需的空间和时间分辨率。不过，约翰逊指出："卫星数据可以用来绘制初级生产力的全球地图，但这些数值是基于模型而不是直接测量的。"

　　现在，科学家有了一种研究海洋生产力的新方法，就是通过在海洋中漂浮的数千个自主机器人来进行。彼芙表示："这些机器人让科学家得以了解海洋各区域、深度和时间的初级生产力。这项工作是海洋数据采集的一个重要里程碑。我们不再需要真的去那里，就可以从海洋中收集大量数据。"

　　随着"阿尔戈浮标"（Argo）在全球的不断部署，相关数据为研究人员提供了氧气随时间变化的散射测量数据。借助氧气生成模式，该研究团队可以计算出全球范围内的海洋净初级生产力。例如，通过测量浮游植物随时间释放多少氧气，研究人员可以估计它们消耗了多少二氧化碳。

　　约翰逊表示，虽然这是一个众所周知的模式，但这项工作是首次用布放在全球海洋的工具定量测量，而不是通过建模和其他工具进行估计。

　　但是，目前浮标每10天只进行一次采样，研究人员需要在一天内进行多次测量才能得到一个每日循环。于是，研究团队用一种新方法分析了浮标数据，从而计算出海洋初级生产力。每个浮标在一天的不同时间上浮，结合来自300个浮标的数据和来自一天不同时间的样本，研究人员就可以重现氧气的每日循环，然后计算初级生产力。

　　为了确认计算出的初级生产力的准确性，研究人员将夏威夷海洋采样点和百慕大大西洋采样点两个海域的浮标数据，与基于船舶的采样数据进行比较，结果两者数据相似。

　　研究团队发现浮游植物每年产生约53拍克碳。这一测量值，接近最新计算机模型估计的每年52拍克碳（1拍克等于10亿吨）。

　　研究人员希望，这些新数据能帮助科学家通过模拟不同的情景，如温度变暖、浮游植物生长变化、海洋酸化和营养物质变化等，进一步预测海洋初级生产力将如何响应气候变化。

二、防治海洋塑料污染研究的新成果

(一) 调研海洋塑料污染现象的新信息

1. 海洋塑料污染程度调研的新发现

(1) 发现海洋中的塑料数量或许被大大低估。[10] 2016 年 4 月 21 日，物理学家组织网报道，每年有大量塑料被倒入海洋，据《科学》杂志上的一篇论文估计，仅 2010 年倒入海洋中的塑料就达 480 万～1270 万吨。最近，美国特拉华大学物理海洋学家托比亚斯·库库卡领导的研究小组，在《物理海洋学杂志》上发表论文称，根据他们的最新研究，海洋中的塑料数量可能比以往认为的更多。

海洋中的塑料会随着时间的流逝而变脆变小，经常被鸟、鱼及其他海洋动物误食。深海中和北冰洋都已发现了小片塑料。库库卡说："有些东西可能有毒，有些迹象显示它们对环境有害，但科学家还没真正掌握这个问题的范围。"目前，确定海洋中塑料数量的一种技术，是拖一张网在海上走几千米，计算网中塑料碎片的数量，算出密度，最后计算出该海域的塑料数量，但这种方法并不准确。

库库卡的研究显示，塑料虽有浮力，但海洋湍流能裹挟着它们及其他污染物进入深海，因此海面测量和真实数量之间可能有很大出入。就像在咖啡中加奶，把两种液体混在一起，用勺子搅拌产生湍流，海风和海浪像勺子，把海面的水混入深海。

据报道，库库卡和华盛顿大学伍兹霍尔海洋研究所合作，用计算机模型研究了海浪效应、加热和制冷海面对海洋中塑料的影响。他们发现，海浪、洋流产生的湍流对塑料留在海面还是进入深海，起了关键作用；因季节、纬度、昼夜变化形成的海水温度变化，也有重要影响。比如夏天阳光照射使海面升温，降低了海水密度，塑料容易留在海面，而海面降温使海水密度增加，会使塑料沉入水中。

他们对比了模型结果和一些实际观察，加入了湍流模型和混合过程，对目前的测量方法做了矫正，计算出的新结果明显比原来测算的要高得多。库库卡说，模型还能用于测算石油和其他污染，甚至包括水中营养成分、浮游植物、海洋漂浮物的分布。

有些科学家提出，用海面拖曳网来清除塑料。但库库卡指出，这在有强湍流的海域并不合适，虽然塑料片有浮力，但清除它们没那么简单。

（2）发现海洋塑料污染飙升至"前所未有"水平。[11] 2023 年 3 月，新西兰奥克兰大学科学家丽莎·埃德勒领导的一个研究团队，在《公共科学图书馆·综合》上发表论文称，他们研究发现，自 2005 年以来，全球海洋中的塑料污染达到了"前所未有的程度"，目前约有 170 万亿块塑料在海洋中漂浮，总重量估计为 230 万吨。如果不加控制，未来几十年塑料进入海洋的速度可能会加快几倍。

研究人员从全球 11000 多个站点采集了塑料样本，重点关注 1979—2019 年这 40 年间的情况。结果表明，1990 年前塑料进入海洋的趋势并不明显，1990—2005 年之间出现了波动，之后暴增。

埃德勒指出，海洋中塑料污染的来源多样：渔网、浮标、废弃的衣服、汽车轮胎和一次性塑料等，这些塑料最终会分解成微塑料。此外，目前只有一小部分塑料被适当回收，很多塑料最终都会被填埋，如果垃圾填埋场管理不当，塑料垃圾会进入环境中，最终流向海洋。

埃德勒解释称，1990—2005 年，海洋中塑料垃圾的数量某些时候有所下降，部分原因在于有一些有效的政策来控制污染，其中包括 1988 年生效的《国际防止船舶造成污染公约》，这是 154 个国家之间制订的一项具有法律约束力的协议，旨在终止海军、渔业和航运船队排放塑料。

她呼吁，随着目前塑料的产量越来越大，各国需要制订出一项新条约，不仅要减少塑料的生产和使用，还要对如何处置塑料进行更好的管理。

2. 海洋塑料污染涉及范围调研的新发现

（1）研究表明海洋微表层塑料污染严重。[12] 2014 年 8 月，韩国环境科学家沈元俊领导的一个研究团队，在《环境科学与技术》杂志网络版发表论文称，他们在关注海洋表层塑料污染的研究中发现，即使海洋看起来很干净，表面却可能布满油漆粉尘和玻璃碎片。这些微小碎片来自船只的甲板和外壳，可能对海洋食物链的一个重要组成部分——浮游生物构成威胁。

海洋表层仅毫米厚的"皮肤"被称作海洋微表层。表面张力和来自微生物的黏性分泌物使微小粒子聚集在这一层。在先前的研究中，科学家扫描海洋塑料污染时，并没有特别关注微表层。早期研究使用的较粗糙的网，也无法捕捉到最微小的颗粒。

该研究团队从韩国南部海岸搜集到水样。在实验室检查样本时，研究人员发现了各种常见的塑料：聚乙烯、聚丙烯、发泡聚苯乙烯。但令他们吃惊的是，这些只占微粒总量的 4%。微表层中 81% 的合成粒子，由油漆黏合剂之一的醇酸树脂组成；另外 11% 是聚酯树脂，它们通常用于油漆和玻璃纤维中。平均而言，1 升微表层水包含 195 个微粒。

幸运的是，研究人员没有在样本中发现包含有毒化学物质的防垢油漆。科学家曾在海洋保护区的底层沉积物中发现该物质。沈元俊表示，目前尚不清楚这些漂浮的醇酸树脂颗粒将会对海洋生物构成多大威胁。但一些醇酸类漆含有重金属，此外，它们和其他玻璃纤维树脂粒子都能吸收有毒化学物质。研究团队下一步计划研究这些微粒上的金属和有机化合物，以判断它们是否会伤害海洋生物。

(2) 发现深海区存在大型塑料微粒库。[13] 2019 年 6 月，美国加州大学圣迭戈分校海洋环境科学家组成的一个研究团队，在《科学报告》杂志上发表论文称，他们在加州蒙特雷湾深海区内，发现可能存在一个大型海洋塑料微粒库，这可能是现在最大的塑料微粒库之一，但到目前为止尚未得到充分重视。

自 20 世纪 50 年代以来，人类的需求使得塑料产量呈指数级翻倍，时至今日，人类活动与垃圾排放已经让大量塑料涌入海洋，其中体积大的最终都会分解为微粒。

此次，该研究团队利用远程操作工具和特制的取样器，收集并检查蒙特雷湾深海区的塑料微粒分布情况，结果发现了一个大型塑料微粒库。他们采集了 5～1000 米深的 26239 升海水，以及远洋红蟹和巨型幼形海鞘，这两种动物直接食用与塑料微粒同样大小的微粒。

研究结果显示，包含在一次性塑料瓶和包装中的聚对苯二甲酸乙二醇酯，是此次各种深度的水柱样本中最常见的塑料，同时也是远洋红蟹胃肠道中和幼形海鞘废弃的黏质网筛内最常见的塑料。幼形纲动物的网筛又被称为住囊，每次进食后便被废弃，沉入海底。

以上发现表明，塑料微粒已经从浅水区运输到海底，而幼形海鞘的住囊相当于一种载体，可以"负责"将其运输。在阳光照射区的深海底部，塑料微粒的浓度最高，塑料种类最多。

研究结果认为，塑料微粒污染向深海水域、沉积物和动物群落蔓延的深度与广度超过此前预期。研究人员表示，有必要采取大规模的保护和缓解措施，从空间和生态层面评估问题的严重性。

（3）发现塑料污染殃及北极水域。[14] 2019 年 7 月 18 日，路透社报道，瑞典"奥登"号破冰船当天搭载由美国科学家主导的一个研究小组，沿连接大西洋和太平洋的西北航道航行，展开为期 18 天的"西北航道"探险项目。研究人员乘直升机在浮冰上着陆，在兰开斯特海峡 4 个地点钻取 18 根最长 2 米的冰芯，其中肉眼可见不同形状和尺寸的塑料颗粒和纤维。

科学家认为，那些冰芯形成至少已有一年，这意味着污染物可能从更接近北极的水域漂浮到兰开斯特海峡。他们原本以为，加拿大北极地区的这片孤立水域可能不会受到漂浮塑料的污染。

除了冰芯，北极的雪花中也被检测出大量微塑料颗粒。微塑料是指粒径很小的塑料颗粒，是一种扩散污染的主要载体。据英国广播公司报道，近日一项研究发现，即使在被视为世界上最后的"原始"环境之一的北极，每升雪花中的微塑料颗粒也超过 1 万个。这意味着人们在北极地区也可能吸入空气中的微塑料。

这不是人们在北极地区第一次发现塑料污染。早在 2019 年 2 月，据英国《卫报》网站报道，对加拿大北极地区利奥波德王子岛上的鸟蛋进行检测时，首次发现了比塑料更具有柔韧性的化学添加物质。

（4）研究表明欧洲漂浮的微塑料或积聚在北冰洋。[15] 2022 年 3 月，挪威海洋研究所科学家马兹·胡塞尔博藤领导的研究小组，在《科学报告》发表论文说，此前已有研究报告北冰洋存在高浓度微塑料颗粒，但尚不清楚其来源和在何处积聚。本次他们研究发现，欧洲河流中漂浮的微塑料或在北冰洋一些区域分批积聚。

该研究小组结合 2007—2017 年间的洋流模型和漂浮微塑料移动模拟，模拟了经过北欧和北极的 21 条主要河流在十年里每天释放微塑料，接着对其几十年的移动进行建模。随后，研究人员把建模结果与 121 个海水样本中漂浮微塑料的分布进行比较，这些样本在 2017 年 5 月—2018 年 8 月间收集自挪威西海岸附近的 17 个地点。

研究人员发现，模拟中河流释放的大部分颗粒会沿着两条道路随波逐流：65% 在挪威海岸朝着俄国北部的拉普捷夫海而去，其后被运进北冰洋，经过北极点，然后经格陵兰东部的弗拉姆海峡离开北冰洋。30% 的模拟微粒沿挪威海岸移动，然后朝南经过弗拉姆海峡，沿着格陵兰的东部和南部海岸漂流，再沿加拿大东北岸向南移动。在模拟到 20 年后，研究人员识别出明确的漂浮微塑料积聚区域，这些区域位于北欧海、北冰洋南森盆地、巴伦支海、拉普捷夫海，以及位于格陵兰和加拿大之间的巴芬湾。

分析海水样本表明，漂浮微塑料的分布，与论文作者预测的模拟微塑料释放十年后，及后续在北欧海、北冰洋和弗拉姆海峡的流动一致，这说明漂浮的微塑料或许已经在北冰洋流动至少十年。

论文作者认为，漂浮微塑料的流动或对北极生态系统健康造成后果，他们的研究发现凸显了对塑料废物进行更好管理的重要性。

3. 海洋塑料污染存续时间调研的新发现

发现海洋塑料存续时间可能超过预期。[16] 2023 年 8 月 7 日，德国于利希研究中心的米卡尔·坎档普及同事组成的一个研究小组，在《自然·地球科学》杂志发表论文称，他们分析发现，2020 年全球初始海洋漂浮塑料总量中，绝大多数属于 2.5 厘米以上的塑料碎片，其存续时间可能比此前预计的更长久。这些发现，是基于 1980—2020 年的观察数据，结合一个海洋三维建模而获得的。

过去人们估计，全球海洋表面约有 25 万吨的塑料污染物，但预计每年进入海洋的塑料污染量远大于这个数字。人们认为，造成这一差异的原因，可能是高估了从陆地和河流输入的塑料数量、未知过程去除了海洋表面大部分此类塑料，或发生了破碎和降解。

为探究这一差异的原因，研究小组把全球塑料污染观察数据纳入一个数值模型，该模型追踪塑料颗粒在海洋中如何迁移和转变。他们估计，2020 年海洋中存在 320 万吨漂浮塑料。在 2020 年进入海洋的 47 万~54 万吨塑料中，大约一半直接来自渔业活动，其余来自海岸和河流。他们提到，95% 的漂浮塑料大于 2.5 厘米，微塑料只占很小的比例。

研究表明，与过去的估计相比，塑料总量更高但输入量更低，说明没有遗漏掉某些去除海洋塑料的过程；相反，他们认为，是这类塑料的寿命或者说存续时间很长，只有10％的塑料可能在2年内降解或沉没。

研究者预计，输入海洋的漂浮塑料正在以每年4％的速度增加，凸显出有必要采取紧急行动减少海洋塑料污染。

（二）研究海洋塑料污染影响的新信息

1. 塑料污染影响海洋微生物研究的新发现

发现塑料垃圾已成为海洋微生物的避风港。[17] 2014年3月，美国媒体报道，发光微生物是否正诱使鱼类吞噬漂浮在海洋中的塑料垃圾？这一有趣的观点在2014年海洋科学会议上引起了热议。与会代表都是专门研究"塑料垃圾"问题的专家。这些垃圾是指漂浮在海洋中的上百万吨的合成碎屑。美国马萨诸塞州伍兹霍尔海洋研究所微生物学家特雷西·明瑟说："这是由人类活动创造的新的生物栖息地。"

有研究显示，超过1000种海洋中的细菌和其他微生物，能够在塑料碎片中生存，而这些碎片通常还不及人类的手指甲大。明瑟说："在中心海域，微生物一直在寻找一块'容身之地'，且有一块栖息地要明显优于其他选择。"根据一项初步的遗传分析结果，弧菌类是其中的佼佼者，且大部分的弧菌能够发光。

实际情况也正是如此，在研究人员夜间拖网打捞上来的塑料垃圾中，40％是发光的。此外，明瑟认为这种发光的垃圾对鱼类，尤其是依靠光线觅食的鱼类吸引力极大。塑料垃圾对于鱼类来说是魔鬼，而对微生物来说却是天使，因为能使它们逃离鱼口。明瑟说："微生物的基因，能使其以塑料垃圾为家，鱼类再想吞噬它们必须'三思而行'。"

2. 塑料污染影响海洋鱼类研究的新发现

发现微塑料能进入海洋鱼类肌肉并影响其健康。[18] 2021年3月21日，新华社报道，新西兰国家水事和大气研究所日前发布的一份研究报告显示，在新西兰周边海域采样的鱼类中，不仅鱼类内脏中有微塑料，甚至肌肉组织中也发现了微塑料成分。

这项研究显示，鱼类吞食微塑料后，肠道会出现明显的炎症，影响鱼类消化系统等功能，最终可能影响其生存，损害程度随着微塑料浓度的增加而增加。

此外，研究发现微塑料还会通过肠壁进入鱼类肌肉组织，影响其健康，而人类在食用这些鱼肉后，也会不知不觉地摄入微塑料。下一步，研究人员将重点探索海洋中最常见的微塑料类型——微纤维对鱼类的长期影响。

越来越多的证据显示，微塑料已对海洋生态环境构成污染。这些废弃物进入食物链后，又会流回人类餐桌，危害人体健康。

3. 塑料污染影响海鸟研究的新发现

(1) 发现微塑料会改变海鸟肠道微生物群。[19] 2023 年 3 月，意大利特伦托大学格洛丽亚·法克曼及其同事组成的一个研究团队，在《自然·生态与进化》杂志发表论文指出，摄入较多微塑料的野生海鸟，与摄入较少的相比，其肠道内的微生物总体上更丰富多样。但目前尚不清楚，这种微生物多样性的增加对海鸟意味着什么。

海鸟寿命长，迁徙路线远，往往在海洋中觅食，会经常接触并食用微塑料。在这项研究中，研究团队检查了取自北大西洋两种海鸥的肠道微生物组样本，其中包括 58 只科里猛鹱和 27 只暴风鹱。肠道微生物包括细菌、真菌、病毒和其他微生物。研究人员也对每只死鸟的胃部残留物进行了分类，并仔细筛选出塑料颗粒。

分析表明，塑料颗粒数量越多，微生物组也越多样。摄入微塑料碎片最多的海鸟肠道内，拥有更多具有抗生素耐药性的微生物。而在消耗微塑料最多的鸟类肠道内，一些可在人和动物之间传播病原体的人畜共患病原体也更丰富。而且，这些鸟类肠道内与健康有关的微生物的数量也有所减少。

另外，当微塑料在海鸟的肠道中大量存在时，干燥棒杆菌这样的有害细菌似乎会茁壮成长。对人类来说，干燥棒杆菌可致人罹患心脏炎症、脑脓肿和感染。

(2) 发现塑料垃圾给濒危海鸟带来更大风险。[20] 2023 年 7 月 4 日，葡萄牙里斯本大学一个研究小组，在《自然·通讯》杂志上发表的论文显示，濒临灭绝的海鸟容易接触塑料污染地区，从而给自己带来更大的生存风险。研究还表明，塑料污染对海洋生物的威胁超出了国界，塑料垃圾暴露的风险 25% 发生在公海。

海鸟是全球最濒危的物种之一，在国际自然保护联盟的红色名单上，约有 1/3 的海鸟物种被归类为"脆弱""濒危"或"极度濒危"。

研究小组通过分析远程跟踪设备记录的 77 种海鸟、7000 多只个体和 170 万个位置的数据，以及全球范围的塑料分布密度地图，进而确定鸟类最容易接触塑料污染的地区，以及哪些物种和种群受到的影响最大。

研究得出的结论是，由于塑料的堆积受到洋流和潮汐的影响，因此海鸟面临的塑料污染风险，在空间上并不是均匀分布的。海鸟在整个年度周期中也以不均匀的方式分布，因为它们中的大多数是迁徙物种，能够飞越数千公里的海洋。

研究人员表示，当两种情况同时出现，即海鸟和塑料同时高度集中期间，风险就大得多。对于海鸟来说，最危险的区域是地中海、黑海、西北太平洋、东北太平洋、南大西洋和西南印度洋。数据还显示，栖息地上存在外来入侵物种、人类误捕或气候变化等因素，也会使已面临灭绝风险的海鸟成为最容易接触海洋塑料污染的物种。

（三）研究海洋塑料污染防治措施的新信息

1. 探索降解海洋塑料的新进展

（1）研制出可在海水中降解的新型塑料。[21] 2018 年 9 月 5 日，新华社报道，为解决日益严峻的海洋塑料污染问题，保护海洋生态环境，中国科学院理化技术研究所高级工程师王格侠负责的研究团队，最近研制出一种可在海水中降解的聚酯复合材料，有望在诸多领域替代现有难以降解的通用塑料。

该研究团队研制出的这种结合了水溶性与降解性的材料，具有一定的环境耐受性，废弃后能在数天到数百天内在海水中降解消失，最终分解为不会对环境造成污染的小分子。

长期以来，人们聚焦于塑料在陆地上造成的白色污染及其治理。直至近年，大量塑料污染致使海洋生物遇害的现象被频繁报道，才引起广泛关注。据保守估计，人类每年向海洋投放的塑料垃圾，占海洋固体污染物总量的 60%～80%。目前，人类活动和洋流导致这些塑料垃圾集中分布于北太平洋、南太平洋、北大西洋、南大西洋及印度洋中部。世界经济论坛也发出警告，2050 年全球海洋塑料总重量将超过鱼类的总重量。

据介绍，目前几乎所有类型的塑料都已经在海洋中找到。这些塑料微粒或者漂浮在海水中，或者沉入海底，几十年甚至几百年不会分解，对整个海洋环境造成了严重的污染。塑料在使用后被直接丢弃或从陆地经过河流、风吹进入海洋，在海水中受到光、海水风化，以及洋流和生物群的作用，导致塑料最终形成小于 5 毫米的微塑料。

一些海洋生物，如信天翁、海龟等，误食塑料袋会产生一系列的胃肠问题，以至于无法再进食，最终被饿死。

尽管海洋中塑料污染问题已经非常严峻，但目前人们对于这些塑料污染仍然没有有效的应对措施。海洋的特殊水域环境，使得人们不能像在陆地上一样对大量分散的垃圾进行集中收集和处理。最根本有效的办法，就是让塑料废弃进入海水后能自行降解消失。

降解塑料大都是含酯键的生物高分子材料，分子链相对脆弱，因而可以被自然界许多微生物分解、消化，最终形成二氧化碳和水。目前，该研究团队开发的生物降解塑料生产及应用技术，已向 4 家企业完成了技术授权，其中 3 家已经顺利投产，总产能达到每年 7.5 万吨。

（2）发现能有效降解塑料的海洋微生物菌群和酶。[22] 2021 年 4 月，中国科学院海洋研究所孙超岷研究员带领的研究团队，在《危险材料》杂志上发表论文称，他们成功地获得一个能有效降解塑料垃圾的菌群，并从这个菌群筛查出能明显降解聚乙烯塑料的多个酶。

自 2016 年开始，该研究团队从青岛近海采集了上千份塑料垃圾样本。经过大量筛选，他们发现了一个在塑料表面具有很明显定殖和降解能力的菌群。这个菌群在含有塑料垃圾的培养基中能维持良好的生长能力，研究人员推测其是通过降解塑料获得额外的能量来源。

为此，研究人员对这个菌群的组成种类和丰度进行定量分析，发现有 5 类细菌为优势种群，通过培养成功获得上述 5 类细菌的纯培养菌株，其中 3 株具有明显降解塑料的能力。研究人员把这 3 株细菌按照一定比例进行复配，成功获得一个能稳定共存并能显著降解塑料垃圾的菌群。这一复配的菌群尤其喜好降解聚乙烯塑料，两周时间可以将聚乙烯塑料降解为碎片。研究人员结合红外光谱等手段多方位证实这一复配菌群能有效降解塑料。

此后，研究人员从这一复配菌群中，筛查到多个可能参与降解塑料的候选酶类，并结合体外表达技术，获得多个在 24 小时内能明显降解聚乙烯塑料的酶。为了能提高其降解效率，研究人员近期改良了真菌的培养条件，大幅提升了对聚乙烯塑料的降解效果：一个月即可以产生原来数月才能达到的降解效果。经过毒理实验，确证该真菌对环境无害，而且在降解塑料后其培养物能够产生有效抑制多种病原菌（包括临床常见耐药菌）的活性物质。目前，该研究成果已经申请国家发明专利保护。

塑料是一类高分子聚合物的统称，包括聚乙烯、聚丙烯、聚乙烯对苯二甲酸酯、聚苯乙烯和聚氯乙烯等，其形成的"白色污染"给全球陆地和海洋带来严重的环境污染和生态破坏。

2. 探索检测海洋微塑料污染的新技术

开发出荧光染料识别海洋微塑料的新方法。[23] 2017 年 12 月，英国华威大学与普利茅斯大学联合组成的一个研究小组，在《环境科学与技术》杂志上发表了一篇文章，提出一种利用荧光染料的创新和廉价的检测方法，可以更有效地识别海洋中小于 1 毫米的小微塑料颗粒。

海洋塑料碎片，是一个全球性的环境问题。调查显示，颗粒小于 5 毫米的微塑料，在表层海水和海岸线中显著多于较大的塑料颗粒。尽管如此，由于缺乏区分和量化小于 1 毫米的较小微塑料的方法，导致环境中的微塑料量化受到阻碍，这也可能导致对实际微塑料浓度的低估。

该研究小组提出，利用染料尼罗红、荧光显微镜和图像分析软件，来检测和自动量化直径在 20 微米至 1 毫米的小尺寸微塑料颗粒。

为了测试这一新方法，研究人员从普利茅斯周围海岸采集了表层海水和沙滩泥沙样品，并把这一方法应用到从这些环境样品中提取的微塑料中。与传统方法相比，它检测到了更多小于 1 毫米的小微塑料颗粒。

研究人员指出，在量化小尺寸的聚乙烯、聚丙烯、聚苯乙烯和尼龙-6型微塑料颗粒时，这种方法被证明非常有效。研究结果显示，小微塑料浓度随着颗粒尺寸的减小而呈幂律型增加。因此，该方法有助于解决海洋表面水中微塑料颗粒"明显"缺失的部分。

3. 探索减少微塑料污染海洋的新对策

（1）研究减少塑料微粒污染海洋的新方法。[24] 2017 年 6 月，英国巴斯大学发布新闻公报说，由该校研究可持续化工技术的专家组成的一个研究小组，正在尝试一种减少塑料微粒对海洋污染的新方法。他们利用植物的木质素研制出易降解的微型颗粒，并用于取代目前添加在日化用品中的塑料微粒，认为这样可以减少塑料微粒对海洋的污染。

直径小于 0.5 毫米的球状塑料颗粒常被添加至洗面奶、沐浴露、牙膏、护肤霜等日化用品中，使产品具备柔滑的使用感。由于尺寸太小，塑料微粒无法被现有污水处理系统过滤，最终会流入海洋，要花几百年才能降解。

据估计，洗一次淋浴会导致 10 万个塑料微粒进入海洋。环保专家担心，塑料微粒会被小型海洋生物吞食，进入食物链、危害野生动物，甚至可能流向人类餐桌。

巴斯大学研究小组近日利用木质素生产出一种微型颗粒，可代替塑料微粒添加到日化用品中。木质素是一种广泛存在于植物中的坚韧纤维。研究人员把木质素溶解，使溶液通过带微孔的膜，形成微小的圆形液滴，随后凝固成形。

研究人员说，这种微粒的坚固程度足以满足日化用品应用需求，但流入下水道系统后，很容易被微生物分解成无害的糖类物质，即使进入自然环境，也会很快降解。他们将与工业界合作，开发大规模生产这种微粒的方法。

（2）宣布在化妆品行业禁用微小塑料颗粒。[25] 2018 年 1 月，有关媒体报道，磨砂类洁肤制品，是指在普通洁肤制品中添加一些微小颗粒，辅助清除皮肤污垢及老化角质的产品。不同产地或商家添加的微小颗粒成分不同，某些磨砂膏中的颗粒由塑料制成，体积极小且无法降解，最终会随水流汇入大海，污染海洋环境。近日意大利政府宣布，准备从 2020 年 1 月起，禁止化妆品行业使用微塑料颗粒。

微小塑料颗粒，通常存在于美白牙膏、身体和面部磨砂膏等产品中。这些颗粒进入下水道，最终流入河流和大海，很容易附着在藻类植物上，成为鱼儿们的食物。

意大利某环保组织负责人卡门·迪彭塔说："这么小的颗粒没办法清理，最终被冲到海里，一旦被鱼类误食，而人又吃鱼，最终很可能回到人体内。"

4. 探索清除海洋塑料垃圾的新发现

发现微生物能吞噬海洋塑料垃圾。[26] 2019 年 4 月，一个由海洋微生物专家组成的研究小组，在《危险·材料》杂志上发表论文称，塑料垃圾占海洋垃圾的比例很高，导致无数水生物处于危险之中。不过，还是可以找到一些治理办法的：他们发现微小的海洋微生物正在侵蚀塑料，导致垃圾被慢慢分解。

为进行这项研究，该研究小组从希腊查尼亚的两个不同海滩收集了风化塑料。垃圾已经暴露在阳光下，并发生了化学变化，变得更加易碎，这些变化需要在微生物开始"咀嚼"塑料品之前发生。这些塑料垃圾要么是最受欢迎的聚乙烯产品，例如塑料袋和洗发水瓶等；要么是聚苯乙烯，例如食品包装和电子产品中的硬塑料。

研究人员把天然存在的海洋微生物和工程微生物都浸泡在盐水中，这些微生物通过食碳微生物菌株得到增强，并且可以完全依靠塑料中的碳存活。随后，他们对这些研究用塑料 5 个月的变化进行了分析。

研究人员说，这两种塑料在接触了自然微生物和工程微生物后，重量都有所减轻。微生物进一步改变了材料的化学成分，导致聚乙烯的重量下降了 7%，聚苯乙烯的重量下降了 11%。这些发现，可能为治理海洋污染提供新策略：利用海洋微生物来消耗垃圾。但研究人员表示，仍需要测量这些微生物在全球范围内的有效性。

三、防治海洋石油污染研究的新成果

（一）研究海洋石油污染现象的新信息

1. 探索海洋油轮溢油事故的新进展

研究海洋油轮溢油事故的深层原因及对策。[27] 2018 年 8 月 9 日，上海海事大学教授万征和陈继红负责的研究团队，在《自然》杂志上以封面亮点文章的形式刊发了关于海洋油轮溢油事故的研究文章，这是他们长期从事海事领域研究获得的一项重要成果。

自 20 世纪 70 年代以来，经由海路运输的石油和天然气总量翻了一番，但得益于双层船壳和惰性气体系统的广泛使用，溢油事故量总体来说显著下降。

然而，数据背后却有隐忧。2008—2017 年，轻便型以上级别油轮的运行事故率（无论有无溢油）几乎增长了两倍：事故频率从 0.025 增长到 0.066。另外，多个地区的港口国检查记录显示油轮缺陷情况严重，未见明显改善。

据介绍，该研究团队分析了过去 50 年的事故数据，从船籍注册监管、港口国检查和灾难调查三个方面进行了分析阐述，提出了一系列宏观、中观和微观政策建议。

数据显示，历史上二十大油轮溢油事故中，有 12 宗涉及来自方便旗国家的油轮，这凸显了国际海事监管机制的缺失。相关部门还需改进港口国检查机制。目前的港口国船舶检查算法机制有较多缺陷，研究人员应该重新评估用于决定哪些船被检查以及何时被检查的算法。此外，也应注重人为失误的问题。

万征说："过去溢油事故的记录被简单归类于'碰撞、爆炸、搁浅'等表面原因，忽视了人为失误和航运事故的关系。"他指出，不要从统计学角度简单分析事故数据，而应从单起事故背后的人为失误，例如过度依赖电子导航、船员疲劳和沟通失误等角度出发，设计针对性响应策略。

2. 调查全球海洋浮油来源的新发现

发现全球绝大多数海洋浮油来自人类活动。[28] 2022 年 6 月，由南京大学地理与海洋科学学院刘永学教授主持，美国佛罗里达州立大学地球、海洋和大气科学系伊恩·麦克唐纳教授等专家参加的一个国际研究团队，在《科学》杂志上发表论文表明，他们对全球海洋上的石油污染进行了调查，并创建了一份全球浮油图。他们发现，94% 的海洋浮油源于人类活动，这一比例远远高于此前估计。全球累计浮油面积约为 150 万平方千米，是法国面积的两倍多。

这是对之前海洋石油污染调查的重大更新。之前的调查估计，海上浮油大约一半来源于人类活动，一半来源于自然。

麦克唐纳说："这些结果令人信服的地方在于，我们探测到这些浮油的频率非常高——来自小规模泄漏、船只、管道、海底渗漏，以及由工业或人群造成的含有浮油的径流。"

浮油是海洋表面极薄的油层。不仅大规模的石油泄漏会带来浮油，人类活动和自然中也可能广泛而持续地产生浮油。这些浮油不断被风和洋流"搬运"，而海浪将它们分开，这给调查带来了挑战。为了找到并分析浮油，研究团队使用人工智能检查了 2014—2019 年收集的 56 万多张卫星雷达图像，以此确定浮油污染的位置、范围和可能的来源。

即使是极少量的石油也会对构成海洋食物系统基础的浮游生物产生重大影响。其他海洋动物，如鲸和海龟，在浮出水面呼吸时，接触到石油会受到伤害。

刘永学表示："卫星技术提供了一种更好的监测海洋石油污染的方法，特别是在人类难以监视的水域。全球浮油图有助于集中监管和执法，减少石油污染。"

研究人员发现，大多数浮油都在海岸线附近。大约一半的浮油位于海岸线约 60 千米以内，90％的浮油约在 160 千米以内。麦克唐纳说，如果人们能吸取这些经验教训，将这份地图应用到全球浮油高度集中的地方，就可以改善这种情况。

（二）研究海洋石油污染防治的新信息

1. 探索检测海洋石油污染的新方法

开发出深海漏油快速测定技术。[29] 2011 年 9 月 5 日，由伍兹霍尔海洋研究所科学家理查德·凯米利主持，学者克里斯·雷迪等人参与一个研究小组，在美国《国家科学院学报》上发表论文称，其开发了多种先进检测技术和测算方法，集中在忙乱和压力的情况下获取准确且高质量的数据，对评估漏油的环境影响起了关键作用。

在 2010 年的墨西哥湾马康多油井泄漏事件中，为了精确检测漏油情况，凯米利研究小组开发了上述检测技术。研究人员表示，这里最重要的一种技术，是测量液体流速的声学检测技术，置信度达到 83％。研究人员在一种叫作 Maxx3 的遥感操作车上，安装了两种声学仪，一种是声学多普勒流速剖面仪，可测量多普勒声波频率的变化；另一种是多波速声呐成像仪，能在油气交叉部分形成黑白图像，从而分辨海水中涌出来的是油还是气。

凯米利介绍说，用声学多普勒流速剖面仪瞄准喷出来的油气，根据来自喷射的回声频率变化，就能知道它们的喷射速度。这些声学技术就像 X 光，能看到流体内部并检测流动的速度，在很短时间内收集大量数据。这一方法，可直接检测油井泄漏源头，能在石油分散之前，掌握整个原油流量，几分钟内就获得了8.5万多个测量结果。

凯米利还在漏油地点通过卫星连接，和研究小组其他成员共同分析数据，用计算机模型模拟石油喷出的涡流，估算出石油从管道中流出的速度。利用收集的2500多份原油喷射流出的声呐图像，计算出漏油喷发覆盖的区域面积，用平均面积乘以平均流速计算出泄漏的油气量。

此外，他们还用伍兹霍尔海洋研究所开发的等压气密取样仪采集井内原油样本，计算井内油气比例，结果显示油井喷流中包含了77%的油、22%的天然气和不到1%的其他气体。这些数据让研究人员对流出的原油有一个预估，然后计算出精确流量。

雷迪表示，这些新技术设备，有望用于将来的深海地平线钻井平台，帮助监控油井设施中可能发生的问题。

2. 研制清除海洋石油污染的新材料

用碳纳米管合成可清除海洋漏油的纳米亲油物质。[30] 2012年4月，由美国莱斯大学材料学研究生丹尼尔·哈西姆主持，宾夕法尼亚州立大学研究人员参与的一个研究小组，在《自然》杂志网络版上发表研究成果称，他们发现，生产碳纳米管时，在碳中添加少量的硼，能够获得固态、海绵状且可重复使用的亲油块状物质，它具有极强的吸油能力，有望用于海上水面漏油的清理。

这是研究人员首次把硼添加在纳米管中，形成共价键结构，且具有极强特性的纳米海绵状物质。该研究小组在研究过程中，与美国其他大学，以及西班牙、比利时和日本的科学家开展了合作。

哈西姆表示，他们开发出的物质，同时具有厌水性和亲油性。这种纳米海绵状物质的密度极低，内部99%为空气，这表明它具有极大的吸油空间。同时，它还具有导电性，人们可用磁铁对其进行操纵。

哈西姆在演示纳米海绵状物质特性时，把它放入盛有水的盘子中，水上漂浮着废机油。很快，机油便侵入纳米海绵状物。把它取出并用火柴点燃，机油燃烧完后，纳米海绵状物质恢复原样，可再次用于吸油。哈西姆介绍说，新吸油物质能够重复使用，同时十分耐用，对样品完成的实验显示，在经过1万次压缩后，它仍具有伸缩性。

研究人员表示，多层碳纳米管通过化学气相沉积法在基底上生长，通常彼此不会相连。但是，添加进的硼作为掺杂物质导致纳米管在原子水平相连，让其形成了复杂的网状结构。过去，人们曾研发出具有吸油潜力的纳米海绵状物质，但是纳米管之间以共价键相连构成纳米吸油物质，还是首次被发现。

研究人员对新吸油物质在海洋环境保护方面的应用寄予厚望，他们将开发生产大型片状吸油物质的方法，以便把它用于海上漏油的收集。

3. 开发清除海洋石油污染的新技术

发明用氧化铁纳米粒子清除海洋漏油的新技术。[31] 2016 年 6 月，由澳大利亚伍伦贡大学纳米专家易渡领导的一个研究小组，在《美国化学会·纳米》杂志上发表研究成果称，他们研究发现，在氧化铁纳米粒子的帮助下，磁体可用于把泄漏的石油从水中清除出去。研究人员说，这是一个颇具吸引力的新技术。

石油的黏性，决定了它一旦从油轮和海洋钻机中泄漏，就很难从海洋植物和动物身上移除。因此，找到一种快速移除泄漏石油的方法，对于保护海洋环境至关重要。如今，该研究小组利用把油滴紧密结合在一起的氧化铁纳米颗粒，发现了实现这一目标的方法。

易渡设想，在海洋中的溢油上喷洒这些纳米颗粒，它们能同时黏住漂浮在表面的较轻石油和沉下去的较重石油。他介绍说："随后，装有小型磁体的船只在漏油处移动，所有石油将被吸向磁体并被收集起来。"

他同时表示，这些纳米颗粒没有毒性，并且任何多余的纳米颗粒都能被磁体吸住并重新利用。"氧化铁纳米粒子已被普遍用于医学成像，因此我们知道它们是安全的。"来自美国北卡罗来纳州立大学的奥林·威利夫认为："该想法很有前景，但在治理实际的海洋石油泄漏中有多大实用价值，仍不确定。一个关键问题，是确保油滴能被高效且完整地收集起来。"

四、防治海洋其他污染研究的新成果

（一）研究海洋汞污染防治的新信息

1. 探索海洋汞污染带来危害的新进展

揭示海洋汞污染物对中华鲎幼体的毒性机制。[32] 2023 年 12 月，中国水产科学研究院南海水产研究所中华鲟保护研究团队，在《环境毒理学和药理学》杂志上发表研究成果称，他们在环境重金属汞污染物对中华鲟幼体的毒性机制研究中取得新进展，为开展濒危物种中华鲟的海洋环境风险评估提供了科学依据。

汞是一种以多种形式、广泛而持久地污染水体的重金属，具有高毒性、非生物降解性和生物富集性，被联合国环境规划署列为对全球范围产生影响的化学物质，已成为全球广泛关注的环境污染物之一。

该研究团队应用转录组学和代谢组学相结合的技术，研究揭示了汞暴露对中华鲟幼体的环境毒理和药理学作用机制。结果发现，汞暴露引起幼鲟体内细胞毒性，机体通过上调多泛素 A 和组织蛋白酶 B 基因表达以促进蛋白质降解。

此外，汞暴露引起幼鲟心血管系统毒性，相关标志物发生显著变化，包括心房钠尿肽、血管紧张素转换酶和神经肽受体。汞暴露触发脂质代谢紊乱，导致炎性脂质溶血磷脂酰胆碱、白三烯 D4 和前列腺素 E2 异常增加。细胞色素通路的重要基因被激活，产生抗炎物质重建体内稳态，为评估汞毒性提供了敏感的指标。汞暴露引起精氨酸生成受阻，可能通过破坏 mTOR 信号通路而影响幼鲟生长发育。代谢物 S-腺苷甲硫氨酸和精胺增加，提示胞内甲基供体失衡，可能与汞的甲基化有关。

这项研究结果，进一步深入揭示了汞影响鲟幼体代谢稳态的毒理和药理学作用机制，未来在中华鲟的具体保护措施方面，不应忽视海洋环境污染。

2. 揭示导致海洋汞含量增加的主要来源

（1）研究表明人类活动导致海洋汞含量大幅提升。[33] 2014 年 8 月，由美国马萨诸塞州伍兹霍尔海洋研究所科学家卡尔·兰博格主持的一个研究团队，在《自然》杂志上发表的一篇地球科学论文显示，受人类活动影响，部分地区海洋中汞水平已经上升到原先的 3 倍多，且大约有 2/3 的汞都位于 1000 米或者更浅的海域。

这项新研究基于观测，对人类活动给全球海洋带来的汞含量进行了预测，有助于了解无机汞转换为有毒甲基汞这一人类目前还知之甚少的过程，进而揭开汞甲基化的神秘面纱。

汞是一种有害的痕量金属，会在水生生物中累积。不过，从陆地或者空气进入海洋的水银，尽管大多数是以汞元素的形式存在，对于海洋生命的威胁却很小，因为海洋生命能够轻而易举地摆脱这些汞元素。但当采矿和燃烧矿物燃料等活动向环境的排放量越来越多时，尤其是汞转化为甲基汞后，甲基汞在海洋环境中的寿命更长，在生物圈的食物链中不断地传递和积累，对海洋生物和人类健康就会造成威胁。

不过，关于汞是怎样被转化为甲基汞的，其过程目前被推断为可能是一种生化过程，也就是汞与生物相互作用的结果。除此之外，人类关于这方面的认知仍然是零。

兰博格研究团队在最近数次考察大西洋、太平洋、南大洋时，进行了汞含量测量。他们的研究结果发现，人类活动对于全球汞循环的干扰，让跃层水中汞含量增加了150%，也让表层水中的汞含量变成了原先的3倍还不止。而大约有2/3的汞，都位于1000米或者更浅的海域。

此前曾有报告显示，全球海产品中的汞污染物含量及其中的甲基汞，对人体健康的危害被低估。而在几年前，还被认为是安全线内的汞污染物含量标准，如今已不再安全。研究人员表示，对人类活动导致进入海洋的汞含量进行预测，是项不确定而且主要基于模型的研究。但这些信息可以加深我们对于无机汞转换为有毒的甲基汞，从而渗入海洋食物链中这一过程和程度的了解。

（2）揭示北冰洋海水中汞含量增加的主要来源。[34] 2017年7月11日，有关媒体报道，北冰洋海水中出现了大规模汞污染，但是人们却不能肯定污染的来源。由美国马萨诸塞大学科学家丹尼尔·奥布里斯特领导的研究团队，当天在《自然》杂志上发表的一项环境研究称，科学家最新收集了实地测量数据，包括汞沉积和稳定同位素数据，终于确定了气态元素汞系该生态系统内汞的主要来源。

汞这种特殊的金属在常温下即可蒸发，也是唯一的一种以气态单质形态存在于大气中，并参与全球循环的重金属元素。2012年，美国国家航空航天局曾在阿拉斯加州附近海域发现海面冰层破裂，并检测得知海水中的汞元素含量增加。联合国环境规划署发布的《2013年全球汞评估报告》中也称，北极的汞含量目前正在急剧上升。

一直以来，科学家们知道是人为活动导致了大规模汞污染，但具体是怎样的机制造成人迹罕至之地出现这种污染，却无法最终肯定。有研究认为，海盐诱导的汞化学循环和降水作用造成的汞湿沉积，是北极氧化形态汞的主要来源，但是它们的相对重要性一直被质疑。

此次，该研究团队收集了北极冻原两年时间里的实地测量数据，以确定该生态系统内汞的主要来源。研究人员发现，可以在大气中长距离移动并在全球范围分布的气态元素汞，正是北极冻原生态系统内汞的主要形式，占总量的71%。汞沉积全年都会发生，但是在夏季因为植被吸收原因而有所增加。

在论文随附的新闻与观点文章中，加拿大阿尔伯塔大学科学家威廉姆·肖迪克认为，美国研究团队的这项发现表明，北极冻原是大气汞的一个重要存储地，冻原土壤汞含量高，或许也能解释为什么每年北极河流会将大量的汞输运至北冰洋。

（3）发现北冰洋边缘冰区是大气汞的重要来源。[35] 2023年8月，中国科学技术大学环境科学与工程系谢周清教授、乐凡阁博士与国内外学者联合组成的研究团队，在《自然·通讯》杂志上发表研究成果称，他们通过国际北极气候研究多学科漂流观测计划，开展汞的生物地球化学循环研究，发现边缘冰区是大气汞的重要来源，提出夏季北极大气汞峰值现象的产生机制。

汞是一种剧毒液态金属，可以随大气环流进行长距离传输。由大气传输及沉降等途径进入水体的汞经微生物甲基化后，会进入水生食物链，通过富集、放大作用危害水体生态环境，使得汞污染防治不仅成为环境领域的研究热点，也是全球环境治理的重大需求。此前国外研究发现，北极地区大气气态单质汞，具有春季浓度亏损、夏季浓度呈现峰值的独特季节变化现象，其夏季平均浓度水平超过北半球背景浓度。但驱动夏季大气气态单质汞浓度峰值的汞来源及机制目前仍然存在争议。

研究团队在国际北极气候研究多学科漂流观测计划期间，对北冰洋海域开展了为期一年的大气汞在线观测，并构建广义相加模型对夏季的观测数据做出重点分析。结果表明，超过63%的大气气态单质汞变化可以用模型解释。其中，人为及陆源排放的贡献不超过2%。海洋排放的贡献超过

52%，是影响北冰洋夏季大气气态单质汞变化的主导因素。潜在源区贡献分析发现夏季汞的海洋排放主要发生在边缘冰区。根据估算，该区域汞排放通量达到每天每平方米 56 纳克，是开阔水域的 2 倍多。

研究人员进一步预测了，未来边缘冰区汞排放在北极快速变化背景下的变化情景：更多的多年海冰将会被更富含卤素的一年海冰所取代，继而促进活性卤素的生成及更多大气汞的氧化沉降，增加边缘冰区的汞输入；海冰进一步消融促进该区域海表光照以及初级生产力的提升，继而提高还原二价汞能力，释放更多的大气汞。

这项研究揭示了北冰洋海冰变化对汞循环过程的影响，为模式模拟提供新的约束条件，为正确评估极地生物和人群的汞暴露风险提供科学依据。

3. 研究清除海洋汞污染的新方法

培育出可清除海洋汞污染的细菌。[36] 2011 年 8 月，美国波多黎各泛美大学学者奥斯卡·鲁伊斯领导的一个研究小组，在英国《BMC 生物科技》杂志上报告说，他们培育出一种转基因细菌，不仅可在含高浓度汞的环境中存活，还能清除汞，有助于减少海洋汞污染。

研究人员说，他们用转基因手段对一些细菌进行改造，使其含有能生成金属硫化物和多磷酸盐激酶的基因。实验显示，这种细菌能抵抗高浓度汞，即使汞浓度达到致死普通细菌的 24 倍，它仍能存活。

此外，这种细菌还能吸收环境中的汞，将其转移到自己内部。实验显示，在高浓度汞溶液中，它可以在 5 天内从溶液中清除 80% 的汞。

鲁伊斯说，这些转基因细菌，不仅可用于清除海洋环境中的汞污染，而且在细菌内部逐渐聚集大量汞之后，还可以设法回收这些汞，供工业生产循环使用。

（二）研究海洋核污染防治的新信息

1. 调研海洋核污染现象的新发现

（1）发现万米水深动物体内存在人为核爆信号。[37] 2019 年 5 月 7 日，由中国科学院广州地球化学研究所、中国科学院海洋研究所、中国科学院深海科学与工程研究所及上海海洋大学等多家单位联合组成的一个研究团队，在《地球物理研究通讯》杂志网络版发表论文称，他们利用碳-14 同位素来示踪钩虾物质来源，首次在 11000 米水深的钩虾体内发现核爆碳-14信号。

该研究团队对来自西太平洋 3 个不同深度海沟的钩虾有机组分，进行碳-14 示踪研究，发现包括世界最深处马里亚纳海沟的钩虾在内，体内都具有显著的核爆碳-14 信号，这表明钩虾几乎完全依赖于表层物质的供给。由于海沟区表层生产力普遍低下，且随着深度增加，最终能够到达底部的物质十分有限，按常理难以支撑底部的生物量。钩虾完全依赖表层物质来源，表明其新陈代谢率极低，物质消耗速率慢，且自身物质可能被生物循环再利用。

除了示踪外，碳-14 也是一个好的定年手段。研究人员对照表层海水核爆碳-14 曲线，发现钩虾样品中最大的体长 9 厘米，生长时间在 10 年以上。一般来说，生物的肌肉组织不是最理想的定年材料，但海沟钩虾肌肉组织的碳-14 含量与其体长有很强的相关性，表明钩虾肌肉组织的更新周期较长，所以可以指示生物的生长时间。通常浅海钩虾最大体长 1～2 厘米，寿命为 1～2 年，而已知的海沟钩虾体长可达 34 厘米，其年龄将比浅海钩虾高一个数量级。

据介绍，该研究是对世界最深海洋宏生物中碳-14 含量的首次报道，解释了海洋的最深处并非预期的那样"遥不可及"，各种人为污染物，如放射性物质、持久有机污染物和微塑料等，可以快速侵入海洋最深处，影响海沟的生态安全。

（2）发现福岛核事故放射性物质已扩散入北冰洋。[38] 2020 年 12 月 14日，日本共同社报道，日本海洋研究开发机构主任研究员熊本雄一郎领导的研究小组，最新研究发现，2011 年福岛核事故泄漏的放射性物质已经扩散进入北冰洋。

熊本雄一郎说，2011 年福岛核事故泄漏的放射性物质铯 134，在事故发生约 8 年后扩散到了北冰洋。这是首次在北冰洋检测出福岛核事故放射性物质。虽然检测到的水平只是微量，但他推测放射性物质正向北冰洋中心区域扩散。他还推测，放射性物质铯 137 同样扩散到了北冰洋。

2020 年 11 月上旬，日本筑波大学客座教授青山道夫发布了一份类似研究成果。他发现，2011 年福岛核事故中泄漏的放射性物质铯 137 抵达美国西海岸后，部分北上，并随洋流回到日本东北部沿海。他说，2017 年在太平洋最北部的白令海和北冰洋边缘海楚科奇海都检测出福岛核事故泄漏的铯 137。

2. 探索海洋核污染监测方式的新进展

（1）研制出海洋水体放射性核素快速监测仪。[39] 2016 年 4 月 21 日，新华社报道，国家海洋局第一海洋研究所研究人员研发的水体放射性快速监测仪，日前在首个航次中应用成功，将成为日本福岛核电站事故对黄海影响等水体放射性核素监测的重要设备。

该水体放射性快速监测仪近日搭乘"中国海警 1115"船，参与了国家海洋局北海环境监测中心承担的 2016 黄海海域放射性监测春季航次任务，执行了 10 天走航监测，顺利完成了对黄海海域表层海水放射性铯的监测。

国家海洋局第一海洋研究所副研究员石红旗介绍，新研发的水体放射性快速监测仪在这个航次中运行连续稳定可靠，全航次获得了 22 个样芯，每个样芯都富集了 800 升海水中的放射性铯元素。样芯经高纯锗伽马谱仪直接测量，即可获得海水中放射性铯比活度，再结合位置信息，就可以描述黄海调查区域放射性铯分布状况，反映日本福岛核电站事故对黄海海域的影响状况。

专家表示，随着我国沿海核电站发展，以及可能的跨国界放射性污染，水体放射性快速监测仪将成为海洋调查工作的必备装备。

水体放射性快速监测仪实现了流速监控调节、酸度自动控制、压力监测调控、漏水停机保护、运行数据记录、停机记录、运行状态显示和故障提示等，操作维护方便，一人即可完成整个航次的监测任务，极大地提高了工作效率，降低了劳动强度。

石红旗说，监测仪安装在调查船实验室内，水泵将海水抽上来，样芯富集放射性核素后即将海水排回大海。此前，从海水中富集放射性核素非常困难，因为海水中放射性核素水平极低，需要用塑料桶采集大量海水样品，否则根本富集不到放射性核素。这些海水样品的采集、储存和搬运都需要人力，后续分析工作也只能在调查结束后，将海水样品运回陆上实验室进行。

（2）发现海龟壳可用来监测核活动产生的污染。[40] 2023 年 8 月 22 日，美国太平洋西北国家实验室赛勒·康拉德领导的一个研究小组，在美国《国家科学院学报》上发表论文称，他们研究发现，当暴露于核武器试验的沉降物或废物释放时，爬行动物会在它们的壳鳞片中积累放射性铀同位素。这一发现，可能有助于长期监测放射性核素，也就是自然界中元素的放射性变化。

核活动产生的放射性核素已经广泛传播，并在生态系统中停留了很长时间。据估计，仅在美国，就有多达 8000 万立方米的土壤和 47 亿立方米的水，受到过核活动的污染。

康拉德认为，对生物体中放射性核素的积累进行测试是一项挑战。比如，树木的年轮是顺序产生的，可以携带放射性核素。但这些元素可以在年轮之间的木材中扩散，因此能产生不可靠的时间记录。

生长在海龟和陆龟壳上的坚硬鳞片，可能是一个更有希望的选择。它们也是分层生长的，但一旦指甲状的鳞状物质沉积下来并与其他身体组织分离，就会被有效地标记为时间。

研究人员从 4 个博物馆的标本龟中取样，每只龟来自不同的物种，在不同的地点曾暴露于核材料。它们包括马绍尔群岛的一只绿海龟和内华达州的一只莫哈韦沙漠龟。这两个地点都在 20 世纪中期进行了核武器试验。另外两只海龟，来自核废料污染周边地区的燃料处理场。研究人员还观察了一只来自与核活动无关地区的沙漠龟。

对微小鳞片的化学分析表明，这 4 只来自历史核遗址龟的壳中，含有少量但含量较高的铀放射性核素。1955—1962 年，生活在美国橡树岭国家实验室附近的一只东部箱龟，在其鳞片生长环上记录了铀的特征，这与现场空气废物释放的时间相吻合。研究人员认为，这些零散的铀编年史，可用来重建生态系统的核污染历史。

（三）研究海洋有机物污染防治的新信息

——发现地球上最深海沟存在持久性有机污染物[41]

2017 年 2 月 12 日，由英国阿伯丁大学科学家艾伦·贾米森及其同事组成的一个研究团队，在《自然·生态与演化》杂志网络版发表论文称，他们在地球上迄今最深的海沟中，发现了极为严重的有机物污染现象。

地球目前最深海沟之一是马里亚纳海沟，其地处北太平洋西部海床，据估计已形成6000万年，海沟最深处在斐查兹海渊，为11095米，也是整个地球的最深点；而另一条深海沟，即克马德克海沟位于南太平洋，最深处为10047米。这类深海区域，尤其是人类无法涉足的海沟深处，一直被认为是无污染的地方。

然而，这一次，该研究团队发现，生活在海平面以下10000米的端足目甲壳动物，所含的污染物水平，与骏河湾十分接近。而骏河湾，正是西北太平洋污染最严重的工业区之一。

研究人员使用了能深入马里亚纳海沟和克马德克海沟的深海探测器，以取回生活在海沟最深处的生物样本。结果表明，在这些端足类动物的脂肪组织中，发现了极高水平的持久性有机污染物，包括常用作电介液的多氯联苯，以及常用作阻燃剂的多溴二苯醚。

研究团队经过分析认为，这些污染物很有可能是通过受污染并掉落海底的塑料碎片进入海沟的，然后被端足目动物所食。研究人员指出，在远离工业区、彼此间隔近7000千米，且超过10千米深的海沟中，发现了如此之高的有机物污染水平，表明人类活动产生的污染已能到达地球的最偏远角落。

第二节　海洋生态环境保护研究的新进展

一、研究海洋生态与生物多样性

（一）探查分析海洋的生态状况

1. 开展海洋微生物生态状况的调研

探查南极浮游病毒的生态分布趋势。[42] 2015年4月4日，新华网报道，中国科考队员在本次南极科考中，采集了近200份南极浮游病毒样本，用于研究隐藏在它们背后的海洋生态环境变化机制。

科考队员此行在南极普利兹湾的66个站位采集了不同水层的病毒样本，试图从水平和垂直两个维度探查南极浮游病毒的生态分布趋势，其中最深处的样本来自海面下2000米。

本次科考项目现场执行人汪岷教授指出，与公众的一般印象不同，一毫升海水中的浮游病毒数量达 10^6，是海洋生物中看不见的大多数。

汪岷介绍说，浮游病毒研究是当今海洋学领域的前沿课题，学术界对其在生态系统中的作用越来越重视。首先，浮游病毒是食物链上的分解者，维持着海洋生物系统的能量物质平衡；其次，浮游病毒是海洋环境变化的"风向标"，从其群落分布能够推断某海域的生态状况。但是，病毒是一类比较原始的非细胞生物，缺乏明显的基因标识，鉴定方法非常复杂。

汪岷表示，国际上海洋浮游病毒研究尚处在起步阶段，特别是在南极浮游病毒研究方面，由于已知病毒基因库资料较少，病毒的鉴定工作更加困难。她告诉记者，近年来学术界对全球变暖、南极海洋酸化等问题多有研究及争议，通过研究南极浮游病毒的群落特点，可以直观看到环境变化对南极的影响程度到底有多大。

汪岷说："人类对自己家园的了解还非常有限，我们在南极的调查只是一个开始。"除了继续检测南极浮游病毒外，她的研究团队还计划前往大西洋、印度洋等地采集浮游病毒样本，以建立一个全球浮游病毒数据库，帮助了解全球环境变化规律。

2. 开展海洋植物生态状况的调研

查清漂浮浒苔沉降状况及造成的生态影响。[43] 2022 年 2 月，中国科学院海洋所于仁成研究员领导的有害藻华与海洋生态安全研究团队，在《环境科学与技术》杂志上发表论文称，他们展开了南黄海海域绿潮后期漂浮绿藻浒苔沉降区的调查，并揭示了沉降区生态环境在绿潮发生前后发生的独特变化。

2007 年，南黄海海域首次出现浒苔形成的绿潮，至今绿潮已连续 15 年暴发。每年绿潮发生过程中，都有大量绿藻浒苔在南黄海沿海一线堆积，对沿海地区旅游业和养殖业等社会经济活动构成严重威胁。

据悉，抑食金球藻是一种典型的生态系统破坏性藻华原因种，2009 年以后在黄渤海海域多次形成褐潮，对海域贝类养殖及沿海地区经济动物苗种孵化产业造成巨大破坏。深入探究绿潮与褐潮之间的潜在关联，有助于更加全面地了解黄海绿潮造成的生态环境效应。

研究人员介绍，大规模绿潮暴发后期，会有大量漂浮浒苔在南海、黄海海域沉降、腐烂、分解。围绕黄海绿潮对海域生态环境的影响，他们以石莼属绿藻中的主要成分 28-异褐藻甾醇为标志物，基于多年对表层沉积物的现场调查数据，发现绿潮后期大量漂浮浒苔主要沉降在山东半岛东南部海域。

在此基础上，研究团队分析了绿潮发生前后沉降区浮游植物群落的变化，发现大规模绿潮消退后，沉降区浮游植物中抑食金球藻丰度及优势度均有明显增加。综合相关调查结果，推测浮游植物群落变化受到绿潮发生前后沉降区环境变化和黄海暖流形成的双重影响。

3. 开展海洋动物生态状况的调研

（1）确认全球珊瑚礁鱼类生态分布状况。[44] 2016 年 6 月 16 日，澳大利亚詹姆斯库克大学生态学家约书亚·辛那领导的研究团队，在《自然》杂志发表的论文，确认了世界范围内珊瑚礁鱼类的生态分布状况，以及鱼类生物量显著高于或者低于预期值的珊瑚礁。其研究结果，可能有助于解决全球珊瑚礁退化问题。

珊瑚礁可为许多动植物提供生活区域，同时很大程度地影响着周围环境的物理和生态条件。此次，该研究团队，利用从全球 2512 个珊瑚礁中收集的数据，开发出量化模型，用来研究珊瑚礁鱼类生态分布，以及生物量、环境变量与社会经济因素的关系。这种环境变量，包括海水深度、栖息地和生产力；社会经济因素，包括各类市场的富裕程度、管理方式和人口数量。在这个模型中，与珊瑚礁鱼类生物量关系最大的，是"与城市中心的互动"这一指标。

（2）开展对南极磷虾种群主要栖息地的广泛调查。[45] 2019 年 1 月 25 日，《中国科学报》报道，虽然磷虾是一种比香烟还小的甲壳类动物，但它在南极附近的海洋生态系统中扮演了非常重要的角色：企鹅、鲸和其他捕食者以这种虾类动物为食。如今，挪威卑尔根海洋研究所海洋生物学家比约恩·克拉夫特主持的一个研究团队，对磷虾在南极洲附近斯科舍海的主要栖息地进行了广泛的国际调查。这是近 20 年来的首次相关调查，旨在了解不断发展的捕鱼业，是否为磷虾的天然捕食者留下了足够的食物。

近日，这个项目的研究正式开始了。此时，挪威新的极地研究船"克朗普林斯·哈肯"号，正从智利彭塔阿雷纳斯驶向斯科舍海。它和另外 5 艘船只，将用近两个月时间，绘制一个面积和墨西哥相仿的区域内的磷虾丰度。除了评估数量，该项目还将测试，针对改善渔业监管的花费更低、更加频繁的调查所采用的工具。克拉夫特表示："有了更加动态的管理系统，我们能更加确定捕鱼业，并未对磷虾数量或者捕食者造成负面影响。"

此次调查期间，研究船将追溯此前的横断面，用回声探测器测量磷虾群，并用采样拖网加以确认。一些船只还将测量海洋变量，比如温度、洋流和浮游生物，以便确定它们能否被用于预测磷虾丰度。

挪威卑尔根海洋研究所研究人员，还将测试能持续且更加廉价地收集磷虾数据的远程设备。"哈肯"极地研究船将利用传感器，以及波浪滑翔机和由帆板推进的浮标，以便将获得的结果同拖网和回声探测器数据进行比较。德国阿尔弗雷德·韦格纳研究所磷虾生态生理学家贝蒂娜·迈耶表示："这是此次调查最有益的部分之一。"

与此同时，来自挪威卑尔根海洋研究所和挪威极地研究所的陆上研究团队，将追踪在兰斯菲尔德海峡以磷虾为食的海豹、鲸和企鹅。兰斯菲尔德海峡是南极半岛的重要聚食场。澳大利亚南极署海洋生态学家川口创博士表示："把这些动物的进食行为，与调查结果相匹配，将有助于更好地了解磷虾捕捞和捕食者之间的相互作用。"

考虑到磷虾种群的空间和时间变化，调查本身将不会揭示斯科舍海的整个磷虾种群，自 2000 年调查以来可能发生何种改变。寻找是什么驱动了种群变化，将需要针对诸如磷虾的季节性移动，以及气候变化的影响等因素开展更多的研究。保护幼小磷虾不被捕食者吃掉的海冰的丧失，可能会使磷虾种群丰度降低，同时，不断升高的海水温度以及海洋酸化，也可能造成潜在威胁。

4. 开展深海生态环境的调查

在新不列颠海沟海域开展深海生态环境调查。[46] 2016 年 8 月 14 日，新华社报道，受巴布亚新几内亚当地矿业公司委托，"张謇"号科考船上的"彩虹鱼"项目团队和澳大利亚 IHA 公司工程技术人员，13 日起在所罗门海的新不列颠海沟西部海域联合展开海洋生态环境调查。

据澳大利亚 IHA 公司项目总监伊恩·哈格里夫斯介绍，此次联合调查海域毗邻巴布亚新几内亚第二大城市莱城，调查海域总面积约 900 平方千米，目的是保证当地矿业开发项目的可持续发展并研究矿业开发对海洋生态环境的影响。

此次海洋环境调查将利用"张謇"号科考船上配置的全海深多波束测深系统、浅地层剖面仪、多普勒流速剖面仪等先进的深海科考设备，对新不列颠海沟西部海域的地形地貌、海洋化学、生态环境等方面深入研究，同时与历史调查数据比对研究，为矿业开发项目的深海生态环境影响评估提供第一手资料。

"彩虹鱼"项目团队首席科学家、上海海洋大学深渊科学与技术研究中心副主任方家松教授表示，新不列颠海沟处在众多复杂板块的交界地带，不仅夹在向西和西北方向移动的太平洋板块、向北和东北方向移动的澳大利亚板块的中间，同时还受到北俾斯麦板块、南俾斯麦板块、所罗门海板块等众多小板块的影响。因此，与其他海沟相比，新不列颠海沟地质构造更为复杂，海洋生态更为脆弱，在此开展人类活动对深海生态环境影响的调查非常有必要。

（二）研究分析海洋生物的多样性

1. 探索海洋病毒多样性

首次展开全球海洋病毒生态多样性调查。[47] 2019 年 4 月 25 日，由美国俄亥俄州立大学微生物学家马修·沙利文主持，研究生艾哈迈德·扎耶德作为主要成员的一个国际研究小组，在《细胞》杂志上发表论文称，他们近日完成了有史以来第一次全球海洋病毒生态多样性调查，鉴别了近 20 万种海洋病毒物种，这一数量远远超过此前得出的结果，并从培养的病毒中获得约 2000 个基因组。

研究人员表示，每一勺海水都充满了数以百万计的病毒。蔚蓝大海不只是鲸、海龟、水母，甚至细菌等生物的家园，这里还生活着无数的病毒。虽然大多数海洋病毒对人类无害，但它们可以感染各种海洋生物，如鲸、甲壳类动物和细菌。

研究人员还在北冰洋发现了意想不到的病毒多样性。这项研究结果为科学家了解病毒如何影响海洋生态系统提供了基础，包括病毒对生物体相互作用方式的影响，以及海洋对气候变化的反应。

沙利文说："这是一篇'基础资源'类型的论文，其他研究人员可以在此基础上进行探索发现，并能立即将语境融入全局数据集中。"扎耶德也表示，绘制病毒生物多样性地图，将对海洋正在发生的事情提供更准确的描述，并使研究人员能够更好地预测它的未来。

2. 探索海洋浮游生物多样性

揭示海洋浮游生物多样性的全球趋势。[48] 2019 年 11 月 14 日，由法国巴黎文理研究大学等科研机构有关专家组成的一个研究小组，在《细胞》杂志上发表文章，揭示海洋浮游生物生态多样性的全球趋势。

海洋是支撑海洋生态系统的无数小型浮游生物的家园。但是，它们的多样性空间分布和潜在驱动因素仍鲜为人知，无法预测其对全球变化的反应。

在这项研究中，研究人员使用分子和成像数据，研究了来自塔拉海洋的古细菌、细菌、真核生物和主要病毒进化枝之间，浮游生物生态多样性的纬度梯度和全球预测因子。他们发现，随着两极海洋温度下降，大多数浮游生物多样性减少。对未来的预测表明，到 21 世纪末，表层海洋严重变暖，可能导致温带和极地地区大多数浮游生物的多样性热带化。

研究人员发现，这些变化可能会对海洋生态系统的功能和服务产生多重影响，并且预计在碳封存、渔业和海洋保护等关键领域中尤为重要。

3. 探索海洋鲳属鱼类多样性

揭示世界海洋鲳属鱼类物种多样性及其地理分布。[49] 2022 年 12 月，中国科学院海洋研究所鱼类分类与系统发育研究团队，以刘静研究员和徐奎栋研究员为通讯作者，以博士生韦杰鸿为第一作者，在《海洋科学前沿》杂志上发表论文称，他们基于分子系统学和物种界定方法，综合分析了全球鲳属线粒体序列和分布数据，首次揭示世界鲳属鱼类物种多样性和地理分布格局，这是鲳属鱼类分类及地理分布格局研究方面获得的新进展。

鲳属鱼类广泛分布于印度—西太平洋热带和温带海域，是世界及中国重要海洋渔业资源和经济鱼类，中国是鲳属渔业资源捕捞和利用大国，其年捕捞量和外贸进出口总量分别约占全球总数的 75% 和 80%。然而，由于鲳属物种间外部形态极其相似，物种区分缺乏重要形态鉴别特征，个别物种模式标本丢失，导致依据传统形态学方法建立的鲳属物种分类、地理分布以及系统演化关系长期存在较大争议。因此，揭示鲳属物种多样性组成及地理分布格局形成与演化历程，对未来世界及我国鲳科鲳属渔业资源的合理开发和可持续利用，具有重要研究价值。

多年来，该研究团队致力于鲳科鲳属鱼类分类与系统演化研究，先后发表了鲳属鱼类 2 个新种：珍鲳和刘氏鲳；重新指定了银鲳和灰鲳的新模标本，并提出印度—西太平洋鲳属可能具有更高的物种多样性的观点。

在前期研究基础上，基于分子系统学和物种界定方法，整合全球 1497 条鲳属线粒体序列，建立全球鲳属线粒体序列数据集，对印度—西太平洋海域鲳属物种分类和地理分布进行系统分析，首次揭示了世界鲳属鱼类物种多样性和地理分布格局，厘清世界鲳属 7 个有效物种，即银鲳、中国鲳、灰鲳、刘氏鲳、珍鲳、翎鲳和素鲳。研究结果表明，过去文献中报道的镰鲳应为银鲳的同物异名。

研究结果还显示，鲳属物种多样性中心在印度—西太平洋中部，包括巽他陆架及南海周边海域，除素鲳仅局限分布于印度洋沿海外，其余 6 种均在该区域交叉分布。分化时间和生物地理重建结果表明，鲳属鱼类起源于晚中新世的印度—西太平洋中部，与印太交汇区生物多样性中心形成时间相近，推测鲳属起源可能与印太交汇区生物多样性中心形成有关。

4. 构建海洋生物多样性图谱

加快绘制特殊海域的海洋生物多样性图谱。[50] 2022 年 12 月 7 日，中国新闻网报道，联合国《生物多样性公约》缔约方大会第十五次会议第二阶段会议开幕之际，联合国教科文组织表示，正在加快绘制一些特殊海域的海洋物种图谱。

联合国教科文组织当天透露，正在 25 个最独特的海洋保护区记录当地物种，以此为基础构建全球海洋生物多样性图谱。对这些样本的分析，将帮助人们了解生物多样性热点如何因气候变化而转移，以及未来保护工作的重点应该放在哪里。

据介绍，世界各地的海洋保护区在帮助保护重要物种方面发挥着显著作用。但是随着海水温度上升，越来越多的物种被迫逃离其原栖息地，寻找更凉爽的水域。从长远看，现有保护区域可能偏离物种实际生活海域，因此需要开展定期评估。

联合国教科文组织总干事阿祖莱表示，我们需要收集更多证据并更迅速和广泛地分享这些知识。面对气候变化给人类带来的生存危机，这变得空前重要。为了应对这些挑战，教科文组织正在动员与其设立的自然海洋保护区域相关的广泛合作伙伴网络。

目前的监测工作运用了最先进的技术：环境 DNA（eDNA）。环境 DNA 采样只需分析几升水，就可以确定生活在对应地区的各类物种。这一工具不仅具有成本效益，而且能尽早发现变化，不会伤及当地生物。

通过与当地学校合作，教科文组织的策略实现科学和教育的统一。数百名学生正在接受培训。他们将动手采集海洋数据，参与环境 DNA 监测。

采集到样本后，科学家们就会依照教科文组织制定的标准方法在实验室里完成分析。这套方法的制定得到一个高级专家咨询委员会的指导。作为教科文组织对开放科学的承诺的一部分，从该计划中获得的所有结果将通过海洋生物多样性信息系统公开发布。教科文组织已经选定 25 个世界海洋遗产地作为初始试点。

二、研究海洋环境变化带来的生态影响

（一）探索海洋酸化造成的生态影响

1. 研究海洋酸化对鱼类感官功能的影响

（1）发现海洋酸化会破坏鱼类视力。[51] 2014 年 2 月，一个由海洋生物科学家组成的研究小组，在《实验生物学》杂志上发表研究成果称，他们的研究显示：随着越来越多由人类排放的二氧化碳溶解在海洋之中，正在加剧的海水酸化，使得一些鱼类难以用肉眼捕捉到快速移动的物体。

科学家早已发现海洋酸化会损害鱼类的嗅觉和听觉，至于对鱼类视觉的影响，科学家则知之甚少。因此，研究人员把目光投向带刺的小热带鱼多刺棘光鳃鲷，它是一种常见的海洋鱼类，而且由于很容易饲养，所以非常适合实验室研究。

就像人类的眼睛能够接收到电视屏幕的闪烁一样，这种热带鱼类也能用它们的双眼捕捉快速闪烁的光。究竟多高的二氧化碳浓度才能影响它们的视觉呢？研究人员把这种小鱼分别置于不同二氧化碳浓度的水容器中，

并以不同的速率照射灯光。为了鉴别出它们是否捕捉到了每一次的闪烁，该研究小组利用电极测量小热带鱼眼球内的神经细胞活动。如果电极探测到神经细胞的活动与光的闪烁保持同步，则证明它们看到了这些闪烁。

研究结果表明：在二氧化碳浓度上升到 2100 年的预期水平时，若光每秒的闪烁次数高于 79 次，小热带鱼眼部的神经活动将完全停止。这一数据，比它们在当前二氧化碳浓度下的视觉能力下降超过 10%；在现阶段，若每秒闪烁次数不超过 89 次，它们还是能够看见的。

研究小组认为，视觉受损的鱼，更易成为捕食者的盘中餐，海水中过高的二氧化碳浓度将对神经细胞蛋白的各类氨基丁酸造成干扰，而后者对视觉能力和行为能力有重要作用。此外，大量其他具有相同蛋白的物种也一样在劫难逃。

（2）发现海洋酸化会损害鲨鱼感知能力。[52] 2014 年 8 月，一个由生物学家组成的研究小组，在《全球变化生物学》期刊网络版上发表论文称，鲨鱼作为体形巨大，能够远洋航行的捕食者，在很大程度上依赖自己的嗅觉器官在广阔海洋中定位猎物。但是，本项研究发现，一种海洋整体变化可能会损害这种定位能力，而这种变化预计将出现在 21 世纪末。

由于吸收人为活动排放到大气中的二氧化碳，海水正变得越来越酸。之前研究就曾指出，二氧化碳含量较高的酸性水能影响岩礁鱼类嗅到捕食者的能力。而该新研究则考察了海洋酸化，对鲨鱼利用气味追踪定位猎物能力的影响。

该研究小组把鲨鱼暴露在特定水样中 5 天，水样的二氧化碳含量与目前海水的二氧化碳水平相同。之后，把水样的二氧化碳浓度提高到 21 世纪中叶和 21 世纪末海洋中二氧化碳的预测水平。然后，鲨鱼被释放到一个分散着具有诱惑力的"鱿鱼汁"气味的水池中，研究人员监测了鲨鱼的追踪和攻击能力。

结果，研究人员发现，暴露在二氧化碳水平最高的水样中的鲨鱼，出现明显的"回避"行为，而不是受到猎物气味的吸引，并且对食物的攻击的侵略性也更低。捕食行为对鲨鱼生存而言至关重要，因此，海洋酸化可能对已经饱受威胁的鲨鱼种群产生深远影响，而且对海洋生态系统也会产生后续、层叠效应。

研究人员指出，尽管鲨鱼在其进化历史之前就已经适应酸化的海洋环境，但它们无法适应目前发生的快速变化节奏。

2. 研究海洋酸化对刺胞动物生长的影响

发现珊瑚"骨骼"在酸性海水中受影响但仍能生长。[53] 2017 年 6 月 1 日，一个由海洋生物学家组成的研究团队，在《科学》杂志上发表论文称，他们研究发现，珊瑚对其骨骼生长在一定程度上具有主动控制能力，从而保护其免受海洋酸化的最严重破坏。

气候变化对珊瑚来说是个大问题，这种形成群落的动物为约 25% 的海洋生物提供了家园。海洋会吸收大气中的二氧化碳从而导致海洋酸化，这对石珊瑚造成的影响尤其严峻，使得这些动物由碳酸钙构成的骨骼更难被沉淀下来。

该研究团队为了了解珊瑚如何建造它们的"骨骼"，利用超高分辨率显微成像技术，观察了常见的石珊瑚萼形柱珊瑚是怎么构建其轮廓的，结果发现珊瑚能够分泌一种形成碳酸钙的酸性蛋白质模板，从而生成矿物晶体，形成珊瑚"骨骼"的核心。这为有利于生物控制的珊瑚骨骼生长提供了有力证据。

由于这种酸性蛋白质能够比预期在更广泛的范围内发挥作用，因此研究人员表示，海洋即便在酸化，珊瑚也能够继续形成珊瑚礁。

但这并不意味着珊瑚礁会不受阻碍地生长。首先，它们仍然需要构成其生物家园的碳酸钙构建模块，而这在酸性较强的海洋中会更少。其次，它们仍处于会导致珊瑚白化和死亡的温暖海水和藻华的巨大威胁之下。

3. 研究海洋酸化对棘皮动物繁殖的影响

发现海洋酸化严重影响海胆繁殖能力。[54] 2018 年 5 月，由澳大利亚南十字星大学海洋生物学家西蒙·多雅恩领导的研究小组，在《英国皇家学会学报 B》上发表文章称，他们开展了一项关于海胆的长期研究，表明海胆的繁殖能力受到海洋酸化的严重影响。

大气中二氧化碳浓度持续上升，使海洋吸收的二氧化碳量不断增加，导致海水 pH 值下降，这个过程被称为海洋酸化。而海水 pH 值降低，改变了海洋的水环境，进而影响到海洋生物的生物功能，如光合作用、呼吸作用、钙化作用等。

研究人员认为，在海洋酸化情况下，海胆、腹足类和双壳软体动物在胚胎发育和幼体生长阶段可能相当脆弱。此次，研究小组明确指出，海洋酸化严重影响了海胆的繁殖能力。研究人员认为，某些海洋生物可能因其独特的生理特征，会对海洋酸化很难适应，造成种群退化甚至灭绝。

4. 研究海洋酸化对贝类动物生存的影响

发现海水酸度上升会危害牡蛎生存。[55] 2019 年 3 月 18 日，埃菲社报道，气候变化最不为人知的后果之一是海水酸度上升，这会对一些物种的未来生存构成威胁，其中就包括牡蛎这种最受欢迎的海鲜之一。

近日，美国加州大学戴维斯分校的地球科学教授米歇尔·希尔，参加了由美国国家新闻基金会在旧金山组织的关于海洋酸度水平上升的研讨会。希尔说："与其他双壳贝类一样，牡蛎也是用碳酸钙作为壳体的原料。海水的酸化会使这一进程变得更困难，导致小牡蛎在形成壳体之前死亡。"

参加研讨会的还有旧金山知名牡蛎养殖企业霍格岛公司的联合创始人兼副总裁特里·索耶。他说："牡蛎的繁殖周期大约是一年半，但最近一段时间以来，我们已遇到收获的牡蛎 100％ 死亡的异常情况。牡蛎生命周期中最脆弱的时期，是生命开始的第一个星期。"

报道称，导致地球上所有海洋酸度上升的原因，是二氧化碳排放量的增加。这种气体排放到大气中的总量约有 30％ 被海洋吸收。这使得海水 pH 值（测量酸碱度的指数）显著下降。

例如，根据美国国家环境保护局公布的数据，西班牙加那利群岛水域的海水 pH 值从 1990 年的 8.10 下降至 2010 年的 8.07。这种情况在世界各地的海洋中普遍存在。

希尔指出："这种酸度水平对所有有壳类生物，包括牡蛎、贻贝、海胆、帽贝、藤壶等，以及小型甲壳类生物构成了极大的威胁。而这些生物也是体型较大鱼类的主要食物。"

5. 研究海洋酸化对植物生长及其功能的影响

发现海洋酸化会影响束毛藻的生长和固氮功能。[56] 2019 年 6 月，厦门大学史大林教授率领的研究团队，在《自然·通讯》杂志上发表论文称，他们在海洋优势固氮类群束毛藻对海洋酸化响应研究方面取得新进展，这是海洋生态系统储碳过程多尺度调控及其对全球变化响应项目的成果之一。他们的研究表明，海洋酸化通过影响固氮，可能会显著降低海洋碳汇潜能。

该研究团队分析了束毛藻对海洋酸化响应的细胞生理及分子生物学实验数据，并在此基础上建立了一个束毛藻"资源最优化分配"细胞模型。

这个模型，模拟束毛藻胞内铁和能量如何在无机碳吸收、光合作用、固氮作用、生命维持、对抗酸化胁迫、铁储藏等各主要生理过程之间的最优化分配，以最大化其生长速率；并且模拟了海洋酸化对几个主要生理过程的调控，包括二氧化碳浓缩机制耗能的减少、固氮酶效率的下降、抗酸化胁迫耗能的上升，以及铁储藏的减少。

模型结果显示，海洋酸化对束毛藻的影响，主要在于固氮酶效率的下降和抗酸化胁迫能耗上升，两者均会对束毛藻的生长和固氮产生负效应，而其中起主导作用的为固氮酶效率的下降。研究进一步将细胞模型拓展到全球海洋，以地球系统模型模拟的 RCP 8.5 场景下 21 世纪海洋 pH、二氧化碳浓度和溶解铁为输入变量，估算得到全球海洋束毛藻的固氮潜力将在21 世纪内平均下降27％，其中尤以铁匮乏的东南和东北太平洋的下降比例最大。

（二）探索海洋污染造成的生态影响

1. 研究海洋原油泄漏对金枪鱼器官的影响

发现原油泄漏会伤害金枪鱼心脏。[57] 2014 年 2 月 14 日，由生物学家法边·布雷特及其同事组成的一个研究小组，在《科学》杂志上发表研究成果称，他们研究发现，脊椎动物的心脏，对当今广泛存在于石油中的有毒化合物存在易感性，这是石油外泄产生的有毒化合物，引起鱼类心脏损害的直接原因。

研究人员说，当原油泄漏时，其组分化合物，包括多环芳烃会被释放出来。人们已知多环芳烃对鱼胚胎及发育中的鱼的心脏有害，它会造成鱼心力衰竭及心律失常，但一直不知道其原因。此外，迄今为止的大部分研究，都是在模型鱼类中进行，而不是在那些接触了大规模环境原油泄漏的鱼中进行，更不要说在那些环境附近孵化的鱼中进行研究了。

现在，布雷特研究小组证明，多环芳烃造成的问题是，会延长幼鱼心肌的动作电位。为了进行研究，研究人员对两种金枪鱼进行了评估，这些鱼已知是在 2010 年发生深水地平线石油泄漏时，在墨西哥湾中孵化的。在一个固定该种幼鱼的先进设备中，研究人员对 4 种原油样本对它们的体外心肌细胞的生理效应的特征进行了描述。

研究人员发现，原油可通过两种机制延长分离的心肌细胞的动作电位：一是它会与钾离子通道上的在心肌动作电位复极化中起关键作用的位点结合；二是它会干扰对心脏收缩至关重要的瞬态钙离子释放。总之，这些机制会影响细胞兴奋性的调节，并有可能导致威胁生命的不规则心律。

研究人员表示，他们所描述的生理机制，也可影响其他脊椎动物的心脏，这些结果不仅提出了近日深水地平线原油泄漏对墨西哥湾内金枪鱼的负面影响，还提出所有的脊椎动物都可能在接触了原油或多环芳烃之后面临更广泛的影响心脏的风险。

2. 研究海洋工业垃圾对海蛇皮肤的影响

发现海洋工业垃圾会导致海蛇表皮变色。[58] 2017 年 8 月 10 日，澳大利亚悉尼大学生物学家里克·希恩参与的一个研究团队，在《当代生物学》杂志上发表论文称，他们在调查栖息在印度洋—太平洋海域珊瑚礁中的鳖头海蛇时发现，这些蛇的表皮色彩形状十分与众不同：栖息在珊瑚礁更原始区域的海蛇，身上表皮通常有黑白相间的条纹或斑点。而栖息在受人类工业制造活动影响更严重的区域，即靠近城市或军事区的海蛇，由于受工业垃圾的影响，其表皮是黑色的。

研究人员报告称，这些颜色差异，可能与海蛇在污染物中暴露程度不同有关。城市海蛇的黑色皮肤，能使其在每次蜕皮时更有效地凝固和去除身体上的污染物，例如砷和锌等。该发现也将海蛇列入工业黑化名单。

希恩说："这些动物让我感到惊讶。我认为值得注意的是，工业黑化现象在不同的生物体中是不同的。"

该研究团队负责人、拉克斯—考勒—科尔多纳大学的克莱尔·戈兰，了解到栖息在巴黎的白鸽羽毛颜色较深，是因为与浅色羽毛同伴相比，其羽毛中"存储"了更多的锌，她想到海蛇更黑也可能与工业垃圾污染暴露有关。

为了找到答案，该研究团队与合作者研究了海蛇蜕皮中的微量元素。这些海蛇颜色有深有浅，有栖息在城市工业区附近的，也有远离人类的。结果显示，颜色更深的蛇蜕中包含的微量元素浓度也更高。研究人员还发现，颜色较深的蛇蜕皮更频繁。而面对污染物，这些深色蛇似乎比浅色同伴更有优势。

希恩表示，这些发现是动物快速适应性进化的另一个例证。这也暗示，即便在海洋的珊瑚礁区域，工业污染也对栖息在那里的动物产生了严重影响。

3. 研究海洋塑料污物对珊瑚患病的影响

发现海洋塑料垃圾会导致珊瑚患病风险骤增。[59] 2018 年 1 月，美国康奈尔大学环境专家乔利娅·兰姆领导的一个国际研究团队，在《科学》杂志发表论文称，塑料垃圾对生态系统的危害越来越受到重视。他们近日研究发现，由于容易携带细菌等微生物，海洋中的塑料垃圾会大幅增加珊瑚的患病风险。

该研究团队对印度尼西亚、澳大利亚、缅甸和泰国等地的 159 个珊瑚礁展开研究，检查了约 12.5 万个珊瑚的组织损伤和病灶。结果发现，当珊瑚遇到塑料垃圾时，患病风险会从 4％骤增至 89％。研究人员估计，亚太地区珊瑚礁上的塑料垃圾数量约为 111 亿个，并且这一数字还将会增长。

兰姆说："塑料是微生物的理想寄居场所，这些微生物接触珊瑚后，很容易引发疾病导致珊瑚死亡。"在全球范围内极具破坏性的珊瑚"白色综合征"就与此有关。"白色综合征"是一种在珊瑚之间传播的传染病，染病珊瑚会逐渐变白，死亡率很高。澳大利亚大堡礁、日本冲绳等海域的珊瑚都曾大面积染病。

海洋塑料垃圾的危害，已经引起广泛关注。联合国环境规划署于 2017 年 2 月宣布，发起"清洁海洋"运动，向海洋垃圾"宣战"。该机构指出，过量使用的一次性塑料制品等是海洋垃圾的主要来源。

（三）探索海洋人为干扰造成的生态影响

1. 研究海洋人造光对海底生物的影响

发现北极海底生物会受到船只上人造光的影响。[60] 2020 年 4 月，挪威特罗姆瑟大学和挪威北极圈大学共同组成的研究团队，在《通讯·生物学》杂志上发表论文称，北极海底 200 米处的海洋生物，会受到船只上人造光的干扰。这项发现意味着在极夜期间，人造光会影响种群调查，进而对可持续管理工作产生影响。

鱼类和浮游动物，本来依靠自然光调整自身行为和迁徙模式，无论是喜光的还是不喜光的海洋生物，因人造光会扰乱海洋生物内部的"生物钟"，都做出了违反常态的选择。人造光会干扰这些动物分辨方向，破坏生态系统，进而影响研究人员观察海洋生物的准确性。但是，人造光对于海洋生物的影响仍未得到充分研究，在北极长达6个月的极夜期间尤其如此。极夜期间，鱼类和浮游动物只能依靠夜间光线的微弱自然变化。

此次，该研究团队在北极的3个地点，测量了鱼类和浮游动物在极夜期间如何响应来自船只的人造光。他们发现，当船上的灯打开时，这些动物会在5秒钟内改变行为。海底200米动物的游动行为和垂直位置都发生了改变。

研究人员还发现，人造光对于动物行为的影响，在3处地点之间存在差异，影响最明显的是最北边的一处，那里夜晚最暗。研究团队总结认为，未来在极夜期间做科考和种群评估时，应该将上述发现考虑在内。

2. 研究海洋人为噪声对鲸类行为的影响

发现观鲸船噪声会干扰鲸类休息和育幼。[61] 2021年11月，由西班牙拉古纳大学帕特里夏·阿兰兹领导，丹麦、冰岛科研同行参与的一个研究小组，在《科学报告》杂志上发表论文称，观鲸船的引擎噪声，会严重干扰短肢领航鲸等鲸类动物的休息和育幼。

研究人员指出，过去的研究发现观鲸船产生的噪声会影响鲸类行为，但尚不清楚引擎的噪声水平对鲸类行为的影响，观鲸船只的噪声水平目前未得到监管。

该研究小组使用无人机，观察西班牙特内里费岛海域的短肢领航鲸母亲和幼崽：在没有船只在场的情况下观察到13对母子，而有23对母子被观察到时有一艘装有较吵闹汽油引擎的观鲸船，或一艘装有较安静电动引擎的观鲸船，按照加那利群岛观鲸指南要求从60米外慢慢经过。

他们发现，与没有船只经过的情形相比，有汽油引擎船只经过的时候，短肢领航鲸母亲平均花费在休息上的时间少了29%，照料幼崽的时间少了81%。与没有船只经过时相比，装有电动发动机的船只经过时，育幼和休息行为有所下降但不显著。研究人员认为，休息和育幼时间的减少，会增加领航鲸母亲的体力消耗，降低幼崽的能量摄入，可能会对幼崽存活造成潜在的消极影响。

研究人员认为，这些发现表明，即使观鲸船遵守了现有指南，更吵闹的引擎也会对鲸类行为造成更大影响。他们建议实施观鲸船噪声最小化，可由观鲸指南明确规定最大引擎噪声，以限制对鲸类的干扰。

3. 研究海洋捕捞对鲨鱼种群生存的影响

发现海洋过度捕捞导致礁鲨正濒临灭绝。[62] 2023 年 6 月，由澳大利亚詹姆斯·库克大学海洋生物学家科林·辛芬德费尔领导的一个研究团队，在《科学》杂志发表论文称，他们使用数千台水下摄像机，调查了 67 个国家 391 个珊瑚礁的鲨鱼和鳐鱼数量。结果发现，由于海洋过度捕捞导致了鲨鱼种群灭绝，世界各地珊瑚礁生态系统中的鳐鱼数量正在增长。

这项研究发现，珊瑚礁鲨鱼的数量远远少于预期，包括黑鳍礁鲨、白鳍礁鲨、护士鲨和灰礁鲨在内的物种，在一些地方的珊瑚礁群中完全消失了。研究人员基于没有人为压力的模拟情景发现，五种最常见礁鲨物种的数量比预期低 60%～75%。由于这项珊瑚礁的调查结果，至少一个礁鲨物种（灰礁鲨）被世界自然保护联盟重新列为濒危物种。

研究人员指出，数量下降可能是由于过度捕捞。在偏远的珊瑚礁，或在有效的海洋保护区珊瑚礁区域，鲨鱼的数量要多得多，而且这种情况在高收入国家更为常见。

值得一提的是，研究还发现在许多鲨鱼数量急剧下降的珊瑚礁中，鳐鱼的数量却在增加。大西洋的黄貂鱼和南黄貂鱼，以及印度太平洋的蓝斑面具鱼和蓝斑带尾鱼，在一种或多种礁鲨物种灭绝的地方数量很高。

研究人员说，这个趋势在整个珊瑚礁生态中产生了级联效应。没有鲨鱼捕食，草食性鱼类的数量会激增，而它们以藻类为食，所以在失去礁鲨的珊瑚礁上，藻类中封存的碳会少得多。研究人员认为，应给予拥有珊瑚礁的国家更多的支持，以执行海洋保护区。因为执行良好的海洋保护区，能够相当快地恢复珊瑚礁鲨鱼的数量。

（四）探索海洋生物变化及其造成的生态影响

1. 研究海洋升温对海洋生物变化的影响

发现海洋升温会导致北方海洋生物入侵南极海域。[63] 2016 年 5 月 24 日，澳大利亚国立大学环境和社会学院首席研究员凯丽德温·弗雷泽博士领衔的一个国际研究团队，在《描述生态学》杂志上发表论文称，有证据显示，随着气候变暖，北方的海洋生物可以轻易入侵南极海域，并可能在迅速升温的南极海洋生态系统中扎下根来。

冰冷的南极海水与来自北方的温暖海水相遇，会形成南极极锋，这一度被视为防止海洋生物迁徙的"屏障"。但新研究发现，褐藻可以形成团块，夹带着甲壳动物、海洋蠕虫、海螺和其他藻类，在开放海域中漂浮数百公里穿越南极极锋。

弗雷泽说："截至目前，北方的物种并不能在冰冷的南极海域长时间生存。但随着气候变化和海洋升温，很多非南极物种会迅速侵占这一区域。"

弗雷泽说，现在来自北方的海洋物种已经可以轻易进入南极海域。南极是全球升温最快的区域之一，一旦新物种扎根，将导致生态系统的巨大改变。

研究人员针对漂浮的褐藻展开调查。在 2008 年、2013 年和 2014 年的 3 个不同航次中，他们统计了在亚南极和南极海域中漂流的藻类。尽管更多藻类出现在南极极锋以北，但在南极海域，特别是极锋以南也发现了大量褐藻。

2. 研究海洋物种退化造成的生态影响

发现加勒比海珊瑚礁退化将危及其他物种。[64] 2015 年 9 月，由英国纽卡斯尔大学生物学家尼克·波留宁等人组成的一个研究小组，在《动物生态学杂志》上发表论文称，他们的研究结果显示，加勒比海的珊瑚礁如果因环境等因素而退化，会给这一海域的生物多样性带来非常大的负面影响，甚至让许多依赖珊瑚礁生存的物种灭绝。

该研究小组对加勒比海部分珊瑚栖息地环境，以及珊瑚种类进行了详细分析。研究结果显示，在加勒比海的博奈尔岛、波多黎各、圣文森特岛与格林纳丁斯群岛等地附近海域，都有相似的发展趋势：如果当地珊瑚礁的复杂生态体系逐渐退化，其周边海域的生物多样性和种群数量也会随之下降。

研究人员指出，如果珊瑚礁的复杂生态体系退化到一个"临界点"，那么加勒比海的部分物种就会完全消失，其中包括许多鱼类，以捕鱼为生的很多当地人可能会受到不小影响。波留宁说，复杂的珊瑚礁生态体系是加勒比海中重要的生物栖息地，上述研究再次显示，这一生态体系对众多海洋生物的生存具有不可替代的作用。

3. 研究海洋外来物种入侵造成的生态影响

发现成群的外来疣状栉水母正在威胁沿海鱼类生存。[65] 2016 年 9 月 28 日，有关媒体报道，一种贪婪的外来疣状栉水母，曾摧毁了黑海地区的渔业，并因此变得臭名昭著。如今，它们正在亚得里亚海北部的沿海区域发展壮大。

这些外来动物到达亚得里亚海，最初是在 2005 年被注意到的。不过，2016 年，人们在克罗地亚北部沿岸、斯洛文尼亚和南至佩扎罗市的意大利沿岸，发现了大群外来栉水母，并拍下了它们的照片。自 2016 年 7 月起，这些水母差不多填满了意大利北部的浅海。

意大利国家海洋与地球物理研究所专家瓦伦蒂娜·蒂雷利表示："这是栉水母首次如此大规模地出现在亚得里亚海。"

来自克罗地亚海洋和沿海研究所的达沃尔·卢瑞介绍说："据估测，栉水母种群的密度在某些地方达到每平方米 500 只。估测结果是仅针对成年栉水母做出的，而我们推断，幼年栉水母的数量要高很多。"

尽管它们对人类没有危险，但科学家仍对栉水母的新繁盛感到震惊，因为它们已经摧毁了黑海地区的鱼群。这是最著名的外来入侵者之一，于 1982 年"藏"在油轮压舱水中从美洲大西洋到达此地。

由于没有天敌，栉水母以惊人的速度扩散。同时，它们以浮游动物及其卵和幼体为食，而这也是具有很高商业价值的鱼类的食物选择。

科学家表示，浅海栉水母可能通过压舱水到达亚得里亚海。不过，尽管形势很严峻，但他们认为，栉水母入侵亚得里亚海可能不会产生像黑海地区遭受的那种毁灭性后果。

三、加强海洋环境监测与生态保护工作

（一）推进海洋环境监测工作的新信息

1. 建设海底科学观测网的新进展

（1）我国批准建立国家海底科学观测网。[66] 2017 年 5 月 29 日，有关媒体报道，海底科学观测网是人类建立的第三种地球科学观测平台，通过

它人类可以深入到海洋内部观测和认识海洋。目前，北美、西欧和日本等十几个国家都已经拥有海底观测网。据悉，我国国家海底科学观测网日前正式被批复建立，项目总投资超 20 亿元，建设周期 5 年。

国家海底科学观测网是国家重大科技基础设施建设项目，将在我国东海和南海分别建立海底观测系统，实现中国东海和南海从海底向海面的全天候、实时和高分辨率的多界面立体综合观测，为深入认识东海和南海海洋环境提供长期连续观测数据和原位科学实验平台。

同时，在上海临港建设监测与数据中心，对整个海底科学观测网进行监控，实现对东海和南海获取的数据进行存储和管理。从而推动我国地球系统科学和全球气候变化的科学前沿研究，并服务于海洋环境监测、灾害预警、国防安全与国家权益等多方面的综合需求。

（2）实现由北斗卫星实时传输海底 6000 米大深度数据。[67] 有关媒体报道，2019 年 1 月 31 日，我国综合科考船"科学"号在完成西太平洋综合考察后，当天返回位于青岛西海岸新区的母港。我国科学家在本次成功维护升级了我国的西太平洋实时科学观测网，实现了多项重大突破。

本次的一项重大突破，是首次实现了深海潜标大容量数据的北斗卫星实时传输。该项自主研发的技术成果，克服了深海潜标载荷容积小、供电少和数据量大等困难，改变了以往依赖国外通信卫星的历史，显著提高了深海数据实时传输的安全性、自主性和可靠性。

另一项重大突破，是融合感应耦合和水声通信技术首次实现了深海6000 米大水深数据的实时传输，在大洋上层实现了每 100 米一个温盐流数据的实时传输，在大洋中深层实现每 500 米一个温盐流数据的实时传输。6000 米深海海底数据北斗卫星实时通信潜标，自布放以来已经安全运行了1 个多月，数据回传正常。

这次综合考察历时 74 天，航程 12000 余海里，是"科学"号首航以来离开国内航程最远、时间最长的一个航次，在开展西太平洋暖池核心区调查的同时，向东拓展首次在中太平洋暖池冷舌交汇区进行了物理、生物和化学多学科联合观测。

（3）我国建立常态化深海长期连续观测和探测平台。[68] 2023 年 3 月，中国科学院海洋研究所的一个研究团队，在《深海研究》杂志上发表成果称，他们研制的多代深海坐底长期观测系统，在我国南海冷泉区已经连续多年布放，实现了对该区域高清影像资料、近海底理化参数等数据的连续获取。

研究人员突破水下耐腐蚀技术、能源管理技术等关键技术，探索新型水下布放及回收模式，研制出多代深海坐底长期观测系统，实现了对观测区域高清影像资料、近海底理化参数及保压流体样品等数据样品的综合获取。

深海坐底长期观测系统，与以往的自由落体式着陆器不同，它是实时视频指导的缆放式着陆器。布放时通过搭载的水下高清摄像头实时观测落点位置，通过科考船配合可较为精确地控制布放位置，并且在海底着陆后仍可通过同轴缆根据实际情况调整观探测参数，保障最优观探测效果。回收时通过同轴缆直接回收。研究团队研发的深海多通道激光拉曼光谱探测系统，多次搭载深海坐底长期观测装置布放于我国南海冷泉区域，在"发现"号 ROV 的辅助下，布放拉曼探头、进行原位实验和长期、原位、连续探测。

2. 建立海洋环境卫星监测网的新进展

（1）我国首批海洋环境观测卫星投入业务化运行。[69] 2019 年 6 月 28 日，有关媒体报道，海洋一号 C 卫星及海洋二号 B 卫星当天在轨交付。这标志着国家民用空间基础设施规划立项批准的首批海洋观测业务卫星实现业务化运行。

海洋一号 C 卫星于 2018 年 9 月 7 日成功发射，是接替海洋一号 B 卫星的业务卫星，设计寿命 5 年。该卫星可获取全球 24 小时水色水温信息、全球海岸带和内陆水体 50 米分辨率高精度多光谱信息及全球大洋船舶识别信息，将与未来发射的海洋一号 D 卫星组网运行，实现全球每天 2 次覆盖监测能力，大幅度提高自然资源部对管辖海域、海岸带等多要素、高时效的调查监测能力，为全球大洋、极地研究提供科学数据，服务环保、住建、交通、农业、应急管理等领域的需求。

海洋二号 B 卫星于 2018 年 10 月 25 日成功发射，是首颗海洋动力环境业务卫星，设计寿命 5 年。该卫星将与海洋二号 C 卫星，以及后续的 D 卫星组网运行，能够全天候、全天时连续获取全球海面风场、浪高、海面高度、海面温度等多种海洋动力环境参数，直接为灾害性海况预警预报提供实测数据，为海洋防灾减灾、海洋权益维护、海洋资源开发、海洋环境保护、海洋科学研究以及国防建设等提供可靠的数据服务，并广泛应用于气象、农业农村和应急管理等领域。

经过 6 个月的在轨测试，表明卫星平台及载荷系统、星地一体化系统、地面系统的各项功能正常，性能达到了研制总要求和使用要求规定的各项技术指标，数据产品满足行业应用需求。

未来，自然资源部将发挥陆海卫星资源优势，做好组网业务化运行和海陆兼顾，着力构建起一陆一海自然资源卫星观测技术支撑保障体系，最大限度发挥卫星使用效能。

（2）韩国海洋环境卫星"千里眼 2B"号发射升空。[70] 韩联社报道，韩国自主研发的静止轨道海洋环境卫星"千里眼 2B"号，于首尔时间 2020 年 2 月 19 日上午 7 时 18 分（当地时间 18 日 19 时 18 分）在法属圭亚那宇航中心发射升空。

"千里眼 2B"号卫星，在"阿丽亚娜 5-ECA"型运载火箭的助推下，准时发射升空。发射 25 分钟后进入近地点为 251 千米、远地点为 35822 千米的地球同步转移轨道，31 分钟后星箭分离，40 分钟后与位于澳大利亚的一处地面站实现首次远程通信，1 小时后太阳能电池板自动展开，预计在一个月后进入预定的对地静止轨道。

韩国航空宇宙研究院表示，首次通信是判断发射成功的第一道关口，如果卫星成功实现首次通信并在升空 1 小时后展开太阳能电池板，可确认其正常运行。

"千里眼 2B"号卫星，主要用于收集东亚地区雾霾以及赤潮等环境海洋数据，2021 年开始将陆续向地面传回观测数据。该卫星 2011 年起由韩国航空宇宙研究院、韩国海洋科学技术院、韩国航空航天产业、美国巴尔航天公司、法国空中客车公司等共同参与研发，将承担未来十年朝鲜半岛周边海洋环境观测任务。

（3）我国海洋动力环境监测卫星形成三星组网。[71] 2021 年 5 月 19 日，新华社报道，当天 12 时 3 分，我国在酒泉卫星发射中心用长征四号乙运载火箭，成功将海洋二号 D 卫星送入预定轨道，发射任务获得圆满成功，标志着我国海洋动力环境监测卫星迎来三星组网时代。

海洋二号 D 卫星是国家民用空间基础设施中长期发展规划支持立项，由自然资源部主持建造的海洋业务卫星。卫星入轨后，将与在轨运行的海洋二号 B 卫星和海洋二号 C 卫星组网，共同构建我国首个海洋动力环境卫星星座，形成全天候、全天时、高频次全球大中尺度的海洋动力环境监测体系，为我国预警预报海洋灾害、可持续开发和利用海洋资源、有效应对全球气候变化、开展海洋科学研究等提供精准的海洋动力环境信息。

海洋二号 D 卫星和长征四号乙运载火箭分别由中国航天科技集团有限公司所属中国空间技术研究院、上海航天技术研究院研制。

（4）我国建成首个海洋监视监测雷达卫星星座。[72] 2022 年 4 月 7 日，中国新闻网报道，当天 7 时 47 分，我国在酒泉卫星发射中心，用长征四号丙运载火箭成功发射了一颗 1 米 C-SAR 业务卫星。该星是我国第二颗 C 频段多极化合成孔径雷达业务卫星，可与已在轨运行的首颗 1 米 C-SAR 业务卫星及高分三号科学试验卫星实现三星组网运行，卫星重访与覆盖能力显著提升，标志着中国首个海洋监视监测雷达卫星星座正式建成。

据介绍，1 米 C-SAR 业务卫星是国家民用空间基础设施发展规划支持立项，由自然资源部主持建造的海洋业务卫星，由两颗指标性能一致的卫星组成，能够获取多极化、高分辨率、大幅宽、定量化的海陆观测数据。与高分三号卫星相比，在成像质量、探测效能、定量化应用等多个方面进行了提升。三颗卫星完成组网后，与单颗卫星相比，平均重访时间由 15 小时缩短至 5 小时。可为海洋环境监测与海上目标监视、自然灾害与安全生产事故应急监测、土地利用、地表水体等多要素观测提供高时效、稳定、满足业务化应用的定量遥感数据。

在自然资源部组织下，首颗 1 米 C-SAR 业务卫星在轨测试工作正在有序推进，进展顺利，卫星平台与载荷测试、卫星数据外场定标与地面处理工作已完成，卫星状态与图像质量良好。

自然资源部国家卫星海洋应用中心表示，后续，将会同相关单位做好两颗卫星在轨测试工作，全力保障卫星按时投入使用，实现多星组网业务运行，有效满足海洋、国土、应急、生态环保、水利、农业、气象等多领域应用需求。

3. 拓宽海洋卫星监测网的应用领域

通过海洋环境卫星网助力自然灾害监测预警。[73] 2022 年 5 月 12 日，央视新闻客户端报道，今天是第 14 个全国防灾减灾日，今年的主题是"减轻灾害风险，守护美好家园"。据自然资源部国家卫星海洋应用中心有关人员介绍，目前，我国 3 个海洋卫星星座与地面站点形成的网络系统，实现在轨自主管控与业务化运行，成为自然灾害监测的重要手段。

海洋一号系列卫星，目前在轨运行的是海洋一号 C 卫星和 D 卫星，用于全球海洋水色要素、海表温度和海岸带动态环境监测，双星上下午组网观测。

海洋二号系列卫星，由海洋二号 A 卫星、B 卫星、C 卫星及 D 卫星共同组成，属于海洋动力环境卫星星座，每天可多次提供全球海面风场、有效波高、海面温度等信息。

高分三号系列卫星，由高分三号 01 星、02 星和 03 星组成，是我国首个海洋监视监测雷达卫星星座，用于全球海洋和陆地信息的全天候监视监测。

2018 年开始运行的中法海洋卫星，是中国和法国的国际合作卫星，主要是获取全球海面波浪谱、海面风场、南北极海冰信息。

这些不同系列的海洋卫星各司其职，协同合作，已在台风、海冰、绿潮、赤潮、火山浮石、洪涝灾害、滑坡与堰塞湖等自然灾害监测中发挥重要作用。

4. 建立海洋生物研究专项监测系统的新进展

（1）开发出监测珊瑚礁白化的卫星图像系统。[74] 2021 年 5 月 22 日，新华社报道，澳大利亚昆士兰大学近日发布公报说，该校遥感研究中心博士克里斯·鲁尔夫塞马，与美国亚利桑那州立大学、美国国家地理学会等机构同行一起组成的一个研究团队，开发出监测全球珊瑚礁白化情况的卫星图像系统，以推动传播关于珊瑚礁的知识，并为有关部门制定珊瑚礁保护政策提供依据。

该公报表示，上述卫星图像系统名为"艾伦珊瑚地图集"，涵盖全球逾 23 万个珊瑚礁。这个系统利用卫星技术创建的高分辨率珊瑚礁图像，在地图上直观地展现全球不同地点珊瑚礁的"健康"情况，便于研究人员了解哪些珊瑚礁正面临海洋温度上升带来的白化压力、哪些珊瑚礁的自我修复能力较强等信息。

珊瑚礁由死亡珊瑚虫的碳酸钙质外骨骼沉积而成，为多种海洋生物提供栖息地，是海洋生态系统的重要组成部分。海洋温度长期上升会造成珊瑚虫与虫黄藻之间的共生关系瓦解，导致大量珊瑚虫死亡，引发珊瑚礁白化现象。

鲁尔夫塞马表示，全球珊瑚礁的状况不容乐观，随着海洋变暖、污染加剧和酸性物质增多，有模型预测到 2050 年，70%～90% 的珊瑚礁可能受损到无法恢复的地步。因此将基于卫星图像的数字地图集用于珊瑚礁保护很有必要。他还表示，这一新系统能实时监测珊瑚礁的"健康"状况，为相关学者、政策制定者提供重要信息，便于尽快采取保护措施。

"艾伦珊瑚地图集"卫星图像系统也面向公众开放查阅，人们可在该系统的网站观看和下载全球各地珊瑚礁的情况和相关数据。研究人员表示，未来还计划进一步改进和扩展该系统，以便更好地了解海陆污染物等对珊瑚礁造成的影响。

（2）我国首套海洋哺乳动物声学实时监测系统投入运行。[75] 2023 年 3 月 9 日，央视新闻报道，从广西合浦儒艮国家级自然保护区管理中心了解到，我国首套海洋哺乳动物水下声学实时监测系统，于该保护区建设完成验收，已在连续 3 个月运行中初显成效，运行期间共监测到海洋哺乳动物声学片段 1066 条，并实时传输到保护区智慧化监管指挥中心。

2022 年 11 月，合浦儒艮保护区建设 4 套海洋哺乳动物声学实时监测系统。系统由自然资源部第一海洋研究所主导开发，南京师范大学现场验证。

这个哺乳动物声学实时监测系统，由数字水听器、动物发声智能识别系统、实时传输系统、海洋浮标和声学监测管理平台构成。它集成了人工智能动物发声识别模型，可以识别中华白海豚、儒艮和印太江豚等珍稀海洋哺乳动物的叫声，可实时监测浮标周边 1.4 千米左右范围声学信号进行处理和识别，并实时将识别的数据传输至监管平台，保护区管理中心能实时掌握保护区海域内中华白海豚、儒艮和印太江豚的时空变化。

保护区通过布设海洋哺乳动物声学实时监测系统，并通过 20 个航次船只调查比对，形成一套能相互印证、互相补充的整合式生态研究新模式，助力海洋哺乳动物物种保护和野外监测发展。

（二）推进滨海湿地生态保护工作的新信息

1. 保护修复以红树林为代表的滨海湿地生态系统[76]

2022 年 3 月 31 日，央视新闻客户端报道，自然资源部近日发布的信息表明，这几年，我国生态保护修复重点专项行动成效明显，以红树林为代表的滨海湿地生态系统明显改善，生物多样性不断增加。

红树林被誉为海洋卫士，是重要的滨海湿地生态系统。这几天，在广西北海滨海国家湿地公园内，延绵数里的红树林犹如一幅天然的油画，吸引了一批又一批的游客驻足欣赏，成片的红树林不仅是一道亮丽的风景线，也是海陆之间的"绿色长城"，维护着两边的生态平衡。谁能想到，几年前这一带曾经有 24 个养殖场，每天多达 4.5 万吨污水排入大海。

近 5 年来，北海启动红树林海陆一体保护修复，拆除建筑，退塘还湿，红树林面积持续增加，由 2011 年的 4.5 万亩增加到 2021 年的 6.3 万亩。生态系统总体保持稳定，生物多样性明显增加，每年都能监测到勺嘴鹬、黑嘴鸥等濒危鸟类。

据悉，广西积极推进"蓝色海湾"整治行动，2021 年获中央支持海洋生态修复资金 9 亿元，支持沿海三市实施海洋生态保护修复项目。

生态保护，规划先行。不仅是红树林，我国各种生态空间管控更加严格。自然资源部表示，目前我国"多规合一"的国土空间规划体系顶层设计和总体框架基本形成，各级国土空间规划和乡村规划正在抓紧编制。统筹推进自然保护地整合优化与生态保护红线评估调整和划定工作，初步划定全国生态保护红线面积 320.3 万平方千米。

2. 拟建设全球首个国际红树林中心[77]

2022 年 11 月 9 日，有关媒体报道，我国 55% 以上的红树林纳入了自然保护地，红树林面积已由 21 世纪初的 2.2 万公顷恢复到 2.7 万公顷。红树林有着"海岸卫士、鸟类天堂、鱼虾粮仓"的美誉，是最重要的蓝碳生态系统之一，在净化海水、防风消浪、维持生物多样性、固碳储碳等方面发挥着极为重要的作用。

需要指出的是，红树与其他树木一样是绿色的。它之所以叫作红树，是因为潮涨潮落间海水的周期性浸淹，让它们富含"神奇"的单宁酸，一旦刮开树皮暴露在空气中，它就会氧化变成红色。

恶劣的生存环境还赋予红树植物异常发达的根系。由于红树林生长的海岸环境风浪大，土壤泥泞松软且厌氧，红树植物为能"立足"，发育出了功能各异的根系。为抵抗海浪的冲击，它们的支柱根"挺身而出"，从树干基部长出，牢牢抓住地面，形成了稳固的支架，使得红树林在风浪摧残中屹立不倒；为呼吸到足够的氧气，红树植物"绞尽脑汁"，让部分根露出土壤，背地向上生长，形成了形态各异的"呼吸根"，从而提高了氧气和水分的输送。

红树是一个大类的名字，它有很多品种，比如木榄、秋茄、白骨壤等。它们发育出了功能各异的根系，牢牢抓住地面，形成了一个稳固的支架，任凭风浪怎么摧残也屹立不倒，能够抵御 10 到 12 级台风对海岸的影响。

红树林中丰富的鱼类吸引着鸟类前来觅食，红树林下的底栖动物，吸引了鹭类、鹬类等潜藏其中；红树林上层，枝繁叶茂，四季开花，招引了大量的昆虫，为众多鸟类提供食物；傍晚归巢的鹭鸟、椋鸟多喜欢在红树林休息、繁衍，优良的环境、适宜的气候、丰富的食物，使得红树林成为候鸟迁徙的"落脚点"和"加油站"，更成为各种动物和微生物的生存乐园。

作为世界湿地大国和《湿地公约》缔约方之一，我国不断加大对红树林的保护力度，印发了《红树林保护修复专项行动计划（2020—2025年）》，并计划到 2025 年，营造和修复红树林 1.88 万公顷。近日又明确提出，我国将在深圳市建设全球首个红树林保护交流合作的国际红树林中心。

据了解，以福田红树林湿地为主的深圳湾区，是东半球候鸟重要栖息地和南北迁徙通道上重要的"中转站"，每年数万只往返于东亚与澳大利西亚之间的国际候鸟在此停歇。

国家林草局湿地管理司规划处处长姬文元说："红树林中心建成之后，将为全球红树林的保护修复以及国际合作提供一个十分重要的平台。我们向发展中国家倾斜，对他们予以支持，予以培训，体现我们一个负责任大国的责任和担当。"

（三）推进珊瑚礁生态保护工作的新信息

1. 澳大利亚推进珊瑚礁生态保护工作的新进展

（1）以珊瑚幼虫繁殖为重点保护修复大堡礁。

一是研究用冷冻珊瑚精子技术保护大堡礁。[78] 2013 年 12 月 2 日，澳洲网报道，澳大利亚昆士兰州史密森研究中心教授玛丽·哈格多恩领导的一个研究小组当天表示，为了保护珊瑚，研究人员把"精子冷冻方法"引入到珊瑚物种中，希望能够维护澳大利亚大堡礁的珊瑚。

在过去的 30 年中，大堡礁近一半的珊瑚已经绝迹，研究人员担心，脆弱的生态系统将导致这一物种遭到灭顶之灾。

研究小组将启动保护工作，用人工繁育技术"冷冻珊瑚精子"。在过去两周的珊瑚繁育季节中，他们收集了数以亿计的珊瑚精子，这些珊瑚精子可以冰冻保存数千年之久。研究人员将用部分精子来帮助大堡礁的珊瑚恢复新生。

据哈格多恩介绍，珊瑚精子在液氮中低温冷冻，这些精子将以每分钟 20℃的冷冻速度，被保存在零下 196℃的液氮环境中。然后，这些冷冻精子将被存贮在干燥的环境中保存。

哈格多恩说："我们将建立一个珊瑚生育诊所，把珊瑚精子存储在精子银行中，以便未来使用。我们希望，用这种冷冻技术来保护并延长大堡礁的寿命。"

二是通过研发珊瑚幼虫计数系统来修复大堡礁。[79] 2023 年 1 月，有关媒体报道，由澳大利亚昆士兰科技大学牵头，澳大利亚海洋科学研究所和昆士兰大学相关专家参加的一个研究团队，在实施珊瑚礁恢复和适应计划过程中，使用计算机视觉和人工智能技术开展项目研究，已取得重要进展。

报道称，研究团队先后开发出珊瑚产卵和幼虫成像相机系统，以及珊瑚生长评估系统，可对珊瑚产卵数量进行自动化密集型计数，并实时监测珊瑚幼虫的成长过程，从而帮助珊瑚幼虫量化繁殖，以修复白化的大堡礁。

珊瑚产卵和幼虫成像相机系统最主要的优势，是使用无接触摄像头计算珊瑚产卵情况。而珊瑚生长评估系统，则是一个相机原型系统，使用深度学习算法来实时监测单个珊瑚幼虫的生长，并跟踪生长条件变化对其产生的影响。

(2) 发现大堡礁第一宽珊瑚具有超强恢复力。[80] 2021 年 8 月 19 日，澳大利亚科学家亚当·史密斯及其同事组成的研究团队，在《科学报告》上发表论文称，他们在大堡礁发现了一个罕见的超大珊瑚，它不但是大堡礁迄今发现的第一宽珊瑚，而且几百年来还在大型飓风、白化事件等冲击下拥有惊人的恢复力。

大堡礁拥有全世界目前最大最长的珊瑚礁群，具备得天独厚的科学研究条件。但在过去 20 多年里，由海洋升温带来的严峻压力横扫了全球的珊瑚，经证实，它对大堡礁的破坏性是最为显著的，大堡礁珊瑚现已经历了数次大规模的白化事件。

此次，这个大珊瑚，是浮潜员在名为奥费斯岛的海岸附近发现的。奥费斯岛属于澳大利亚昆士兰棕榈群岛的一部分。该研究团队对大珊瑚进行了详细研究，发现它呈半球形，高 5.3 米、宽 10.4 米，比大堡礁第二宽的珊瑚要宽 2.4 米。根据珊瑚生长速度和年海表温度进行计算，研究人员估计它的出现时间在 421~438 年前，比欧洲人最早发现并定居澳大利亚的时间更早。

对过去 450 年的环境事件进行回顾后发现，大珊瑚可能经历过多达 80 次大型飓风，几百年来一直暴露在入侵物种、珊瑚白化事件、低潮和人类活动中。但意外的是，研究人员发现它的健康状况良好，活珊瑚覆盖率达 70%，剩下的为绿色穿孔海绵、草皮海藻和绿藻。

研究团队建议，对这种难得一见、恢复力超强的大型珊瑚密切监测，并认为可能需要对其进行恢复，从而在最大程度上降低未来气候变化、水质恶化、过度捕捞和海岸开发等对它造成的潜在负面影响。

2. 印度尼西亚推进珊瑚礁生态保护工作的新进展

(1) 珊瑚礁保护与修复计划获得大量科学数据。[81] 2019 年 2 月，有关媒体报道，为实现自然资源可持续利用，印度尼西亚政府于 1998 年启动了珊瑚礁保护与修复计划，由印度尼西亚海洋渔业部与印度尼西亚科学院联合实施。计划分三阶段，依次为初始阶段、加快实施阶段和制度化阶段。

印度尼西亚科学院院长表示，初始阶段主要是开展基础性研究与观测，加强法律实施和社区管理；加快实施阶段主要是营造有利的政策环境，提高公众对海洋生物保护重要性的认识；制度化阶段主要是实施珊瑚大三角倡议（2014—2019 年），把前两阶段形成的方法制度化，建立海洋生物可持续利用长效机制。印尼希望通过珊瑚礁保护与修复计划的实施，全社会出现更多珊瑚礁、海草床、红树林等保护行动。

印度尼西亚科学院海洋研究中心主任说，珊瑚礁保护与修复计划围绕修复和管理沿海生态系统，特别是珊瑚礁系统，提供了大量科学数据和信息，包括珊瑚礁和海草生态系统的规模、健康状况等。最新的监测和测量活动显示，印度尼西亚海域珊瑚礁面积为 2500 平方千米，约占世界珊瑚礁总面积的 10％。作为世界珊瑚大三角的中心，印度尼西亚拥有最多的珊瑚物种，其中 5 个是特有物种。

据悉，所有研究数据、信息和知识将存放在印度尼西亚沿海生态系统数据中心。该系统可提供快速、便捷的数据读取，将在生态监测、教育、研究和商业等领域发挥重要作用。

（2）运用人工智能帮助判断珊瑚礁健康程度。[82] 2022 年 6 月，由印度尼西亚和英国等国的相关专家组成的一个研究团队，在《生态指标》期刊上发表论文称，他们给水下珊瑚礁录音，借助一种新算法"训练"人工智能系统为珊瑚礁"听诊"，判断其健康程度，准确率很高。

威廉姆斯说，健康的珊瑚礁会发出类似篝火的复杂噼啪声，因为有多种生物生活在那里，导致声音环境复杂多样，而退化珊瑚礁的声音听起来可能"更加荒凉"。以往对珊瑚礁健康状况的监测主要靠人力完成，分析过程费时费力，"看诊"监测还可能受珊瑚礁生物作息影响，无法面面俱到。

研究团队对这项成果介绍道，人工智能系统从珊瑚礁音频片段中解析声音频率和响度等数据点，据此评估珊瑚礁是否健康，准确率不低于92％。研究人员说，人工智能系统甚至能够"听到"人耳无法发觉的声音模式，而且更快、更准。

尽管珊瑚礁覆盖面积占全球海底的比例很小，但却为众多海洋生物提供生存支持。研究人员希望，这项成果能帮助世界各地保护组织更有效地追踪珊瑚礁的健康状况。

人类活动带来的温室气体排放，导致海洋表面温度上升和海水酸化。有关数据显示，进入工业时代以来，海水酸度已增加 30%，平均每 10 年海洋表面平均温度上升 0.13 度，珊瑚礁由此需承受巨大的生存压力。全球珊瑚礁监测网数据显示，2009—2018 年间，全球大约 14% 的珊瑚礁消亡，总面积大致相当于美国大峡谷国家公园的 2.5 倍。

3. 以色列推进珊瑚礁生态保护工作的新进展

通过模拟海洋环境为珊瑚寻找适宜的栖息地。[83] 2023 年 6 月，有关媒体报道，珊瑚礁是地球上生物多样性最丰富的生态系统之一，被称为"海洋中的热带雨林"。然而，随着全球气候变暖不断加剧，预计到 2030年，全球接近 60% 的珊瑚将会死亡。在以色列南部、红海亚喀巴湾之滨的城市埃拉特，当地科学家正在不断试验，希望为珊瑚寻找一片栖息地。

研究人员介绍道，这里的水族箱，不仅仅是用来展示当地美丽的红海珊瑚的。更重要的是，他们正在通过水族箱中的模拟器，系统模拟红海的生态环境。并通过改变水温等参数，来观察珊瑚在不同水文条件下出现的变化。

埃拉特位于北纬 29 度，是地球上最北的珊瑚礁栖息地之一。这里的红海珊瑚经过数千年的自然进化，较其他地区珊瑚具有更高的耐热性。这为当地的珊瑚保护研究提供了难得的优质条件，并赋予特殊的意义。

埃拉特校际海洋科学研究所珊瑚礁生态学实验室主任毛兹·菲内说，通常珊瑚会在水温比夏季最高水温高出 1~2℃ 的情况下发生白化和死亡，但是在红海亚喀巴湾，它们可以承受比夏季最高水温高 5~6℃ 的水温，这太神奇了。这为我们提供了一个机会，为珊瑚礁在气候变化中找到一处最后的栖息地。

研究人员通过水族箱模拟器发现，当珊瑚受到更多的外部干扰时，比如石油泄漏、化学污染、沿海过度开发等，这些珊瑚的耐热性就会大大削弱，甚至消失。菲内说，在有限的时间内，保护珊瑚最好的方法可能不是技术，而是尽量减少对其生存环境的破坏。

第六章　研制海洋探测装备的新信息

开发利用海洋资源，先得做好海洋勘查探测工作，这需要研制专用船舶、专用器具和专用仪器等大量海洋探测装备。海洋探测装备大多是以数字化为基础的高科技产品，它们通常具有自动化和智能化控制系统，具有精密化和微型化操作装置，具有柔性化和集成化探查功能。工欲善其事，必先利其器。随着海洋开发项目的推进，作为重要工具的探测装备呈现快速增长势头。近年，在开发海洋探测专用船舶方面的主要成果有：我国相继建成"科学"号、"张謇"号、"东方红"3号和"中山大学"号等科考船，法国"塔拉"号科考帆船成为海上流动实验室，并推进无人科考船的设计建造。同时，设计建造新型极地破冰船、海上大气沉降研究作业船、海底挖泥船、浮标作业船和海道测量船等专项作业船舶。在研制海洋探测专用器具方面的主要成果有：开发"龙"系列深海潜水器，成功研制万米级深渊潜水器，推出多类型多功能水下机器人，集成开发可在水下协同作业的机器人系统，并成功研发全海深载人潜水器。同时，研制下潜和续航能力更强大的新一代水下滑翔机，开发海上无人机，以及既能上天也能入海的水空双栖机。在开发海洋探测仪器设备方面的主要成果有：制成新型鱼群探测仪、飓风辐射计、海雾观测仪、原位海洋分子记录仪。开发海洋探测水下显微镜、水下相机及其器件、深海摄像机和海洋探测激光仪器。同时，研制水下声学设备、海洋探测光电设备和海洋机械工程设备等。

第一节　建造海洋探测专用船舶的新进展

一、设计建造科考船的新成果

（一）载人科考船设计建造的新信息
1. 我国设计建造载人科考船的新进展

（1）"科学"号海洋科考船正式起航。[1] 有关媒体报道，2014 年 4 月 8

日下午，我国海洋科考船"科学"号从青岛中苑码头缓缓驶出，宣布它正式起航，开始执行中国科学院"热带西太平洋海洋系统物质能量交换及其影响"战略性先导科技专项（以下简称 WPOS 专项）科学考察任务。

中国科学院海洋研究所时任所长孙松任该专项首席科学家，他表示，目前被人类认识的海洋还不到 5%，剩下 95% 的未知世界主要都在深海和大洋。其中西太平洋又是极其重要的一部分，它影响着全球的气候变化，地质过程也非常活跃，与我国的防灾减灾、海洋资源开发等息息相关。

该专项也是我国海洋基础研究领域最大的一个科学计划。它将以热带西太平洋及其邻近海域海洋系统为主要研究对象，从海洋系统的视角开展综合性协同调查研究，在印太暖池对东亚及我国气候的影响机制、邻近大洋影响下的近海生态系统演变规律、西太平洋深海环境和资源分布特征等领域取得突破性、原创性成果，促进我国深海研究探测装备的研发与应用，显著提升我国深海大洋理论研究水平，为我国海洋环境信息保障、战略性资源开发、海洋综合管理、防灾减灾提供科学依据。

"科学"号型长 99.8 米，型宽 17.8 米，型深 8.9 米，总吨位 4711 吨，续航力 15000 海里，自持力 60 天，载员 80 人，抗风力大于 12 级；采用当今世界先进的全回转电力推进系统，可实现 0~15 千牛顿无级变速、低速原地回转和横向移动；配有高精度的动力定位系统和可控被动式减摇水舱，安装有自主研发的升降鳍板、侧推封盖等科考设施。

"科学"号科考船在技术和建造方面整合了当前海洋科学考察多学科、多领域的先进装备和信息技术集成，可以进行高精度、长周期的动力环境、地质环境、生态环境等综合海洋环境观测、探测，以及保真取样和现场分析，被誉为"海上移动实验室"。

"科学"号科考船搭载着一台深海有缆遥控潜水器，它配备了世界最先进的深海高清摄像机和机械手，具备深海热液区温度、压力、盐度、浊度、溶解氧、pH、甲烷、二氧化碳等多种物理化学环境参数的原位探测能力，可以对近海底海水、热液流体、浅表沉积物、岩石和生物样品进行可视化现场取样。

"科学"号科考船还搭载了深海拖曳探测系统、重力活塞取样器、电视抓斗和岩石钻机、万米温盐深仪等许多先进的大型深海探测和取样设备。这些设备相互配合，能够完成海底地形扫描、海底结构探测及取样的全过程。

（2）万米级深渊科考母船"张謇"号完工。[2] 2016 年 3 月 3 日，《台州晚报》报道，温岭市浙江天时造船有限公司内，总投资达 2 亿元的中国首艘万米级深渊科考母船"张謇"号已经完工，根据安排，该船计划 3 月下旬下水，5 月 30 日试航，6 月 30 日交付使用。

据悉，在交付使用期前，"张謇"号将进行 10 天左右的科考设备海试，对相关设备仪器进行进一步调试和验收。验收结束后立即执行赴马里亚纳海沟首航任务，成为我国 11000 米载人深渊器"彩虹鱼"号及其系列产品的科考母船，承担深渊科学调查研究任务。

据我国著名海洋研究学者、上海海洋大学深渊中心主任崔维成介绍，"张謇"号是我国第一艘以近代名人命名并以弘扬"张謇精神"为宗旨，专为深渊海沟科考设计的船舶，也是第一艘完全由民营企业出资建造的科考船。

"张謇"号整船设计排水量约 4800 吨，巡航速度 12 节，续航力 15000 海里，载员 60 人，自持能力达 60 天。船上配备了干性通用实验室、湿性通用实验室、重磁实验室等实验室，以及全海深多波束系统、浅地层剖面仪等科研设备。

据悉，除用于科考外，"张謇"号还具备深海救援打捞、海洋工程设备安装、检测与维修、水下考古和电影拍摄、深海探险与观光等多种功能。

（3）全球最大静音科考船"东方红"3 号正式投入使用。[3] 2019 年 10 月 30 日，有关媒体报道，在山东青岛，新型深远海综合科学考察实习船"东方红"3 号，正式加入中国海洋大学"东方红"科考船舶序列。该船长 103 米、船宽 18 米、排水量 5800 吨、续航力 15000 海里、自持力 60 天、无限航区、科考作业甲板面积 600 平方米、实验室总面积 600 平方米；可开展高精度的全海深和空间一体化的海洋综合科学考察；多项一体化设计为国际首创。

2019 年 5 月 7 日，"东方红"3 号通过挪威 DNV-GL 船级社权威认证，获得该社签发的船舶水下辐射噪声最高等级——静音科考级认证证书，成为全球最大的静音科考船。这标志着"东方红"3号船在船舶水下辐射噪声控制方面达到国际最高标准，将是未来一个时期世界上船载科考仪器设备受船舶振动与噪声影响最小、获取科考数据最为真实可靠的海洋综合科考船之一。

该船总设计师、中国船舶工业集团有限公司第七〇八所吴刚研究员表示，这艘船多项指标国际领先，特别是低噪声控制指标达到全球最高级别，当船行驶时，水下20米以外的鱼群都感觉不到。

科学家发现，船上普通电源所产生的电磁干扰，会影响精密实验仪器的工作。"东方红"3号的一个创举，是在国内甚至全球首次提出科考船上"洁净电磁环境"概念。设计团队联手上海交通大学电子信息与电气工程学院的专家从基础突破，不仅满足了用户要求，还梳理出相应的规范和标准。

作为一种高技术船舶，科考船的设计和建造难度较大，设计建造周期通常在4～6年，有的甚至达到10年，是常规商船的好几倍。原因是与常规船相比，科考船的方案论证、界面协调、设备定制设计、布置优化调整的工作量要多很多。经过研究设计人员的努力，"东方红"3号船的实验室面积和工作甲板利用率均达到同型船中的最高水平，它具备了尽可能多的可扩展功能，5000多吨的排水量可完成7000吨科考船的任务。

（4）海洋综合科考实习船"中山大学"号下水。[4]《光明日报》报道，2020年8月28日，我国最大海洋综合科考实习船"中山大学"号在上海长兴岛江南造船公司船坞下水，中国科学院院士、中山大学时任校长罗俊为这艘高大威武的科考实习船命名剪彩，希望"中山大学"号承载起向海求索的使命与担当，承载起兴海强国的光荣与梦想，挺进深蓝，劈波斩浪，顺利平安！

2016年6月，教育部批复同意中山大学新建一艘海洋综合科考实习船。该船于2019年10月28日正式开工建造。据介绍，此次下水后"中山大学"号将立即开展舾装调试，预计2021年上半年交付使用。

"中山大学"号船长114.3米，型宽19.4米，型深9.25米，整个船体线型优美、高大威武。据介绍，该船具备无限航区全球航行能力，经济航速11.5节，最大航速16节，排水量6880吨，经济航速下续航能力15000

海里，额定人员编制下自持力 60 天，定员 100 人。

据介绍，"中山大学"号是目前我国排水量最大、综合科考性能最强、创新设计亮点最多的海洋综合科考实习船。该船具备科学考察和人才培养的双平台功能。它配备了大量先进科考仪器和科考操控支撑设备，建有设施先进、功能齐全、能满足样品处理、检测分析和数据处理的各类实验室，船舶平台的综合性能和科考功能具有世界一流水平，是名副其实的海上大型"移动实验室"。

这艘船的科考作业实验空间大，而且可扩展性强。除了 760 平方米的固定实验室，舯甲板作业面积超过 610 平方米，可搭载十多个移动集装箱式实验功能模块，大大提高船舶的综合科考作业能力和工作效率。

此外，该船还拥有直升机热降平台，可有效提高人员输送和物资转运能力，并可作为无人机的起降平台，从三维空间上大大扩展本船科考观测的范围。

作为新一代海洋综合科考船，"中山大学"号在国内科考船中具备多个"首次"：该船在国内科考船中首次采用 L 型全回转低噪声推进器、首次采用轮缘永磁侧推、首次采用直流母排＋储能蓄电池的组合设计、首次采用全航速主动式减摇鳍等。它非常注重绿色环保性能，满足最新国际排放要求，并将取得中国船级社 Clean 标志，确保对大气环境、水体等科考调查的影响降至最低。

（5）我国开建第一艘万吨级海洋科考船。[5] 2021 年 4 月 6 日，《文汇报》报道，我国第一艘万吨级海洋科考船已进入建造阶段。日前，中国船舶集团旗下广船国际有限公司与广东智能无人系统研究院，在南沙签订了由中国船舶第七〇八研究所研发设计的综合科学考察船建造采购合同。该船最大作业排水量达 1.01 万吨，建成后将成为国内排水量最大、综合能力最强的海洋科学考察船。

该科考船采用全电力驱动、DP2 级动力定位系统，配备 360 度全视野驾驶室。由于耐波性好、抗涌浪强，具备 4 级海况收放作业能力，只要平均海面波高不超过 2 米，它就可以开展大部分科考工作。同时，这艘船还满足 B 级冰区加强要求。据该船总设计师、中国船舶第七〇八研究所高级工程师尉志源介绍，这艘科考船的主要目标是深海，一般不考虑去极地，极地科考的任务还是由"雪龙"号担纲。

这艘驶向未来的"万吨科考船"具备海洋综合科考能力,设有多波束、单波束、温盐深仪及测深仪等科考探测设备和支撑操作设备,可实现多学科海洋科学考察功能。它将采用一系列船型和装备创新技术,比如设置 U 形收放区、内置轨道滑移系统等,使科考船能够机动灵活地收放和装载科研设备,让操作过程更加平稳安全。

为了减少母船航行对科研数据采集的影响,它将采用静音型推进系统、导流静音型侧推封闭系统,以解决以往科考船存在的侧推孔扰流、干扰声学作业等问题。

此外,该船还预留了多项科考装备的空间和接口,具备很强的科考拓展能力,可为多类型、全尺度科研设备提供试验保障,将科考与海洋工程的功能相融合,以适应和满足我国未来海洋科学考察的需要。

2. 国外设计应用载人科考船的新进展

法国"塔拉"号科考帆船成为太平洋上流动的实验室。[6] 2018 年 1 月 31 日,《科技日报》报道,法国塔拉(Tara)科考基金会秘书长罗曼·特鲁布莱在法国驻华大使馆,展示了法国科考帆船"塔拉"号在太平洋拍摄的色彩斑斓、生动美妙的珊瑚群影像,当如诗画面旋尔变成珊瑚群因全球气候变暖而大片白化死亡,沉寂如灰烬时,令人震撼。

"塔拉"号是一艘以保护地球和海洋为使命的双桅科考帆船。建于 1989 年,36 米长、10 米宽,载重 120 吨,2003 年开始出海科考。

在海洋科考领域,"塔拉"号享有盛誉,曾完成对南北极地区大浮冰研究;首次在公海进行全球范围浮游生物研究;对塑料制品危害进行深入研究。船上有一个由法国国家科学研究中心和摩洛哥科学研究中心科学工作者组成的多学科研究小组。

2016 年 5 月,"塔拉"号从法国起航,开展在亚太海域"2016—2018 年塔拉太平洋科考项目"。特鲁布莱介绍,这次科考活动最独特之处在于,太平洋海域聚集了全球 40% 的珊瑚礁群落,经过极为广阔的地理"大穿越",研究团队比较了不同水域珊瑚分布状况,把调查研究范围从生物基因扩展到生态系统。此前从未在如此大范围内开展这样的研究。

法国国家科学研究中心研究员、科考队科研负责人塞尔日·普拉勒认为："这个项目旨在充分揭示珊瑚礁在基因组、基因、病菌和细胞层面的生物多样性，并与周边海水中生物群体状态进行比较，以获得对全球珊瑚礁生物多样性的认知。它也有助于获得与珊瑚礁生物集群生活至关重要的生物学、化学和物理学数据信息，增进对其适应环境变化能力的了解。"

珊瑚礁仅占全球海洋面积的 0.2%，却为多达 30% 的海洋生物提供着庇护和生存空间，因此，它们的健康状况对依赖海洋资源的人类而言，重要性不言而喻。

特鲁布莱介绍说，这趟独特的科考之旅，路线覆盖太平洋从东到西、由南向北分布最广阔的珊瑚礁群落。从巴拿马海峡到日本列岛，从新西兰一直到中国，"塔拉"号穿越了太平洋上 11 个时区，还探访了极其偏远、与世隔绝的土地和珊瑚礁。

科考队用统一范式考察了 40 个岛群，分析 3 种依赖礁石的生物（两种珊瑚及一种水蛭属的无脊椎动物），来了解珊瑚的生物多样性。通过比较和跨学科研究，追溯这些珊瑚礁在较近时期的变化历程，观察其目前的发展状态，然后借助一些理论模型，模拟其未来的进化方向。

在行进中，科考队观测到，在气候变化影响下珊瑚礁出现大规模脱色现象：众多海域中，30%～90% 的珊瑚礁群落出现严重退化，仅个别地点，如瓦里斯群岛和富图纳群岛的珊瑚礁，尚完好无损。

于是，科考队决定尝试建立全球首个珊瑚礁资料库。"塔拉"号上的珊瑚生物学家、海洋学家和浮游生物专家研究团队，从海洋中收集各种珊瑚、珊瑚礁鱼、水质取样标本和海藻样本，以更好地了解它们的多样性、适应压力和当前高温、污染及酸化等环境状况的能力。迄今他们已完成 2500 次潜水作业，采集 2.5 万个研究样本。

特鲁布莱说："中国是太平洋沿岸的重要国家，对于海洋科学方面有很多创新研究，塔拉科考基金会希望与中方科学家及实验室长期合作，共同推动海洋和气候研究的长远发展。"

（二）无人科考船设计建造的新信息

1. 我国设计建造无人科考船的新进展

（1）智能无人艇成为我国海洋科考新装备。[7] 2018 年 1 月 18 日，新华社报道，由国家海洋局南海调查技术中心主持、多单位参与研制的特种无人艇，日前在我国第 34 次南极科学考察活动中获得成功应用。它是针对南极恶劣环境设计的，搭载有浅水多波束系统。

此前，我国自主研发的智能无人艇，已经在极浅水区、海洋岛礁等多种环境状态下得到成功应用。至此，除少部分非常困难的应用场景外，我国现阶段智能无人艇的技术成熟度，已可满足海洋测绘大部分应用场景需求。

国家海洋局南海调查技术中心主任王伟平说："与国外相比，国内无人艇行业在民用领域的技术发展和应用均达到了较高水平，与领先国家的差距不大，可以满足我国海洋调查的迫切需求，并有效解决传统调查所难以克服的多方面困难。"

据专家介绍，目前中国智能无人艇研发、设计、生产均处于高速发展阶段。近来生产和在研船型繁多、可搭载多种调查勘测设备，适应多种工作环境，可用于测深、测流、环保、安防、搜救、投送等多个领域，特别是和大型科考船搭配使用，可更好地克服海洋复杂环境造成的各种困难与挑战，更好实现科考目标。

目前，相关研究团队正进一步深化和拓展智能无人艇研究，包括夜间测试、多任务深度集成、多艇协同应用等，未来中国智能无人艇将有更广阔的应用空间。

（2）全球首艘智能型无人系统科考母船交付使用。[8] 2023 年 1 月 13 日，央视新闻报道，圆满完成各项海试目标任务的全球首艘智能型无人系统科考母船"珠海云"，顺利入泊母港，昨天（1 月 12 日）正式交付使用。

"珠海云"由南方海洋科学与工程广东省实验室（珠海）主持建造，该船是全球首艘具有自主航行功能和远程遥控功能的智能型海洋科考船，获得了中国船级社颁发的首张智能船舶证书，动力系统、推进系统、智能系统、动力定位系统及调查作业支持系统等，均为我国自主研制。

南方海洋科学与工程广东省实验室（珠海）主任陈大可院士说，这一次是"珠海云"第一次专业海试，目的是要检测它的自主航行性能，以及无人艇的收放这些步骤。连续 12 个小时都是无人的，完全可以自己避障和规划路径等，完全达到了原来的设计指标。

"珠海云"船长 88.5 米，型宽 14.0 米，型深 6.1 米，设计排水量约

2100 吨，最大航速 18 节，经济航速为 13 节，可搭载多种不同观测仪器的空、海、潜无人系统装备，可执行海洋测绘、海洋观测、海上巡检及部分调查取样等综合性海洋调查任务。

2. 国外设计建造无人科考船的新进展

俄罗斯打造首艘无人驾驶科考船。[9] 新华社报道，2019 年 10 月 24 日，俄罗斯圣彼得堡中涅瓦造船厂发布消息说，俄将打造第一艘无人驾驶科考船"先锋-M"号，预计明年可建成下水，将在黑海和亚速海执行全年候科考工作。

"先锋-M"号科考船设计长度 25.7 米，宽 9 米，航速约 10 节，排水量 82 吨。据造船厂经理谢列多霍介绍，船体建造工作将在圣彼得堡的造船厂进行，剩余设备组装等将在别处完成。他预计科考船可于 2020 年秋天下水测试。

据介绍，"先锋-M"号科考船项目总投资 3 亿卢布，由俄罗斯教育科学部、俄罗斯联合造船集团等提供资金支持。

二、建造海洋探测船舶的其他新成果

（一）极地破冰船设计建造的新信息

1. 国外设计建造极地破冰船的新进展

俄罗斯建造拥有技术优势的超级核动力破冰船。[10] 2014 年 1 月，有关媒体报道，目前，俄罗斯正在建型号为 ЛК-60Я 和 ЛК-110Я 的超级核动力破冰船，最大功率将达 11 万千瓦，破冰厚度 2.8～3.5 米。据悉，俄罗斯是世界上唯一拥有核动力破冰船的国家，而且已建成一支独一无二的核动力破冰船队。

自 20 世纪 50 年代初，俄罗斯就开始制造核动力舰船，迄今共建成 9 艘核动力破冰船。其中第一艘核动力破冰船"列宁"号 1959 年下水，1989 年退役。1975 年起陆续投入使用的"北极"级核动力破冰船，是俄罗斯现役核动力民用船只中的中坚力量，其中主要有"俄罗斯"号、"苏维埃联盟"号、"亚马尔"号、"胜利 50 周年"号等。"北极"级破冰船船长 148～159 米，排水量 2.3 万～2.5 万吨，破冰厚度 2～3 米。此外，俄罗斯还拥有 2 艘"泰梅尔"级浅水区核动力破冰船。

在世界各主要国家争夺北极资源的背景下，俄罗斯在核动力破冰船方面拥有的绝对优势，是其实施北极战略的重要保障。就经济意义而言，它能确保俄罗斯"北方海道"的全年通航，保障俄罗斯在北极地区的经济活动。

所谓"北方海道"，是指沿俄罗斯海岸线往返太平洋与北冰洋之间的海上交通线，大部分路段位于北冰洋水域。该航道年通航期很短，多半时间被冰层覆盖，需破冰船护航。俄政府要求进入航道的船舶事先申请，强制接受俄破冰船护航。

2. 我国设计建造极地破冰船的新进展

（1）我国建成首艘自主设计的极地科考破冰船。[11] 2019 年 7 月 11 日，新华社报道，我国第一艘自主建造的极地科学考察破冰船——"雪龙"2号当天在上海交付，并将于 2019 年底首航南极，我国极地考察现场保障和支撑能力取得新的突破。

"雪龙"2 号建造工程由自然资源部所属的中国极地研究中心组织实施，按照"国内外联合设计，国内建造"的模式，由芬兰阿克北极有限公司承担基本设计，中国船舶工业集团公司第七〇八研究所开展详细设计，江南造船公司负责建造。

"雪龙"2 号船长 122.5 米，型宽 22.32 米，设计吃水 7.85 米，设计排水量 13996 吨，航速 12～15 节；续航力 2 万海里，自持力 60 天，具备全球航行能力；能满足无限航区要求，可在极区大洋安全航行，能以 2～3 节的航速在冰厚 1.5 米加雪厚 0.2 米的条件下连续破冰航行。

"雪龙"2 号融合了国际新一代考察船的技术、功能需求和绿色环保理念，采用国际先进的船艏船艉双向破冰船型设计，具备全回转电力推进功能和冲撞破冰能力，可实现极区原地 360°自由转动。

"雪龙"2 号装备有国际先进的海洋调查和观测设备，能实现科考系统的高度集成和自治，在极地冰区海洋开展物理海洋、海洋化学、生物多样性调查等科学考察，今后将成为我国开展极地海洋环境调查和科学研究的重要基础平台。

"雪龙"2 号交付后，将加入我国极地考察序列，开展船载科考设备调试等工作。在 2019 年下半年我国开展的第 36 次南极考察任务中，它将与

"雪龙"1号一起编队，共同奔赴南极中山站。

（2）"中山大学极地"号破冰船试航成功。[12]《科技日报》报道，2022年12月29日，我国高校唯一的极地破冰多用途船"中山大学极地"号，当天安全停靠在广州文冲船舶修造公司码头，圆满完成桂山水域试航任务。

近日，"中山大学极地号"出发到桂山水域进行试航。航行过程中，随航人员全面检查了航行状态下"中山大学极地号"各设备及系统的协调性、工作稳定性及安全可靠性，测试了设备及系统的各项性能指标参数，检验了升级改造后的船舶技术状态。同时，还进行了船员仪器操作培训和各种应急预案演练，为即将进行的渤海冰区试航做好充分准备。

该船是中山大学继"中山大学"号海洋综合科考实习船投入使用后，服务海洋强国战略的又一"大手笔"。2022年9月30日，中山大学为它举行命名仪式。

这艘破冰船排水量5852吨，长78.95米、宽17.22米、吃水深度8.16米，破冰能力排在世界前列。该船由民营企业家张昕宇、梁红夫妇捐赠给中山大学，为了更好地将该船服务于海洋和极地相关工作，中山大学投入近亿元进行改造，为其配备先进的探测装备。

中山大学地处我国南海之滨，与辽阔海洋结缘已久。1928年，朱庭祜和朱翔声两位教授完成了中国历史上首次对西沙群岛的科学考察。1999—2000年，学校重返南极科考国家"战队"，近几年来，也有多名师生参加极地科考。在7个整建制涉海学院以及南方海洋科学与工程广东省实验室（珠海）组成的海洋学科群基础上，中山大学2020年成立极地研究中心，加强多学科交叉融合，致力于建设国际领先水平的极地创新研究高地。

目前，中山大学已承接多个极地相关研究项目，后续还将对"中山大学极地"号进行科考能力升级改造，增加深水探测功能和甲板支撑设备，服务我国极地科学研究和人才培养。

（二）海洋探测专用作业船建造的新信息

1. 推出海上大气沉降研究作业船

建成使用以太阳能为动力的海上大气沉降研究船。[13]2013年9月16日，法国媒体报道，研究海上大气沉降的世界最大太阳能动力船，结束了在巴黎举办的为期 5 天的公众展示活动，向下一个目的地法国布列塔尼亚大区进发。

这艘双体船，长 31 米，宽 15 米，自重 89 吨，最高速度为每小时 9.25 千米，船体的唯一动力来自太阳能，船载电子设备均通过太阳能来供电。船长热拉尔·德·阿波维尔先生介绍，该船体顶部为可调节面积的太阳能电池板，最大面积为 512 平方米。太阳能发电最大功率可以达到 120 千瓦，但实际上 20 千瓦即可推动船前进。船上备有 6 组锂离子电池，电池充满后，可以满足 72 小时的航行需要。

2010 年，这艘船在德国下水，2012 年 5 月完成以太阳能为唯一动力的环球航行。2013 年，它两度横跨大西洋。目前，它已成为一个多功能的平台，包括科学研究、教育基地和光伏应用的宣传大使。2013 年 6 月以来，日内瓦大学的马丁·伯尼斯顿教授把它作为研究墨西哥湾流的科学基地，研究海面上大气沉降对海洋生物的影响。伯尼斯顿教授说，由于此船没有化石燃料的燃烧排放，使其成为研究海上大气沉降最适合的平台。

2. 设计建造海底挖泥船的新进展

建成亚洲最大绞吸海底挖泥船"天鲲"号。[14] 2017 年 11 月 2 日，《中国青年报》报道，中国交建天津航道局有限公司投资的亚洲最大绞吸海底挖泥船"天鲲"号，已在江苏省启东市建造完成，定于 11 月 3 日下水。

"天鲲"号长 140 米、宽 27.8 米，甲板面积有 9 个篮球场大小，最大挖掘深度 35 米，其性能已全面超越有造岛神器之称的现役亚洲第一大绞吸挖泥船"天鲸"号。2010 年交付使用的"天鲸"号，绞刀功率为 4200 千瓦，吹填造陆时能以每小时 4500 立方米的速度将海底混合物排到最远 6 千米外。而"天鲲"号则更胜一筹，其绞刀功率已提高到 6600 千瓦，最高可达 9900 千瓦，标准疏浚能力达到每小时 6000 立方米，最大排距提高到了 15 千米。

由于"天鲲"号在世界上首次应用了三缆定位系统等先进技术，其适应恶劣海况的能力达到全球最强，并具备在世界上任何海域航行的能力。

"天鲲"号是中国第一艘国内设计建造、拥有完全自主知识产权的重型自航绞吸挖泥船，打破了少数发达国家的垄断。

3. 设计建造浮标作业船的新进展

建成大型浮标作业船"向阳红"22号。[15] 2018年9月29日，新华社报道，我国首艘大型浮标作业船"向阳红"22号，在武汉长江边正式下水。这将有助于我国走向深远洋，并提升我国全球海洋观测水平。

该船由中船重工武昌船舶集团有限公司承建。据介绍，"向阳红"22号轮为3000吨级大型浮标作业船，其总长89米，宽18米，深7.2米，服役后将打破目前我国在大型浮标、潜标布放、回收、抢修等保障工作中的装备瓶颈，是国内唯一具备起吊直径10米、重60吨的大型海洋监测浮标能力的工作船，在国际上也是起吊浮标能力最强的工作船之一。

这条浮标作业船最大的亮点就是A型架和止荡装置。A型架，可以保证在海上自如地布放和回收浮标，而"工字形"止荡装置可以把大型浮标稳稳地固定在底座上。

浮标是当前海洋监测最主要的手段。监测机构通过将各种监测仪器放在浮标平台上，来获取海洋数据信息，从而达到认识海洋、经略海洋的目的。我国在海洋浮标布放方面落后于发达国家中的海洋强国。主要原因是，之前没有浮标作业船，我国的浮标布放、维修、回收等都是依靠其他类型的船舶来进行，对海况要求高，耗时长而作业效率低。

过去，我国海洋监测浮标一般集中在近海，深远海非常少。"向阳红"22号轮服役后，将大幅拓展我国海洋观测的范围。因为该船无限航区，且续航力达到1万海里，自持力为60天，最高航速达到甚至超过16节，可以用于浮标和潜标的巡视维护、布放、回收，以及应急布放、回收、抢修等保障工作，还具备执行断面调查等综合海洋调查任务的能力。

4. 设计建造海道测量船的新进展

建成深远海大型专业海道测量船。[16] 2022年7月8日，央视新闻客户端报道，当天上午，我国首艘具备深远海测量能力的专业海道测量船"海巡08"号，在江南造船公司下水。这艘船建成后，将是我国规模最大、综合能力最强、设备设施最先进的新一代大型专业海道测量船，测量能力达到世界领先水平。

海道测量船"海巡08"号由中国船舶集团旗下七〇八所设计，设计航区为无限航区，总长123.6米、型宽21.2米、型深9.3米，排水量约

7500 吨，设计航速 15 节，续航力 18000 海里，自持力 60 天，定员 100 人。船舶采用 B3 级冰区加强，具备 DP2 级动力定位能力，可在 9 级海况下安全航行，5 级海况下漂泊测量，4 级海况下走航式测量作业。

海道测量，就是对于海洋中涉及船舶航道的测量和绘制。在地面道路上，我们可以使用导航软件等进行实景导航，船舶在海洋航道中行驶，也需要航海图提供航道信息，提前了解航道深浅、航行障碍物位置、海底地形等海洋道路的情况。海道测量船就是通过海洋实景影像的勘测收集生成的航海图，实现在海上的实景导航。

海道测量船则需要"高清影像"对海洋地形、地貌进行精确勘测，例如海洋山丘的宽度、长度等。为了达到"高清"效果，海道测量船的声学设备系统成了关键。为了使声学设备更好地发挥作用，且避免艏部层流中气泡的影响，海道测量船"海巡 08"号轮将声学设备安装在船底下方的吊舱中，这在国内船舶建造过程中是首次使用。

"海巡 08"号于 2019 年 12 月 30 日开工，此次下水是建造过程中的标志性节点，接下来将按计划推进设备安装调试、系泊试验、航行试验、测量系统海试、内装工程等各项工作。这些工作完成后，将交付交通运输部东海航海保障中心，成为我国深远海海道测量旗舰。它主要用于我国管辖海域，特别是深远海海域的海道测量工作，并参与全球海上应急搜救与测量行动、国家重大海上维权行动、区域和国际联合海洋测绘交流。

据有关专家介绍，"海巡 08"号可对我国管辖海域实施全海深全要素测量，将进一步提高我国海道测量实力及应急扫测和搜寻能力，推动海道测量实现由近海迈向深远海的升级，该船的建造对于有效保障重要航运通道通航安全，维护国家海洋权益和环境保护，加快建设交通强国具有重要意义。

（三）海洋探测船舶部件与配料研制的新信息

1. 研制海洋探测船舶重要部件的新进展

（1）研发出新一代船舶用的数字雷达。[17] 2013 年 7 月 2 日，有关媒体报道，韩国现代重工新一代"船舶用数字雷达"研发工作宣告结束，计划两年内开始推向商业化用途。

据称，为了研发数字雷达，现代重工业、韩国电子通信研究院、蔚山经济振兴院、造船海洋器材研究院和中小企业等 10 个机构，从 2010 年 7 月组成联盟，共同进行自主研发。

报道说，此次成功研发的数字雷达的分辨率，与现有产品相比要高出 2 倍之多，即使是在恶劣天气条件下，也可以探知 10 千米之外大约 70 厘米大小的物体。该数字雷达的核心零部件功率放大器的寿命，高达 5 万小时，与其他产品寿命 3000 小时相比高出 16 倍。该数字雷达的优点，还在于可应用到军事领域、海洋设备以及航空领域等。

现代重工计划，在 2014 年下半年，从挪威船级社 ISO9001 质量体系认证机构等主要船级机构获得认证，从 2015 年开始将其用于商业化。同时，现代重工业还表示将开发可对航运系统、外部环境信息及其他船舶信息进行整合管理，从而保证安全航行的船舶整合运行系统。

（2）研发出世界最大船用双燃料发动机。[18] 2020 年 5 月 27 日，央视网报道，由中国船舶自主研发的目前世界上最大的船用双燃料发动机，在 26 日正式面向全球市场发布。该机型的成功推出，标志着我国高端海洋装备自主研发制造水平实现了新的突破。

发布仪式通过云端在中国北京、上海，法国马赛、巴黎和瑞士的温特图尔五地同步举行。发动机是全船最主要的核心部件，这款发动机也是全球首制最大的双燃料发动机，由天然气和传统燃油机两种模式组成，绿色环保又保证了强大的动力输出。由中国船舶温特图尔发动机有限公司研发，上海中船三井造船柴油机有限公司建造。该机型长 22.7 米，高 16 米，重量约 2140 吨，单机功率达到 63840 千瓦。

据介绍，这款发送机还首次使用了自主研发的新一代智能控制系统，能实现提前预警、在线诊断功能，为船舶运行维护提供了更加便捷、高效的体验，也能从经济性角度更好地为船东服务。

2. 研制海洋探测船舶防腐蚀配料的新进展

研制出可有效对抗船舶生物淤积的防腐蚀涂料。[19] 2018 年 10 月，澳大利亚国防材料技术中心理查德·皮奥拉参与，其他成员来自斯威本科技大学等机构的一个研究团队，在国际期刊《生物黏附和生物膜研究》杂志上发表论文称，他们近日研制出一种防腐蚀涂料，与现有涂料相比，可成功地把附着于船体上的藻类及微生物等的总量减少一半，缓解生物淤积对船体造成的损害。

生物淤积和腐蚀现象，可能严重影响船舶航行和燃料消耗。缓解生物淤积每年可为全球航运业节省很多燃油支出。

研究人员说，新材料于2015—2017年间在澳大利亚3个试验点对100多个样本进行了海水浸泡测试。结果显示，与目前使用的涂料相比，新型涂料形成的覆膜，能将生物淤积程度减轻50%。

皮奥拉表示，由于成本问题，新涂料目前还不能用于整个船体，但仅用于船只主要机械部件已经能发挥重要作用。新涂料的应用，将对提高海洋探测船工作能力发挥重要作用，并显著降低海洋探测船的维护成本。

第二节 研制海洋探测专用器具的新进展

一、研发潜水器或水下机器人的新成果

（一）非载人潜水器研发与集成的新信息

1. 研制"龙"系列深海潜水器的新进展[20]

（1）"龙"系列深海潜水器研制概况。2020年4月，有关媒体报道，随着我国深海勘探事业的推进，用于探测深海的设备得到快速发展。基于敢下九洋捉鳖的勇气，我国研制开发出多种类型的深海勘探工具。特别引人注目的是，研制出以"海龙""潜龙"和"蛟龙"为代表的"龙"系列深海潜水器。

深海潜水器可分为非载人潜水器和载人潜水器。非载人潜水器也称作无人遥控潜水器或水下机器人。目前，无人遥控潜水器，主要分为有缆遥控潜水器和无缆遥控潜水器。其中，有缆遥控潜水器又分为三种类型：水中自航式、拖航式和能在海底结构物上爬行式。载人潜水器也可分为有缆和无缆两类，它们最大的区别，就在于无缆载人潜水器可在深海中自由航行，而有缆载人潜水器更像一个能够在水中直上直下的电梯。

（2）开发"海龙"系列深海潜水器。"海龙"系列中的杰出代表是"海龙"二号，它是我国自主研制的水下机器人，属于有缆遥控潜水器。"海龙"二号能够在3500米水深、海底高温和复杂地形等特殊环境中开展

海洋调查和作业，是我国目前所有的有缆遥控潜水器中下潜深度最大、功能最强的水下机器人。除了深度上的优势之外，"海龙"二号还在国际上首次采用了一些自主研发的先进技术，如虚拟控制系统和动力定位系统等。

（3）开发"潜龙"系列深海潜水器。"潜龙"系列目前包括"潜龙"一号、"潜龙"二号、"潜龙"三号和"潜龙"四号，它们都属于无缆遥控潜水器。"潜龙"一号是由我国与俄罗斯共同研制的"CR-01"系列改造而成的，它属于 6000 米级潜水器，采用回转体形式，可完成海底微地形地貌精细探测、海底水文参数测量和海底多金属结核丰度测定等任务。"潜龙"二号和"潜龙"三号是完全由我国自主研制的 4500 米级潜水器，采用鱼型仿生形式，具有更好的运动灵活性和水中状态，并集成海底热液异常探测、海底微地形地貌探测和海底磁力探测等技术。"潜龙"四号是中国大洋协会采购的产品化 6000 米级潜水器，是一款面向用户应用需求的定制化无缆遥控水下机器人产品，其主要技术指标与"潜龙"一号相比有较大幅度提升，可靠性更好。2020 年，它首次执行大洋调查任务。

（4）开发"蛟龙"系列深海潜水器。"蛟龙"号是深海载人潜水器，它在 2002 年作为重大海洋装备课题立项。此后，它历经设计建造、总装集成、水池试验、海试 4 个阶段。2012 年 6 月，在马里亚纳海沟开展的大深度海试中，其成功下潜到 7062 米的最大深度，创造了作业型深海载人潜水器的新世界纪录，打破了日本保持了 23 年的最深潜水纪录。海试成功后，"蛟龙"号在 2013—2017 年进入试验性的应用阶段，在此期间，它的足迹遍及世界七大海区，包括南海、东太平洋多金属结核勘探区、西太平洋海山结壳勘探区、西南印度洋脊多金属硫化物勘探区、西北印度洋脊多金属硫化物调查区、西太平洋雅浦海沟区、西太平洋马里亚纳海沟区等，有450 多人次的科学家参与下潜活动，取得了一系列令人瞩目的深海勘探成果，掀起了世界范围内的深海调查与深海研究热潮。

2. 研制万米级深渊潜水器的新进展

（1）首台万米级深渊潜水器"彩虹鱼"号海试成功。[21] 2015 年 10 月29 日，科学网报道，上海海洋大学当天宣布：9 月 26 日至 10 月 25 日，该校深渊科学技术研究中心研制的我国首台万米级无人潜水器和着陆器"彩虹鱼"号，在南海成功完成 4000 米级海试，标志着中国人在探秘"万米深渊"方面迈出了关键性的第一步。

上海海洋大学深渊科学技术研究中心崔维成教授介绍，本次海试项目主要包括：装船适应性调试、考核和验收；各系统和设备在海上工作环境下的功能调试、考核和验收；各操作岗位和维护人员的培养、训练；4000米以浅功能和性能测试；为下一阶段 11000 米级海上试验提供海试经验及整改方案。他表示，着陆器和无人潜水器分别作为 11000 米载人潜水器的Ⅰ型和Ⅱ型试验验证平台，它们的海试为 11000 米载人潜水器的研制提供技术支持。

据悉，本次试验的万米级着陆器和无人潜水器是深渊科学技术研究中心首次研制的 2 台全海深装备。此次 11000 米级无人潜水器样机的研制成功，标志着我国除载人舱以外的各项关键技术攻关均有了显著突破。据了解，"彩虹鱼"号无人潜水器除了水下摄像机、水下灯和部分电缆进口外，布放与回收系统、中继站系统、光纤缆、水面控制系统实现 100％国产化，潜水器本体系统国产化率达到 95％。

根据计划，"彩虹鱼"号在完成 4000 米级海试后，2016 年 7 月将开启海上丝绸之路首航之旅；8—9 月，全海深无人潜水器和着陆器 11000 米马里亚纳海沟测试；2017 年开展从南极至北极的"极地深渊科考探索之旅"；2019 年，全海深载人潜水器冲击 11000 米马里亚纳海沟的极限挑战。

上海海洋大学深渊科学技术研究中心在我国"蛟龙"号研制成就的基础上，向 11000 米深渊发起极限挑战，并于 2014 年获得上海市科学技术委员会支持，成立了上海深渊科学工程技术研究中心。中心的主要目标是以最快的速度研制出以万米级作业型载人潜水器为核心的深渊科学技术流动实验室，全力发展我国前沿的深海科学与技术。

崔维成介绍，研究中心的目标是研制世界上第一个全海深的"深渊科学技术流动实验室"，为中外海洋科学家持续、系统地开展深渊科学研究搭建一个公共平台。全海深的"深渊科学技术流动实验室"由上海海洋大学深渊科学技术研究中心与彩虹鱼深海科技股份有限公司采用"国家支持＋民间投入""科学家＋企业家"的创新模式共同搭建。整个项目由一条 5000 吨级的科考母船"张謇"号、一台万米级全海深载人潜水器、一台万米级全海深无人潜水器、三台全海深着陆器组成。

崔维成表示，"深渊科学技术流动实验室"今后将为中外海洋科学家提供探索研究平台，可对全球 26 条 6500 米深度以下的深渊海沟，进行系统性科学普查，获取珍贵样本，建立深渊生物 DNA 数据库，带动一系列深渊生命科学研究的开展，为人类探索海洋做出贡献。

（2）"彩虹鱼"号潜水器成功探秘万米深渊。[22] 2016 年 12 月 29 日，科学网报道，当天早上，正在西南太平洋上进行科考作业的"张謇"号传来喜讯：由上海海洋大学深渊科学技术研究中心和上海彩虹鱼海洋科技股份公司组成的深渊科学考察队，利用自主研发的 3 台全海深潜水器在万米深渊成功完成科考任务。这标志着中国科学家探索"人类未知的深海世界"又迈出了实质性的一步。

当地时间 12 月 27 日，科考队在西南太平洋公海对一条 7000～10000 米深渊海沟进行科考作业时，利用自主研制的 3 台万米级潜水器，在万米深度（最深下潜到 10890 米）成功地进行了一系列科学考察作业，获得了非常宝贵的万米深渊的生物、微生物及海水样本和影像资料。

本次科考队领队崔维成表示，这次海试验证了由我国科学家独立自主研制的 3 台万米级潜水器完全达到设计目标，成功通过万米海试，具备了在万米海深开展系列科考作业的能力。

（3）"海斗"一号刷新我国潜水器下潜深度纪录。[23] 2020 年 6 月 8 日，《人民日报》报道，中国科学院沈阳自动化研究所主持研制的"海斗"一号全海深自主遥控潜水器，日前在马里亚纳海沟成功完成其首次万米海试与试验性应用任务，取得多项重大突破，填补了我国万米级作业型无人潜水器的空白。

"海斗"一号在马里亚纳海沟实现 4 次万米下潜，最大下潜深度 10907 米，刷新了我国潜水器最大下潜深度纪录。在高精度深度探测、机械手作业、近海底工作时间、声学探测与定位、声学通信作用距离及高清视频传输等方面，创造了我国潜水器领域多项第一。

作为集探测与作业于一体的万米深潜装备，"海斗"一号在国内首次利用全海深高精度声学定位技术和机载多传感器信息融合方法，完成了对"挑战者深渊"最深区域的巡航探测与高精度深度测量，获取了宝贵数据。

3. 研制"探索"与"问海"水下机器人的新进展

(1)"探索"号自治式水下机器人开展首次试验性应用。[24] 2017 年 7 月 24 日,新华社报道,我国自治式水下机器人"探索"号,当天在南海北部开展首次试验性应用。"探索"号由中国科学院沈阳自动化研究所自主研制,它长约 3.5 米,宽和高约 1.5 米,4 个红色鱼鳍状的螺旋桨装置分别位于它的"鳃"部和靠近尾部的位置,其最大作业深度可达 4500 米。

当天上午 8 时,在"科学"号科考船的后甲板上,科考队员做好了"探索"号下潜的所有准备工作。船舶抵达指定位置后,科考队员拉紧止荡绳,甲板上用于起吊大型装备的 A 架缓缓将"探索"号吊起,A 架向外摆出船舷,并将"探索"号缓缓放入水中,科考队员抽掉缆绳和止荡绳,机器人开始自主下潜。

"探索"号进入水面后就和母船之间没有缆绳连接了,在水下按照预设程序自主工作。在首次试验性应用中,它将在水下工作 20 小时,前 10 小时对地形进行声学扫描,范围大概是 4000 米×2000 米,后 10 小时进行光学拍照,航行速度稍微慢一点,范围大概是 600 米×300 米。

据了解,此次"探索"号对南海一冷泉区进行较大范围调查后,科考队员对确定有精细研究价值的点,再用"发现"号遥控无人潜水器开展精细调查和作业。自治式水下机器人和遥控无人潜水器的区别是:自治式水下机器人无缆绳,调查范围较大;遥控无人潜水器则和母船之间有缆绳相连,可搭载作业设备较多,擅长开展精细调查和作业。

(2)"问海"1 号自主遥控水下机器人正式交付。[25] 2022 年 7 月 20 日,央视新闻客户端报道,近日,中国科学院沈阳自动化研究所研制的 6000 米级自主遥控水下机器人"问海"1 号,顺利完成海上试验及科考应用,通过验收并交付用户。

"问海"1 号是面向海洋综合科考需求,定制开发的 6000 米级深海探测作业一体化高技术海洋装备,具备大范围自主巡航探测和定点精细遥控取样作业功能,拥有自主、遥控和混合"三合一"的多种工作模式。

在海试与应用中,"问海"1 号共执行 17 个潜次任务,根据不同任务需求,在三种工作模式间灵活切换,高效完成试验与科考任务。"问海"1 号的测深侧扫和浅剖声学探测能力、光学探测能力及机械手定点取样能力等得到充分验证，各项指标均满足海试考核要求。同时，"问海"1号还获取了近海底高精度探测数据、表层沉积物柱状样及海底生物样品，实现了对地球重力场、磁场等信息的精细化测量，为海洋资源勘探和多物理场匹配导航研究提供了技术支撑。

"问海"1号是我国首台交付工程应用的自主遥控无人潜水器，将列装中国地质调查局青岛海洋地质研究所"海洋地质九"号船，服务于海洋环境调查、生物多样性调查、海底特定目标物探查、深海极端环境原位探测和深海矿产资源调查等深海科考工作。

4. 集成开发潜水器或水下机器人的新进展

（1）开展不同类型和不同功能潜水器的集成组网应用。[26] 2021年9月23日，《科技日报》报道，无人无缆潜水器，又称水下机器人，是21世纪以来国际海洋工程领域发展的尖端技术之一，也是智能技术在海洋应用中的典型体现。在当天举行的"无人无缆潜水器组网作业技术与应用示范"项目课题绩效评估会议上，研究人员披露，我国已集成大规模、多类型无人无缆潜水器组网观测与探测应用。

据了解，该项目隶属于"深海关键技术与装备"重点专项，依托清华大学深圳国际研究生院，由中国科学院沈阳自动化所、天津大学、中国科学院深海所、中国科学院南海所、浙江大学、中船七一五所、中船七一〇所、国家海洋技术中心等共同承担。

项目负责人、浙江大学徐文教授表示，当今动态海洋环境的研究已从大尺度、慢变过程发展到对中小尺度、快变过程的观察。区域环境的动态变化对特殊气候形成、灾害条件产生、生物习性变迁及实时战区警戒等有着极其重要的影响。但要满足区域性、多变性、实时性环境观测要求，需要具备宽覆盖、人机交互与快变跟踪能力，利用不同类型、不同能力的潜水器构成移动观测网络。

据了解，历时近4年，在深圳投资控股有限公司配套经费支持下，项目完成了"探索100"自主式潜水器，"海翼1000"与"海燕1000"水下滑翔机，"海鳐""蓝鲸"与"黑珍珠"波浪滑翔机的定型和改装，制造了50台套平台系统。工作水深跨越100～1000米，使我国海洋移动组网技术从理论仿真研究，进入成规模试验乃至应用示范阶段。更重要的是，

2020—2021 年，项目累计完成了近 4 个月的海上试验，参与组网观测与探测应用的潜水器平台种类和数量规模创国内外纪录。

徐文说："不同类型平台、动态网络条件下的移动节点声学组网是一大国际难题，我们不仅成功提出了通信解决方案，还验证了成规模的基于海面/海底信标网络的水下 GPS 系统技术。"在项目支持下，用于组网的水声通信机、水声传感器等重要水下装备，实现了从试验样机到成熟产品的转变，进一步夯实了我国高端海洋装备自主产业化能力。

(2) 通过集成开发可在水下协同作业的机器人系统。[27] 2022 年 1 月，国外媒体报道，欧洲 5 个国家 8 个合作伙伴和 49 名研究人员共同参与的"净海"项目研究团队，开发出一种可在水下收集垃圾的机器人集成系统，并成功进行原型机的首次测试。这套机器人集成系统，能通过深度学习算法和声学传感器，把垃圾与海洋动植物区分开来。

欧盟在"地平线 2020"框架下，向海底收集垃圾的"净海"项目资助 500 万欧元，希望研发机器人集成系统来收集海底垃圾。

该项目的机器人集成系统，由 4 个自主机器人组成，包括 1 个自主（或遥控）的母船、1 架无人机和 2 个水下机器人。这 2 个水下机器人，通过缆线从母船上获得电力。无人机和其中 1 个水下机器人，用来识别垃圾。它们通过深度学习算法和声学传感器，把垃圾与海洋动植物区分开来。它们使用定制设计的抓取器和抽吸设备收集检测到的垃圾，然后将其放到位于水面的收集箱中。

空中飞行的无人机可将收集的信息生成一个虚拟地图。然后，水下机器人会驶过地图上的某些点并收集垃圾。通过所谓的多主体控制技术，所有机器人都相互连接，当一个机器人改变位置时，其他机器人就会知道。除了一个机器人的初始命令外，整个系统无需人工干预。

参与该项目的德国慕尼黑工业大学，为机器人提供人工智能算法，教会水下机器人何时以及在何种条件下以某种方式移动。一旦发现并定位了垃圾，即便遇到强大的潮流，机器人也会坚持围绕它移动。同时，算法力求用尽可能少的数据做出最好的预测。"净海"项目的目标，是以 80% 的预测率对水下垃圾进行分类，并成功收集其中的 90%，大致与潜水员的工作效果相当。

（二）全海深载人潜水器研发的新信息

1. 攻克全海深载人潜水器研制技术的新进展

全面突破全海深载人潜水器九大关键技术难关。[28] 2018 年 3 月 7 日，有关媒体报道，中国科学院在执行第三次深渊科考时，4500 米载人潜水器"深海勇士"号将开始试验性运行。这台潜水器为我国已投入使用的"蛟龙"号技术更新，以及正在研制的全海深载人潜水器奠定了中国制造的基础。所谓全海深载人潜水器就是指万米级载人潜水器。

全海深载人潜水器建成投入使用后，将会创造新的中国海洋探测深度，进一步提升我国的海洋研究水平。

从水面到万米的海底，海水密度是变化的，温度也会变化。随着深度变化，浮力材料体积会缩小，因为有一定吸水，重量会增加。2018 年初，中国科学院理化所为全海深载人潜水器研制的全新浮力材料开展了定型测试，并将开始正式生产。

据悉，进行定型测试的浮力材料样品，是运用多种不同的工艺路线研制的，测试是为了选择一种更优的方案，运用到真正的生产中。全部浮力材料都必须首先经历模拟万米水下压力环境的保压试验，测试材料是否能够满足实际工作环境要求。在此之后，工作人员对浮力材料抽取多种类型的样品，进行不同项目的测试。

目前，载人球壳、浮力材料等全海深载人潜水器九大关键技术，正在全面攻克，并逐一实现产品定型。

4500 米载人潜水器立项时，定下的目标之一是带动一批深海通用技术和产业的发展，将装备国产化率提高到 85％以上，实际国产化率达到 95％。研究人员表示，全海深载人潜水器装备国产化率不会低于这一比例。

2. 开展全海深载人潜水器深潜试验的新进展

全海深载人潜水器创造中国载人深潜新纪录。[29] 2020 年 11 月 10 日，有关媒体报道，成功研制"奋斗者"号全海深载人潜水器，是我国攻克深海探测关键技术的一项重大成果。它于 2016 年立项启动，2020 年 6 月完成总装集成与水池试验。2020 年 7 月，它完成第一阶段海试，共计下潜 17 次，最大下潜深度 4548 米。2020 年 10 月 10 日，"奋斗者"号启航赴马里亚纳海沟开展第二阶段海试，期间共计完成 13 次下潜，其中 11 人 24 人次参与了 8 个超过万米深度的深潜试验。11 月 10 日 8 时 12 分，它创造了 10909 米的中国载人深潜深度纪录。

中国船舶七〇二所是"奋斗者"号研制的牵头单位，在潜水器的总体设计、关键技术研发、集成建造及试验验证等工作中发挥了核心作用，创建了独立自主的全海深载人深潜装备设计技术体系，构建了稳定可靠的高标准、规范化的试验、检测与应用体系，进一步在潜水器总体设计与优化、系统调试与仿真、深海作业等关键技术方面取得重大突破，国际上首次攻克高强高韧钛合金材料制备和焊接技术，实现万米级浮力材料固化成型新工艺自主可控，潜水器动力、推进器、水声通信、智能控制等核心技术水平进一步提升。

"奋斗者"号作为当前国际唯一能同时携带 3 人多次往返全海深作业的载人深潜装备，其研制及海试的成功，显著提升了我国深海装备技术的自主创新水平，使我国具有了进入世界海洋最深处开展科学探索和研究的能力，体现了我国在海洋高技术领域的综合实力，是我国深海科技探索道路上的重要里程碑。

二、研发水下滑翔机与海上飞行器的新成果

（一）水下滑翔机研发及海试的新信息

1. 研制新一代水下滑翔机的新进展

自主研发出"海翼"号水下滑翔机。[30] 2016 年 11 月 19 日，新华社报道，在第十八届中国国际高新技术成果交易会上，中国科学院沈阳自动化研究所设计研制的"海翼"号水下滑翔机正式亮相。水下滑翔机是一种新型水下无人潜航器，它运用活塞原理改变自身浮力在海中移动，续航时间可长达数月。

近年来，以混合推进技术为特征的新一代水下滑翔机，成为国际研究的新趋势。它集能耗小、成本低、航程大、运动可控、部署便捷等优点于一身，具备独立在水下全天候工作的能力，在海洋科学等领域发挥重要作用。

目前，中国自主研制的水下滑翔机下潜深度达到 5751 米，接近目前国

际上水下滑翔机最大下潜深度（6000米）。而"海翼"号此前在南海连续工作超过1个月，累计航程超过1000千米，获得220多个观测数据，创造并保持了我国水下滑翔机海上工作时间最长和航程最远的纪录。

该研究所水下机器人研究室主任俞建成介绍道，"海翼"号系统采用模块化技术，设计了独立的科学测量载荷单元。科学测量载荷单元可以根据科学家的观测任务，有针对性地定制搭载各种探测传感器。实现了从过去"打哪儿指哪儿"，到现在"指哪儿打哪儿"的转变，真正满足了科学家的多元化科研需求。

水下滑翔机的主要驱动机构包括俯仰调节装置、浮力调节装置和航向控制装置，其中航向控制装置采用了小型垂直舵控制方式，具有良好的航向控制能力，适合于各种复杂海流环境。俞建成表示：通过卫星通信可以实现对水下滑翔机的远程控制和实时数据获取，并可实现多台水下滑翔机协同观测作业。针对一直以来海上天气预报不够准确的问题，水下滑翔机为长时间、稳定、持续的预报提供了高密度的数据支撑。

2. 水下滑翔机作业航程海试的新进展

我国水下滑翔机海试突破千公里。[31] 2014年10月28日，《中国科学报》报道，近日，中国科学院沈阳自动化所研制的水下滑翔机，在南海结束了为期1个多月的海上试验，完成了多滑翔机同步区域覆盖观测试验和长航程观测试验。在长航程试验中，创造了我国深海滑翔机海上作业航程最远、作业时间最长的新纪录。

此次试验从9月5日开始至10月15日结束。多滑翔机同步区域覆盖观测试验，是通过岸基监控中心控制两台滑翔机，在设定的55千米×55千米的正方形观测轨迹执行同步观测，初步验证滑翔机系统的远程控制协同观测能力。长航程观测试验目的是在真实海洋环境条件下考核滑翔机系统的续航能力和系统可靠性。滑翔机在长航程试验中无故障工作了30天，完成了229个1000米深剖面观测，水平航行距离达到1022.5千米。

2014年，沈阳自动化所水下滑翔机先后完成了3次海上试验，滑翔机海上累计工作天数达到80天，累计航程达到2400多千米，累计观测剖面数超过600个，全面考核了系统的可靠性和稳定性，达到了产品化水平，为后期推广应用打下了坚实基础。

3. 水下滑翔机下潜深度海试的新进展

我国滑翔机深海下潜刷新深度世界纪录。[32] 2018 年 4 月 22 日，央视新闻客户端报道，青岛海洋科学与技术国家实验室船队成员"向阳红 18"号科考船，当天在国家海洋局深海基地靠港，圆满完成 30 天的共享航次任务。

此次，"向阳红 18"号搭载 31 套我国自主研制的"海燕－4000"级水下滑翔机、"海燕－10000"米级水下滑翔机等设备，奔赴马里亚纳海沟，共完成了 18 个剖面的下潜观测，其中超过 4000 米深度的观测剖面 3 个，最大工作深度达到 8213 米，刷新了下潜深度的最新世界纪录，把水下滑翔机的潜深从当前的 6000 米提升到 8000 米这样一个量级。同时，获得大量的宝贵深海观测数据，顺利通过海上测试。

4. 水下滑翔机续航能力海试的新进展

国产滑翔机再创水下续航能力新纪录。[33] 2018 年 5 月 16 日，新华社报道，天津大学海洋技术装备团队自主研制的长航程"海燕"号水下滑翔机，在南海北部安全回收，再次创造国产水下滑翔机连续工作时间最长、测量剖面最多、续航里程最远等新纪录。

"海燕"号万米级水下滑翔机，2018 年 4 月在马里亚纳海沟附近海域深潜，创造水下滑翔机工作深度的世界纪录，这一次它又取得技术突破，把我国水下滑翔机的观测能力提升到近 4 个月。

据介绍，本次成功通过海上试验验证的长航程"海燕"号水下滑翔机，设计航程 3000 千米级，于 2018 年 1 月 16 日在南海布放，5 月 14 日安全回收，连续运行 119 天，完成剖面 862 个，航行里程 2272.4 千米。

据介绍，"海燕"号水下滑翔机是一款无人潜航器，基于浮力驱动和螺旋桨推进相结合实现混合驱动，可长时间连续在大范围海域测量海水温度、盐度、海流、海洋背景噪声等物理参数，以及海洋微结构特征和特殊声源信息等，在海洋环境探测、探索追踪海洋突发事件中发挥着重要作用。

(二) 海上无人机与双栖机研发的新信息

1. 研发海上无人机的新进展

(1) 推出首架"人鱼海神"海上侦察无人机。[34] 2012 年 6 月 14 日，有关媒体报道，美国海军首架 MQ－4C 型广域海上监视无人机，当天在加利福尼亚州帕姆代尔的诺思罗普·格鲁曼工厂正式亮相。美国海军沿用根据希腊海神名字命名侦察机的传统，宣布其代号为"人鱼海神"。

该无人机是在美国空军"全球鹰"无人机基础上为海军研制的，它长约13.4米，翼展约39.9米，可在1.8万米的高空飞行24小时。这种无人机将装备能对下方海域360度扫描的雷达，一次飞行即可侦察近700万平方千米的海域。发现可疑目标后，它还可降低飞行高度，对目标进行重点侦察。

诺思罗普·格鲁曼公司航空航天部副总裁杜克·迪弗雷纳在当天举行的仪式上说，广域海上监视无人机项目，代表美国海军航空兵的未来，也是海军的一个战略要素，而"人鱼海神"无人机则是这一项目的关键，它将显著提高海上情报、监视和侦察能力。

（2）"翼龙"无人机成功执行海洋气象观测任务。[35] 2021年11月27日，中国新闻网报道，当日9时，中国航空工业公司自主研制的"翼龙"10号无人机腾空而起，搭载毫米波测云雷达、掩星/海反探测系统等，经过几十分钟飞行后到达任务空域，与天基、海基、岸基气象观测仪器一起，对海洋上空云系、温湿廓线分布及海面风场等气象要素进行协同观测。

在无人机气象保障服务指挥调度平台上，技术人员看着屏幕上一组组"翼龙"10号实时传输回来的试验数据很是兴奋，这些数据用常规气象探测手段几乎无法获取到。在整个任务过程中，"翼龙"10号各系统状态良好，任务载荷工作正常，此次飞行观测试验取得成功。

据介绍，本次任务，"翼龙"10号搭载多种气象探测载荷，涵盖了海洋气象多要素、多维度及高分辨率的全方位探测，开了同一无人机平台多模式应急气象协同观测的先河。这项任务，是继2020年"翼龙"10号执行中国首次无人机台风探测试验任务后的又一次技术突破，是建设以无人机为主体的空基观测体系所迈出的重要一步，同时为今后实现"监测精密、预报精准、服务精细"奠定了重要基础，对海洋开发利用、防灾减灾和建设海洋强国提供重要支撑，并为全球气象服务提供全新精准的技术手段。

据中国气象局气象探测中心时任副总工程师张雪芬介绍，此次试验将在验证"翼龙"10号无人机平台、改进载荷的性能、观测方法、指挥系统、试验流程，以及自主研制的掩星系统和太赫兹雷达的同时，为最终建立完善的无人机气象应急探测业务系统奠定坚实基础。

中国海岸线漫长，以台风为代表的海洋气象灾害频发，每年给沿海居民生命财产和国民经济造成巨大损失。利用无人机对台风直接观测是提高台风强度预报、路径预报准确率的重要手段。为此，2020年，中国气象局联合中国航空工业公司实施开展"海燕计划"，对台风等海洋气象观测开展科研探测试验，本年度试验就是其重要组成部分，重点开展机载气象载荷功能和性能测试。

2. 研发水空两栖机的新进展

（1）研制出可变身为潜水艇的无人机。[36] 2015年8月17日，美国商业内幕网站报道，2015年春季，美国专利商标局通过了波音公司申请"快速部署的水空两栖飞机"专利。这项专利体现的创新成果是：制成可变身水下潜艇的远程遥控无人机。

据波音公司称，这种无人机由一架主飞机运入部署区域，后经远程遥控脱离主飞机自行前飞，必要时会潜入大海或湖泊的水中。入水时，双翼和螺旋桨借助爆炸螺栓和水溶胶脱离飞机，以减轻重量和优化其水动力特性；同时，无人机展开新的操纵面和螺旋桨。

波音公司表示，水空两栖推进的实现得益于一个简单的引擎。无人机入水后可部署其负载的物资或武器，还可用于大海或湖泊的水下侦探，通过机上的压载水舱来控制潜下的水深。水下任务完成后，它浮出水面将其收集的数据传给其他遥控飞机或传回指挥中心。

波音公司在专利文件中称："此飞机兼适于空中和水下飞行。空中模式下飞机配备双翼、稳定器和两套同轴的螺旋桨叶，其中第一套推动空中飞行，至少一组附件将第一套桨叶连接到飞机上；转换为水下模式后，第二套螺旋桨叶负责水下推动，那些附件将第一套桨叶从飞机上脱离。"

与其他专利一样，文件中描述的无人机还只是个概念。如果波音公司将可飞的潜水无人机投入生产，任何潜在买家都需技高一筹才能指挥这款"双栖机"。

（2）研制用于远海救援的大型水陆两栖飞机。[37]《人民日报》报道，2017年12月24日上午，"鲲龙"AG600直冲云霄，首飞成功。它是国家应急救援体系建设急需的重大航空装备，也是目前世界最大的在研水陆两栖飞机。该机采用悬臂式上单翼、前三点可收放式起落架、单船身水陆两栖飞机布局形式，选装 4 台国产涡桨六发动机，最大起飞重量 53.5 吨，具有载重量大、航程远、续航时间长的特点。

"鲲龙" AG600 除了是"灭火能手"，还是远海"救护高手"。它最大巡航速度每小时 500 千米，最大航时 12 小时；最大航程 4500 千米。它可在 2 米高海浪的复杂气象条件下实施水面救援行动，水上应急救援一次可救护 50 名遇险人员，提供了开展中远海距离水上救援工作的保证。在海上救援方面，与船舶相比，其突出的优势在于速度快，它是救捞船舶速度的 10 倍以上。该机最大救援半径达 1600 千米，可覆盖我国大部分海域及专属经济区，特别是我国海难多发的内海主航道。

在接到救援指令后，该机立即携带必要的救援设备，飞往指定水域，目视并利用机载搜索探测设备，进行盘旋搜索，确定遇险船舶、人员的方位、坐标，及时报告当地水域和遇险人员情况；在天气和水域条件允许的情况下，飞机直接降落水面，着水救援，利用机载机动救生艇等救生设备，靠近遇险人员，将遇险人员直接救助上机，进行必要的紧急处置。如因水面风浪过大，超出飞机水面起降能力，则低空或超低空向遇难者投送救生设备、药品、食物和水，增加遇险人员获救的机会，为采取其他救助措施赢得时间。

（3）成功研发既能上天也能入海的航行器。[38] 2022 年 11 月 5 日，《科技日报》报道，由哈尔滨工程大学船舶工程学院水下机器人技术国家重点实验室李晔教授负责，博士生孙祥仁等参加的一个研究团队，历时一年多，研发出两架既能上天也能入海的潜空跨介质航行器，分别命名为"长弓" 1 号"长弓" 2 号，近日在黑龙江省五常市龙凤山水库试飞成功。

这两款航行器类似两架小飞机，能在空中、水面、水下切换自如，可负重 1 千克，潜深 100 米，通过搭载的高清摄像机与数传电台，完成大气边界层与海洋边界层界面观测。

李晔介绍，两款航行器分别采用了固定翼和折叠翼结构，均能够迅速跨越水空介质，在空中稳定飞行，在水下隐蔽航行，全程无需人工控制。

空气和水是两种截然不同的介质，潜空跨介质航行器在不同环境介质中航行时，会受到未知的风、浪、流联合干扰，所受环境外力情况和相应动力学响应都有显著差异。李晔说，不同介质跨越是研发瓶颈所在。设计之初，经过对多旋翼、倾转旋翼、固定翼等构型方案进行综合比对分析，研究团队最终确定固定翼飞行构型方案。

固定翼相比其他结构，在介质跨越过程中用时更短，但研发难度更大。不同于多旋翼可以在水面上起飞，固定翼飞行器需要直接跨越水空界面，这种跨域方式并无适合的数学模型可参考。综合水中和空中各项性能参数要求，研究人员进行了无数次仿真实验，最终完成样机总体方案设计。

让"飞机潜水"是该研究团队的看家本领，但让"潜水器会飞"着实给他们带来不小挑战。技术负责人孙祥仁介绍，通常航行器为抗压，下潜越深材料越重，但机身过重就无法轻盈起飞，因此，研究人员通过一系列手段为航行器减重，连1克重的电线也斤斤计较，力求将总重控制到最低。

最终，固定翼与折叠翼样机双双成功实现跨域航行，意味着融空中飞行、水面游弋、水下巡航能力于一体的跨介质航行器技术取得重要进展。业内专家评价，这种航行器用途广泛，在海洋探索和开发方面具有广阔应用前景。

第三节　开发海洋探测仪器设备的新进展

一、研制海洋探测仪器的新成果

（一）海洋探测理化仪器研发的新信息

1. 研制海洋探测物理仪器的新进展

（1）开发出新型宽带鱼群回声探测仪。[39] 2013 年 1 月，有关媒体报道，挪威卑尔根海洋研究所埃吉尔·奥纳教授领导的一个研究团队，开发出新一代鱼群回声探测仪。该产品近期上市，由康斯堡海事公司下属的辛拉德技术公司负责产品商业化。

研究人员介绍道，一般捕鱼船上使用的回声探测仪，通常能够接收 6 个频率的信号，新型回声探测仪可以同时接收到 100 个频率，因此比以往的探测仪更易于探测到深海鱼群和浮游生物，观测鱼群行为、数量和体积及鱼群周围浮游生物的规模。

该宽带回声仪，可以根据回声图像超音波显示的信号，提供出更佳的目标信息，帮助人们精确地判断出鱼群种类，如鲭鱼、鲱鱼、鳕鱼和浮游生物。

奥纳研究团队的课题名为"探索浮游生物特性和规模评估新型宽带回声技术"，得到了挪威研究理事会"海洋和沿海地区科研项目"的资金支持。奥纳认为，该回声探测仪，将成为今后科考渔船上必备的标准工具，标志着挪威渔业回声学的研究取得了新飞跃。

此外，研究人员还同时开发出测量深海有机体的立体照相机和声音探测器，照相机所拍图片可以验证回声仪的数据，声音探测器能探测到水下1500米的深度，可区分鱼群和浮游生物及其数量。

（2）研制预测飓风准确率更高的新辐射计。[40] 2016年10月，俄罗斯卫星通讯社报道，俄罗斯国立核能大学莫斯科工程物理学院科研中心教授伊戈尔·亚申等科学家组成的研究小组，研制出独一无二的飓风μ介子辐射计和μ介子诊断法。μ介子是由宇宙粒子发生一系列变化转换而出现在地球大气层的基本粒子。新型辐射计可远距离察看飓风内部，预测气旋的形成和运行轨迹，以及风力的大小。

飓风是一种巨大气旋，中心气压低，气流速度快，是地球上危险且毁灭性很强的现象之一。温带气旋是由于相邻气团的温度和压力差别大而产生的；热带气旋则在海平面上方形成，由潮湿空气层蒸汽凝结而成，能量巨大。中级飓风一小时释放的能量，相当于约30兆瓦核爆炸的威力，这股力量在海上移动，最终能席卷岸边。据美国国家航空航天局的数据，全球约一亿人生活在飓风危险区。

该研究小组认为，大气变化是飓风产生和进一步活动的主要原因，因此，可以通过监测这些变化来观察气旋，预测它的各种进程。

亚申表示："飓风μ介子辐射计，能够实时记录和分析由大气圈、磁层和大气层各方面引发的地球表面次级宇宙射线流的变换。我们研制的辐射计的独特之处在于，它可以实时恢复每个μ介子的径迹，进行μ介子射线成像（类似于X射线成像）。分析μ介子射线成像法，有助于对太阳圈大片区域进行实时监测，控制海平面以上 15～20 千米以内的大气状态。"

研究人员还表示，新型辐射计可为准确预测飓风提供保障。监控俄罗斯（领土面积 1710 万平方千米）上空大气，需要 4 台飓风辐射计，而世界第二大洋大西洋的面积是 9166 万平方千米，约为俄罗斯面积的 5 倍。考虑到飓风不会出现在所有海平面上空，绝大多数热带气旋形成于南北纬 10～30 度之间，监测这一区域所需的辐射计无需太多。

亚申表示，飓风辐射计不仅易于维护，也便于携带，可置于卡车内，必要时可以进行转移。但与会飞的"飓风猎人"不同，辐射计没有必要频繁转移，因为它能够远距离监测和分析气旋。

此前，μ 介子检测器已经用于透视埃及金字塔。此外，它还将被用于查获核走私和监测火山活动的项目。研究小组希望，μ 介子诊断法可为研究飓风做出应有贡献，帮助提高预测飓风威力的准确率，而这反过来将有助于避免多余花费，在飓风发作的危险区甚至可以减少人员伤亡。

据介绍，该辐射计还能够预测太阳活动引起的太阳圈潜在危险现象、磁暴和其他自然灾害的活动变化。

（3）研发用于北极科考的海雾物理观测仪器。[41] 新华社报道，2018年 7 月 28 日，在白令海公海区域上，中国第九次北极科考队当天成功释放了装载着海雾观测仪器的探空气球。这是我国自主研发的海雾观测仪器首次使用在北极科考活动中。

据悉，此次北极科考应用的这一海雾观测仪器，名为"海雾能见度剖面仪"，由中国海洋大学自主研发，可对海雾的物理和辐射特性进行观测。此次北极科考共计划释放 40 个海雾能见度剖面仪。

科考队员介绍道，海雾如同一层"薄纱"，影响着到达海面或冰面的太阳入射辐射能，从源头上改变了上层海洋或海冰可以吸收的热量，进而对海冰消融产生一定影响。

通过释放这种仪器，可以观测到海雾对太阳辐射的吸收情况，为研究北极上层海洋热力学过程及其与海冰的相互作用提供数据基础。仪器获得的数据还有望用于指导航行，海雾对船舶航行影响较大，若能进一步揭示海雾辐射和能见度之间的关系，就能通过海雾能见度剖面仪获得的数据推算观测区域的能见度，从而为船舶航线规划提供技术支撑。

2. 研制海洋探测化学仪器的新进展

研制并测试原位海洋分子记录仪。[42] 2023 年 11 月，有关媒体报道，美国化学学会中央科学中心一个研究团队，近日报告了一项正在研制并已进入测试的海洋仪器，它可以"嗅探"海水，捕获溶解在水中的化合物并进行分析。研究人员表示，这种海洋仪器可以很容易地将存在于水下洞穴中的分子收集起来，并有望在包括珊瑚礁在内的脆弱生态系统中发现药物。

一滴海水，如同一匙富含海洋生物溶解分子的复杂的汤。为了确定混合物中的成分，科学家需要捕获并浓缩这些分子。为此，该研究团队研制出一种名为"原位海洋分子记录仪"的设备。它是一种防水仪器，潜水员在水下可以很容易地进行操作，并通过圆盘泵入海水，圆盘的厚度与卸妆垫相似。这些圆盘会通过吸附溶解的分子，以用作后续分析。同时，该仪器不会损害海洋生态系统。

研究人员在地中海 20 米深的水下洞穴中，测试了这种仪器，水中有许多巨大的海绵。在对水进行采样后，研究人员用质谱仪对搜集的化合物进行评估。这些化合物由不同的元素组成，其中许多具有未知的分子结构，有望发现新的天然产品。研究人员详细检查了 3 种海绵物种中的几种代谢物，包括溴化生物碱和呋喃萜类化合物。在某些情况下，该仪器系统会浓缩海绵释放的化合物。

原位海洋分子记录仪，是一种洞察生态系统健康的非侵入性现代海洋设备。研究人员表示，他们将进一步完善该设备，并使其适用于长期自主的海水过滤和更深水域的远程操作。

（二）海洋探测光学仪器研发的新信息

1. 开发海洋探测水下显微镜的新进展

研制出能拍摄珊瑚吐丝的水下显微镜。[43] 2016 年 7 月 12 日，由美国加利福尼亚州圣迭戈分校安德鲁·马伦等组成一个研究团队，在《自然·通讯》杂志网络版发表研究成果称，他们开发出一种新型的水下显微镜，它能以高清晰度拍摄在天然环境中生活的海洋生物。这项研究，让活珊瑚的视频录像达到了前所未有的分辨率。

水下显微拍摄需要精确而快速的成像技术，以适应海洋环境的不稳定性,如水流等。非侵入性成像同时需要较远的工作距离,以避免干扰拍摄对象。虽然珊瑚和藻类可在实验室进行拍摄,但在自然环境之外的拍摄会错过很多信息,例如这些生物对酸度和温度的反应细节,以及与周边生物相互作用的详细信息。以前水下拍摄的分辨率为 20~50 微米。

该研究团队使用长工作距离的显微镜物镜和特定的透镜与照明方式,开发了一种可以达到微米级别的光学显微镜,这种显微镜可被潜水员手持或部署用于多小时拍摄海床生物系统。

研究人员通过拍摄不同的珊瑚如何竞争空间,展示了这款显微镜的能力。如当珊瑚受到威胁时,它们会迅速地吐出类似肠道的长丝。研究人员同时量化了珊瑚白化时藻类是如何覆盖并且占领珊瑚的。该显微镜,将有助于揭示不断变化的海洋生态环境中的相互作用。

2. 开发海洋探测水下相机及其器件的新进展

(1)研制出用于探索海洋的声波驱动水下相机。[44] 2022 年 9 月,美国麻省理工学院的一个研究团队,在《自然·通讯》杂志上发表论文称,他们开发出一种声波驱动的无电池无线水下相机,为解决海底广泛探索问题迈出重要一步。该相机的能效,比其他海底相机高出约 10 万倍,即使在黑暗的水下环境中,也能拍摄彩色照片,并通过水无线传输图像数据。

该相机的自主摄像头由声波驱动。它能将穿过水的声波的机械能转化为电能,为其成像和通信设备提供动力。在捕获和编码图像数据后,相机还使用声波将数据传输到重建图像的接收器。因为它不需要电源,所以相机可在探索海洋时连续运行数周,使科学家能够在海洋的偏远地区寻找新物种。它还可通过拍摄监测海洋污染情况或水产养殖场鱼类的健康和生长情况。

研究人员称,这款相机最令人兴奋的应用之一是气候监测。科学家正在建立气候模型,但缺少来自 95% 以上海洋的数据。这项技术可以帮助他们建立更准确的气候模型,更好地了解气候变化如何影响海底世界。

为制造可长时间自主运行的相机,研究人员需要一种可在水下单独收集能量而自身功耗很少的设备。相机使用由压电材料制成的传感器获取能量,使用超低功耗成像传感器,即使图像看起来黑白相间,红色、绿色和蓝色的光也会反射在每张照片的白色部分。图像数据在后处理中合并时,就可重建彩色图像。

研究人员在几种水下环境中测试了相机。在其中一次，他们捕捉了漂浮在新罕布什尔州池塘中的塑料瓶的彩色图像。他们还能拍摄出高质量的非洲海星照片，照片中甚至连沿着海星手臂的微小结节都清晰可见。该设备还有效地在一周的黑暗环境中反复对水下植物进行成像，以监测其生长情况。

（2）研制可大幅提升海底相机弱光拍摄性能的器件。[45] 2015 年 7 月，由美国威斯康星大学麦迪逊分校的电子与计算机工程学助理教授余宗福主持的一个研究小组，在《物理评论快报》杂志上发表论文称，他们近日开发出一种能将光线放大 10000 倍的光学器件。让人称奇的是，这种神奇的"放大镜"只有几纳米大。研究人员称，该研究有望大幅提升海底相机弱光拍摄性能。

光在某些方面和声音很像，可以产生共振，借助这种方式可将周围的光线放大。该研究小组正是借助这一原理，制造出纳米"放大镜"。它实际上是一种纳米共振器，该相机器件能让光的波长变短，收集大量的光能，然后在一个非常大的区域将其散射出去。这意味着它的散射光能用于成像，能像放大镜一样，放大物体的光学尺寸。

余宗福说："就像琴弦能让周围的空气发生振动，产生美妙的音乐一样，这个非常小巧的光学器件能从周围吸收光线，产生让人惊讶的强大输出。"

余宗福表示，他们正在开发基于该技术的光电传感器，这样的设备将能帮助摄影师在海底弱光条件下拍出图像质量更好的图像。在成像领域，这样的能力，要显著优于传统的玻璃和树脂镜片，因为这些传统光学材料更容易受到自身尺寸和光线方向的影响。

3. 开发海洋探测深海摄像机的新进展

研制可支持万米级深潜的深海摄像机。[46] 2021 年 1 月 12 日，《科技日报》报道，由杭州电子科技大学、浙江大华技术股份有限公司和杭州瀚陆海洋科技有限公司联合开发的深海摄像机问世，并顺利通过海上试验。它是我国首个具有完全自主知识产权的商用深海高帧率超高清网络摄像机，标准产品工作水深达 6000 米，最深可支持探测万米深渊马里亚纳海沟。

深海摄像机要考虑超高压、弱光源情境下的工作环境，所以摄像镜头外围带了密封观察窗，主要是为了密封挡水和承受高压，而由于密封观察窗的存在，镜头设计需要考虑更多的因素，其研制难度也随之大幅提高。这款摄像设备专为深海监控而开发，可搭载在任意有视频监控需求的深海仪器与装备上开展工作。

据介绍，摄像机物镜的光学特性，如果没有与密封观察窗和成像物体所处的水体环境相配合，有可能因视角小、放大率小、像差变化等导致成像发生畸变和模糊。如何紧密围绕深海环境的光学特性完成摄像机物镜的光学分析，尤其是如何校正因密封观察窗的引入而导致的畸变和模糊，就成为高质量成像的关键。

针对这一问题，开发团队把镜头、密封观察窗以及外部海水环境作为一个整体，进行光学设计和分析，通过整体光学系统的优化设计获得最佳像质，以满足深海弱光成像对大视场、大相对孔径的需求。同时，高性能图像传感器、信号处理电路，以及多种针对深海环境成像特点的前端图像信号处理优化算法的引入，也对成像质量进行了"软硬兼施"的优化补偿。

研究人员表示，这款深海高帧率超高清网络摄像机支持宽动态、低照度，兼具摄像机和照相机工作模式，还能实现水下智能补光，3D数字降噪、自动透雾、数字防抖等特有功能等。它的问世，将填补商用国产深海摄像机领域的长期空白。由于其价格仅为国外同类设备的一半左右，因而有望打破国外垄断，为我国深海视觉探测提供自主研发的新设备。

4. 开发海洋探测激光仪器的新进展

（1）研制出可探测全球99％海域的紫外激光拉曼光谱仪。[47] 2017年4月13日，中国新闻网报道，中国科学院大连化学物理研究所范峰滔研究员等专家组成的研究团队，研制出国际领先的紫外激光拉曼光谱仪，它在首次试验中，成功地创造了7449米的拉曼光谱仪最高深海探测纪录。由此表明，我国可以对全世界99％以上海域进行分子光谱探测。

范峰滔指出，拉曼光谱技术是一种可以对海洋资源进行原位探测的分析方法。比如，拉曼光谱可以直接对水溶液中的物质进行直接测量，可以对深海海水水文环境进行分析，还可以对矿藏进行原位分析。

地球超过一半的区域，被 2000 米以上的深海海水所覆盖。深海海底不但蕴藏着丰富的石油、天然气、天然气水合物、金属结核、热液和硫化物等矿产资源，还存在着极端生命现象，这些资源具有重大的经济和战略价值。

深海拉曼光谱仪因此成为深海资源探测领域的研发重点，国内外许多研究团队对此投入大量资源。深海探测要求所带仪器越小越好，如何将紫外拉曼光谱仪的分光系统缩小到一个笔记本大小是研发团队首先面临的问题。深海条件下，光谱仪面临高压（约 700 个大气压）和频繁着陆冲击等极端条件，对光谱仪的性能提出了苛刻的要求。

他们经过科学设计，反复验证，采用折叠反射镜、光纤软连接及同轴反射镜等一系列技术，历经 3 年的攻关，成功研发满足深海极端条件应用的紫外拉曼光谱仪器，并与中国科学院三亚深海科学与工程研究所的工程人员一起完成了光谱仪的应用开发。

（2）研制出能从水下获取三维图像的量子激光雷达。[48] 2023 年 5 月 4日，一个由英国光学专家组成的研究小组，在《光学快报》杂志发表论文，首次展示了一种新型激光雷达系统，它通过使用量子探测技术在水下获取三维图像。

在水下实时获取物体的三维图像极具挑战性，因为水中的任何粒子都会散射光并使图像失真。研究人员说，基于量子的单光子探测技术具有强大的穿透力，即使在弱光条件下也能工作。在这项研究中，他们设计了一个激光雷达系统，它使用绿色脉冲激光源来照亮目标场景。反射的脉冲照明由单光子探测器阵列检测，这一方法使超快的低光检测成为可能，并在光子匮乏的环境（如高度衰减的水）中大幅缩短测量时间。

这个激光雷达系统，通过测量飞行时间（激光从目标物体反射并返回系统接收器所需的时间）来创建图像。通过皮秒计时分辨率测量飞行时间，研究人员可以解析目标的毫米细节。其采用的新方法，还能区分目标反射的光子和水中颗粒反射的光子，使它特别适合在高度浑浊的水中进行三维成像。研究人员还开发了专门用于在高散射条件下成像的算法，并将其与图形处理单元硬件结合使用。在 3 种不同浊度水平下的实验表明，在 3 米距离的受控高散射场景中，三维成像取得了成功。

研究人员说，该新型激光雷达系统拥有极高的灵敏度，即便在水下很低的光线条件下，也能捕获详细信息。它可用于检查水下风电场电缆和涡轮机等设备的水下结构，也可用于监测或勘测水下考古遗址，以及用于安全和防御等领域。

二、研制海洋探测设备的新成果

（一）水下声学设备研发的新信息

1. 研制水下声音高效传送设备的新进展

研发可大幅提高海洋水下听力的设备材料。[49] 2018 年 1 月，一个由水声工程专家组成的研究小组，在《物理评论快报》上发表论文称，虽然声波能很好地穿过地球大气层，但一旦进入水中，它们便很难被听到。这是因为仅有约 1/1000 的声音能量成功穿过水和空气边界。现在，他们研发出一种可放置在水面上的新材料，它能极大地减少能量损失，从而使传送声音的效率提高 160 多倍。

研究人员建造了大小与扑克筹码相当的香蕉乳胶结构，该结构在一个铝合金框架上延展，并且同含有薄膜的塑料环结合在一起。研究人员之所以设计这种结构，是为了让从该结构不同部分反射回来的声波相互抵消，这意味着更多的能量被导向空气—水界面，这和防反射涂层的原理相同。

研究人员利用人类听力范围内的声波测试了他们的发明，并且证实空气和水之间的声级下降了约 6 分贝。在没有该结构的情形下，声级下降了约 28 分贝。利用这种新材料，在船上进行的对话和在水下听到的非常相似。但如果没有该材料，对话在水下听上去像是在安静的图书馆里发出的低语声。

如果这种材料能被批量生产出来，更加简单和没有那么敏感的水下耳机，将被用于为开展深海科学研究或者探寻沉船而进行的陆地与海洋之间的通信。

2. 研制水下声波探测设备的新进展

研发模仿海豚回声定位的紧凑型声呐。[50] 2023 年 2 月，新加坡国立大学一个由电子信息专家组成的研究团队，在《通信工程》期刊发表研究成果称，他们模仿海豚的回声定位机制，研制出一种新型的紧凑型声呐。

这种仿生声呐宽约25厘米，尺寸与海豚头部大小相当，可发出尖锐的脉冲咔嗒声。研究人员还设计出一款新型图像感知软件，与传统图像处理方法相比，其使用的稀疏感知处理方法，可生成更清晰的仿生声呐数据可视化图像，且操作速度更快。

研究人员指出，该声呐由于采用新型回声处理方法，与传统声音回声可视化信号处理方法相比，在图像清晰度、传感器数量和使用的传感器阵列尺寸权衡等方面均具有优势。

（二）海洋探测光电设备研发的新信息

1. 研究海水量子通信及其网络的新进展

成功进行世界首个海水量子通信实验。[51] 2017年8月，上海交通大学金贤敏领导的研究团队，在《光学快报》杂志上发表论文称，他们成功进行了海水量子通信实验，观察到了光子极化量子态和量子纠缠可在海水中保持量子特性，在国际上首次通过实验验证了水下量子通信的可行性，向未来建立水下及空海一体量子通信网络迈出重要一步。

目前，基于光纤和自由空间大气信道的量子通信已被证明可行。那么，海洋能否用作量子信道呢？金贤敏解释道，尽管相比光纤和大气，海水中悬浮物和盐度等对光子导致的散射和损耗效应要大得多，但其实，海水也有一个光子传输时损耗较低的蓝绿窗口，且其能被商用单光子探测器探测到。因此，基于海水的量子通信理论上是可行的。而且，缺少了海洋，全球化的量子通信网是不完整的。

在最新实验中，他们选择光子的极化作为信息编码的载体，并通过模拟证明，在非常大的损耗和散射下，极化编码的光子只会丢失，而不会发生量子比特翻转。也就是说，即使经历了海水巨大的信道损耗，只要有少量单光子存活下来，仍可被用于建立安全密钥。

目前的结果显示，水下量子通信可达数百米，虽然信道较短，但能对水下百米量级的潜艇和传感网络节点等进行保密通信，即使是从水下几米深的地方对卫星和飞行器进行保密通信，也比之前认为海水是"禁区"更进了一步，因此，能在军事等领域大显身手。

金贤敏指出，虽然目前只是朝水下量子通信迈出了第一步，离实用化的水下、空海一体量子通信连线和网络还有一段距离，但最新研究证明，实现量子通信技术的上天、入地、下海的未来图景可期。

2. 开发海洋探测电子设备关键器件的新进展

（1）研制用于海上救援的"日夜相连"传感器。[52] 2015 年 6 月，有关媒体报道，当夜幕覆盖大陆或海洋，科学家和预报员会突然失去可见光范围内卫星图像显示的重要信息，无法了解旋转中的风暴、令人窒息的野火，以及威胁船只的大块海冰等险情。

一个名为"日夜相连"的新型传感器开始填补这些空白，它的全名是"部分可见红外成像辐射计套件"，随美国发射的国家极地轨道伴随卫星飞行在地球上方的轨道中。

"日夜相连"十分敏感，甚至能测量到单独一个路灯微弱的光，或者漆黑大西洋面孤船甲板上若隐若现的光，再或者北达科他州广阔油田闪耀的气体余晖。即使在没有月亮的夜晚，它依然能借助大气微弱暗淡的光线辨别出云彩和雪原。

过去 3 年中，这款传感器提高了向居民预报飓风路径的能力，帮助消防员监测变化的致命烟雾，还能够指导迷失方向的船远离移动的海冰。

"齐斯卡海"号是白令海峡捕蟹船队的美国渔船。2014 年 2 月，强烈的北风袭击白令海中心区，快速将自由漂浮的海冰吹向了船队部署地点。2 月 10 日，"齐斯卡海"号在最北侧，船员与国家海洋天气服务海冰项目组织联络，询问附近 150 多块双人床大小的海冰可能带来的影响。

天气服务机构确认海冰正在入侵。"齐斯卡海"号继续前进，并与海冰项目组织保持着联络。但 2 月 13 日，该船只发现已全部被海冰包围了，其中一些冰块厚度甚至超过 3 英尺。为了避免被海冰倾覆或挤碎，"齐斯卡海"号必须尽快逃离，但是短暂的白天和没有月亮的夜晚让导航无能为力。

海冰项目组织利用"日夜相连"传感器数据找到了海船的灯光，进行了准确定位。传感器还通过大气层中微弱的夜光描绘出当前海冰的边缘。借助这种经过细微调试的信息，天气服务人员帮助船员规划好安全到达西南海岸的路径，逃离了海冰的包围。

（2）开发更好勾勒海洋观测图景的新传感器。[53] 有关媒体报道，2016 年 1 月 25 日，全球海洋观测伙伴关系组织在日本东京举行新闻发布会。该组织主席、德国阿尔弗雷德·韦格纳极地与海洋研究所凯伦·威尔夏研究员，在会上提出一系列新的海洋观测方案。之后，该组织将召开年会，届时将有全球 40 家海洋机构参会。其目标是在 2030 年建成一套新的全球海洋监测系统。

威尔夏表示："在某些方面，我们对于海洋的了解还不如对火星的了解多，尽管海洋支配着从区域气候到经济的一切事物。"

报道称，为了加深对海洋的了解，科学家正在开发一种新的传感器，他们计划将其部署在一个全球监测系统中，以便更好地观察全球海洋发生的变化。

全球海洋观测伙伴关系组织自 1999 年成立以来，已经协调了约 2 万个自动探测器，即被称为"阿尔戈浮标"的全球部署，该浮标能够收集温度、盐度和流速数据。其中的 10% 还携带了氧传感器。

这些探测器随着水层在 2000 米的深度范围内起起落落，并且在处于水面时通过上行链路传输数据。公众在 24 小时之内便能够获得相关数据。该探测器大约能够使用两年，目前有 4000 个探测器依然很活跃。

研究人员表示，尽管阿尔戈浮标已然改变了海洋观测，但他们有迫切的需求获得更多且更好的数据。

英国国家海洋中心执行董事埃德·希尔表示："全球海洋观测系统已经变得停滞不前；在这种速度下是实现不了想要的进展的。"他强调，除了添加生物地球化学传感容量之外，科学家还需要监测深度大于 2000 米的海洋中的碳储存，以及可能的温度升高情况。

日本海洋研究开发机构的白山义久表示："例如，测量叶绿素会向你提供有多少生物活性正在发生的信息，并最终了解海洋和大气中二氧化碳浓度的更多信息。"

为了收集这些信息，研究人员正在开发传感器，以测量海水中的碳含量、酸度、营养物质浓度，例如硝酸盐和磷，甚至收集基因组数据。

新一代的传感器可以适用于多种平台，包括沿海系泊设备、当前的浮标、海底网络电缆、石油钻机和船舶。光学传感器可以安装在船舶上，例如能够确定海水颜色，从而反映处于食物链底部的微藻活性；而检查彩色卫星的观测结果，则能够支持在一个特定海洋区域发生了什么的推断。

其中一些传感器已在运行并逐步投入使用。其他一些传感器，例如酸度传感器如今还只是在实验室中进行操作。希尔说："利用这些技术，科学家不必再采集一桶桶的海水。"

3. 开发海洋电子设备电源及充电技术的新进展

(1) 完成电子设备电源固态锂电池万米海试。[54] 2017 年 3 月 30 日，《科技日报》报道，中国科学院青岛生物能源与过程研究所崔光磊负责的研究团队，开发的"青能"Ⅰ号固态锂电池系统，随中国科学院深渊科考队远赴马里亚纳海沟执行 TS03 航次科考任务，为"万泉"号深渊着陆器控制系统及 CCD 传感器提供能源，顺利完成万米全海深示范应用，标志着我国成为继日本之后世界上第二个成功应用全海深锂二次电池动力系统的国家。

此次在马里亚纳海沟执行 TS03 航次任务期间，使用"青能"Ⅰ号固态锂电池的"万泉"号深渊着陆器累计完成 9 次下潜，深度均大于 7000 米，其中 6 次超过 10000 米，最大工作水深 10901 米，累计水下工作时间 134 小时，最大连续作业时间达 20 小时。这标志着中国科学院突破了全海深电源技术瓶颈，掌握了全海深电源系统的核心技术。

据了解，高能量密度深海动力电源技术是限制深潜器长续航能力的瓶颈，直接影响国家自主深海探测装备的研制。此前，能够承受 100 兆帕压力的全海深电源技术只有日本掌握。我国虽然发展了充油耐压银锌电池技术，并已在"蛟龙"号载人潜水器上得到应用，但银锌电池的能量密度不高，低于 60 瓦时/千克，使用寿命较短，仅 50 次，不能满足 11000 米全海深海域长续航能力领域的应用要求。而现有的能量密度较高的商品化液态锂电池易挥发电解液导致热失控，在 3000 米海深以下有很大安全隐患。

据崔光磊介绍，新研发的大容量固态聚合物锂电池"青能"Ⅰ号经第三方检测，能量密度超过 250 瓦时/千克，500 次循环容量保持 80% 以上，在多次针刺和挤压等苛刻测试条件下保持非常好的安全性能，有效克服了液态锂电池容易热失控的安全风险，可满足深潜器长续航、高安全的要求，能够为国家大力发展的深海空间站提供充足的能源动力。

(2) 用超声波技术为深海水下仪器充电。[55] 2022 年 4 月，韩国科学技术研究院电子材料研究中心宋宪哲博士领导的研究团队，在《能源和环境科学》杂志上发表论文称，他们开发出一种超声波无线能量传输充电技术，可为监测海底电缆状况的传感器等水下仪器的电池充电。

电磁感应和磁共振可用于无线能量传输。电磁感应目前用于智能手机和无线耳机。但其使用的限制是电磁波不能穿过水或金属，导致充电距离短。而磁共振法，要求磁场发生器和发射装置的共振频率完全相同，存在干扰其他无线通信频率的风险。

该研究团队采用超声波，而不是电磁波或磁场，作为能量传输介质。使用超声波的声呐通常用于水下环境，可在深海区域传输能量。然而，现有的声能传输方法，由于其传输效率偏低，不易实现商业化。

针对存在的问题，研究人员开发出一种模型，它使用摩擦电原理接收超声波并将其转换为电能，这一原理可有效地把微小的机械振动转换为电能。通过在摩擦发电机中添加铁电材料，超声波能量传递效率从不到 1% 显著提高到 4% 以上。它可在 6 厘米的距离处充电超过 8 毫瓦的功率，这足以同时操作 200 个发光二极管或在水下传输蓝牙传感器数据。新开发的装置具有较高的能量转换效率并产生少量热量。

宋宪哲说："这项研究表明，电子设备可通过超声波以无线充电方式来驱动。如果未来设备的稳定性和效率进一步提高，这项技术可应用于深海传感器的无线供电。"

（三）海洋探测机械工程设备研发的新信息

1. 开发深海采矿设备的新进展

印度正在研制一套深海采矿系统。[56] 2019 年 11 月 4 日，《印度斯坦时报》报道，印度副总统奈杜表示，印度国家海洋技术研究所正在开发一套深海采矿系统，以满足印度日益增长的矿产需求。

奈杜在银禧庆典上发表讲话时说，印度国家海洋技术研究所正致力于通过开发深海采矿系统和其他技术，利用海洋资源，在不久的将来提升印度能源自给自足的能力。开发用于可持续获取海洋生物和非生物资源的技术，符合印度政府"蓝色经济"政策。

奈杜还补充说，"蓝色经济"还包括无法市场化的无形经济利益，例如碳封存、沿海保护、文化价值和生物多样性。

奈杜表示，"蓝色经济"包括六大优先支柱领域：渔业和水产养殖业、可再生海洋能源、海港和航运、离岸碳氢化合物和海底矿物、海洋生物技术研究以及发展旅游业。目前，印度国家海洋技术研究所正在研究几乎所有这些领域，其中包括建立可持续的沿海和近海基础设施、海洋数据收集能力、海洋生物地球化学、海洋污染、海洋学、海洋生态学、海洋药物和海水养殖技术的详细工程。鉴于其在海洋资源可持续管理中所发挥的重要作用，它必须建立跨部门和跨国界的伙伴关系与合作。

2. 开发海底钻探设备的新进展

研发"海牛"号深海海底钻机。[57] 2021年4月8日，中国新闻网报道，以湖南科技大学万步炎教授为首席科学家的研究团队对外透露，他们研发的"海牛"Ⅱ号深海钻机，在南海创造了一项深海海底钻探深度的世界纪录。

报道称，"海牛"号于2015年6月在南海完成深海试验，成功实现在水深3109米的深海海底，对海床进行60米钻探。我国由此成为世界上第四个掌握这项技术的国家，并标志着我国深海钻机技术已跻身世界一流。

此后研发的"海牛"Ⅱ号，是我国首台海底大孔深保压取芯钻机系统，它的目标是作业水深不小于2000米，钻探深度不小于200米，保压成功率不小于60%，可有效满足我国海底可燃冰资源勘探。"海牛"Ⅱ号钻机本体高7.6米，腰围10米，体重12吨，水下重量10吨，是我国目前水下重量最重的地质勘探科考设备。它看似庞然大物，但一到海底，就会灵活得像泥鳅一样。

2021年4月3日，搭载在海洋地质二号科考船上的"海牛"Ⅱ号抵达目标工区，并开展深海作业联调联试。

2021年4月7日23时左右，"海牛"Ⅱ号在南海超2000米深水成功下钻231米，刷新世界深海海底钻机钻探深度。这一深海试验的成功，填补了我国海底钻探深度大于100米，具备保压取芯功能的深海海底钻机装备的空白，标志着我国在这一技术领域已达到世界领先水平。

3. 开发海底挖掘设备的新进展

研制出功能强大的模块化海床挖沟机。[58] 2022年6月11日，央视新闻客户端报道，我国自主研发的多功能模块化海床挖沟机，完成了孟加拉国首个海洋管道工程项目的管道铺设，创造了"海陆定向钻穿越"和"航道后深挖沟"两项世界纪录。

孟加拉国首个海洋管道工程项目,全长 146 千米,要完成 6 条海陆定向钻穿越。通常海底管道埋深一般在 1.5~3 米,达到海床下 5 米,在业内已属于高难度工程。此次海底管道因穿越航道,最深埋深要达到 11 米,施工难度在世界海洋工程史上是前所未有的。

中国石油管道局工程有限公司孟加拉国项目经理孙碧君介绍道,他们对挖沟机设备进行自主创新改造,最大后挖沟深度 11.9 米;攻克了海上单点系泊装置水下毫米级对接技术;首次采用了独创的"海上扩孔及拖管工艺",一次性穿越成功率 100%。

项目运用我国自主研发的"神龙"3 号多功能模块化海床挖沟机、采用 3D 声呐和浅地层剖面仪,对挖沟数据进行监测,确保了海底管沟成型和埋深达到要求。为确保工程安装万无一失,项目还采用超过行业水平的高精度法兰测量仪和高精度水下定位系统等技术设备,实现水下 30 米单点系泊系统关键装置与海底管道的毫米级对接,填补了"双通道单点系泊系统"安装作业的技术空白。工程投产后,将解决孟加拉国 10 万吨级以上油轮无法靠港卸油的难题。

中国石油管道局工程有限公司时任总经理薛枫说,我们在该项目创造了"海陆定向钻穿越"和"航道后深挖沟"两项世界纪录。标志着中国企业在大规模海管铺设、海陆定向钻穿越、单点系泊系统安装等成套业务领域的核心关键技术和安装能力达到世界先进水平。

(四) 海洋探测设备研发其他方面的新信息

1. 开发深海腐蚀试验设备的新进展

我国自主研发首套深海环境腐蚀试验装置。[59] 2012 年 8 月 10 日,《科技日报》报道,从海洋腐蚀与防护国家级重点实验室获悉,该实验室已研制建成我国首套具有自主知识产权的深海环境腐蚀试验装置,并成功完成了 3 个周期的深海腐蚀试验,还在今天建成我国第一个深海腐蚀数据库,为我国深海装备设计制造、腐蚀防护及资源开发利用提供了宝贵的技术支撑。

有关专家介绍,这是我国获得的首批深海腐蚀试验数据,涉及碳钢、低合金钢、不锈钢、钛合金等 40 多类材料及结构件,包括千米级深度半年至 3 年等不同周期的深海环境暴露试验的腐蚀老化数据。

据介绍，深海蕴藏着丰富的石油、天然气等能源和矿产资源，深海装备是海洋资源勘探和开发的关键，各种装备所用材料在深海的腐蚀和老化性能试验数据，已成为设计建造深海装备与结构物迫切需要的基础技术数据和重要依据。为此，我国在"十一五"期间启动了深海环境腐蚀试验装置研究，项目由依托于中国船舶重工集团公司第七二五研究所的海洋腐蚀与防护国家级重点实验室承担。

深海环境腐蚀试验研究具有不可替代性，同时具有装置设计国内无可参考，国外技术资料均严密封锁难获得；深海环境复杂、不可预见因素多；费用高、风险大等难点。研究人员经反复论证，克服重重困难，突破了深海腐蚀试验装置总体设计和深海腐蚀试验装置回收控制等系列关键技术，建立了具有自主知识产权的深海腐蚀试验装置和方法，并申报了 5 项发明专利。经深水湖试和实海试验证明，该装置既满足在不同深度下大量投放试样的需要，又保证了试样安全可靠，投放回收简便易行，填补了我国深海环境腐蚀试验的空白。

2. 开发深海潜水设备的新进展

用铝合金制成抗水压的深海潜水设备。[60] 2014 年 11 月 12 日，中国香港《东方日报》报道，加拿大一家公司用铝合金开发的深海潜水衣，可以让专业潜水员抗衡巨大水压，更自由自在地在海底探索。这样，潜水员在深海可能遭遇的难以承受的高水压问题，有望得以缓解。

据悉，海底深度达 300 米时，水压是陆地的 30 倍，远远超出人类可承受的水平。

报道称，这件采用铝合金制成的深海潜水衣，重达 240.4 千克，装配有 18 个与关节连接的旋转接头，令潜水员的手脚及头部能保持灵活活动，抗衡巨大的水压。潜水衣内部有一套气压管理系统，提供足够 50 个小时的氧气。4 个推进器能节省活动时的体力消耗，通信设备更可让地面人员通过高清视频，看到水下情况。

3. 开发海洋探测设备专用材料的新进展

（1）成功研制海洋装备的石墨烯防腐涂料。[61] 2017 年 9 月 25 日，《中国青年报》报道，中国科学院宁波材料技术与工程研究所王立平研究员和薛群基院士领导的研究团队，成功研制出拥有自主知识产权的新型石墨烯改性重防腐涂料。这层石墨烯"防腐外衣"，有望让钢铁材料"抵御"来自热带海洋环境下高盐、高湿及高温的侵袭。

腐蚀是新兴海洋工程、海岛工程等领域装备、设施安全性和服役寿命的重要影响因素之一，尤其热带海洋开发和基础设施建设，面临着严峻的腐蚀危机，使我国重大工程和装备的可持续发展受到影响。仅 2014 年我国腐蚀总成本就超过 2.1 万亿元，约占当年 GDP 的 3.34%。

当然，人们并不缺乏控制腐蚀的方法，比如，在钢铁材料中调整化学元素成分和微观结构，使其成为耐腐蚀材料，等等。还有一种是使用重防腐涂料，以减小腐蚀破坏，保障苛刻腐蚀环境下装备和设施可靠性和服役寿命。该研究团队就以石墨烯为材料研制重防腐涂料。

王立平指出，石墨烯是目前自然界最薄的二维纳米材料，阻隔与屏蔽性能非常优异。通过引入石墨烯能够增强涂层的附着力、耐冲击等力学性能和对介质的屏蔽阻隔性能，尤其是能够显著提高热带海洋大气环境中服役涂层的抗腐蚀介质如水、氯离子、氧气等的渗透能力，在大幅降低涂膜厚度的同时，提高涂层的防腐寿命。

经过数年技术攻关，该研究团队成功突破石墨烯改性防腐涂料研发及应用的四大技术瓶颈，开发出石墨烯"防腐外衣"。目前该成果已通过中国腐蚀与防护学会鉴定，关键技术指标盐雾寿命超过 6000 小时，处于国际领先水平，相关成果已经由宁波中科银亿新材料有限公司实施产业化，目前已定型的八大类产品已经在电力设施、船舶、石油化工装备等领域实现了规模应用。

王立平表示，我国拥有高达 2000 亿元的防腐涂料市场，其中重防腐涂料需求年均增速超过 20%，不过由于没有形成自主知识产权技术，缺乏相应技术标准，以前 70% 的重防腐涂料市场被外资品牌垄断。如今国产石墨烯"防腐外衣"成功研制，也有望改变我国重防腐涂料被国外产品垄断的市场格局。

（2）研制用于海洋探测设备的高强度延展合金。[62] 2022 年 6 月，俄罗斯别尔哥罗德国立研究大学高级研究员德米特里·谢苏尔塔诺夫等组成的研究团队，在《材料科学与工程》杂志上发表论文称，他们开发出一种在极低温度下仍具有高强度和延展性的独特合金，可广泛用于探索海洋和太空所需的设备。

研究人员表示，这种基于铁、钴、镍、铬和碳的富有前景的合金，在零下150℃及更低温度下都具有出色的性能。谢苏尔塔诺夫称，新合金的性能无论是在室温还是在低温下，都优于所有商业同类产品。在零下196℃液氮温度下，其强度比最好的同类产品高一倍半，并具有24％的出色延展性。再加上优越的断裂韧性，可提供最佳的机械性能平衡。

研究人员指出，碳的存在和铁含量的增加有助于额外提高强度，并降低材料成本。合金的高机械性能，是由相变诱导塑性效应决定的。该效应包括，在冷塑性变形过程中，依靠材料晶体结构的变化而大大提高强度和延展性。

类似合金很有吸引力，因为它们能够通过深拉加工，产生强度更高的薄壁空心零件。此外，它们的使用为极低温设计的系统带来了广泛的机会，比如，可首先用于开发海洋、北极、南极，以及外层和大气空间时的极低温技术。

研究人员解释说，在研究过程中获得的数据，扩展了对合金在各种条件下具有相变诱导塑性效应机制的理解。这将使人们更准确地选择材料和加工技术，以创造具有所需机械性能的产品，比如，进一步研究使新合金适应工业3D打印技术。

参考文献与创新资料出处

一、著作与期刊参考文献

［1］赵进平. 海洋科学概论［M］. 青岛：中国海洋大学出版社，2016.

［2］阿兰·特鲁希略，哈洛德·瑟曼. 海洋学导论［M］. 张荣华，李新正，李安春，等译. 北京：电子工业出版社，2017.

［3］阿兰·特鲁希略，哈洛德·瑟曼. 海洋学与生活［M］. 13 版. 李玉龙，范秦军，吴林强，等译. 北京：电子工业出版社，2021.

［4］琼斯. 海洋地球物理［M］. 金翔龙，等译. 北京：海洋出版社，2010.

［5］栾维新，等. 海陆一体化建设研究［M］. 北京：海洋出版社，2004.

［6］韩增林，周高波，李博，等. 我国海洋经济高质量发展的问题及调控路径探析［J］. 海洋经济，2021（3）.

［7］丁黎黎，薛岳梅. 海洋经济在服务于我国经济社会发展中的地位与作用［J］. 海洋经济 2022（3）.

［8］何金海. 大气科学［M］. 2 版. 北京：科学出版社，2008.

［9］弗雷德里克·鲁特更斯，爱德华·塔巴克. 气象学与生活［M］. 12 版. 陈星，黄樱，等译. 北京：电子工业出版社，2022.

［10］许小峰，郑国光. 气象防灾减灾［M］. 北京：气象出版社，2012.

［11］许小峰，顾建峰，李永平. 海洋气象灾害［M］. 北京：气象出版社，2009.

［12］莱伊尔. 地质学原理［M］. 徐韦曼，译. 北京：北京大学出版社，2008.

［13］陈颙，黄庭芳，刘恩儒. 岩石物理学［M］. 合肥：中国科学技

术大学出版社，2009.

[14] 李安龙，林霖，赵淑娟. 海洋工程地质学 [M]. 北京：科学出版社，2023.

[15] 彭晓彤，等. 深渊科学——地质、环境与生命新前沿 [M]. 北京：科学出版社，2023.

[16] 万永革. 地震学导论 [M]. 北京：科学出版社，2023.

[17] 王念秦，等. 地质灾害防治技术 [M]. 北京：科学出版社，2019.

[18] 李媛，杨旭东，尹春荣，等. 中国地质灾害时空分布及防灾减灾 [M]. 北京：地质出版社，2020.

[19] 张明龙，张琼妮. 防治和减轻自然灾害研究的新进展 [M]. 北京：知识产权出版社，2024.

[20] 王妍，金炜博，高强. 海洋灾害与海洋经济影响关系研究进展 [J]. 海洋开发与管理，2016 (11).

[21] 惠特福德. 蛋白质结构与功能 [M]. 魏群，译. 北京：科学出版社，2008.

[22] 李志勇. 细胞工程学 [M]. 北京：高等教育出版社，2008.

[23] 王三根. 植物生理学 [M]. 北京：科学出版社，2016.

[24] 张明龙，张琼妮. 国外生命基础领域的创新信息 [M]. 北京：知识产权出版社，2016.

[25] 张明龙，张琼妮. 国外生命体领域的创新信息 [M]. 北京：知识产权出版社，2016.

[26] 张明龙，张琼妮. 美国生命科学领域创新信息概述 [M]. 北京：企业管理出版社，2017.

[27] 张明龙，张琼妮. 农作物栽培领域研究的新进展 [M]. 北京：知识产权出版社，2022.

[28] 兰冬东. 我国海洋生物多样性变化趋势与保护研究 [M]. 北京：海洋出版社，2022.

[29] 黄宗国，林茂，徐奎栋. 中国海洋生物多样性保护 [M]. 北京：科学出版社，2022.

[30] 陈丽蓉. 中国海沉积矿物学 [M]. 北京：海洋出版社，2008.

［31］于广利，谭仁祥. 海洋天然产物与药物研究开发［M］. 北京：科学出版社，2016.

［32］张明龙，张琼妮. 美国纳米技术创新进展［M］. 北京：知识产权出版社，2014.

［33］张明龙，张琼妮. 国外纳米技术领域的创新进展［M］. 北京：知识产权出版社，2020.

［34］张明龙，张琼妮. 国外材料领域创新进展［M］. 北京：知识产权出版社，2015.

［35］张明龙，张琼妮. 美国材料领域的创新信息概述［M］. 北京：企业管理出版社，2016.

［36］西尔维亚·艾莉. 海洋的变化——来自大海的呼吸［M］. 王玉树，等译. 北京：中国环境科学出版社，2006.

［37］赵淑江，等. 海洋环境学［M］. 北京：海洋出版社，2011.

［38］陈劲松，等. 海岸带生态环境变化遥感监测［M］. 北京：科学出版社，2020.

［39］刘波，龙如银，朱传耿，等. 海洋经济与生态环境协同发展水平测度［J］. 经济问题探索，2020（12）.

［40］郭书海，等. 生态修复工程原理与实践［M］. 北京：科学出版社，2020.

［41］张明龙，张琼妮. 国外环境保护领域的创新进展［M］. 北京：知识产权出版社，2014.

［42］张明龙，张琼妮. 美国环境保护领域的创新进展［M］. 北京：企业管理出版社，2019.

［43］希利·马丁. 海洋遥感导论［M］. 2版. 李庶中，等译. 北京：电子工业出版社，2022.

［44］马运义，吴有生，方志刚. 船舶装备与材料［M］. 北京：化学工业出版社，2017.

［45］张明龙，张琼妮. 国外电子信息领域的创新进展［M］. 北京：知识产权出版社，2013.

［46］张明龙，张琼妮. 美国电子信息领域的创新进展［M］. 北京：

企业管理出版社，2018.

　　[47] 张明龙，张琼妮. 国外光学领域的创新进展 [M]. 北京：知识产权出版社，2018.

　　[48] 张明龙，张琼妮. 国外能源领域创新信息 [M]. 北京：知识产权出版社，2016.

　　[49] 张明龙，张琼妮. 国外交通运输领域的创新进展 [M]. 北京：知识产权出版社，2019.

　　[50] 张明龙，张琼妮. 八大工业国创新信息 [M]. 北京：知识产权出版社，2011.

　　[51] 张明龙，张琼妮. 新兴四国创新信息 [M]. 北京：知识产权出版社，2012.

　　[52] 张明龙，张琼妮. 英国创新信息概述 [M]. 北京：企业管理出版社，2015.

　　[53] 张明龙，张琼妮. 德国创新信息概述 [M]. 北京：企业管理出版社，2016.

　　[54] 张明龙，张琼妮. 日本创新信息概述 [M]. 北京：企业管理出版社，2017.

　　[55] 张明龙，张琼妮. 俄罗斯创新信息概述 [M]. 北京：企业管理出版社，2018.

　　[56] 张明龙，张琼妮. 法国创新信息概述 [M]. 北京：企业管理出版社，2019.

　　[57] 张明龙，张琼妮. 澳大利亚创新信息概述 [M]. 北京：企业管理出版社，2020.

　　[58] 张明龙，张琼妮. 加拿大创新信息概述 [M]. 北京：企业管理出版社，2020.

　　[59] 张琼妮，张明龙. 意大利创新信息概述 [M]. 北京：企业管理出版社，2021.

　　[60] 张明龙，张琼妮. 北欧五国创新信息概述 [M]. 北京：企业管理出版社，2021.

　　[61] 张明龙，张琼妮. 瑞士创新信息概述 [M]. 北京：企业管理出

版社，2023.

［62］张明龙. 政治经济学原理及教学研究［M］. 北京：中国社会科学出版社，2016.

［63］张琼妮. 网络环境下区域协同创新研究［M］. 北京：企业管理出版社，2016.

［64］张琼妮，张明龙. 新中国经济与科技政策演变研究［M］. 北京：中国社会科学出版社，2017.

［65］张琼妮，张明龙. 产业发展与创新研究——从政府管理机制视角分析［M］. 北京：中国社会科学出版社，2019.

二、创新成果消息资料出处

（一）第一章创新成果消息资料出处

［1］《中国科学报》2017 年 5 月 25 日

［2］澎湃新闻 2021 年 10 月 12 日

［3］科学网 2019 年 8 月 12 日

［4］《科技日报》2021 年 11 月 30 日

［5］中国新闻网 2020 年 9 月 11 日

［6］《中国科学报》2018 年 6 月 7 日

［7］中国新闻网 2023 年 9 月 28 日

［8］《科技日报》2016 年 10 月 27 日

［9］《中国科学报》2016 年 9 月 8 日

［10］《中国科学报》2022 年 5 月 28

［11］《科技日报》2019 年 2 月 25 日

［12］中国新闻网 2022 年 8 月 17 日

［13］《中国科学报》2023 年 10 月 20 日

［14］澎湃新闻 2022 年 10 月 18 日

［15］《科技日报》2017 年 3 月 17 日

［16］《科技日报》2016 年 12 月 21 日

［17］《中国科学报》2022 年 1 月 11 日

［18］《科技日报》2021 年 11 月 25 日

[19]《中国矿业报》2018 年 12 月 21 日

[20]《科技日报》2020 年 9 月 17 日

[21]《科技日报》2022 年 8 月 11 日

[22]科技部网 2015 年 7 月 10 日

[23]《中国科学报》2018 年 1 月 3 日

[24]《中国科学报》2016 年 4 月 5 日

[25]《科技日报》2020 年 4 月 20 日

[26]《科技日报》2020 年 7 月 13 日

[27]《科技日报》2017 年 7 月 14 日

[28]《科技日报》2018 年 10 月 17 日

[29]《科技日报》2014 年 10 月 28 日

[30]《科技日报》2014 年 12 月 24 日

[31]《科技日报》2023 年 3 月 18 日

[32]《中国科学报》2013 年 11 月 19 日

[33]《中国科学报》2021 年 11 月 12 日

[34]《科技日报》2018 年 4 月 13 日

[35]澎湃新闻 2021 年 8 月 6 日

[36]《中国科学报》2014 年 10 月 13 日

[37]中国新闻网 2023 年 3 月 30 日

[38]《科技日报》2014 年 3 月 26 日

[39]新华社 2016 年 12 月 29 日

[40]《科技日报》2023 年 6 月 6 日

[41]中国科技网 2013 年 2 月 26 日

[42]《中国科学报》2016 年 9 月 22 日

[43]《科技日报》2019 年 11 月 11 日

[44]《科技日报》2023 年 10 月 19 日

[45]中国新闻网 2023 年 8 月 1 日

[46]《科技日报》2014 年 12 月 10 日

[47]科学网 2019 年 4 月 14 日

[48]中国新闻网 2020 年 9 月 13 日

［49］《科技日报》2022 年 9 月 13 日

［50］央视新闻客户端 2023 年 5 月 8 日

［51］《中国科学报》2015 年 9 月 18 日

［52］中国新闻网 2022 年 4 月 15 日

［53］《科技日报》2018 年 6 月 22 日

［54］中国新闻网 2023 年 10 月 25 日

［55］《中国科学报》2023 年 10 月 19 日

［56］《中国科学报》2023 年 11 月 10 日

［57］新华社 2017 年 9 月 12 日

［58］《中国科学报》2015 年 7 月 7 日

［59］科学网 2017 年 5 月 15 日

［60］《中国科学报》2018 年 2 月 5 日

［61］新华网 2011 年 2 月 14 日

［62］《中国科学报》2016 年 9 月 19 日

［63］《中国科学报》2019 年 4 月 26 日

［64］央视新闻客户端 2023 年 8 月 26 日

［65］新华网 2019 年 11 月 11 日

［66］《科技日报》2021 年 11 月 30 日

［67］新华社 2016 年 5 月 16 日

［68］新华社 2017 年 6 月 7 日

［69］新华网 2021 年 11 月 6 日

［70］新华社 2016 年 6 月 17 日

［71］新华社 2018 年 5 月 21 日

［72］中国新闻网 2020 年 12 月 10 日

［73］《中国科学报》2017 年 5 月 18 日

［74］中国新闻网 2022 年 3 月 11 日

［75］《科技日报》2022 年 3 月 30 日

［76］《中国科学报》2021 年 8 月 14 日

［77］《科技日报》2014 年 7 月 25 日

［78］《中国科学报》2019 年 2 月 1 日

[79] 中国新闻网 2023 年 12 月 8 日

[80]《科技日报》2020 年 9 月 14 日

[81] 科技部网 2020 年 1 月 7 日

[82] 央视新闻客户端 2022 年 9 月 7 日

[83] 央视新闻客户端 2022 年 11 月 22 日

[84]《中国科学报》2014 年 7 月 21 日

[85] 科学网 2017 年 9 月 12 日

[86] 科学网 2018 年 1 月 25 日

[87] 新华社 2017 年 1 月 2 日

[88] 科学网 2018 年 3 月 25 日

[89]《科技日报》2018 年 2 月 7 日

[90]《科技日报》2011 年 9 月 27 日

[91]《人民日报》2022 年 3 月 23 日

[92] 新华社 2013 年 10 月 18 日

[93]《光明日报》2023 年 5 月 12 日

(二) 第二章创新成果消息资料出处

[1]《科学时报》2010 年 12 月 1 日

[2] 央视新闻客户端 2023 年 4 月 14 日

[3] 新华社 2014 年 6 月 16 日

[4]《中国科学报》2017 年 1 月 5 日

[5]《科技日报》2023 年 7 月 24 日

[6] 新华网 2015 年 2 月 16 日

[7]《中国科学报》2022 年 2 月 23 日

[8] 中国海洋大学微信公众号 2023 年 7 月 14 日

[9]《中国科学报》2017 年 2 月 20 日

[10]《光明日报》2022 年 2 月 26 日

[11] 新华社 2017 年 2 月 20 日

[12] 新华社 2017 年 2 月 21 日

[13]《科技日报》2018 年 3 月 10 日

[14] 新华社 2019 年 3 月 10 日

［15］新华网 2010 年 8 月 22 日

［16］新华社 2017 年 6 月 12 日

［17］中国新闻网 2019 年 10 月 16 日

［18］中国新闻网 2021 年 6 月 10 日

［19］新华网 2021 年 5 月 21 日

［20］央视新闻客户端 2023 年 1 月 24 日

［21］《中国科学报》2018 年 6 月 26 日

［22］《光明日报》2017 年 2 月 6 日

［23］新华社 2018 年 3 月 30 日

［24］新华网 2019 年 12 月 18 日

［25］《中国科学报》2019 年 2 月 19 日

［26］科技部国际合作司 2023 年 3 月 14 日

［27］《北京日报》2013 年 9 月 19 日

［28］《科技日报》2015 年 10 月 9 日

［29］新华网 2021 年 10 月 7 日

［30］《中国科学报》2016 年 5 月 5 日

［31］科技部国际合作司 2023 年 6 月 27 日

［32］新华社 2010 年 12 月 11 日

［33］《中国科学报》2015 年 9 月 18 日

［34］新华社 2017 年 8 月 14 日

［35］新华社 2017 年 9 月 5 日

［36］新华网 2020 年 3 月 12 日

［37］新华社 2018 年 3 月 17 日

［38］新华社 2012 年 7 月 14 日

［39］新华网 2018 年 12 月 17 日

［40］新华网 2017 年 6 月 9 日

［41］《中国科学报》2018 年 1 月 31 日

［42］《中国科学报》2012 年 11 月 2 日

［43］《科技日报》2014 年 4 月 17 日

［44］《科技日报》2017 年 5 月 5 日

[45] 央视新闻客户端 2023 年 4 月 6 日

[46]《中国科学报》2023 年 5 月 21 日

[47]《光明日报》2015 年 1 月 5 日

[48] 新华社 2016 年 3 月 25 日

[49] 光明日报 2017 年 4 月 7 日

[50]《中国科学报》2015 年 4 月 1 日

[51] 新华社 2016 年 6 月 25 日

[52] 新华社 2017 年 7 月 25 日

[53]《中国科学报》2018 年 9 月 13 日

[54]《中国科学报》2015 年 5 月 12 日

[55]《科技日报》2018 年 12 月 21 日

[56] 新华社 2015 年 12 月 21 日

[57] 新华社 2012 年 5 月 15 日

[58]《中国科学报》2015 年 5 月 6 日

[59]《科技日报》2016 年 3 月 4 日

[60]《科技日报》2016 年 6 月 13 日

[61]《科技日报》2016 年 9 月 13 日

[62] 中国科技网 2013 年 9 月 21 日

[63] 央视新闻客户端 2023 年 12 月 31 日

[64]《中国科学报》2019 年 4 月 25 日

[65] 新华网 2019 年 11 月 30 日

[66] 科技部 2019 年 12 月 19 日

[67]《中国科学报》2023 年 4 月 19 日

[68]《科技日报》2014 年 12 月 24 日

[69]《中国科学报》2016 年 3 月 31 日

[70] 新华社 2016 年 5 月 8 日

[71] 科学网 2018 年 2 月 8 日

[72]《中国科学报》2019 年 5 月 24 日

[73]《科技日报》2016 年 7 月 13 日

[74] 新华社 2019 年 6 月 15 日

［75］新华每日电讯 2022 年 1 月 19 日

［76］新华社 2022 年 1 月 18 日

［77］中国新闻网 2022 年 11 月 3 日

［78］《中国科学报》2018 年 4 月 4 日

［79］中国新闻网 2019 年 4 月 3 日

（三）第三章创新成果消息资料出处

［1］《科技日报》2020 年 7 月 29 日

［2］《科技日报》2022 年 2 月 8 日

［3］中新社 2017 年 7 月 22 日

［4］《中国科学报》2016 年 12 月 6 日

［5］《科技日报》2020 年 1 月 19 日

［6］《科技日报》2022 年 4 月 13 日

［7］《科技日报》2019 年 4 月 16 日

［8］《中国科学报》2019 年 8 月 13 日

［9］《科技日报》2022 年 3 月 23 日

［10］《中国科学报》2015 年 9 月 23 日

［11］《中国科学报》2023 年 12 月 7 日

［12］新华社 2018 年 2 月 26 日

［13］新华网 2019 年 10 月 7 日

［14］新华社 2019 年 2 月 8 日

［15］《中国科学报》2019 年 6 月 25 日

［16］《科技日报》2022 年 7 月 29 日

［17］科学网 2016 年 5 月 11 日

［18］新华网 2019 年 9 月 4 日

［19］澎湃新闻 2021 年 9 月 16 日

［20］新华网 2022 年 6 月 28 日

［21］新华社 2020 年 7 月 28 日

［22］中国新闻网 2022 年 7 月 8 日

［23］新华网 2022 年 6 月 8 日

［24］中国新闻网 2023 年 1 月 20 日

[25]《科技日报》2016 年 6 月 7 日

[26] 科学网 2018 年 5 月 21 日

[27] 新华社 2015 年 5 月 6 日

[28]《中国科学报》2017 年 2 月 20 日

[29]《中国科学报》2017 年 5 月 16 日

[30]《科技日报》2019 年 11 月 27 日

[31] 新华网 2011 年 4 月 18 日

[32]《中国科学报》2018 年 11 月 26 日

[33]《科技日报》2015 年 9 月 11 日

[34]《科技日报》2023 年 12 月 18 日

[35]《中国科学报》2015-08-13

[36]《中国科学报》2017 年 12 月 13 日

[37]《科技日报》2023 年 5 月 25 日

[38]《中国科学报》2017 年 11 月 13 日

[39] 新华网 2021 年 2 月 28 日

[40] 腾讯科学 2013 年 7 月 24 日

[41] 新华社 2018 年 7 月 19 日

[42] 澎湃新闻 2023 年 6 月 27 日

[43]《科技日报》2013 年 5 月 17 日

[44]《中国科学报》2017 年 7 月 24 日

[45]《中国科学报》2023 年 9 月 22 日

[46]《中国科学报》2018 年 9 月 20 日

[47] 新华网 2021 年 7 月 10 日

[48]《科技日报》2010 年 8 月 27 日

[49] 新华社 2017 年 11 月 13 日

[50] 新华社 2015 年 2 月 2 日

[51]《中国科学报》2014 年 1 月 13 日

[52]《中国科学报》2022 年 1 月 17 日

[53] 生物通 2014 年 6 月 13 日

[54] 中国新闻网 2021 年 10 月 29 日

［55］《中国科学报》2017 年 7 月 26 日

［56］科技部网 2012 年 8 月 6 日

［57］新华网 2014 年 4 月 28 日

［58］《中国科学报》2018 年 10 月 9 日

［59］《中国科学报》2019 年 1 月 18 日

［60］国际在线 2010 年 5 月 13 日

［61］《中国科学报》2015 年 5 月 18 日

［62］《中国科学报》2016 年 12 月 19 日

［63］《中国科学报》2018 年 4 月 2 日

［64］新华网 2020 年 1 月 13 日

［65］《科技日报》2023 年 8 月 22 日

［66］科学网 2019 年 4 月 16 日

［67］《科技日报》2015 年 9 月 17 日

［68］《中国科学报》2016 年 10 月 18 日

［69］新华社 2018 年 6 月 26 日

［70］《中国科学报》2014 年 1 月 15 日

［71］《科技日报》2018 年 10 月 11 日

［72］新华社 2018 年 9 月 11 日

［73］《中国科学报》2019 年 5 月 24 日

［74］《科技日报》2018 年 6 月 15 日

［75］《中国科学报》2018 年 8 月 13 日

［76］《科技日报》2015 年 6 月 10 日

［77］新浪科技 2012 年 1 月 5 日

［78］新华社 2022 年 7 月 5 日

［79］《中国科学报》2016 年 5 月 26 日

［80］《中国科学报》2016 年 8 月 23 日

［81］《中国科学报》2015 年 12 月 4 日

［82］新华网 2020 年 11 月 13 日

［83］《中国科学报》2014 年 4 月 3 日

［84］《中国科学报》2023 年 12 月 26 日

［85］中国科学院海洋研究所网 2022 年 12 月 1 日

［86］中国科技网 2012 年 10 月 23 日

［87］《科技日报》2018 年 5 月 16 日

［88］《中国科学报》2017 年 7 月 11 日

［89］新华网 2022 年 7 月 18 日

［90］《科技日报》2021 年 8 月 20 日

［91］中国青年网 2022 年 6 月 10 日

［92］《中国科学报》2017 年 4 月 10 日

［93］中国新闻网 2022 年 1 月 21 日

［94］新华社 2018 年 3 月 9 日

［95］《科技日报》2023 年 11 月 19 日

［96］环球科学 2018 年 8 月 2 日

［97］《科技日报》2022 年 8 月 30 日

［98］《中国科学报》2015 年 6 月 17 日

［99］《中国科学报》2023 年 9 月 25 日

［100］《中国科学报》2014 年 2 月 25 日

［101］《科技日报》2017 年 1 月 20 日

［102］《中国科学报》2017 年 8 月 21 日

［103］《中国科学报》2017 年 10 月 9 日

［104］《科技日报》2015 年 10 月 21 日

［105］《中国科学报》2018 年 6 月 11 日

［106］中国新闻网 2023 年 3 月 23 日

［107］新华网 2019 年 1 月 24 日

［108］《中国科学报》2018 年 1 月 4 日

［109］新华网 2020 年 1 月 8 日

［110］《中国科学报》2014 年 1 月 30 日

［111］《科技日报》2013 年 7 月 22 日

［112］央视新闻客户端 2022 年 6 月 22 日

［113］《中国科学报》2016 年 11 月 9 日

［114］《中国海洋报》2015 年 11 月 24 日

［115］新华社 2017 年 8 月 15 日

［116］《科技日报》2023 年 4 月 22 日

［117］《科技日报》2023 年 11 月 1 日

［118］《中国科学报》2019 年 1 月 8 日

［119］央视新闻客户端 2022 年 7 月 5 日

［120］《中国科学报》2018 年 1 月 25 日

［121］新华社 2017 年 7 月 21 日

［122］《中国科学报》2019 年 3 月 7 日

［123］《科技日报》2022 年 6 月 6 日

［124］《中国科学报》2016 年 2 月 29 日

［125］《中国科学报》2017 年 2 月 20 日

（四）第四章创新成果消息资料出处

［1］新华社 2018 年 6 月 11 日

［2］《科技日报》2022 年 2 月 14 日

［3］《中国科学报》2014 年 3 月 17 日

［4］新华社 2017 年 4 月 5 日

［5］《科技日报》2022 年 5 月 13 日

［6］《科技日报》2022 年 11 月 8 日

［7］《中国科学报》2016 年 8 月 24 日

［8］《中国科学报》2019 年 2 月 19 日

［9］《科技日报》2015 年 8 月 24 日

［10］《科技日报》2016 年 5 月 24 日

［11］新华社 2014 年 2 月 11 日

［12］《科技日报》2017 年 2 月 24 日

［13］《科技日报》2012 年 4 月 25 日

［14］《科技日报》2019 年 3 月 20 日

［15］《科技日报》2023 年 2 月 20 日

［16］央视新闻客户端 2023 年 6 月 2 日

［17］科学网 2019 年 3 月 5 日

［18］《科技日报》2014 年 9 月 23 日

［19］《科技日报》2014 年 9 月 22 日

［20］《科技日报》2015 年 2 月 12 日

［21］科技部网 2017 年 7 月 31 日

［22］《科技日报》2010 年 1 月 11 日

［23］新华社 2016 年 8 月 20 日

［24］《科技日报》2016 年 3 月 29 日

［25］科技部网 2019 年 11 月 22 日

［26］《科技日报》2022 年 6 月 28 日

［27］新华网 2019 年 10 月 29 日

［28］《科技日报》2023 年 11 月 20 日

［29］《中国科学报》2015 年 8 月 26 日

［30］新华社 2017 年 3 月 27 日

［31］《科技日报》2018 年 7 月 26 日

［32］中国经济网 2011 年 11 月 24 日

［33］《科技日报》2023 年 3 月 14 日

［34］科技部网 2012 年 6 月 14 日

［35］《中国科学报》2015 年 8 月 4 日

［36］《中国科学报》2017 年 3 月 7 日

［37］科技部网 2012 年 6 月 26 日

［38］《科技日报》2019 年 4 月 9 日

［39］《科技日报》2016 年 8 月 24 日

［40］中国新闻网 2019 年 11 月 13 日

［41］中科院之声 2022 年 4 月 25 日

［42］《科技日报》2013 年 9 月 14 日

［43］《科技日报》2017 年 6 月 21 日

［44］新华社 2014 年 5 月 15 日

［45］新华社 2014 年 12 月 2 日

［46］《科技日报》2023 年 1 月 12 日

［47］《科技日报》2023 年 10 月 23 日

［48］科技部网 2012 年 7 月 17 日

［49］《科技日报》2012 年 8 月 2 日

［50］《科技日报》2018 年 12 月 27 日

［51］新华社 2014 年 9 月 15 日

［52］央视网 2015 年 2 月 7 日

［53］新华社 2015 年 12 月 2 日

［54］《科技日报》2022 年 10 月 20 日

［55］人民日报海外网 2015 年 7 月 6 日

［56］中国新闻网 2021 年 2 月 6 日

［57］央视新闻客户端 2022 年 10 月 3 日

［58］《中国科学报》2021 年 8 月 18 日

［59］《科技日报》2022 年 9 月 14 日

［60］新华社 2017 年 10 月 29 日

［61］央视新闻客户端 2022 年 7 月 13 日

［62］《中国科学报》2014 年 3 月 24 日

［63］《中国科学报》2016 年 5 月 31 日

［64］新华社 2018 年 4 月 15 日

［65］《科技日报》2013 年 8 月 7 日

［66］科学网 2018 年 9 月 26 日

［67］新华社 2015 年 6 月 18 日

［68］新华社 2018 年 3 月 31 日

［69］新华社 2017 年 5 月 5 日

［70］《中国科学报》2015 年 3 月 5 日

［71］《中国科学报》2023 年 10 月 1 日

［72］《光明日报》2023 年 11 月 22 日

［73］科技部网 2020 年 1 月 31 日

［74］《人民日报》2017 年 7 月 29 日

［75］《光明日报》2020 年 3 月 27

［76］新华社 2017 年 7 月 10 日

［77］《人民日报（海外版）》2018 年 6 月 23 日

［78］新华社 2020 年 7 月 1 日

[79]《中国自然资源报》2021 年 7 月 23 日

[80]《科技日报》2013 年 2 月 5 日

[81] 科技部网 2020 年 9 月 15 日

[82] 北极星电力网 2011 年 10 月 9 日

[83] 微信公众号"欧洲海上风电"2019 年 2 月 27 日

[84]《科技日报》2020 年 6 月 19 日

[85] 中国新闻网 2021 年 9 月 17 日

[86] 新华网 2020 年 5 月 23 日

[87] 央视新闻客户端 2023 年 5 月 14 日

[88] 中国新闻网 2023 年 3 月 31 日

[89]《科技日报》2015 年 7 月 20 日

[90]《中国科学报》2017 年 2 月 10 日

（五）第五章创新成果消息资料出处

[1]《科技日报》2015 年 9 月 28 日

[2] 澎湃新闻 2023 年 3 月 2 日

[3]《中国科学报》2015 年 9 月 14 日

[4]《科技日报》2022 年 1 月 24 日

[5]《科技日报》2015 年 9 月 29 日

[6] 中国新闻网 2022 年 5 月 3 日

[7] 新华社 2016 年 7 月 4 日

[8] 科技部网 2012 年 3 月 26 日

[9]《中国科学报》2021 年 8 月 17 日

[10]《科技日报》2016 年 4 月 25 日

[11]《科技日报》2023 年 3 月 16 日

[12]《中国科学报》2014 年 8 月 19 日

[13]《科技日报》2019 年 6 月 10 日

[14]《人民日报（海外版）》2019 年 8 月 24 日

[15] 中国新闻网 2022 年 3 月 18 日

[16]《中国科学报》2023 年 8 月 18 日

[17]《中国科学报》2014 年 3 月 13 日

[18] 新华网 2021 年 3 月 21 日

[19]《科技日报》2023 年 3 月 28 日

[20]《科技日报》2023 年 7 月 10 日

[21] 新华社 2018 年 9 月 5 日

[22] 新华网 2021 年 4 月 26 日

[23]《中国科学报》2018 年 1 月 2 日

[24] 新华社 2017 年 6 月 13 日

[25] 央视财经 2018 年 1 月 22 日

[26]《中国科学报》2019 年 5 月 23 日

[27]《中国科学报》2018 年 8 月 14 日

[28]《科技日报》2022 年 6 月 17 日

[29]《科技日报》2011 年 9 月 8 日

[30]《科技日报》2012 年 4 月 19 日

[31]《中国科学报》2016 年 6 月 21 日

[32]《中国科学报》2023 年 12 月 25 日

[33]《科技日报》2014 年 8 月 21 日

[34]《科技日报》2017 年 7 月 14 日

[35]《科技日报》2023 年 8 月 17 日

[36] 新华社 2011 年 8 月 15 日

[37]《中国科学报》2019 年 5 月 7 日

[38] 新华网 2020 年 12 月 14 日

[39] 新华社 2016 年 4 月 21 日

[40]《中国科学报》2023 年 8 月 23 日

[41]《科技日报》2017 年 2 月 15 日

[42] 新华网 2015 年 4 月 4 日

[43] 央视新闻客户端 2022 年 2 月 16 日

[44]《科技日报》2016 年 6 月 17 日

[45]《中国科学报》2019 年 1 月 25 日

[46] 新华社 2016 年 8 月 14 日

[47]《中国科学报》2019 年 4 月 29 日

［48］科技部网 2019 年 12 月 19 日

［49］中国科学院海洋研究所网 2022 年 12 月 16 日

［50］中国新闻网 2022 年 12 月 7 日

［51］《中国科学报》2014 年 2 月 17 日

［52］《中国科学报》2014 年 8 月 20 日

［53］《中国科学报》2017 年 6 月 5 日

［54］《科技日报》2018 年 5 月 4 日

［55］参考消息网 2019 年 3 月 23 日

［56］科技部网 2019 年 6 月 4 日

［57］《中国科学报》2014 年 2 月 25 日

［58］《中国科学报》2017 年 8 月 14 日

［59］新华社 2018 年 2 月 1 日

［60］《科技日报》2020 年 4 月 13 日

［61］中国新闻网 2021 年 11 月 12 日

［62］《中国科学报》2023 年 6 月 18 日

［63］新华社 2016 年 5 月 26 日

［64］新华社 2015 年 9 月 11 日

［65］科学网 2016 年 9 月 28 日

［66］央视新闻客户端 2017 年 5 月 29 日

［67］科学网 2019 年 2 月 1 日

［68］央视新闻客户端 2023 年 3 月 25 日

［69］科学网 2019 年 6 月 28 日

［70］科技部网 2020 年 3 月 26 日

［71］新华社 2021 年 5 月 19 日

［72］中国新闻网 2022 年 4 月 7 日

［73］央视新闻客户端 2022 年 5 月 12 日

［74］新华网 2021 年 5 月 22 日

［75］央视新闻客户端 2023 年 3 月 9 日

［76］央视新闻客户端 2022 年 3 月 31 日

［77］央视新闻客户端 2022 年 11 月 9 日

［78］中国新闻网 2013 年 12 月 4 日

［79］科技部国际合作司 2023 年 1 月 28 日

［80］《科技日报》2021 年 8 月 20 日

［81］科技部网 2019 年 2 月 2 日

［82］央视新闻客户端 2022 年 6 月 6 日

［83］央视新闻客户端 2023 年 6 月 5 日

（六）第六章创新成果消息资料出处

［1］《中国科学报》2014 年 4 月 9 日

［2］台州晚报 2016 年 3 月 3 日

［3］《科技日报》2019 年 10 月 30 日

［4］《光明日报》2020 年 8 月 29 日

［5］《文汇报》2021 年 4 月 6 日

［6］《科技日报》2018 年 1 月 31 日

［7］新华社 2018 年 1 月 18 日

［8］央视新闻客户端 2023 年 1 月 13 日

［9］新华网 2019 年 10 月 25 日

［10］科技部网 2014 年 1 月 30 日

［11］新华社 2019 年 7 月 11 日

［12］《科技日报》2022 年 12 月 30 日

［13］《光明日报》2013 年 9 月 17 日

［14］《中国青年报》2017 年 11 月 2 日

［15］新华社 2018 年 9 月 29 日

［16］央视新闻客户端 2022 年 7 月 8 日

［17］科技部网 2013 年 7 月 7 日

［18］央视网 2020 年 5 月 27 日

［19］新华社 2018 年 10 月 15 日

［20］韦中燊科学媒介中心 2020 年 4 月 17 日

［21］科学网 2015 年 10 月 29 日

［22］科学网 2016 年 12 月 29 日

［23］《人民日报》2020 年 6 月 8 日

[24] 新华社 2017 年 7 月 24 日

[25] 央视新闻客户端 2022 年 7 月 20 日

[26]《科技日报》2021 年 9 月 23 日

[27]《科技日报》2022 年 1 月 17 日

[28]《科技日报》2018 年 3 月 7 日

[29]《中国科学报》2021 年 2 月 27 日

[30] 新华社 2016 年 11 月 19 日

[31]《中国科学报》2014 年 10 月 28 日

[32] 央视新闻客户端 2018 年 4 月 22 日

[33] 新华社 2018 年 5 月 16 日

[34] 新华社 2012 年 6 月 18 日

[35] 中国新闻网 2021 年 11 月 27 日

[36] 环球网 2015 年 8 月 20 日

[37]《人民日报》2017 年 12 月 25 日

[38]《科技日报》2022 年 11 月 5 日

[39] 科技部网 2013 年 1 月 11 日

[40]《科技日报》2016 年 10 月 12 日

[41] 新华社 2018 年 7 月 29 日

[42]《科技日报》2023 年 11 月 14 日

[43]《中国科学报》2016 年 7 月 14 日

[44]《科技日报》2022 年 9 月 27 日

[45]《科技日报》2015 年 7 月 16 日

[46]《科技日报》2021 年 1 月 12 日

[47] 中国新闻网 2017 年 4 月 13 日

[48]《科技日报》2023 年 5 月 7 日

[49]《中国科学报》2018 年 1 月 23 日

[50] 科技部国际合作司 2023 年 2 月 21 日

[51]《科技日报》2017 年 8 月 28 日

[52]《科技日报》2015 年 6 月 17 日

[53]《中国科学报》2016 年 1 月 27 日

［54］《科技日报》2017 年 3 月 30 日

［55］《科技日报》2022 年 4 月 19 日

［56］科技部网 2019 年 12 月 17 日

［57］中国新闻网 2021 年 4 月 8 日

［58］央视新闻客户端 2022 年 6 月 11 日

［59］《科技日报》2012 年 8 月 10 日

［60］中国有色网 2014 年 11 月 14 日

［61］《中国青年报》2017 年 9 月 25 日

［62］《科技日报》2022 年 6 月 15 日

后 记

我们这个研究团队，组织形式上经历过多次变化，从地方经济研究室起始，发展到经济研究所，进而成为省内首个区域经济学重点学科，后来在此基础上建立名家工作室。本团队所在单位地处沿海省份、沿海城市，成员大多数来自沿海地区，自然而然把开发利用海洋资源作为研究方向之一。

早在 20 世纪 80 年代，我们就开始探索海洋经济问题，前后主持完成"浙江滩涂开发综合研究""浙江台州港口海湾资源开发研究"等省社联课题，在《浙江学刊》《经济地理》《论苑集萃》《浙江师范大学学报》《沿海经济》和《开发研究》等期刊和出版物发表论文；《变资源优势为创汇优势》《浙江新围涂地农垦资源的开发方向》《提高我省滩涂开发效益的对策》《建立三门县大型对虾基地的可行性研究》《加快台州地区港口资源开发的对策》《空间视角下台州港口资源开发的思考》等。

到 21 世纪，我们的研究重点转向创新问题，主持完成了有关企业创新、产业创新、区域创新与科技管理创新等方面的课题。由于研究需要，必须广泛搜集国内外创新成果材料。在此过程中，有关海洋探测方面的创新信息也渐渐增多。近年来，发展海洋经济的呼声日益高涨，我们凭借多年研究海洋经济形成的直觉，敏锐地发现人们亟须了解海洋探测的进展，以便自觉投身到海洋强国的建设之中。为此，我们对海洋探测领域搜集到的创新信息进行专题整理，形成新书稿：《海洋探测研究领域的新进展》。这部书稿所选材料，主要限于 21 世纪以来的创新成果，其中 95％以上集中在 2012 年 1 月至 2023 年 12 月期间。

本书写作过程中，得到有关高等院校、科研机构和政府部门的支持与帮助。这部专著的基本素材和典型案例，吸收了报纸、杂志、广播电视和网络等众多媒体的报道。这部书稿的各种知识要素，吸收了学术界的研究成果，不少方面还直接得益于师长、同事和朋友的赐教。为此，向所有提供过帮助的人，表示衷心的感谢！

这里说明一下，反映科技创新进展信息的书稿，需要突出创新人员取得的新成果，所以在写作体例上，通常在开头先写出哪些研究人员，在哪些杂志或会议，发表了哪个方面的新观点，以及有哪些重要影响等。从媒体上搜集到的原始消息，很难完全符合如此写作体例。为了尽可能保持逻辑思维的一致性，以及整体框架结构的统一性，本书对不少原始消息的标题做了改动，有些内容也进行了适当整理，但不影响基本事实。为此，敬请有关媒体和原作者多多谅解。

最后，还要感谢名家工作室成员的团队协作精神和艰辛的研究付出。感谢台州学院办公室、临海校区管理委员会、组织部、宣传部、人事处、科研处、教务处、学生处、学科建设处、后勤处、信息中心、图书馆、经济研究所和商学院，以及浙江财经大学东方学院，浙江师范大学经济与管理学院等单位诸多同志的帮助。感谢企业管理出版社诸位同志，特别是刘一玲编审，他们为提高本书质量倾注了大量时间和精力。

由于我们水平有限，书中难免存在一些错误和不妥之处，敬请广大读者不吝指教。

张琼妮　张明龙

2024 年 3 月于台州学院湘山斋张明龙名家工作室